《与孩子一起成长》编委会

与孩子一起成长

Yu Haizi Yiqi Chengzhang

第二版

邓云洲　黄翠婉　主编

暨南大學出版社
JINAN UNIVERSITY PRESS

中国·广州

图书在版编目（CIP）数据

与孩子一起成长/邓云洲，黄翠婉主编．—2 版．—广州：暨南大学出版社，2020.8（2021.8 重印）
ISBN 978－7－5668－2938－2

Ⅰ.①与…　Ⅱ.①邓…②黄…　Ⅲ.①青少年心理学　Ⅳ.①B844.2

中国版本图书馆 CIP 数据核字(2020)第 128119 号

与孩子一起成长（第二版）

YU HAIZI YIQI CHENGZHANG（DIERBAN）

主　编：邓云洲　黄翠婉

出 版 人： 张晋升
策划编辑： 张仲玲　武艳飞
责任编辑： 武艳飞　黄　斯
责任校对： 曾小利　孙劭贤　林玉翠
责任印制： 周一丹　郑玉婷

出版发行： 暨南大学出版社（510630）
电　　话： 总编室（8620）85221601
营销部（8620）85225284　85228291　85228292　85226712
传　　真：（8620）85221583（办公室）　85223774（营销部）
网　　址： http://www.jnupress.com
排　　版： 广州市天河星辰文化发展部照排中心
印　　刷： 广州市穗彩印务有限公司
开　　本： 787mm×1092mm　1/16
印　　张： 19
字　　数： 445 千
版　　次： 2011 年 4 月第 1 版　2020 年 8 月第 2 版
印　　次： 2021 年 8 月第 12 次
印　　数： 38601—46900 册
定　　价： 59.00 元

序

中国人向来重视家庭教育，如“孟母三迁”“岳母刺字”等，所谓“养不教，父之过”，这与我们的文化传统有关。中国文化传统中有一个观念，人不是生来就成人的，而是要通过后天的教化才能成为真正意义上的人。西方的文化观念则相反，他们认为人生来就是人，后天的教化只是帮助他成为更好的人，并不能改变他是一个人的事实。让每个人成为其本来的样子，这是他们的教育理念，所以后来西方产生了个人主义的文化传统。

中华文明是世界上公认的历史最悠久的农耕文明，农耕文明的本质特点就是集体主义文化。一个人生下来，他是一个自由自在无所拘束的个体，但是他若要融入到家庭和社会中去，就必须从小接受严格的训练与教育，符合集体的角色要求，与集体融为一体，这样他才有前途有未来。儒家经典将这种人生概括为“修身齐家治国平天下”。当然，如果你不愿意委屈自己的个性，那么可以选择道家避世逍遥的生活方式，以及佛教的出家修行等。

大多数中国人还是以儒家的生活方式为主，也就是成为集体的一员，所谓的集体最初也是从家庭家族开始的。有个成语叫“成家立业”，在孔子的时代“成家”真的可能成就建国大业，很多小国其实就是由一些大家族发展而成的。所以，儒家文化的最高精神境界就表现为家国情怀、天下为公。家国情怀建立在家族伦理的基础之上，通过家族伦理，我们每一个人与家族相依为命，荣辱与共。同时家族集体力量也是个体生存之心理依靠，使我们体验血浓于水的亲情，并抵抗外来的威胁与压力。“臣无祖母，无以至今日，祖母无臣，无以终余年，祖孙二人，更相为命。”晋朝李密的《陈情表》充分表现了伦理亲情的价值。

心理健康的最低标准，就是适应人世，没有疾病。儒家的家族集体主义通过伦理教化，使得个体与家国成为命运共同体，从而更有效地适应复杂与恶劣的环境，以团队的方式保障个体的生存与发展，同时也形成了有利于身心健康的集体文化心理机制。如“一家有难，八方支援”“大家好才是真的好”“众人拾柴火焰高”等。所以，传统的家庭伦理教育实际上就是独具东方集体主义文化特色的心理健康教育。这个特色就是孔子说的“君子不器”。这四个字是什么意思呢？举个例子。一把锋利的菜刀，你可以拿它切菜，也可以拿它砍人——这就叫“器”。人是有着意志和尊严的生灵，不该是工具。一个人如果有专业能力，却只会为自己牟利，甚至为了一己私利而损害集体利益，那就不叫君子，只能叫“器”。反之，一个人不仅拥有专业能力，且能超越自我，融入集体，这样的人就会是一个心理健全的人，也才是集体所需的优质资源，配称为“君子”。君子心怀家国，无个人算计，不忧不惧，不畏穷困，心理强大，故绝对不会患心理疾病。这也是北宋著名哲学家程颢和程颐的观点，如《二程遗书》：“未闻自古圣贤因学道而致心疾者”，“要之，圣贤必不害心疾”。

现在时代不同了，传统的农耕文明已经发展到现代的工业与信息文明，家族集体主义的生活方式因为不适应现代文明而日益衰落，个人化的知识与能力取代集体化的伦理与道德，成为现代人社会适应与人生成功的主要依靠。自我意识越来越突出，个人能力与魅力越来越重要。相应地，个人面临的竞争与压力也相对越来越大。所谓相对，是说古往今来的人都要面临同样的压力，但由过去的集体共同承担转变为现在的个人独自面对，就必然显得更加吃力。为此，有关个体心理健康的研究也就发展起来，形成日益丰富的心理健康领域的知识成果。本书就是心理健康研究成果通俗生动且又具专业化的呈现。无论是为了自己还是为了孩子，家长们都应该认真主动地学习应用这些心理健康知识，培养应对各种压力的心理技能，以保障自己与孩子的心理健康。很多的心理问题，其实都是由于对心理健康知识的无知。所以一个真正负责任的家长，必须把心理健康知识的学习看作日常生活的重要内容。

尽管我再三强调现代心理健康知识学习的重要性与必要性，但是，中国传统家庭教育的宝贵遗产也应该得到我们的高度重视。其主要内容就是要培养孩子们的集体意识，这同样有利于提高他们的心理健康水平。具体来说，家长们应该以身作则地维护并促进家族成员的情感关系，比如孝敬长辈，帮助亲戚，关爱朋友，热心公益，以实际言行感染培养孩子们的家国情怀，避免成为心理脆弱的精致的利己主义者。这既是中国传统心理健康文化的核心资产，也是现代心理健康概念所新增加的道德健康的内涵。对于广大家长和孩子们的幸福与成功来说，如果既掌握了现代的心理健康知识与技能，又拥有独具中国文化特色的心理健康资产，就会像拥有双重保险一样倍感安全。

出于对家庭教育的关注，我很高兴给大家推荐由广州大学附属中学原校长邓云洲主编的这本家校读本。邓校长本身就是一位研究教育问题的学者，不仅熟悉基础教育，而且对家庭教育有颇深的研究；加上其他作者为广州大学心理系的研究生和附中有着丰富教育经验的教师，具有教育学与心理学专业知识，这样的组合无疑保证了本书的理论性与可操作性。

总之，本书是关于家庭教育的一本专门读物。家庭教育是一个极为专业、极有规律的知识体系，若想教育好自己的孩子，需要静下心来阅读本书，身体力行，以求成功。诚挚地期望并相信家长朋友们在阅读此书后能在教育孩子方面有所获益。

郭斯萍

广州大学心理系教授

澳门城市大学博士生导师

2020 年 4 月 14 日于广州大学城

前 言

近年来，市场经济发展对人才学历的倚重，信息时代对知识爆炸式增长的渴求，不断放大着学校教育的重要性。各种学科补习班年复一年地大行其道，说明人们看重知识教育的趋势越发明显。在人们眼中，学校教育是王道，家庭教育算锦上添花，社会教育俨然传说中的浮云。在社会大众的普遍认知中，知识、升学、名校、学历、职业、事业、金钱是硬性的，是刚需；而情感智慧、心理成长、爱的能力、家庭关系是软性的，必要时甚至可以让道。这些都会导致人们对家庭教育认识的偏差。即使这一代年轻家长与父母辈相比更重视家庭教育，家庭教育的外部环境与内在品质有很大改善，但家庭教育中仍然存在父亲角色缺失等问题。

心理学研究和众多深度心理个案表明，人的情感发育、人格形成和意志力的培育，都需要在长期稳定的人际关系环境中进行，在榜样引导下开展，在他人的关怀中生成，这种环境的最佳选择就是健康的家庭。家庭作为人类社会组织最小、最稳定、最温馨的单元，不论在过去的传统社会，还是在今天的市场经济环境下，家庭关系的相对稳定性、利他性与互助性，都没有发生本质性变化，家庭仍旧是培育亲密关系的不二选择。

2019 年 7 月，国务院办公厅公布的《健康中国行动（2019—2030 年）》提出 15 项重大行动，其中心理健康促进行动和中小学健康促进行动，就可以直接或间接借力家庭教育。

当下，人们对家庭教育规律和家庭独特功能的认知，亟待在深度和广度上实现突破。深度上，要强化对家庭教育和家庭建设不可或缺性的认识。广度上，要强化对家庭教育长久效益性的认识。

家庭是一切教育的起点和基础，也是孩子整个成长过程中最坚实的后盾。良好的家庭教育，更易培养出优秀的孩子。家庭教育不到位，不仅会抵消学校教育的效果，还会给孩子的发展造成一定的消极影响，从而影响孩子的一生。教育界有这样一个公式：5 + 2 = 0。“5”代表孩子在学校接受教育的 5 天时间，“2”代表孩子周末在家接受教育的 2 天时间，“0”代表教育效果。意思是说，5 天的学校教育颇有成效，但 2 天的家庭教育没有跟上的话，那么对孩子的教育始终会在原地打转，甚至越来越差。教师和家长并肩作战，才能够发挥 1 + 1 > 2 的能量，才是最好的教育方式。家长与学校配合得越好，教育会越成功。当然，如果要做到真正的并肩作战，还需要家长做到以下三点：

（1）足够信任教师，信任是教育的前提。

（2）积极配合教师，留意教师的嘱咐，在日常生活中多留意孩子的举动。

（3）了解并支持孩子在认知、情感、行为、品德、学业、生涯等方面的需求及发展。

请各位家长记住：父母是孩子的第一任老师，父母对孩子的影响远远超过老师；只有家长和老师站在同一战线上，劲往一处使，才能给孩子最优的教育，才能让孩子朝着最好的方向前行，到达成功的彼岸！

本书第二版是在2011年出版的《与孩子一起成长》基础上编写的。首先对本书内容进行重构，即根据孩子的心理发展规律，分为认知发展、情绪情感、行为发展、品德发展、学习心理和生涯规划六章。同时，在内容上坚持以积极心理学理论为指导，结合社会和教育发展的现状，新增了许多反映家庭教育成果和先进理念的内容和案例。例如，在知识专栏，增加了积极心理学、情绪ABC理论、情绪钟摆效应、人际关系理论、青少年的社交力、教育中的十大心理效应等；各章的内容和案例也有不同程度的增加；生涯规划则是完全新增的内容。本书的大部分案例是结合广州大学附属中学的教育实践，分享了广州大学附属中学学生家长和教师的优秀案例和教育叙事。

本书的修订工作主要由广州大学心理系广州大学附属中学实习团队的师生参与完成，具体参与者如下：第一章，刘宇昕；第二章，苏佳佳；第三章，辛丽婷；第四章，郭瑶；第五章，何晓宇；第六章，韩政。

本书参考了很多国内外的研究成果，我们对相关作者表示衷心的感谢和敬意！家庭教育和孩子的成长是一个经典永久的话题，欢迎各位家长和同行批评指正。

编　者

2020年5月

目　录

第一章　认知发展

青少年时期是人生中最关键的时期之一，这个阶段孩子往往会感受到暴风骤雨般的情绪跌宕，从而有着强烈的不适感。除此以外，这个阶段孩子的生理发育和心理发展迅猛，认知能力相对较差，自控力较弱，这可能导致孩子自信心不足。同时，当前我国青少年大多为独生子女，而家庭教育往往存在缺陷。例如，家长对孩子过于溺爱，致使其缺少吃苦耐劳、艰苦奋斗的精神；或者亲子沟通出现问题；又或者家长双方对孩子的教育理念不一致，导致孩子无所适从。而我们所处的社会复杂多变，对青少年来说，既是一种挑战也是一种机遇，这需要学校和家庭的双向引导和教育，指引青少年朝着积极阳光的方向奋进。

第一节　如何帮助孩子建立自信心

一、问题概述

如果孩子出现行为怯懦，忽视自身优势，经常因自己的不足或短处而自怨自艾，或是当他们发现与他人存在某些差距时，如家境贫穷、有生理缺陷、身患疾病、仪表不佳、某科成绩不理想、字写得糟糕、不善言语表达、没有音体美特长等，便感到低人一等，认为别人瞧不起自己，那就说明他缺乏自信。缺乏自信会产生很大的消极作用，应引起家长的重视。

（一）自信的界定

自信，就是相信自己的能力，相信自己能够获得成功。自信心是个体自我意识中的核心成分，自信心与自我评价密切相关。21世纪是充满竞争的世纪，敢于冒险、敢于探索、善于竞争、富于创造是21世纪对人才的基本要求。在众多心理素质中，自信心的培养显得尤其重要。国外一些心理学家跟踪调查了数百名智力发展水平较高、生活环境和教育条件大致相当的少年。当这些被调查对象步入显示成果的年龄时，出现了明显的差异，有的成了事业上的佼佼者，有的却无所作为。研究结果表明：个体的心理定式在成才过程中起着重要的作用。那些自我肯定的内心倾向较稳定者，其成功率大都超过自我否定倾向较明显的个体。这说明个体充满自信心将产生积极的情绪体验，会感到自尊、自信、自豪，同时也容易接纳自我。

自信心作为一种积极进取的内部动力，其发展水平是与活动的成败相对应的。正如范德比尔特所说："一个充满自信的人，事业总是一帆风顺的，而没有信心的人，可能永远也不会踏进事业的门槛。"曾有人问获得两次诺贝尔奖的居里夫人成功的秘诀是什么，居里夫人回答说："恒心和自信心，尤其是自信心。"美国的爱默生也认为："自信是成功的第一秘诀。"

（二）缺乏自信的危害

1. 影响人的心理健康

在缺乏自信者中，一些不良的情绪（如悲伤、恐惧等）很常见，长此以往，就会使人产生心理问题，甚至产生心理障碍。

2. 影响人的生理健康

长期的自卑会使人产生生理方面的变化，造成各种器官受损，导致各种身心疾病，如消化性溃疡、高血压等。

3. 影响人的社会适应能力

因为认知能力欠缺使人不能正确地对待问题，所以，缺乏自信的人很难与人相处，也很难取得成功。

二、原因分析

随着社会的快速发展，竞争日趋激烈，人们的心理也接受着一次又一次的考验。优胜劣汰，这是竞争的必然。对于强者，跌倒了，大不了再爬起来；而那些心理素质较差的人，这时候自卑心理很快占据了主角位置，难以再站起来。在现实生活中，因盲目自信、企求过高、力不从心而导致失败的事固然时有发生，但在学生当中，更多的却是自我评价过低，在能够完成的事情面前认为自己干不了，于是畏缩犹豫裹足不前，压抑了内在能力的发挥。那么，孩子不自信产生的原因主要有哪些呢？

（一）缺少成功的体验

据南京市对 1 200 名小学生的调查，有失败感的学生竟然高达 1/4。有的孩子想获得好的学习成绩，结果事与愿违；有的孩子想组织好一项活动，效果却不理想；有的孩子想使自己勇敢起来，但还是怕受到别人的讥笑……如此一次又一次地经受失败与挫折，孩子在心里会产生一种“我不如人”的消极定式，生活和学习的热情与动力逐渐地减退，严重的甚至丧失了生活的信念与求知的欲望。

（二）世俗偏见

目前，我国许多地方的中小学教育还是以应试教育为主，大部分家长对孩子学习成绩的关心超乎寻常，有的家长甚至拿成绩的好坏作为评价孩子的唯一标准。只要成绩好，孩子一切都好；只要成绩不好，孩子一切都不好。家长的这种思维方式和评价标准使他们背负了太重的学习压力，严重地影响到孩子的健康成长，尤其是那些学习成绩不够理想，或偶然在考试中失误的孩子，他们迫于大人的压力往往不能正确地认识自己，从而产生自卑心理。

（三）能力不足

孩子同大人一样都是生活在群体之中的，一些先天或后天能力相对较弱的孩子在能力较强者面前往往感到自愧不如，他们会由于自身的条件不如他人而产生挫折感。更为糟糕的是，如果这些某一方面能力较差的孩子得不到家长和教师的正确对待与引导，他们就会在心里产生畏惧，对许多事情望而生畏，结果产生恶性循环，人家是强者更强，自己是弱者更弱，从而与他人差距越来越大，自己的自卑心理也愈来愈烈。

（四）生理上的欠缺

一些身材矮小、身体有残疾、五官不端正的学生往往会受到同学的嘲笑，因此也会感到自卑。

三、应对策略

（一）对孩子加以积极的引导

1. 引导孩子进行全面的自我解剖，并尊重自己的客观条件

自我解剖就是自我了解。在现实生活中，要真正做到自我了解并不容易，自信心不足，实际上就是没有真正了解自己。所以，引导孩子做全面的自我解剖十分必要。自我解剖的目标有两个，一个是充分发掘自身的优势和长处，也包括潜在的素养，并将它与理想目标有机地结合起来；另一个是勇敢地承认自己的不足和短处，并持现实的态度努力去克服它。教育孩子以辩证的眼光看待自己的长处和短处，认识到长处和短处在一定的条件下会发生转化。引导孩子扬长避短、知难而进、奋发图强。

2. 引导孩子正确认识自己，看到自己的长处

俗话说“尺有所短，寸有所长”，“金无足赤，人无完人”，每个人都有自己的长处与短处，既比上，又比下；既比优点，也比缺点。跟下比，看到自身的价值；跟上比，鞭策自己求进步。这样，就会得出“比上不足，比下有余”的结论。世上任何人都逃脱不了这个公式，明白了这一点，心理也就取得了平衡点。看到长处是为了培养自信，但也必须承认自己身上存在的短处，如生理的缺陷、环境的不利、知识的不足、经验的欠缺等。

对于导致自卑的因素要积极地进行补偿。一是“笨鸟先飞，以勤补拙”，二是扬长避短。有些缺陷已成定局，如个子矮小、长相不好等。但是，可从别的方面进行补偿。个子矮小如拿破仑，他做了法兰西帝国的皇帝；身残者如张海迪，坐在轮椅上，却大步地在事业的高峰上奔走，写了几百万字的书……

（二）对孩子多作肯定性评价

1. 让孩子学会正确的自我暗示，避免使用否定自己的语言

自卑本身就是消极的自我暗示，做事之前就对自己说“我不行”“我没什么用”“我不会干”，结果就真的干不好，这种消极的暗示会导致不必要的精神紧张和精神负担，使自己的情绪充满失败感。结果做事情就束手束脚、畏首畏尾，主动性、创造性受到压抑，自然就妨碍了成功。因此，要勇敢地暗示自己：“我能行”“别人能干的事，我也能干”“有志者事竟成”“事在人为”“坚持就是胜利”等，这样会增加自己战胜困难与挫折的力量，成功就会向我们招手，自卑也就逐渐丢在脑后。也许有人会说对自己做否定性评价是为了体现一种谦虚，但“累积暗示效果”会使个体产生自我悲观。或许一开始没有什么，但听得多了就会想到自己“是一个真正没用的人”，令自己沮丧无比。只有避免使用否定性的语言，才能打开积极进取、乐观自信的思维大门。

2. 善于捕捉时机鼓励孩子

处于中学阶段的孩子判断能力较弱，家长的心理投射是他们形成自我评价的主要来源，他们需要从他人给予的肯定性评价中确立自信心。适当的赞美言词是滋润自信

心的雨露。如果在平时的学习中能评价孩子聪明、能干，多说些激励性话语，孩子就会认为自己确实是这样，遇事也敢于自己动手去做；如果平时老是讲孩子傻、没出息等有损自尊的话语，孩子就会觉得自己真的不行，从而失去自己动手去做的信心。英国心理学家罗森塔尔在美国一所小学做实验，对 18 个班的学生作了预测未来的测验，然后把具备“最佳发展前途”的学生名单交给教师。这种暗示坚定教师对这份名单上的学生的肯定，使这些原本是随意指定的学生感到异样的自信、自尊、自爱，于是敢于提问、回答问题。8 个月后复试，这些学生不仅学习进步快，而且变得活泼、可爱。实验表明：老师对学生的情感、笑容、肯定性评价形成了期待效应。从心理学的角度讲，我们为何不满足孩子呢？这样既能调动孩子的学习积极性，又能让孩子学会自主、自强、自信、自立，还能展示生命积极向上的原生态，何乐而不为？

（三）让孩子勇于表现自己，积极与人交往

认识到自己的长处，就要大胆地表现。扬己之长、补己之短，在人群中树立一个新形象。要相信自己的能力和价值，如一次发言、一次竞赛、一次属于自己的机会，都要积极自信地去做、去尝试，因为行动是达到成功的重要途径，退缩与回避只能带来自责、懊悔与失意。要注意循序渐进，先做自己最拿手、最容易取得成功的事情。有了一次成功，孩子就会惊异地发现自己也行，这样自信心就随之增强。然后再去尝试稍难一些的事，以积累第二次的成功，接着争取更多的成功。

告诉孩子不要总认为别人看不起自己而离群索居。只有自己瞧得起自己，他人才不会小看我们。能不能从良好的人际关系中得到激励，关键还在自己。要有意识地在与他人的交往中学习他人的长处，发挥自己的优点，多从群体活动中培养自己的能力，这样可预防因孤陋寡闻而产生的畏缩躲闪的自卑感。这样，自卑就被逐步克服了。

（四）培养孩子的“一技之长”

谬·詹姆斯说：“每个人都具有在生活中取得成功的能力。每个人天生都具有独特的视、听、触以及思维的方式。每个人都能成为一个富于思想和创造力的人，成为一个有成就的人，一个成功者。”正因为这样，每个孩子都有可能具有一技之长。细心的家长会注意孩子的“独特方式”，一旦发现他的某种特长潜能，就满腔热情地因势利导，运用肯定、鼓励以及创设条件等手段去强化它、发展它。当孩子意识到自己在某方面比别人强，并非事事不如人，不必疑心别人歧视自己时，自信和勇气就油然而生，并逐步走向成功。

（五）注意孩子的外表

自信心一般是在孩子的童年时期培养出来的，如果这个时期孩子经常受到别人的喜爱和肯定，那么孩子就会坚信自己是个优秀的人。相反，如果在这个时期内，孩子经常被否定，身边的小朋友也不愿意跟他一起玩的话，孩子心里就会种下自卑的种子，认为自己一无是处，身上没有值得别人喜欢的优点。所以父母要注意，不要总觉得孩子小，就不注重孩子的外表，否则很可能导致孩子交不到朋友，心灵受到打击而蒙上阴影。

（六）避免对孩子过分保护

受到过分保护的孩子必定是不自信的，即使看起来充满自信，也终究会像纸老虎一样，一戳就破。因为受到过分保护的孩子内心屏障十分脆弱，很容易被外界影响。他们核心自信薄弱，一些小的过错就会羞愧难当，容易从盲目的自信滑向极度自卑。自信对于孩子的健康成长来说十分重要，所以父母一定不能忽视，多放手让孩子拥有一个独立自主的幸福童年。

四、案例

案例一

不吝啬你的赞美

班主任是学校管理中的一部分，是班级管理的重要人物，是学习的引导者。要想做好班主任工作，没有爱心、信心和耐心是绝对不行的。从初一一直把孩子们带上初三，虽然心里还是有些不安，但是责任与使命感更强了。生命是现实的，工作是认真的，勇敢面对并想办法解决是唯一的选择。

蔡某某，一个好动、散漫，脾气倔强的男生，古灵精怪的外表下，没想到还真是我工作中的一个大难题。上课对他来说很无所谓，怎么舒服怎么来，因为他在班级的成绩也挺不错，这学期不管什么课他都不太跟着老师的节奏，每一节课要么趴着，要么看看闲书、偷偷吃点零食，“小日子”过得不亦乐乎。但下了课后就“活蹦乱跳”，疯狂“搞破坏”，所以我这学期开始就把目标瞄准了他，因为如果不把他的工作做好，就会影响和干扰正常的班级管理。

有一次我上课，他像往常一样先趴在桌子上睡觉，当时我心里非常气愤，但我还是点了一下他的名字，结果像往常一样，他反驳，“我没睡，你哪只眼睛看到我睡着了呀”？我盯着他大约三秒，继续上课。下课后我让他到办公室里来，虽然心中很火，但是我也没有批评他，因为我了解像他一类的学生脾气比较倔强，说得过重反而适得其反，而且经常是嘴上认错，却从不悔改。我先是关心他今天是否身体不舒服还是有其他原因，并语重心长地告诉他有关人与人应互相尊重之类的道理。他可能也认识到自己的“过分”，所以态度不是很强硬。谈心，这是做学生工作必备的法宝，也是班级管理过程中必不可少的环节，然而这次谈话的效果并不明显。因此后来的一段时间，我时不时地找他来谈心，说说他的家庭，有时叫他帮我做点事，比如搬桌子，收收作业，在生活上也尽可能给予关心和帮助。经过我不懈的努力，他在不知不觉中产生了变化，上课不再像以前那样经常趴在桌子上，课后也比过去少惹事了。

在一次学校集体劳动中，因为他打扫教室卫生擦窗户格外认真，我在全班学生面前大大地表扬了他。经过一连串事情，他把我当成了朋友。他不仅在学习上专心听课，态度好转；在纪律上也能够主动遵守班规校纪。

【案例分析】

1. 捕捉闪光点，让每一个学生体验到成功

人在社会中存在，都希望自己的学习、工作、人品等受到赏识。特别是孩子们，他们正处于自我意识急剧发展的时期，具有非常强的自尊心，他们需要家长、教师的赏识，哪怕是做错了什么，也需要帮他们找到不足，保护他们的自尊心。而赏识、赞扬、鼓励正是肯定一个人的具体表现。赏识要有一定的艺术性，实践证明，捕捉闪光点是赏识教育的关键。在学习生活中，教师要从态度上欣赏、接受和喜爱身边的每一个学生，不失时机地为学生的点滴进步喝彩，让每个学生都体验到成功。这样，学生才能从教师的态度中敏锐地感受到教师对他们的热爱与信任而使自己充满自信。

2. 营造群体赏识氛围，增强班集体的凝聚力

赏识教育需要教师赏识学生，还要教师引导学生学会自我赏识、赏识他人、赏识群体，创设群体赏识情境。因为群体氛围的改善，能激发学生对班集体的热爱和信心，增强集体凝聚力。学生热爱集体，能为集体着想，其行为就会规范，班集体也就有了活力。班集体的活动是班级的生命，教师可以以丰富多彩的活动为载体，深化“赏识教育”。开展手抄报比赛、行为习惯量化分评比、学习比赛，以及组织学生参加学校运动会、歌咏比赛等活动，并以每次活动为契机，让学生体验到成功的喜悦，不断树立自信心。

3. 找回自信，为待优生重塑形象

“尺有所短，寸有所长”，没有十全十美的学生，同样，也没有一无是处的学生。问题学生，他们并非处处都差、时时都差。他们有自己的长处和优点，有自己独特之处，但就是身上的毛病、问题太多，以致冲淡、遮掩了他们的闪光点，教师往往很难发现。这就要求教师不妨多一份细心，去观察学生的方方面面，千方百计寻找他们身上潜在的优点，为转化、引导他们寻找突破口，从细微处赏识他们，收集他们的每一个优点、每一次进步，放大他们的优点，挖掘他们的闪光点。在班集体中，利用同学们的关心支持，给他们不断创造“展示自我”“张扬个性”的机会，引导他们重拾自尊自信，端正其纪律、学习态度。从而促使学生不断地重塑自我、完善自我、战胜自我。赏识导致成功，抱怨导致失败。不是好孩子需要赏识，而是赏识会使孩子变得越来越好；不是“坏孩子”需要抱怨，而是抱怨会使孩子变得越来越坏。赏识教育将使孩子们不断地重塑自我、完善自我、战胜自我。

【案例反思】

人都有被认可的需要，被肯定的需要，学生们更是如此。他们在意家长对他们的看法，在意同学之间的评论，更在意自己闪光点是否得到了教师们的认可。至今我仍深深记得带教老师送我的一句话“表扬要点名，批评不点名”，只有这样才能更好地开展教学工作，也才能与学生建立良好的师生感情，进行互动式的交流与沟通。每个学生身上都有闪光点，而且他们都有一种强烈的希望自己被别人肯定的心理。因此，教师要抓住学生的这个特征，在对学生进行思想教育的过程中，及时捕捉学生身上的闪光点并予以表扬，这将会激发他们身上的潜能，取得事半功倍的教育效果，师生之间的关系必将得到极大的改善。

（摘自《广大附中论文集》）

案例二

自信·成功

如果一个孩子生活在批评之中，他就学会了谴责；如果一个孩子生活在表扬之中，他就学会了自信。自信是成功的基础。常言道："要让每个孩子都抬起头来走路。""抬起头"就意味着对自己、对未来、对所有要做的事情充满自信。

我们的学生现在存在的许多问题均与缺乏自信有关，比如学习困难、自卑、厌学等。因此，帮助学生建立自信，有助于他们更快地适应社会。当今社会，竞争日趋激烈。在学生时代就建立起的自信，将是他们走上社会，创业打拼所必备的心理素质，是学生的一笔宝贵的精神财富。特别是帮助那些已失去自信和即将失去自信的学生重拾自信，更是教师应该关注的问题。

苏霍姆林斯基曾经说过：没有一个孩子是毫无才能的庸碌之辈，我坚信教育的巨大力量。但是有些老师、家长会在无意中给孩子贴上"懒惰""愚蠢""笨蛋"等标签，而消磨掉他们的自信。

因此作为教师，我们就不能单纯以好坏来作为衡量评价学生的唯一标准。学生来自不同的家庭，有的性格外向，有的性格内向。但要坚信：学生没有好坏之分，只是他们的特点不同而已。一定要尊重、信任学生，不能随意给学生坏的评价。更重要的是，教师应看到学生人性的美好，看到学生都有追求进步、积极向上的一面。我们要以平常心去看待他们的每一点长处，肯定他们的每一个进步。我们必须学会发现学生的每个闪光点，从而去肯定他们、欣赏他们，树立起学生的自信心和自豪感。特别是对一些很特别的学生，就如魏书生所说：他们缺少的不是批评，而是鼓励和肯定，缺少的是被发现的长处。

我们班有一个女生小杰（化名），因为家里有个各方面都很出色的姐姐，因此父母总是让她向姐姐学习，凡事向姐姐看齐，要求她将来也像她姐姐一样成为一名教师。但小杰中考成绩不理想，无奈之中来到了我们学校，从此在父母心里，小杰就成了一个一无是处的坏孩子。正因为父母和周围亲戚朋友的不认可，小杰从此也就不爱讲话也没有朋友，终日与手机为伴，成了"拇指一族"，还留了一个一边长一边短且刘海遮挡着眼睛的怪异发型。从发型作为引子，我多次找她谈话，聊家常、聊学习、聊人生、聊未来，费尽了口舌，也还是无果而终，非常遗憾，这甚至也让我对自己丧失了信心。

但偶然的一次，我感觉到了她的潜力。我要求每个学生每天交一张毛笔字给我，我发现她写的字很认真，而且进步很大。私下问了她周围的同学，她们都反映小杰最近在教室学习的时间多了，和舍友的交流也多了。了解到这些后，我趁热打铁，特意让她到我的办公室，充分认可了她的毛笔字，并要求她每天交三张毛笔字作业。用这种"罚"的方式来"奖励"，她开始并不乐意。我说：你知道吗？你今天的字让我看到了你端正的态度和无限的潜力，同时也让我看到了希望，我希望你能够坚持下去，每天下午课外活动时间亲自交给我三张，直到我认为你的字已经达到一定的水平了，就可以和其他同学一样每天一张。小杰听到这里很兴奋，很满足，也很期待。于是以后每天的下午她都是按时到我办公室交作业，我每次在表扬和鼓励之余，稍微指出她在学习和其他方面的不足。不到两个月的时间，小杰的书法进步很大，我也找了她的书法老师，提前和他们打招呼，让书法老师多表扬，然后让小杰带着她的书法作业去找各位书法老师，这让小杰找回了自信，也帮她找到了自己的闪光点，使她从此有了更多的想法和更高的要求。恰巧学校要组织书法大赛，我第一个就让小杰报了名，她每天练得更认真了，而且每天交给我的书法作业由三张主动增加到了五张，比赛结果令大家很满意，小杰取得了年级一等奖的好成绩，从此小杰脸上多了笑容，身边也多了朋友，每次到办公室交书法作业的时候都和我聊上几句。有次她和我说："老师，你知道吗？你每次都夸我，我都不敢相信。"我说为什么？她说："在家里我只有挨训的份，尤其是我的父母，从来就没有给过我好脸看，甚至连我的亲戚也没夸过我。"为此我还找过小杰的亲戚，是我们学校的一位老师，我私下把小杰的毛笔字交给他，让他评价，这位老师竟然说："这个是她的字？不可能啊！"我肯定地说是！并且我也要求他带话给小杰的家长："一定要好好鼓励鼓励孩子！"

经过一个学期的努力，小杰的各个方面都得到了很大的进步，发型也变了，性格也外向了，学习成绩直线上升，在年级排20多名，上个学期开始让她做学习委员，在我的鼓励下，她还积极参加了学校组织的歌手大赛，尽管没有拿到名次，但小杰的进步却让我欣慰，也让我感触很多。

青少年世界观、人生观、价值观都未完全形成，思想上有些偏差，行动上超出常规都是正常的。作为教师和家长，在对这些学生的教育上要有足够的信心，一定不要抱怨，要坚信"只要功夫深，铁杵磨成针"。有句话一直印在我的脑海里，不仅让我体验到辅导员工作的辛苦和幸福，而且也让我感觉到辅导员工作的神圣和伟大。这句话是这样的：要想让你的班级成为一个优秀向上的班集体，你要让你的每个学生都受到过你的感动。基于这点，我在工作过程中，尽量让每个学生都受到过我的感动。"精诚所至，金石为开"。我们要掌握学生的心理发展特点，应该允许犯错误的学生"讲价钱"，给学生留有改正缺点的机会。再者要给他们改过的空间和时间，不要急于立竿见影。事物都有一个变化的过程，要抓住犯错误学生的闪光点，即使他们取得很小的进步，也应该积极表扬和鼓励。让他们在认识错误和成长中重拾自信。这样，就一定能收到良好的教育效果。

让我们的学生都抬起头来，做一个有自信之人，体会到学习的快乐、生活的快乐和成功的快乐！

参考文献

［1］张凌峰．职业高中学生自信心缺乏的原因及对策．呼和浩特：内蒙古师范大学，2008.

［2］李小霞．团体辅导对初中生自信心培养的应用研究．重庆：西南大学，2010.

［3］陈培霞．学生自信心培养的方法及途径．重庆科技学院学报，2009（11）.

第二节 如何与孩子进行有效沟通

一、问题概述

王女士是一家保险公司的经理，说起自己的儿子，她一脸无奈。“我儿子今年14岁，小时候是个聪明、乖巧的孩子，可自从上了初中，就像换了个人似的。做任何事情他都喜欢自作主张，只要我们说他几句，他就不高兴，还提醒我们他已经是大人了。有时，他为了气我们，还故意跟我们唱反调。有时我们忙中偷闲，好不容易找到机会想跟他好好聊聊，没想到他却皱着眉头说，‘没看见我正忙着么，没时间’，挥挥手照旧做自己的事情了，头都没有抬一下。我真不知道该怎么和他交流。”

家庭在儿童、青少年心理发展中的重要地位和作用已被众多的研究所证实。进入青春期以后，家庭对青少年心理发展的影响作用并没有减弱，而是与青少年特定年龄阶段的发展任务联系在一起。这个时期的主要发展任务是探索自我同一性，青少年与父母的关系由童年时期的遵从和依赖转变为分离和依恋，也就是说，在青春期，青少年一方面要寻求个体的独立，另一方面又需要父母的理解和支持。

已有研究表明，很多青少年感到与父母的沟通存在困难和问题，青少年与父母在一些问题上缺乏沟通，对于一些问题的看法存在明显的分歧。父母与青少年之间的良好沟通有助于新的适应青少年心理发展需要的亲子互动模式的形成和建立，这对青少年的心理发展有着重大的意义。研究发现，在亲子沟通中得到父母支持的青少年能够更好地探索自我同一性，而与父母沟通不良的青少年则更容易出现各种情绪和行为问题。这也是近几年来，亲子沟通成为家庭与青少年心理发展研究的新焦点的重要原因。

二、原因分析

进入青春期以后，青少年要求独立的愿望和倾向日益明显，而父母还不能够及时从儿童时期的父母角色，即从比较单纯的保护和控制角色中转变过来，再加上社会飞速发展带来的两代人之间日益明显的代际差异等，都不可避免地给父母和青少年之间的亲子沟通带来了问题和困难。现阶段父母与青少年亲子沟通中存在的问题主要有以下五个方面：

（一）亲子沟通方式不当

首先，说得多，听得少。孩子的成长需要沟通，可是许多家长似乎不太关心孩子的这种心理需求。由于受传统教育观念影响，一大半家长和孩子交谈时都以家长自居，只顾自己畅所欲言，忽略孩子的感受。

其次，批评多，表扬少。孩子在成长过程中犯错误是难免的，当孩子犯错误时，还没等他说明具体情况，父母就不分青红皂白，一概用严厉的惩罚处之。而当孩子在学习上有了进步或好的行为表现时，父母却视而不见、听而不闻、无动于衷。这种多批评、少表扬的沟通方式，严重影响了孩子的身心发展。

最后，方式单一。父母在和孩子沟通时往往只是一味地说教、讲道理，给孩子的感觉就是家长总是不停地唠叨，从而引起孩子的逆反心理，沟通效果可想而知。如果父母能够换种方式，如可以用书信或电子邮件等途径来和孩子进行沟通，这样，在没有父母在场的情况下，孩子可能会更好地表达自己的真实想法。

（二）亲子沟通内容狭窄

亲子之间在谈话内容上相对来说是比较狭窄的，父母仍然以教导孩子的学习和行为处事为主，对于生理问题、与异性的交往问题以及喝酒、吸烟等问题很少涉及。主要原因在于中国的父母深受传统观念的影响，对青春期孩子的知识教育引导比较保守，特别是在“性”问题上更是难以启齿。当今社会文化的多元化以及信息渠道的多样性使得青少年的性教育已经成为不容忽视和刻不容缓的问题，而我国家庭中亲子沟通内容在此方面的缺乏无疑是一个警示。

（三）亲子沟通时间少

进入青春期后，青少年心理特征上表现出较强的独立意识和成人感，渴望在自由、平等的气氛中同父母交流思想感情，不愿受父母的忽视和压制，因而大多数青少年乐于和同龄人交谈，不愿意和父母谈心；此外，随着社会的飞速发展，两代人之间代际差异日益明显，青少年存在着同父母沟通理解上的、观念认识偏差上的障碍。因而，青少年很少与父母沟通，或根本不与父母沟通交流，加上父母工作繁忙，不善于与孩子沟通，所以亲子沟通的时间越来越少。

（四）亲子沟通时机不当

许多家长即使与孩子沟通，也不懂得把握和孩子交谈的时机。一方面，由于受传统教育观念的影响，父母在孩子面前始终以家长自居，任意干涉孩子；另一方面，父母面对当今社会的竞争和挑战，工作和生活的压力不断增加，有的父母到了更年期，极易失去理智而对孩子发火。所以有些父母不能很好地与孩子沟通，更不可能准确把握与孩子沟通的时机。

（五）沟通中家长言行不一

家长常常抱怨，已经和孩子说了无数遍了，可孩子一点长进都没有，还是老样子。出现这种现象的一个根本原因就是家长忽略了自身的言行。古人云：“其身正，不令而行；其身不正，虽令不从。”孩子的模仿能力非常强，孩子其实是家长的一面镜子。家长如果不注重自身的修养，要求孩子做到的自己却做不到，即使要求孩子一千遍一万遍也不会有用，有时反而会使家长处于尴尬的境地，孩子会反问“你为什么做不到”。例如，孩子上网非常影响学习，家长为了不让孩子上网，每天跟他讲上网多么不好，危害性多么大，而自己却经常在电脑旁聊天、玩游戏。孩子不改，谁之过？孩子的身心发展都不完善，缺乏对事物的判断能力，他们常常是通过模仿来学习的，因此，家长首先要注重自身的言行和修养，树立一个良好的形象，这样才会真正形成一个有效的亲子沟通方式。

三、应对策略

温馨和谐的家庭氛围有利于促进孩子身心健康的发展，有效的沟通是营造良好家庭氛围的必要条件。为此，我们必须掌握亲子间的有效沟通策略，才能建立起亲子间的良好沟通，营造和谐的亲子关系，发挥家庭教育的正常功能。在平等、尊重和接纳的基础上，父母应从以下五个方面着手来进行有效沟通：

（一）提高父母素质，改善沟通方式

父母应该转变学习观念，树立终身学习的理念，提高自身素质。首先，可通过参加家校合作等途径，学习有关的家庭教育学、心理学知识，正确了解青少年身心发展的规律和特点，进而获取成功的家庭教育经验和方法。其次，父母应严格要求自己，凡是要求孩子做到的，自己应率先示范、以身作则，做到言而有信、表里如一。这样不仅会对孩子高尚的道德情操、良好的素质修养的形成起到耳濡目染的效果，而且也提高了父母的威信，使孩子能更好地尊重父母，增进亲子感情，促进亲子沟通。

在沟通时，父母要多表扬、多倾听。作为父母要允许孩子犯错误。对待犯错误的孩子，父母应该正确地对其进行批评教育，不要过早地下结论或横加指责，要给孩子一个解释的机会，帮助其分析问题的所在，择其优点进行恰到好处的表扬和鼓励。父母还应多倾听孩子的心声，并学会倾听。成长中的孩子，非常希望与值得信赖的人分享自己的成长体验。若家长能全神贯注地倾听，并对孩子的话表现出极大的兴趣，孩子渴望被尊重的需求就能得到满足。

（二）更新父母观念，丰富沟通内容

亲子沟通存在的问题，与父母陈旧的教育观念密切相关。父母要树立理解、尊重、信任孩子的教育理念，转变家长制的作风，放下架子，以平等友好的态度对待孩子。只有这样，父母才能从孩子的言行举止、喜怒哀乐中更好地了解和理解他们的内心情感，进而增进彼此的信任和沟通，更好地指导和帮助孩子。通过更新父母观念，使父母树立一种全新的教育观，使父母由权威的家长转变为无话不谈的朋友，能与孩子平等地进行心与心的交流，进而使孩子感到与家长之间不再有代沟，愿意敞开心扉向父母倾诉自己在成长过程中的经历和感受，从而丰富亲子间的沟通内容。

（三）亲子共同活动，增加沟通时间

父母与孩子共同活动，共享欢乐，增进亲子感情。父母再忙，每天也要抽出一定的时间与孩子在一起。建议父母利用工作之余，多抽出时间参与孩子的活动，或与孩子做一些共同感兴趣的事，也可以陪孩子参加一些社会公益性活动，如爱心捐助，这

样不仅增加了亲子互动时间，而且有助于培养孩子的集体主义、爱国主义、热爱人民的高尚情感，并有利于青少年的理想观和价值观的正向发展。此外，为了保证亲子共同活动的顺利进行，父母与孩子之间可以立下“约定”，也就是说，亲子双方可以约好每次活动的日期、具体时间，并在日历上写清楚。若有急事出现，可以改期。家长与孩子每周至少要有一次共同活动时间，活动可以选择亲子双方共同感兴趣的。这样不仅增加了亲子沟通的时间，而且有利于孩子知识的增长和文化视野的扩大，进而促进亲子有效沟通。

（四）理性控制情绪，把握沟通时机

父母情绪的调控对亲子间的沟通是不可忽视的，可以说，这也是家庭教育中最不易突破的难点。要想帮助孩子改正错误、避免对抗，父母首先要学会控制、调节自己的情绪，把情绪始终控制在理智的监督之下。这就需要父母明确地认识到自身的情绪是可以控制的，情绪受思想和意识的支配，并正确了解孩子身心发展的规律和青少年的心理特征，掌握调控自己情绪的心理方法，如暗示法、转移法等。通过调控将情绪平稳下来后，再去解决孩子的问题，会达到良好的效果。

父母与孩子进行沟通交流时，不但要控制好自己的情绪，还要把握好沟通的时机。当孩子、家长心情不好时，不要教育孩子，此时父母、孩子都带有消极偏激的情绪，亲子之间的矛盾和冲突会不可避免地产生，亲子双方的情感也将会受到严重的伤害，进而阻碍亲子间的沟通。此外还应选择适当的时间和地点，在孩子吃饭时、上学前、睡觉前、与同伴一起玩或亲友在场时，都不宜对其进行教育，否则会引起孩子的反感，而且还有可能影响和干扰他们以后的学习和活动。

（五）以身作则，为孩子树立良好的榜样

有这样一则公益广告：第一个镜头，是一位年轻的妈妈给年迈的婆婆端来洗脚水，为婆婆洗脚。跳过镜头，则是一个可爱的小男孩，端着一盆水，很费力、却很开心地朝自己的妈妈走去。然后幕后传来话外音：中华美德，代代相传。广告中的妈妈用自己的实际行动告诉孩子：该怎样对待父母，该如何孝敬老人；孩子也就立即从妈妈的行动中，学到了孝敬父母的良好品德。

作为父母，要明白一个最基本的道理：“孩子是家长的一面镜子，你对他笑，他对你笑；你对他好，他也对你好！”所以，身为父母，无论日益长大的孩子出现了多少令父母不甚满意的问题，都应首先从自身出发，找到调整的办法。有时，家长对教育孩子的问题很困惑：平时没少对孩子进行说理和教训，可孩子还是我行我素，不听家长的话，做一些令家长伤脑筋的事。其实，孩子的好品质是在受感染、被熏陶中潜移默化形成的，而不是靠枯燥、粗暴的说教和训斥培养而成的。殊不知，其实，父母就是一面时刻立在孩子眼前的镜子，孩子常常是通过“照镜子”的方式，在不知不觉中“修改”自己的言行。家长的一言一行都要为孩子做好表率，这样孩子才能跟在父母后面学习他们的优点，改正他们的缺点。

父母应该做的八件事：

（1）青少年在晚上比较爱讲话，可选择晚上交流。

（2）并肩坐取代面对面坐。当孩子不觉得你在盯着他时，比较容易打开心房。

（3）在活动空当和他交谈。青少年喜欢在打球、坐车、吃东西时和别人分享他的感觉。

（4）让孩子发泄。训练自己倾听孩子情绪性的话语，如“我很烦”等。

（5）问特定问题时可以采用正面的态度。如“老师是怎么评价你这次的成绩的”。

（6）谈大范围的话题，如电视节目、运动、音乐，甚至政治，但话题内容应该正面，有助于了解彼此。

（7）用言语赞许孩子的想法，如“好主意”“你今天做了好多事”。如果他需要建议，千万不要只给一个答案。

（8）把孩子对你的倾诉永远记在心里。青少年是敏感、容易受伤害的，幽默常导致反效果，会让孩子觉得你认为他的烦恼不值一提。

四、案例

案例一

沟通心得

在现代家庭，当孩子享受着越来越丰富的物质和精神生活的同时，一些孩子却越来越不愿与父母沟通。就我的孩子而言，她的学习成绩从小学开始一直在班里名列前茅，也愿意与我们沟通，这份良性互动是我们作为家长努力的结果。

记得有一段时间，女儿迷上课外书，只要一有空闲就马上捧起书来看个不停，甚至在功课还没完成的情况下也会躲在房间偷偷地看。那段时间她的数学成绩波动较大，我看在眼里，急在心里，就采用“抓现形”的方式严肃批评了她，把成绩波动的原因简单归咎于花太多的时间看课外书。女儿嘴上不反驳，但心里倍感委屈，一段时间里都不愿与我们沟通，对我们的关心也总是应付了事。

事后我开始注意在与她交流的时候，寻找更有效也更能被她接受的方式、方法。一次，当她在聚精会神地看漫画书的时候，我看似不经意地问：“这是什么好书？看得这么入神？”女儿对我亮一亮封面。“画得很漂亮嘛，属于少女风格的吧？”她的眼里写满了惊异，我笑着说：“爸爸小时候没有这么漂亮的漫画书。一代作家有一代作家的使命，漫画作家也一样。每个时代的作家要想自己的作品长期拥有大量读者，就一定要不断扩充自己的知识面，反映当今时代的风貌。你这样喜欢漫画，自己也可以尝试画一画或写点小故事。不过你想构思出人家这么有趣的故事，可是要有大量的积累哦！做好功课是积累的基础，爸爸不反对你多读书，但是小孩子文化课的基础一定要牢固啊！”女儿对我露出了会意的微笑。

为了让孩子更喜欢与我们沟通，我们还采取给女儿留“微笑纸条”的独特方式进行沟通。就算工作再忙，我们也不会忘记给女儿留下“微笑纸条”，放在女儿的笔盒里，或是放在书桌、枕头上，一些不便于口头表达的话通过“小纸条”——一种图文并茂的方式，与她进行心与心的交流，鼓励她、引导她、鞭策她。她的“微笑纸条”

也经常在我的书桌上等待回复。随着孩子接受互联网信息的增多，我们鼓励她在不影响学习的前提下上网“开博”留下成长感悟。传播“微笑纸条”的方式又多了网上留言这个新渠道，这也是网络时代与孩子沟通的一种有效方法。就算是出差在外，我们与孩子也能随时随地进行沟通，这种方式能让孩子感受到父母的关爱与关注无时不在。

所以，与孩子进行沟通的渠道是多元化的，问题在于父母的认识和自身的心态。作为已有相当人生经历和社会阅历的父母，都希望自己的孩子能一帆风顺地成长，为此，在与孩子的交谈中不免运用“经验论”的方式说服孩子，效果往往适得其反。对此比较理想的方式是以面谈为主，文字为辅。面谈是沟通中最直接也不容易产生误会的方式，文字沟通则可以给双方更充分的思考时间。在学习方面，要以语言鼓励为主，一句贴心的鼓励能够极大地树立孩子的自信并调动其积极进取的欲望，其效果远胜于物质奖励；对孩子偏颇的想法可采用文字的方式与其沟通，用商量的语气给孩子一些建议，孩子会更容易接受。在生活方面，要给予其多元化的关心，孩子在学校往往会因某些小事而困惑，要及时了解孩子在学校的生活和她发现的现象，并乐于与之进行互动，在生活中潜移默化地教导孩子如何面对问题，从而形成彼此易于沟通的良性循环，真正走进孩子的心灵世界，让孩子喜欢与父母沟通。

【教师点评】

“理解”是沟通的桥梁，人与人如此，父母与子女、教师与学生之间更是如此。因为年龄、文化和阅历的差异，我们往往对孩子的很多做法非常不理解。在不理解的情况下以简单、粗暴的方式横加干预、令行禁止，结果是将自己与孩子之间的沟通之门关闭，让孩子不愿意再和我们说实话，也不愿意让我们再过问他们的学习和生活。

过分迷恋漫画书，这是很多中学生都存在的问题，但很多教师和家长的做法是没收、写检查、封锁来源，却没有从与孩子沟通的角度入手，这样孩子也许就会更加隐秘地进行他的“看漫画行动”。而案例中这位爸爸的做法就很值得我们借鉴。首先，站在孩子的角度思考问题，一个十二三岁爱美的女孩，看着精美的漫画书，很难不动心，所以作为教育者，必须理解她。其次，任何被孩子迷恋的东西，都有它积极的一面，我们应该善于寻找，适当地给予一定的肯定，这样孩子就不至于太反感你的说教。最后，要善于引导，化不利为有利，让孩子明白发展自己的爱好也需要努力地学习，提高自身素质。这样的劝告就很容易被孩子接受。以上案例中这对父女之间的良性沟通，为我们上了很好的一课。

沟通的方式有很多，案例中这位家长用“微笑纸条”、网上留言等新潮而又充满爱意的方式与孩子沟通，使孩子在与父母交流的同时感受到快乐，觉得与父母交流是一种享受。但要做到这些，需要我们花更多的时间了解孩子的世界，学会与时俱进！

（摘自《广大附中论文集》）

案例二

教子心声

身为父母，最大的快乐莫过于看着自己的孩子健康快乐地成长，在孩子的成长过程中与他分享点点滴滴的快乐，成为孩子无所不谈的良师益友。

在儿子小学六年级下学期之前，每天一回家，我们一家都会迫不及待地把自己开心或不开心的事告诉对方，相互交换意见。每年我们约定一起去旅游，我们还会陪儿子参加他喜欢的各项课外活动，我们像好朋友一样无话不谈。但自从发生了一件事以后，我和儿子的关系开始转变了。

当时儿子小学毕业考试将近，因为毕业考关系到是否能升上好的初中，我对儿子的每次测验都非常紧张。在预考的几次数学考试中，由于对数学的轻视，一向考试都能拿100分的他却发挥失常。第一次测验失败，我鼓励他要加油。第二次测验的成绩比第一次还低了两分，我生气地说了他几句，要求他总结经验。第三次的成绩仍然没有进步，我实在忍不住了，用质问的口气向他提出了几个问题："为什么考得那么差？这么差的成绩如何争当推荐生？你究竟想不想考上好的中学？"看他对我提出的问题毫无反应，还摆出一副满不在乎的样子，我像泄气的皮球一样彻底失望了，我气愤地对他说："我对你完全失望了，你自己看着办吧！"听完我的话，他面无表情地坐在那里，一动不动，一声不响。

自那次以后，我发现他变了，放学回家就回自己的房间，跟我们的沟通也越来越少。我说他什么，他都不会提出反对意见，后来甚至连作文也不愿意给我看了。

我越来越感到事情的严重性，下决心一定要解决这个问题。我开始阅读许多关于父母如何与孩子沟通的书，当看完《傅雷家书》这本书以后，我想出了一个办法，即每天与他相互通信。

我在刚开始与儿子通信时，儿子会在信上含蓄地写"谢谢您的提醒"。通信一段时间后，我发现他每次考试成绩不理想，其实也挺难过的，他更需要的是我的安慰和鼓励，而不是我严厉的责备。在与儿子通信的过程中，我从原来"你应该或我觉得"等命令的口气逐渐改为"你觉得或你有何高见"等朋友之间交流的方式。后来儿子向我提出了一个建议——在信上能否把称呼妈妈的"您"改为"你"，我好奇地问他原因，他回答说："我觉得这样可以拉近我们之间的距离。"我爽快地答应了。在我们交流的信上，我们各自畅所欲言，无所不谈。其中我儿子写的一段话让我难以忘怀："我是一块干巴巴的海绵，妈妈是一条清澈的小溪，你让我吸收了你丰富的知识，引导我朝着正确的方向前进，你还不断吸收奔腾大海的精华，让我有更多的知识丰富人生。我觉得成功的孩子背后都有一对成功的父母！"

后来，为了更好地与儿子沟通，我们家还把星期天定为"家庭活动日"——有时一起看电影，有时一起运动，有时一起制作模型，有时在家一起烹调等。"家庭活动日"当天，没有特殊原因，所有家庭成员都要参加。

此外，我们家还定了一条不成文的规定：谁有道理就听谁的。记得有一次，我们家的冰箱坏了，为了急于知道冰箱出了什么故障，我找了附近维修店的两个人来看，当他们看完以后，提出要换大零件时，儿子小声地对我说："我觉得他们看上去像假冒的维修人员，刚才我看他们检查时，螺丝还没有拧出来，就去拔那个零件，我觉得他们不专业。"后来我们采纳了儿子的意见，找了专业维修人员来修，最后只换了一个小零件，我们的冰箱就运作正常了。

现在我们与儿子的沟通不但恢复正常，而且还越来越顺畅。每天一回家，他都会滔滔不绝地把当天发生的事告诉我们。一般情况下，我们都会坐在一起，在平等的气氛下相互交谈和交换意见。记得一次下班回家晚了，儿子一看我回来立即迎上来与我说话，我对儿子说："妈妈赶着煮饭，你先去做功课，等吃饭的时候再说。"他立即回答说："我怕忘了，与你交谈又不耽误你干活，而且我还可以帮忙……"

孩子在成长的过程中，需要正确的心灵指导。为人父母，应该重视平等的家庭教育，与其保持有效的沟通，走进他的内心世界，多给予他理解和关怀。其实教育是双向的，父母不但要用正确的人生观念启迪孩子，还要不断充实自我，与时俱进，与孩子一起成长。

【教师点评】

随着孩子年龄的增长，越来越多的家长感到不知如何与自己的孩子交流，总觉得孩子不如以前听话、懂事，喜欢顶嘴或觉得孩子变得沉默寡言，不愿与家长沟通。

然而，文中的家长却懂得放下家长的架子，从尊重孩子、爱护孩子的角度思考问题、解决问题，并通过学习掌握一些亲子沟通的技巧，给予孩子及时、正确的引导和教育，实现真正意义上的平等交流，从而获取了孩子的信任和尊重，在家长与孩子之间建立起良好的沟通桥梁，享受着许多父母都想享受的"天伦之乐"。

因此，要想与孩子进行良好的沟通，不仅需要有像文中的家长那样的耐心，也需要像文中的家长那样学习一些亲子沟通的技巧。比如，文中提到的几点做法就值得借鉴：

当孩子的学习遇到困难和挫折时，作为家长应该采取怎样的态度？有些家长在"望子成龙""望女成凤"心态的驱使下，当孩子在学习中触礁时，便显得很急躁、很不耐烦，只会一味地指责，这样，就会像文中描述的那样，孩子在受到家长严厉的指责后，或变得叛逆，或变得沉默寡言，对孩子的学习不但没有丝毫的帮助，反而会打击他的自尊心和自信心，以致其成绩越来越差。然而，文中的家长在发现指责教育给孩子带来的伤害时，及时对自己的教育方式进行反思，改变了对孩子的教育策略，在孩子拒绝与其沟通的情况下，采取书信的形式与其交流以了解孩子内心的真实感受，并学着以一个朋友的身份不断给予孩子安慰和鼓励。终于，孩子的学习有了起色，亲子之间的交流也逐步回温。由此，我们可以看到孩子在受挫时，需要的不是家长的指责，而是家长的理解、鼓励和朋友般的帮助。

当对待同一个问题，孩子有"不同声音"时，家长是以面子为重，坚持自己的意见，还是在客观分析以后，再决定是否听取孩子的意见和建议？文中的家长选择了后者：谁有理听谁的。这样民主、和谐的家庭氛围不仅有利于培养孩子思考、解决问题的能力，更有利于亲子之间的沟通——让孩子有说话的权利，这其实是对孩子的尊重；孩子感受到了家长对自己的尊重，反之，也会学会尊重自己的父母。

亲子沟通有技巧，但并不是一蹴而就的事情，它需要父母像照看花儿一样，不断给予其耐心的灌溉和施肥。如文中的家长提到的，以每周日为"家庭活动日"，这不仅有利于孩子身心的健康发展，而且为彼此感情的交流提供了良好的平台，从而使良好的亲子关系得以持续发展。

（摘自《广大附中论文集》）

案例三

坦诚沟通

第一次当班主任，我的内心充满了对未来班级的憧憬和希望，当然也有些忐忑，不知道要面对的是怎样的一群学生，不知道该如何与他们亦师亦友地相处，不知道怎样才能让自己的班级健康稳定地向前发展。时间很奇妙，所有的一切都在它的流逝中慢慢地发生和结束，不知不觉新学期已经过去一个多月了，我在实践中不断总结，深有感触，其中最大的收获就是觉得要想教育好学生，一定要加强与学生的沟通，并且要敞开心扉与其沟通。

一、发现问题

小芸是个活泼开朗的女孩，课余时间她的身边总围着三三两两的同学一起说说笑笑，但刚刚开学我就对她很头痛，因为她总是违反纪律，军训的时候仪表从不合格，开学以后班干部、任课老师也经常和我说她上课爱说话，午休也吵闹，自习课上更是说个不停。听到这样的投诉多了，我心里就有些焦急，对小芸批评几句再警告几句。这种做法的效果显然不太好，依旧不时有关于小芸的投诉传来，让我头痛不已。

正当我苦恼之际，班里恰好要换座位，于是我把她安排在教室入门靠墙的第一个座位，这个位置在老师的眼皮底下，而且周围同学少，我还特意把几个平时很安静的学生安排在她身边，没有了说话对象，难道她每天自言自语？应该会有所收敛了吧。

没想到刚换完座位，她就来找我理论，说她有鼻炎，不能坐在离黑板很近的地方；说她视力很好，不需要坐前面；说我安排座位很不合理，很多同学都不满意；等等。她的语气有些嚣张，我非常生气，说："你自己表现这么差还提出这么多要求，有本事下次你来排座位，要让班里每一个同学都满意而且要保证整个班级的纪律！"她居然回答说："好啊，下次我来排！"我很沮丧，对于她感到无计可施。

二、寻找问题的症结

当天晚上接到她妈妈的电话，我趁机大吐苦水，数出她的种种"罪状"，她的妈妈通情达理，但在女儿的教育问题上也毫无办法，她说小芸的性格很要强，初中曾因母女意见不合有过自杀行为，所以现在也不敢对她过于严厉，还说她这几天每天回到家就把自己关在房间里，不吃不喝也不说话。放下电话，我陷入沉思，我没想到她在家里有这样的情绪和表现。我也开始反思自己的行为，每次她一犯错误我就批评她一顿，反反复复，她依然我行我素，她肯定也对我充满了敌对情绪，谁愿意一天到晚被别人说呢？我决定改变对她的教育方法。

第二天，我找到她初中的班主任和其他任课老师，一一了解她的情况，主要是收集她的优点，结果让我有些吃惊。原来她在体育方面很突出，能力也很强，担任体育委员可以把运动会安排得井井有条，完全不用老师操心；她很讲义气，跟同学的关系非常好。最让我没有想到的是，她曾经找以前的老师诉过苦，说我可能对她有偏见，老是针对她，这让她很苦恼。

三、解决问题

了解了这些情况后，我整理自己的思路，打算敞开心扉和她好好沟通一次。第三天中午午休时，我把她带到教学楼下的小花园里，在一个相对轻松的环境中开始了我们的谈话。

首先我坦诚地告诉她："开学才一个多星期，老师确实对你有些偏见，今天我想心平气和地与你好好谈一次，为什么我会对你有不同的看法。军训的时候，老师多次提醒你要注意仪表，可是你一直都不改正，如果换作你是老师，面对这样的学生，你的情绪会不会受到影响？"

她沉默着，我又接着说："军训时各方面的要求都相当严格，大家都认真地执行，因为你，班里每天都被扣分，那其他同学的辛苦付出不都白费了吗？作为班主任，我当然希望我们班积极向上，你的表现是不是拖了班级的后腿？老师心里会不会着急？最让老师难以接受的是，你还振振有词地说，总有一个倒数第一名的，为什么我们班要争先呢！你从老师的角度设身处地想一想，听到这样的话，老师会不会有些生气？"

我尽量用非常平和的语气说完上面的话，然后用非常关切的眼神等待她的回应。她看了看我，不好意思地笑了笑。

于是我接着说："你活泼开朗，和同学的关系非常好，这一点老师很欣赏。"停顿一下我又说："可是与同学之间的沟通和交流，是不是在课余时间进行会更好？老师耳朵里经常传来你违反纪律的情况，听多了会不会有些烦？你去问问老师以前的学生，我的脾气本来是很好的，可现在却总是对你生气，为什么会这样？"

她看了看我，终于开口了："老师，我知道你性格很好，你不知道当暑假得知你是我班主任的时候有多开心呢！我到处打电话告诉以前的同学！可是开学以后每次见到我，你都要训我一顿！"

听了她的话，我有些感动也有些愧疚，她读初二时，我曾在他们年级任教过，跟很多学生关系都不错，当了班主任以后，琐碎的事情多如牛毛，各项评比都压在头上，让我时常着急上火，教育学生也忘记了要注意方式和方法。

我赶紧说："老师的性格没有变，今天我们谈完以后，以前的一切一笔勾销，只要你遵守纪律，我绝不会无缘无故批评你的！"

"老师，其实我以前是因为对你有抵抗心理才故意那么做的！你每次见到我就训我，你越训我，我就越不想做好！"

原来是这样！是我求胜心切的教育方法让她产生了逆反情绪，幸亏我及时进行了调整。心结一旦打开，我们接下来的谈话就顺利而轻松了，我一再强调从此以后会不计前嫌，同时也对她提出了一些基本的要求。她很愉快地答应了，还说了很多体谅我的话，我惊奇地发现原来她很懂事也很可爱。

那次谈话结束后，晚上我收到了她的道歉短信，直到现在，我再也没有听到有关她上课时讲话的投诉。她一如既往地开朗活泼，经常为我出谋划策、管理班级，担任我们班的体育委员，整个运动会策划、组织得井井有条，完全不用我操心，对此我很欣慰。

四、教育体会

通过小芸这件事，我认识到高中学生独立能力强，有自己的想法，而且都比较懂事，当他们犯错误时，应该和他们沟通，讲道理，以理服人，以情感人。有的高中生的自尊心很强，如果一碰到问题就气势逼人地横加指责，势必会造成他们的逆反心理，使之明明心里知道自己犯错却偏偏不悔改。

教育问题神圣而复杂，我还需要在不断的实践中总结前进！

（摘自《广大附中论文集》）

参考文献

[1] 房超，方晓义．父母——青少年亲子沟通的研究．心理学新进展，2003（11）．
[2] 杜青芬．亲子沟通中存在的问题与对策．家庭教育，2005（11）．
[3] 袁桂平，刘春志．青少年亲子沟通策略探析．现代科学教育，2008（12）．

第三节　如何正确认识性别角色

一、问题概述

所谓“男生女性化”现象由来已久。还有一些男生表现出性格和行为习惯类似于典型女生，说话细声细气、做事扭扭捏捏、缺乏“男人味”等特征。此外，我们有时可见一些女生言行粗犷泼辣，举止大大咧咧。特别是受中性打扮的影响，使得某些女生从远处看根本分不清到底是男生还是女生。甚至还有很多女生直接表现出像男生一样典型的性格和行为习惯。这样的情况在中学校园里时有出现。有些家长和教师都无奈地感叹道：“现在的有些孩子不知怎么了，男生不像男生，女生不像女生。”其实上述这些令人迷惑的现象即男生女性化与女生男性化。

“男生女性化、女生男性化”是一种性别同一性困惑现象，按照埃里克森的人格发展理论，被称为“同一性对角色混乱”。这个阶段一般发生在 12 岁到 20 岁之间的个体，他们的生理性别与他们的心理认同并不一致：有些人通过穿衣和化妆，来按照自己认同的性别打扮自己；还有些人通过激素和外科手术改变外形。这些都是性别认同障碍（Gender Identity Disorders，GID），也称为性别认同困惑、性焦虑、性倒错及易性癖。那么这种心理会对孩子产生怎样的影响？

这些女性化男孩和男性化女孩在年龄较大时，常常受到小朋友的歧视和捉弄，或受到来自教师和邻居的压力，使他们企图隐蔽自己的异性行为，但常常又办不到，内心便十分痛苦。同时他们又常于无形中被其他孩子“隔离”开来，因而产生内向、孤独、胆小及忧郁的性格特点。

二、原因分析

虽然造成该行为的原因目前还不清楚，但子宫激素、基因和环境因素（抚养）等都可能是其中的原因。这或许与早期的家庭教育有很大关系，有些家长由于孩子的性别没能满足自己的需求而把孩子当作另一性别来培养，就会让孩子厌恶自己本身的性别而发生性别错位。生物因素和社会文化因素共同影响人的性别角色社会化进程，但大多数心理学家更强调社会文化因素的作用。因而，在性别研究中，性别角色认同主要指的是对社会性别角色的认同。我们从性别认同障碍的相反面，即从性别认同来分析性别认同障碍产生的原因。

（一）生物论

生物论者认为基因及生物的程序对性别角色的发展有所影响。不可否认，男女有其生理上的性别差异，不仅是生理结构上的差异，同时也在生殖作用上分别扮演着非常不同的角色。Lynn（1974）认为基因在性别差异上起着重要的作用，表现在如下方面：基因在其他任何环境因素尚未发生任何影响时，就已开始展现影响力；基因的影响力普遍存在于各文化团体中；基因的影响可以在类人猿中获得证实；基因与男女所分泌的荷尔蒙有关。

此外，进化论者认为每一个物种的成员与生俱来都有一些生物决定的特质和行为，这些特质与行为是进化及生物适应的结果。在1993年，Freedan依此提出性别角色的认同与发展是两性间行为差异的遗传结果。

由于两性之间存在明显的生物上的性差别，一些学者提出行为是否是由天生的程序所引导的一种假设。例如，女性养育子女，男性倾向于探索与攻击，是为了能让物种生存，以确保个体基因的永存。在此领域有人提出生物社会学模式（biosocial model），即天生—关键期—教养的原则。这个模式指出，基因及激素的生理因素是确立性别差异的基础，但是也需要社会文化环境来完成及维持这种过程。生物论、进化论以及生物社会论强调早期生理发展的关键性，同时生物社会论也揭示了因早期生理发展所引发的对婴儿的性别标示与性别分化教育，对儿童的性别角色的发展有着很大的影响。但由于生物论、进化论忽略后天因素的影响力，而生物社会论也未能说明性别分化的社会化过程，由此被其他理论所批评。但随之也造就了其他理论从相异的观点对性别角色的发展来进行阐述研究。

（二）精神分析理论

弗洛伊德（Sigmund Freud）认为性别角色的发展与获得是潜意识中恋母情结或恋父情结所产生的防卫性认同的结果。男性及女性的认同过程是不同的，男孩认同的发生是恋母情结的结果。男孩对母亲有强大的占有欲，但害怕父亲的权力，进而产生恐惧，因此这时候男孩开始认同自己的父亲以解决并消除恋母情结，并获得自己的性别角色，发展男性化。在认同的过程中，男孩将以父亲为代表的社会戒律变成自己个性的一部分，逐渐具备良心和超我，继承了设想作为父亲所应具备的权力。女孩对于母亲的认同是恋父情结的结果。女孩想拥有父亲，但是害怕受到母亲的惩罚和讨厌，转而去喜欢及认同母亲，并发展女性化。女孩在这一阶段把母亲的形象纳入自我概念，并把自己放置在男性社会的从属地位。

加德纳（Gardner，1978）指出这种同性父母认同的结果是：儿童不仅采纳了认同对象的行为，同时也接受了认同对象的价值、态度、意见及标签；在以后的生活中，儿童将选择他在此时所接纳的性别角色。但是，弗洛伊德的这种以观察精神病患者为主，以潜意识中性驱力为动力而创立的学说，在性别角色的研究上似乎很难获得强有力的实证性研究的支持。

新弗洛伊德学派的学者，在他的理论上提出了修正的意见和看法。霍妮（Karen Horney）认为，在人格的发展过程中社会比本能的、生物的力量更重要。阴茎嫉妒是女孩渴望男人拥有的尊重和地位的象征，而不是表面上机体对阴茎的渴望。南希·乔多罗（Nancy Chodorow）认为男女不平等的原因在于孩子和母亲关系的早期经验。婴儿对自己的性别并没有初始的认知，而母亲却清楚地知道孩子的性别，并区别对待男孩和女孩。当孩子开始发展自我感觉的时候，女孩认同了母亲而获得女子气，此时男孩用了更多的时间拒绝母亲的女子气而发展了男子气。

总之，心理分析理论揭示了重视恋亲情结的解决与对同性父母的认同、学习的理论，但其忽略了社会文化、环境因素的影响，同时也并未涉及儿童自我认知的过程，使之对性别角色的解释偏向“天生的”，致使其对于性别角色发展的解释有所不足。

（三）社会学习理论

社会学习理论并不否认遗传在两性角色定型中的作用，但是更强调观察、强化、模仿等社会化的学习过程是性别角色获得的主要因素。米契尔（Mischel，1970）及班杜拉（Bandura，1977）认为儿童的性别认同、性别角色偏好及性别角色发展是经由两种途径产生的：

（1）在婴儿时期强化。男女在生理和心理方面都依赖母亲，母亲是婴儿获得注意和爱抚的中心人物，母亲是婴儿行为的第一个有效强化者。在婴儿心理发展过程中，母亲强化婴儿的某些行为、惩罚另一些行为，这一过程也是两性角色的学习过程。例如，女孩玩洋娃娃，母亲会表现出赞许的态度；从事攻击性活动，母亲表现出反对的态度。对男孩的态度则相反。以后，刺激的泛化产生了，与母亲类似地位的人也成为儿童性别行为的有效强化者。

（2）观察、模仿。儿童可以通过观察同性楷模，如通过父母、手足、教师或是同伴而习得适当的性别行为。根据社会学习理论，权威形象的力量是促使儿童模仿的原因之一。在两性角色的学习过程中，儿童往往模仿与自己同性别的成人，很少模仿异性成人。班杜拉认为儿童特别注意同性的楷模有两个主要原因：①儿童模仿与自己同性的父母或手足时，较常得到增强；②儿童能认知、感觉到同性楷模与自己的相似性，因而使自己更注意同性楷模的行为。但社会学习理论受到批评的最主要观点在于：不论谁是社会化的执行者，儿童总是大量且消极被动地接受文化传送的信息。批评者认为儿童虽然以观察学习、模仿作为社会化的动力，但并非完全被动地接受外在的信息，他们会通过选择性的认知来决定是否模仿。认知发展理论与性别图式理论对此欠缺作了讨论。

（四）性别图式理论

根据信息的加工和处理概念，一些认知学者以“性别图式”理论来解释性别角色的发展（Sandra Bem，1981；Martin & Halverson，1981）。这个理论包含了社会学习论及认知发展论的特征，同时也强调文化的重要性。桑德拉·伯姆（Sandra Bem，1981）指出性别图式是一种后天获得的认知图式，它是发展中的儿童在学习他（她）所处的社会文化所定义的那种男性（女性）的过程中而形成的。这种社会文化所定义的男性和女性就在儿童的大脑中形成了一个图式。性别图式理论认为儿童在早期即发展男孩或女孩的图式，这些图式来自两个因素：①儿童具有天生的倾向对来自环境中的信息进行组织分类；②社会文化提供了区分性别的线索，例如服饰、名字、职业等，使得性别区分得到确认。当儿童采用属于男孩或女孩的图式后，这些图式就逐渐影响儿童的性别角色（Maccoby，1988；Martin & Halverson，1981）。

（1）性别图式影响儿童评价输入的信息是否适宜自己的性别而调整自我行为。例如，男孩踢足球，女孩玩芭比娃娃等。

（2）性别图式促使儿童去注意某些信息。例如，女孩可能更注意广告中芭比娃娃的最新动态，男孩可能更注意足球赛况等。

（3）性别图式理论可能会引导儿童作某些推论。例如，牙医应该是男性，而在家里照顾孩子的应该是女性等。

（五）性别脚本理论

性别脚本理论通过增加次序的内容扩充了性别图式理论，它假设孩子获得的与性别相关的社会知识是以先后顺序的形式组织的。图式是知识的表现，脚本将重要事件以先后的顺序描述出来。脚本考虑到了社会关系的理解，并且可以认为是为了某个目标组织起来的适宜时空情境的有序的行为。

三岁以上的孩子能够说出怎样准备外出、怎样吃饭以及很多这样的做事次序。对于性别角色的获得来说，性别脚本就是及时组织起来的有序的事件。但是性别脚本理论还包括性别刻板印象的成分，刻板印象定义了每个性别以怎样的顺序展现事件。

研究者使用那些与性别图式理论相似的测验调查了信息加工和记忆中脚本的存在。有一项实验研究让孩子用工具造房子和做晚饭，然后请他们以有序的方式排列这些事情将怎样发生。结果显示，大点儿的孩子做得更准确，所有的孩子尤其是男孩子在排列与自己性别相关的事件上更准确。另一项研究向孩子们呈现两个同性性别和两个异性性别脚本，然后请他们回忆脚本的内容，结果显示孩子们在回忆同性性别脚本上更准确。很多学者认为这个理论是一个很有前途的性别角色发展的社会理论，但是他们关于性别角色发展的实证研究还有待进一步加强。

以上几个对性别角色成因分析的理论都触及性别角色发展的各个重要方面。又有研究结论指出，社会认知、行为、个体等因素对个体性别角色发展的影响是明显的，没有唯一的性别发展理论能够解释儿童的性别角色发展。一些学者认为应该将这些理论进行整合，这样或许可将性别角色发展的原因解释得更准确。

三、应对策略

（一）正确认识孩子的性别角色

有些孩子会由于在有缺陷的家庭环境中度过童年，或教养方式潜移默化的影响，发生性别角色偏差。例如，没有父亲或父亲长期不在家的男孩，由于缺少男性榜样，会表现出女性化的爱好和行为。又如，有的孩子和异性家长（即母子或父女）的关系过于密切，在身心上对异性家长过分依赖，而不愿接受应有的性别角色。此外，更常见的性别角色偏差是，由于父母愿意有一个不同性别的孩子，从小就把自己的孩子当作另一性别的孩子来教养。这类性别角色偏差一旦形成和定型，要加以扭转将会十分困难。

家长在孩子性别角色发展过程中要注意以下要点：承认、赞赏孩子的性别。性别认同是孩子自我认知的重要部分，只有孩子对自己的性别感到满意，才会对同性的性别特征抱有好感，并希望拥有这些性别特征。孩子的行为往往源于观察生活得到的知识和启示，因此父母是孩子在性别角色中最重要的指导和榜样。所以很多父母一定要注意自己本身的性别行为，树立正确的性别榜样，并且要帮助孩子选择身边的同性伙伴。

（二）及时鼓励适当的性别角色行为

中外学者一致认为，性教育要从婴儿期开始，刚出生的婴儿不会说话，也听不懂话，不能与成人充分进行思想和情感交流，但是，婴儿却能够通过条件反射来接受成人与环境对他的影响。性别自认的早期培养，主要是通过对男孩作出“这宝宝真棒，真勇敢，将来准是一个男子汉”等评价，对女孩则使用“好宝宝真乖，真漂亮，真听话”等作出与女孩相关的语言词汇，使婴儿逐渐意识到自己的性别角色等。

在孩子的游戏方面，多鼓励孩子玩一些与自己性别角色相一致的活动。例如，男孩玩一些战争游戏，男孩担任将军角色，女孩担任医疗队员角色。在闲暇时，父亲可以让男孩子帮助做家务，通过洗刷地板、爬山、游泳、滑冰等锻炼男孩冒险、自立、应变等心理素质；女孩则可以带她去游览公园、名胜古迹，观看时装表演、绘画展、书展等培养其文静、内敛的女性气质。

对不当的性别角色行为要反对，除了偶尔的表演性行为，对自己孩子的不当性别角色行为即使不加反对，也应表现冷淡，让孩子感到自己的表现有误，父母对此没兴趣。

（三）培养孩子与同性父母的亲密关系

对于那些家里只有一个小孩的父母来说，有时候他们不免觉得遗憾，既喜欢男孩的威武雄壮，又想有女孩的温柔体贴，怎么办呢？

家长一旦发现孩子出现性别偏差，就应该及早加以引导，从改变孩子成长的环境入手，加以纠正。培养孩子与同性父母的亲密关系很重要，父亲应常常陪儿子玩，母亲也要有单独与女儿在一起的时间，如果家里缺乏同性父母的榜样引导作用，可以通过亲戚朋友或家庭教师来施加影响，多和同性成人在一起游戏，或做些有兴趣的活动，使孩子受到感染，并出现模仿行为。此外，让男孩看一些男性英雄的书，给女孩讲一些仙女的故事，都将对他们的性别角色矫治有所帮助。

任何事情都有个度，物极必反，家长对孩子的性别角色行为过分敏感，亦是不必要的，例如，不让男孩从事艺术活动，逼迫他参加竞争性运动；阻拦女孩玩枪弄棒，让她抱着洋娃娃过家家。目前研究显示，通常社会适应力良好的人，拥有高度两性特质，在孩子的发展过程中，单就男性或女性特质作特别强调，其实更容易造成孩子某些能力与兴趣的偏重。

四、案例

案例一

浅谈“伪娘”现象

“伪娘”现象的出现在社会上引起颇大的争议，究其原因是社会大环境的变化，女性地位的不断提高，社会元素越来越多元化，等等。我们应理性对待此现象，在宽容其存在的同时，规避其不利影响，使其自由发展。

近来，由于国内一些选秀活动中陆续出现男扮女装的现象，“伪娘”成为媒体上频频出现的一个时髦字眼，关于“伪娘”的新闻更是吸引眼球。“伪娘”一词来源于ACG（动画、漫画、游戏）界，通常指的是有女性美貌的正常男性角色，常常带有很强的“萌”属性，有的可能更胜过一般女性角色，以假乱真。在日本的一些动漫中，经常会有这种“美貌男换女装”角色的出现。但是，当人们的视线中出现越来越多的这样穿着及行为举止极为女性化的人的时候，“伪娘”就变成大家眼中用来炒作的工具或者电视媒体用来赢取收视率的办法。“伪娘”这一在日本漫画中颇为正常的角色，为什么不断地在中国上演真人秀，而且引起轩然大波，其背后真正的原因是什么，的确值得我们思考。

第一，现代社会，女性地位不断提高，男女两性的性别差异在缩小，两性特征趋同成为发展趋势，社会分工也不断模糊化。这样的变化是生产力进步带来男女两性社会分工变化造成的。在古代，以男子为天。女性也只作为男性的依附品而存在。男耕女织，男性以勇猛为美，女性以柔为美。而在现代社会，女性受教育程度提高，能胜任的工作多了，自身能力提高，社会分工中的性别差异开始消失。在电视剧《婚姻保卫战》中，许小宁和兰心这对夫妻就是很好的例证。女人在外面打拼天下，男人安心在家处理家务，日子一样过得其乐融融。当性别强势在不断平衡模糊，大家都认为男女之间不存在男人能做而女人不能做的事情，“伪娘”作为一种社会潜意识的集体表现，则不可忽视。

第二，“伪娘”的出现以及广受大众追捧离不开社会环境影响。随着生产力的发展，社会不断进步，我们的社会也发展成了一个多元的、追求自由的社会，人们对许多事情的态度更为宽松。男女性气质上拉近了，这是显著的事实，比如时尚界融合了两性美的设计屡见不鲜，大都颇受欢迎，引领潮流。随着家庭结构的变化，独生子女家庭的孩子实质上既被当作男孩又被当作女孩养育，从小就缺乏足够清晰的性别角色意识。

第三，父亲角色的缺失也是重要影响因素之一。目前，传统的“男主外，女主内”的思想仍然占据主流。男性在外面打拼养家糊口，女性在家处理家务养育孩子。但是社会赋予了男人女人不同的角色和地位，父亲和母亲所能给予孩子的爱也相应地有着社会性的不同。一般而言，母亲以阴柔为主，父亲以阳刚居多。孩子只有同时接纳来自父母亲双方的影响，才能使孩子对这个世界有更加深入而全面的体验。但是，现在大多数男性事业重、应酬多，真正能在家陪孩子的时间很少，使得父亲角色在孩子的情感世界里缺失，使得孩子受母亲影响较大。

除此之外，从生理方面来说，女孩子在青少年时期比男孩子发育得要早，相对而言可能会比男孩子乖巧。家长在教育孩子的时候会很不自觉地和自己的孩子说：“你看××家的孩子多乖，你怎么这么不听话”，女孩子就成了他们应该效仿的榜样。这样对心智尚不成熟的男孩子也是潜意识中的一种引导。

最不可忽视的一点就是，媒体的借机炒作以及个人为了生存的作秀。现代社会生存压力很大，一些人为了出名可以不择手段。而一些媒体为了赢取收视率就大肆炒作。一些“伪娘”在参赛现场接受记者采访时就明确表示自己平时从不穿着女装，如此着装打扮就是为了能吸引评委眼球，在比赛中出奇制胜。

综上所述，“伪娘”的出现确有其必然性。

“伪娘”之所以在社会上广受争议就是因为其挑战了中国传统的性别观念，还有大家担心这样的现象会影响青少年的健康成长。性别认同对一个人的人格和心理健康以至于今后的生活都有巨大影响，的确需要有良好的引导和健康的环境支持。我们可以理解宽容“伪娘”现象的存在，但是绝对不支持其成为一种风尚。

【案例分析】

在青少年性别角色形成前，要给予适当的帮助和引导。

1. 在对青少年进行青春期性教育时，要尽早帮他们树立正确的、适当的性别观念

建立正确的性别观念显然是确立合适性别角色的基础。只有解决认知上的焦虑和困惑，才有可能获得适当的性别角色。帮助的形式有多种，比如说专题讲座、主题班会、媒体引导等都是有效而直接的方式。活动中应注重与青少年的交流，鼓励他们说出自己的困惑并注意观察青少年的言行，本着关爱、理解的心去进行指导、矫正。

2. 父母及教育工作者做好榜样

榜样的力量是巨大的。青少年的成长和学习过程中，参考和模仿占有很重要的位置。这就要求家长和教育工作者有较高的素质。作为家长和教育者，要抱着开明的心态尊重青少年的发展，在家庭生活中，家长要尽量平衡男女地位，不要出现明显的大男子主义或是女权主义；对于教育者而言，不要把能力和性别相挂钩，应当充分挖掘不同性别的优点，促进学生形成积极的、向上的性别观。

3. 合理、充分地利用大众传媒的力量

在日常生活中，舆论无时无刻不在影响着人们的思想和行为。如果能够合理地利

用大众传媒，通过一系列的宣传、科普，建立正确的、积极的社会价值倾向，无疑会让青少年有一个健康、向上的成长环境，从而影响青少年正确性别角色的形成。

4. 关注出现性别角色差异大的青少年

我们的身边总是会出现性别角色差异大的青少年。基于家庭、学校和社会的压力，他们往往不堪心理重负，可能会走向极端。此时一定要注意给予他们足够的关爱，请心理专家进行辅导并随时尊重和支持他们的选择。无论他们最终的性别选择是怎样的，都不妨碍他们被接受、被关爱的权利。

总而言之，青少年是性别角色形成的关键时期。我们对他们性别的认知要从生理和心理两个角度来剖析，尊重和关爱永远是帮助他们保持身心健康的主题。

【小链接】

性别角色量表（BSRI）

请根据自身的情况，逐条在从1（从不或几乎不符合）到7（总是或几乎总是符合）的尺度上给自己打分：

1. 自我信赖	1	2	3	4	5	6	7
2. 柔顺的	1	2	3	4	5	6	7
3. 乐于助人的	1	2	3	4	5	6	7
4. 维护自己的信念	1	2	3	4	5	6	7
5. 快活的	1	2	3	4	5	6	7
6. 忧郁的	1	2	3	4	5	6	7
7. 独立的	1	2	3	4	5	6	7
8. 害羞的	1	2	3	4	5	6	7
9. 诚心诚意的	1	2	3	4	5	6	7
10. 活跃的	1	2	3	4	5	6	7
11. 情意绵绵	1	2	3	4	5	6	7
12. 夸耀的	1	2	3	4	5	6	7
13. 武断的	1	2	3	4	5	6	7
14. 值得赞赏的	1	2	3	4	5	6	7
15. 幸福的	1	2	3	4	5	6	7
16. 个性坚强的	1	2	3	4	5	6	7
17. 忠诚的	1	2	3	4	5	6	7
18. 不可捉摸的	1	2	3	4	5	6	7
19. 遒劲有力的	1	2	3	4	5	6	7
20. 女性的	1	2	3	4	5	6	7
21. 可信赖的	1	2	3	4	5	6	7
22. 善于分析的	1	2	3	4	5	6	7

（续上表）

23. 表示同情的	1	2	3	4	5	6	7
24. 嫉妒的	1	2	3	4	5	6	7
25. 具有领导能力的	1	2	3	4	5	6	7
26. 对他人的需求敏感	1	2	3	4	5	6	7
27. 诚实的	1	2	3	4	5	6	7
28. 乐于冒险	1	2	3	4	5	6	7
29. 有理解力的	1	2	3	4	5	6	7
30. 守口如瓶	1	2	3	4	5	6	7
31. 易于作出决策的	1	2	3	4	5	6	7
32. 有同情心的	1	2	3	4	5	6	7
33. 忠厚老实的	1	2	3	4	5	6	7
34. 自足的	1	2	3	4	5	6	7
35. 乐于安抚受伤的感情	1	2	3	4	5	6	7
36. 自高自大的	1	2	3	4	5	6	7
37. 有支配力的	1	2	3	4	5	6	7
38. 谈吐柔和的	1	2	3	4	5	6	7
39. 值得喜欢的	1	2	3	4	5	6	7
40. 男性的	1	2	3	4	5	6	7
41. 温和的	1	2	3	4	5	6	7
42. 庄严的	1	2	3	4	5	6	7
43. 愿意表达立场的	1	2	3	4	5	6	7
44. 温柔的	1	2	3	4	5	6	7
45. 友好的	1	2	3	4	5	6	7
46. 具有侵犯性	1	2	3	4	5	6	7
47. 轻信的	1	2	3	4	5	6	7
48. 无能的	1	2	3	4	5	6	7
49. 像个领导	1	2	3	4	5	6	7
50. 幼稚的	1	2	3	4	5	6	7
51. 适应性强的	1	2	3	4	5	6	7
52. 个人主义的	1	2	3	4	5	6	7
53. 不讲粗俗话的	1	2	3	4	5	6	7
54. 冷漠无情的	1	2	3	4	5	6	7
55. 具有竞争心的	1	2	3	4	5	6	7
56. 热爱孩子的	1	2	3	4	5	6	7

（续上表）

57. 老练得体的	1	2	3	4	5	6	7
58. 雄心勃勃	1	2	3	4	5	6	7
59. 温文尔雅	1	2	3	4	5	6	7
60. 保守的	1	2	3	4	5	6	7

美国心理学家桑德拉·伯姆于1974年发表了性别角色量表（Bem Sex Role Inventory，BSRI），这是第一个用来测量相互独立的性别角色的测量工具，BSRI根据被试是否具有社会赞许性的男性化或女性化性格特征来评价其男性化和女性化的程度。这是一个7点量表，包括60个描述性格特征的形容词。男性化量表20个，女性化量表20个，中性化量表20个。目前最常用的是用中位数分类法将人归入不同的性别角色组，男性化和女性化得分都很高的人属于双性化型，得分都低的属于未分化型，在一个量表上得分高，但在另一个量表上得分低的人分别属于男性化或女性化类型。男性化是由1、4、7、13、16、19、22、25、28、31、43、46、55、58这些项目的总分除以14，女性化是由11、14、17、23、26、29、32、35、41、44、56、59这些项目的总分除以12。如果男性化量表得分和女性化量表得分都大于4的话，就是双性化，男性化量表高于4分就是男性化，女性化量表高于4分就是女性化，两个都低于4分就是未分化。

参考文献

[1] 夏小燕．性别角色发展的理论述评．黑龙江教育学院学报，2007，2（26）．

[2] 王瑞明．心理发展阶段述评．社会心理科学，2002，4（17）．

[3] 石艳玲．学生性别角色类型及相关因素研究综述．山东理工大学学报（社会科学版），2005（5）．

[4] 王学．当代大学生人格建构的理想模式——双性化人格．当代大学教育，2004（4）．

[5] 陈红．儿童性别角色发展理论述评．徐州师范大学学报（自然科学版），2003（12）．

[6] 刘博宇，陈利．关于性别角色认同研究的深层思考．辽宁师范大学学报（社会科学版），2004（4）．

第四节　如何看待孩子的逆反心理

一、问题概述

小军上初中染了黄头发。

父母：“谁允许你染头发的？你好的不学尽学坏的，像个小流氓！明天不染回来就不许进家门！”

小军：“我就是喜欢，为什么要听你们的？”

像这样的父母与子女的对话在我们身边屡见不鲜。很多家长一看到孩子出现与以往不同的举动，就认为这是青春期的逆反行为，担心自己的让步就意味着孩子的越轨，于是开始盲目压制。但是父母越压制，孩子越反抗，因此青春期的孩子常常会产生较激烈的逆反心理。那么什么是我们经常所说的孩子的逆反心理呢？它又有哪些表现？

（一）逆反心理及危害

逆反心理是人们对待事物的一种特殊态度，它是指受教育者在受到外界的刺激、影响时产生的对立情绪，它是通过一定的行为表现出来的，它在青少年的身上表现得较为明显。例如，如果禁止他们抽烟，他们就千方百计地偷着抽；对教师和家长的正面教育表示怀疑……逆反心理对孩子人生观的形成和身心健康都是不利的。它会导致青少年出现对人对事多疑、偏执、冷漠、不合群等病态性格，使之精神萎靡、学习被动、意志衰退、信念动摇、理想泯灭等。叛逆心理的进一步发展，还可能向病态心理或犯罪心理转化。

（二）逆反心理的表现

1. 否定性

对学校、教师的教育和学校制度，表现出一种不认同、不信任的反向思考和无端否定。

2. 阶段性

青少年的叛逆体现出一定的阶段性，主要体现在心理认知能力和生物性适应能力增加阶段；心理认知能力上升，评判能力和世界观开始形成。他们不再盲从权威，对权威的代表即教师、家长开始质疑，叛逆行为开始出现；世界观的初步形成表现为对自我评判结果的维护，维护判断就是维护自我，就是我们所说的自尊心的表现。叛逆常常在青少年世界观的初步形成阶段出现。

3. 冷漠性

对抗造成与父母关系恶化，对父母不尊重自己的行为产生厌恶和反感，进而产生情感的冷漠和行为上的违拗性。父母伤心的眼泪都不能使他们动情。

4. 评判性

评判教师的教学和行为。由于对学校部分教师的不认同和抵制，在该教师所教的学科与相关科目的学习上出现滑坡现象；评判社会，对社会的负面现象不接受和不理解。

5. 对抗性

对父母十分冷淡，彼此之间的距离加大。认为父母的管教不符合自己的现实生活标准，实施消极抵制、明显对抗；不接受倾向明显，甚至公开敌对；要求他们做的事情偏偏不做，或者反其道而行之。

二、原因分析

孩子逆反心理产生的原因是多方面的，既有内部原因也有外部原因。哲学上，内部原因是事物发展的根本原因。孩子逆反心理的根源在于其自身生理和心理的发展。所以，分析孩子逆反心理产生的原因，应该首先从孩子自身着手。

（一）逆反心理产生的内部原因

1. 逆反心理产生的生理基础

中学阶段的孩子们正处于青少年时期，生理发展非常迅速。这个时期，脑的重量接近成人的脑重水平，脑电波变化有了新的飞跃，脑机能的发展主要表现在兴奋和抑制过程趋于平衡等。但由于青春期体内的内分泌腺相当活跃，甲状腺和肾上腺素水平较高，这些激素促使全身组织迅速发育，促进了脑和神经系统的兴奋。随着脑与神经系统逐步走向成熟，思维越来越发达，思维范围也越来越广。他们的思维方向由正向思维向逆向思维、由单向思维向多向和发散性思维发展，这就为他们逆反心理的产生提供了生理基础。

2. 逆反心理产生的心理因素

这个时期，孩子的认知能力显著增强，已能够系统地思考自己的未来，他们在心理上产生了一个“断乳期”。由于生理、心理发展的不平衡性，这一时期的青少年在心理上充满着独立性和依赖性、自觉性与幼稚性、好奇性与批判性等多种错综复杂的矛盾和斗争。这一时期，他们强烈的个性意识、独立意识逐步形成，喜欢表现自己，遇事总想发表独特的见解或做出不同于他人的举动，以引起他人的注意；他们的成人意识也逐步萌发并迅速发展，他们积极追求成人的社会地位，并渴望得到成人的尊重和理解。他们认为自己已“长大”，事事处处希望被当成大人看待，渴望自己作为独立的社会成员立身处世，不任人摆布，不再需要教师、家长的“唠叨”，面对教师、家长的教育，他们会反感，会有意无意地回避。但由于生活经验的缺乏、认知的局限，这一时期的青少年遇事心理承受能力较差，冲动、易怒，情绪变化反复无常，经受不起挫折和打击。当这种独立的试探遭到否定，他们在心理上就会觉得蒙受了屈辱，自尊心受到了伤害。这种反差往往使他们以理想化或自身的标准来判断外部事物，把客观环境推向自己的对立面。同时，这一时期的青少年在认识上容易出现片面、偏激、固执和极端化倾向，这样就产生了对家长、教师的话一概不听的逆反心理和行为。

（二）逆反心理产生的外部因素

1. 家庭因素

家庭是孩子成长的重要环境，父母不恰当的教育方式对孩子逆反心理的形成也有严重的影响。

（1）传统家长专制思想的影响。

中国长期的家长专制思想在一些家长中仍然存在，很多家长缺乏民主意识，总认为孩子还不成熟，需要绝对服从自己，不能有自己的看法，否则就是“忤逆”“对着干”。因此，孩子不会或很少会把父母当成自己的倾诉对象，怕自己做错事后受到家长责备。许多中学生认为自己做错事后，最反感家长的指责，原因就是家长盛气凌人、态度生硬。进入青少年时期后，随着接触范围的扩大，知识面的增加，他们内心世界丰富了，形成了自己的价值观，这种价值观有时与父母的价值观不同，遭到父母的反对，得不到父母的理解。于是就在同龄孩子中寻找共鸣，父母也就变得不那么亲近了。此时，如果父母不了解孩子的这种心理和生理上的变化，只是一味简单、生硬地管教，就会迫使孩子产生反抗情绪和行为。

（2）家长错误的教育观念。

一些家长缺乏一般的心理学常识，对孩子的教育急于求成，方法简单粗暴，经常无视孩子的自尊心和心理承受能力，特别是当孩子有了过失时，不是与孩子一起分析错误，商量补救办法，而是责骂甚至殴打孩子，使孩子在犯错误时感到孤立无援，从而产生叛逆心理。如前面举过的小军家长的例子，认为只要是主观上对孩子好，就可以不讲究教育的方式方法。

父母管教孩子往往有两种心理状态：一是把孩子看成私有财产，对孩子具有绝对权威；二是父母将孩子看成自我理想的再现，希望孩子能实现自己想实现但没有实现的理想。因此，父母把自己的生活经验灌输给孩子，企图让孩子按父母的设想去生活。父母要管教，孩子却要独立。于是矛盾必然产生，反抗行为在所难免。

（3）亲子间缺乏交流，理解不到位。

随着青少年的成长，他们的独立意识渐强，开始要求有自己的处事方式，不希望受到过多的管束。而某些家长出于对孩子的保护，什么事情都替孩子包办，这样，孩子的渴望独立与家长不恰当的关心就会产生冲突、矛盾。还有些家长因工作繁忙，很少与孩子谈心、进行思想交流，只是定下一些严格的规定来约束限制孩子的行为。因此，作为高中生的孩子若没有一个和谐温馨的家庭环境，与父母缺乏交流，就容易产生叛逆心理和叛逆行为。

孩子在进入青春期后，他们认为自己已不再是小孩而是大人了，独立活动的愿望变得越来越强烈，他们一方面想摆脱父母，彰显自我；另一方面又必须依赖家庭。这个时期的孩子，由于缺乏生活经验，不完全恰当地理解自尊，强烈要求别人把他们看作是成人。如果这时家长还把他们当小孩来看待，无微不至地关怀，啰啰唆唆地叮咛，他们就会厌烦，就会觉得伤害了他们的自尊心，就会产生逆反心理，就会萌发对立的情绪。如果父母在同伴和异性面前管教他们，那么，他们的逆反心理会更强烈。

2. 学校因素

学校也是引发青少年逆反心理的一个重要因素。包括：①教育者对学生的需要不重视，某些做法挫伤了学生的自尊心；②教育者教育指导思想偏离、素质偏低、教育理念落后、教育观念转变缓慢；③教育者教育方法陈旧、单一，缺乏艺术性、创新性，教育学生要么三言两语，要么讲一大堆空洞的大道理，不能以理服人；④教育者自身言行不一，起不到应有的榜样作用；⑤教育者缺乏耐心和诚意，没有掌握好教育分寸；⑥教育者缺乏对学生必要的理解、宽容，在情感上缺乏与学生必要的沟通和交流，没有得到青少年的认同和接纳；等等。

有些教师不了解中学生的心理特点，居高临下，指示学生必须怎样想，必须怎样做，根本不与学生交流思想、共同探究，这很容易激起学生的叛逆心理。教师在处理具体问题时，一定要注意“一碗水端平”，无论是优生还是差生都应尽量做到一视同仁、不分厚薄。如若对优生偏爱姑息、对差生粗暴严厉，将会使学生心理失衡，表现为心灰意冷、破罐子破摔的消极对立情绪，造成心理抵触，从而出现教育效果的零效应，甚至是负效应。

因此，教师在教育过程中，一定要坚持以公平、公正的原则去处理问题，在深入实际、调查了解并掌握真实情况的基础上，作出公正合理的结论，并注重班级群体舆论的正确引导，从而使教师处理问题的方式和结果得到学生广泛的赞同和支持。

3. 社会因素

社会因素是青少年逆反心理产生所不容忽视的又一因素。我们对青少年长期进行的生活方式、思想观念、思维方式的传统教育与当前转型社会中人们的生活方式、思想观念、思维方式多元化之间的矛盾和冲突折射在学生的心理上，就使得处于成长期的青少年产生了逆反心理。

另外，大众媒体一些不恰当的渲染也是导致青少年产生叛逆心理的一个因素。例如，一些影视作品极力美化叛逆者的个人行为，夸大叛逆者的能力，鼓吹个人主义。许多高中生十分欣赏电视剧、动画片中描写的“叛逆英雄”。

三、应对策略

那么，家长面对孩子的逆反心理和行为该怎么做，有哪些对策可以帮助他们呢？

（一）注重家庭疏导，营造和谐家庭

家庭是爱的港湾，孩子的心理是否健康与家庭有着密切联系。因此，作为家长要特别注意在家庭中对孩子逆反心理的疏导和调适。

（1）对于孩子的进步要及时肯定，多表扬，逐步培养孩子的自尊心和荣誉感；在他们承受挫折和失败时应多鼓励、多支持、多安慰。

（2）对于孩子所犯的错误，要及时与他们沟通，了解原因，分析利弊，因势利导，而不能采用打、骂的方法。因为犯错的孩子在其心理上可能已经很内疚、自责了，他们需要的是安慰和帮助，而家长的痛骂和毒打可能使孩子走向反面，产生逆反心理。

（3）家长要给孩子足够的发展空间，充分信任他们，切莫把自己的兴趣和爱好强加给孩子。

（4）家长要给予孩子必要的宽容和理解，设身处地多替孩子着想，要尽量站在孩子的角度，用孩子的思维去思考问题，如遇到分歧，要多自省，将心比心。

（5）家长要以身作则，要有勇气承认自己的错误，不能为了“面子”把错的强说成对的。

如果家长都能做到以上五点，那么，我们就能营造出民主、融洽、健康、和谐的

家庭氛围，也就能有效地疏导和调适孩子的逆反心理了。

（二）教育方法

1. 旁敲侧击法

所谓旁敲侧击法就是对孩子的错误和问题不明确指出，点到即止。这一时期，青少年由于生理渐趋成熟，自我意识迅速发展，他们希望教师、家长能把自己当作成人来看待，希望以自己的判断来决定事情，但由于他们的社会经验还不足，对社会上的一些不良现象、行为方式缺乏正确的判断力，再加上他们有很强的模仿力，可能会受到社会上不良因素的影响而做出一些自以为正确但有一定危害性的行为。这时家长如果不厌其烦地、反复地说教，只会引起他们的反感，甚至是抵触，其效果只能事倍功半。因此对孩子的错误进行批评教育时，要以一颗宽容的心去理解他们，注意保护他们的自尊心，不要揪住不放，要让他们自己去思考、分析、改正。

2. 真情引导法

家长都希望孩子能向积极方面发展，由此可能会做出一些善意的但伤害他们的事，如父母可能对孩子犯的错误揪住不放，或是对他们的某些不符合自己期望的行为大发其火，轻则唠叨不停，重则拳脚相加，即所谓“爱之深责之切”。而这些做法只会加剧孩子的逆反心理，使他们在叛逆的道路上愈走愈远。感情上的隔阂会使他们对家长的教育产生怀疑，产生抵触情绪，他们希望的是得到家长的尊重、信任、理解，只有真情才能拉近师生之间、亲子之间的感情距离，作为家长要注意发现他们的优点，要善于用欣赏的眼光去看他们，真诚地帮助他们，指出他们的优点和不足。

3. 潜移默化法

孩子的模仿力极强，易受外界环境的影响。因此，家长在发现正面教育无效时就要及时改变教育策略，利用他们爱模仿的特点，在日常生活中注意对他们进行“隐性”教育。这就要求家长在平时注意提高自身的修养，注意自己的一言一行，给青少年作出榜样，让他们从家长的行动中了解做人做事的道理，从家长的言行中受到潜移默化的影响，养成良好的习惯和优秀的品质。引导比说教要重要得多，也容易得多。

4. 满足合理需要法

孩子的合理需要如果得不到满足则极易引发他们的逆反心理。家长经常会把自己的某种需要强加给青少年，或是把对他们某一方面的要求无限放大，以致掩盖甚至直接忽略了他们的合理需求。如有的家长因为历史原因没有上大学，就希望子女能够考上大学来弥补这一缺憾；有的家长对青少年的学习成绩期待很高而忽略了他们想象力、动手能力的发展；有的家长忙于工作而疏于与孩子进行情感交流。这些都可以成为孩子产生逆反心理的诱因。消除这种逆反心理最好的办法就是满足其合理需要，并加以规范、约束，同时经常与他们进行思想上的交流、情感上的沟通，了解对方真正的想法。当孩子的行为与父母的要求相左时，双方要平心静气地商量，讨论出最佳办法。父母最忌拿出家长权威，强逼着孩子去满足他们的要求，这样不仅不能取得预期效果，甚至还会使他们形成阳奉阴违的不良习惯。

四、案例

案例一

孤单的雏雁——问题学生的在校教育

一、家庭情况

小飞（化名）现就读于初二。其父在他5岁时失踪，其母改嫁，改嫁重组家庭后育有一子，与小飞基本无联系。小学期间小飞和爷爷一起生活，爷爷于他11岁时病逝。初中后，小飞上学期间独自一人居住在祖屋，寒暑假寄居在姑妈家，生活费由姑妈给予。他像一只孤单的雏雁，躲避在风雨的屋檐下。

二、在校情况

（1）心理情况。小飞常常感到孤独、恐惧，据孩子讲述，“每晚睡觉都要看着爷爷的遗像才能入睡，常常梦到父亲被人用刀砍死”。由于他经常借同学的钱不还，并经常辱骂同学，在班里没有很要好的朋友，这让他无法向同学倾吐心事。

（2）纪律情况。小飞上学经常违反纪律，如敲桌子发出巨大声响、用纸团扔同学、突然离开座位走动或者睡觉。最突出的问题是他迟到现象非常严重，常常一周五天里迟到三天，且都是9点半以后才到校，孩子说是家里没大人叫醒，自己起不来，或者是身体不舒服。

（3）学习情况。作业方面，小飞基本完不成，课堂很多知识他也听不懂，所以基本上每科成绩都是20分以下，期中考、大联盟考试排名为年级倒数第一。

（4）身体状况。偶尔发现小飞有受伤情况，如手部骨头痛，手指甲充血，头痛，额头有伤痕。班主任第一时间告知其监护人。如其监护人不来带孩子就诊，班主任会带孩子去校医室就诊。

三、与家长沟通情况

小飞现在的监护人是他姑妈，育有一女，现读高中。小飞的在校情况，班主任会及时与孩子姑妈沟通，但是家长常常不配合学校的工作。

某一天清晨进行早读，小飞还没到学校，班主任立即打电话告知其姑妈，姑妈联系孩子，暂时没给老师回复。到了上午9点半，孩子还没到学校，班主任再次致电其监护人，她说：“孩子电话可能坏了，没人接，应该还在家睡觉。”班主任说道：“孩子一人居住，且电话没接，这存在危险情况的可能，建议您到家里去找找他。”她说：“没什么事的，让他继续睡吧，他睡醒了会回来的。”然后直接把电话挂了。小飞当天回到学校的时间是11点40分。

小飞在校打架、欺负女同学等事情，班主任也会告知其姑妈。其姑妈在电话里头诉说着无穷无尽的埋怨，埋怨孩子偷钱，埋怨他懒惰，从不会配合老师解决问题。

针对小飞的特殊情况，我们约见了其监护人到学校面谈。姑妈讲述孩子有以下行为特征：

（1）自觉性不强，冰箱有食物也不去煮，导致食物全部发霉腐烂。经常买炸鸡吃，不健康。

（2）不诚实。偷钱不承认。对外人讲姑妈不给抚养费，实则是自己乱花钱。

（3）叛逆不听话。在姑妈家生活时，姑妈对其劝导，孩子都听不进去。

（4）懒惰。不做作业，不洗衣服，不做家务。

互相沟通后，我们给出以下建议：

（1）孩子需要陪伴，建议小飞的四个姑妈召开家庭会议，每星期派代表陪伴孩子。

（2）雇人照看孩子的日常生活，确保孩子生活能自理。

（3）多鼓励孩子，给予孩子一些生活及行为上的指导。

四、教育措施

小飞给班主任的第一印象，他是个黑黑瘦瘦的矮小男孩，白衣服脏得有点发黑，当时正在搬桌子的他活蹦乱跳，相信他对初中生活是满怀期待的。入学以来，班主任发现他有以下的爱好与优点：爱踢球、积极搞卫生、信任老师、乐于为班级服务。可以抓住他的这些特点进行积极转化，让其回归到正常的学习生活轨道。

（一）融入集体获得归属感

小飞缺少父母的关爱，他的内心是非常孤独、自卑的。课堂上他扔纸团、发出奇怪声响，一方面是他无法集中注意力，另一方面从心理学的角度来讲，他想引起他人的关注，以获得存在感。加之他的人缘不太好，放学后常受到姑妈的指责，他变得叛逆与无助，也不知道怎样做才会好起来。教师组织了相关活动让他慢慢接受自我，融入班集体中，改善他的内心状况。

1. 举办班级足球赛

小飞喜欢踢足球，在一次班际足球赛中，班主任便安排他做主力，这大大激发了他的热情。他申请利用午休时间带着球员们一次次地训练。在训练过程中我们注意到，虽是顶着烈日，他身上的校服已湿透，但他与伙伴们反复地练习着传球，尽情地奔跑，笑得十分灿烂，这笑容应当是一个十多岁的孩子本该享受的。两周后比赛开始了，同学们的对手强大，场面似乎寡不敌众。小飞找准机会从对方严密的布局中抢球并且勇猛地射进了球门，全班同学都为之欢呼，为之加油。比赛结果我班以2比5落败，但班里同学都说，这两个球都是小飞踢进去的。小飞从这场球赛中第一次强烈地感受到班级同学是他的坚强后盾。当他拿到“优秀球员”奖状的那一刻，他的眼里全是热泪，此刻班里响起了排山倒海般的掌声。

2. 安排班干部职位

有一次我无意中看到小飞拿着一块抹布用力地擦布满灰尘的书架，额头上已冒出点点汗珠。他不怕脏也不怕累，何不安排他做班里的劳动委员呢？于是我跟他说道：“班里现在的劳动委员是女生，她一个人应付不过来。同学们说你平时搞卫生非常卖力，比较信任你，你可以当班里的劳动委员吗?”自小学到现在从未当过班干部的他有点不相信自己的耳朵，他愣住了。我继续说：“不过这班干部要接受全班同学的监督，要进行阶段考核评比投票，满意率太低说明不称职，就不能继续当了。老师觉得你在做事和管理方面有天赋，你要试试吗?”这一招激将法让他肩上多了一份沉甸甸的责任。自担任职责以来，他基本上能按时检查卫生并向老师汇报同学们的值日情况，并向老师提出了一些改良的建议。在初一期末评优中，百分之九十的同学选他为“劳动积极分子。”此外，教师还布置了一些“重要任务”给他，如维护图书角、整理物资等，让他充分感受到自己是集体中的一员。

3. 小组同学互帮互助

班里共分了5个学习小组，每个小组共同值日，共同完成班级任务，共同进退。班主任多次参与小飞所在小组定期召开的小组总结会，帮助暂时落后的小飞改进现状。总结会上，同学们向小飞致谢：“谢谢你帮我值日！”“谢谢你周三帮我搬桌子！”“你这周作业交齐了，进步很大，谢谢你为小组做的贡献！”小飞听了后深受鼓励，嘴角露出了微笑。当讨论到小飞课堂违反纪律的问题，同学们也出谋献策：“我相信你能做好的，我坐在你后面，当你注意力不集中时，我来提醒你吧！”“我们下课一起背语文吧！”“如果你上课听不懂，在讨论环节我们一起解决问题吧。”小飞能听取同学们善良的建议。他慢慢地融入小组，也渐渐地爱上了班集体。同学们了解到小飞的特殊情况，都愿意帮他解决困难。

（二）耐心辅导与沟通

教师对待问题学生，需要比一般学生付出更多的时间与耐心。小飞在初中阶段虽有些叛逆，但能感受到教师对他的关爱。教师从感化学生的内心入手，一步步端正学生的学习观、价值观。

1. 辅导成绩，培养自信

小飞除语文成绩20分以外，其他各科成绩都是10分左右，可以先从他的优势科目入手，培养他学习的兴趣。教师先从占语文分数最大比例的作文开始辅导，运用趣味作文教学法，训练他从片段式描写扩展到全篇写作，利用午休时间更正他的书写错误，培养他流利朗读课文的能力。小飞也虚心接受这种降低难度的教学方式，交作业的次数也多了很多。经过半个学期的努力，他的语文考到了58分。借此机会，在班里、家长会、家长群表扬孩子的进步，树立他学习的自信心。趁着语文学习取得的进步，鼓励他向同学和老师取经，安排活泼热情的学习小导师小林同学作为他的指导老师，下课给他讲解题目。据数学老师反映，小飞每周有两天中午都会主动去办公室问问题，有这样的上进心，让老师们倍感欣慰。小飞基础是比较差的，加上他家庭的种种原因导致厌学，但他的智力处于正常水平，只要用功成绩还是可以上来的。

2. 亦师亦友，用心沟通

小飞渴望朋友，但不知道如何和他人建立朋友关系，经常是用一些过激的行为（如大声讲粗口）引起他人的注意，造成他的内心乖戾、孤僻。

在一次聊天中，我问小飞长大后想干什么，他茫然地摇摇头，梦想对于这孩子而言似乎遥不可及，或者他还没有梦想。

我笑着追问：“长大后想找女朋友吗？”

他笑着点点头。我问：“你想找怎样的女朋友？”

他说：“想找像您一样耐心，好看的。”

我说：“很好，证明你是一个有追求、有眼光的人。你知道吗？萧老师的丈夫非常踏实、上进、勤奋，而且性格稳重，所以我才会喜欢他的。你不断地努力，一天一点进步，以后也会有优秀的姑娘喜欢你的。要是你懒惰、蛮横，谁也看不上你哦。”

我们会心地笑了。有时候跟学生开开玩笑聊天比正儿八经的说教效果要好得多。课余时间我还给他讲述一些童年的往事，如我养的一条大黄狗，如我小时候省吃俭用的例子等等。班级科任老师都对小飞比较关爱，他对老师始终抱着既尊敬又爱戴的态度。

3. 家访关怀，播撒阳光

深入了解孩子的生活状况，家访是必要的。班主任于一个周五晚上到小飞家进行家访。小飞的房子是爷爷留下的，共 4 层（第 4 层是天台），历时久而没有经过装修，与周边房子对比显得逊色。房子没有收拾，地面积尘，墙体发黄。小飞一人住在顶层天台的小房间里，地面发黑，房间里充斥着难闻的异味。房间内没有衣柜，孩子的衣服无序地堆放在床上。有一租户住二楼，与小飞没有交流。

班主任教小飞如何整齐地折叠收拾衣服，鼓励他尽自己的努力学习。当天晚上月色清亮，小飞打开心扉，与老师聊了很多关于他父母亲的事，孩子倾诉完后舒心多了。最后班主任带孩子去市场买了水果和面包，奖励他一周以来没有迟到的表现，并叮嘱他注意安全并保管好自己的财物。

小飞很感动，回校后的表现也有所改善。孩子很孤单，我们需要走进他的内心，播撒温暖的阳光，照耀在那黑暗的角落。

五、坚持原则，不放弃，不抛弃

问题学生的教育是一个漫长的过程，尽管学生屡教屡犯，我们作为教育工作者也要坚持原则，不放弃，不抛弃。基于小飞家庭各方面的特殊性，在初中阶段保障其生命安全、培养其健全人格尤其重要。遇到问题，应遵循以下原则：

（1）遇到突发事件时及时应对处理。如学生没回学校，家长又联系不上孩子时，要及时报告上级，必要时到他家去找寻。如学生身体受伤，其监护人不愿意带他外出就诊时，班主任要带孩子去校医处看诊并全程跟踪。

（2）耐心与其家长沟通，不卑不亢。即使家长不配合学校工作，严重时甚至跟老师对着干，都要沉住气，理性平和沟通。对于学生在校的不良表现要让家长知悉，如迟到要及时告知，尽管其不配合，这也是老师尽责及保护自己的一种方式。

（3）在日常管理中要求学生遵守基本行为规范，对其犯错及时耐心教育及引导，做好打“长久战”的准备。

（4）观察学生的心理状况，做好心理咨询的长期跟踪及记录。

（5）组织形式多样的活动和制定针对孩子的教育方案，让其在集体中感受温暖与快乐，慢慢回归到正常的学习生活轨道上。

愿这只孤单的雏雁越过重重天空和大海，找到一片属于自己的温暖栖息地。

（摘自《广大附中论文集》）

案例二

学生逆反心理辅导

孙某是我班一个成绩中等的男生，智力较好，自尊心强，有时又有自卑感，做事很情绪化，好表现自己，逆反心理十分严重，自我要求不严，做事随意。常和父母、教师发生冲突，有很强的抵触情绪。经受不起教师、家长的批评，家长叫他干的事他偏不干。

所谓逆反心理是指人们在接受教育过程中产生的一种与“原有的理所当然的观点或行为”发生背离的内发的反向力量，在现实中表现为不接受教育或“反教育”的心理。通俗地说就是在一定的条件下，你说正，却使我产生一种负的感觉，你本想叫我向东，我却偏偏产生一种向西的要求；你不许我这样做，倒反而使我增强了想这样做的欲望。其实逆反心理也并非中学生所特有，它往往隐藏于我们每个人的内心深处。

上述案例中的孙某属于自主逆反心理的表现。自主逆反在一些处于“心理断乳期”的初中生中表现得尤为突出。究其原因：其一，与青春期青少年心理发展特点有关。一方面青春期青少年，其心理发展处于依附与反抗的矛盾之中，随着独立性及成人意识的增强，他们需要学校和家长给自己自由思考活动的空间来满足其日益增长的成人感、自尊心的需要。他们认为自己是大人了，不希望别人将自己当小孩看，他们反抗成人的约束，以表现自己已经长大，因而更容易产生“自主冲动”，以致“自主逆反”。所以处于青春期的中学生往往会让父母感叹：“这孩子真长大了，连我们的话也不听。”另一方面他们仍是孩子，仍离不开成人的支持与保护，这是心理发展的必然过程，属正常现象。其二，整个社会、学校及家长给中学生所造成的压力。现代社会竞争日益激烈，也越来越重视知识和人才，所以在社会、学校及家长眼中好成绩成了衡量一个学生好坏的唯一标准。这在无形中给学生们造成了巨大压力。当他们遭受挫折时便产生了一种反抗情绪，有的甚至故意违背父母的意愿不好好学习。其三，学校和家长的关爱不够或教育方式不当，使学生心理发展的需要未能得到适当满足，致使他们表现出极强的逆反性，从而使正常的教育失效，有的甚至会造成严重的后果。在后来与孙某的交谈中，反映出他母亲对他过于严厉，事事都为他安排，不允许有任何“不”的现象，一旦有“不”就会大发雷霆。虽然他也知道母亲是为了他好，但是他对母亲的这些行为很不理解，结果就导致亲子冲突的发生。

【辅导方法】

1. 全面评价该生，努力挖掘闪光点

自尊和受人尊重是生存的一种基本需要。否则，学生的心理得不到强化，就会丧失信心。特别是对待后进生，老师就更应该善于发现他们身上的闪光点，在全面充分肯定他们优点的同时，恳切地提出希望，使他们看到自己的潜力和前程，进步得更快。苏联著名教育家马卡连柯曾说：“培养人，就是要培养他对前途的希望。”当我们老师努力挖掘出每一个学生的闪光点，点燃学生的心灵之火时，学生的逆反心理就会烟消云散，就会以良好的心态投入学习。所以，一旦孙某在某些方面有所进步，我就立即表扬。

2. 坚持疏导教育，保护该生自尊心

正确对待这类学生，避免直接批评，不要与他发生正面冲突，要注意保护他的自尊心，采取以柔克刚的教育方式。孙某这种顽固的逆反心理不可能一两次说服教育就消除的，需要多次辅导。平时我就留意观察他的情绪变化，经常与他交流、沟通，深入了解他的内心世界，帮助他解决青春期的烦恼。与他个别交谈时，动之以情，晓之以理，耐心帮助他分清是非，意识到自己的错误，并愿意主动地去改正。逐渐缓解紧张的师生关系后，他接受了你，这时的教育才起作用。

3. 与家长取得联系，让家长创造良好、民主的家庭环境

和孩子交朋友，多鼓励、表扬，少批评、责骂，合理对待孩子的需求，不挫伤他的自尊心，尊重他，信任他。经常鼓励他为自己的目标而努力，使他在学习上有个明确的目标。同时也让他感受到亲人的关心，慢慢地消除他的对立情绪。

4. 加强感情投入，融洽师生关系

亲其师才能信其道。当老师让学生感到可亲、可敬、可信赖时，学生就愿意接受老师的教育。尤其对那些遇到挫折而对生活失去信心，并用怀疑、敌视的态度对待周围一切事物的学生，则要给予他们更多的安慰和关怀。所以，在平时我对孙某关爱有加，经常找他谈心，问问家里的情况等。

通过辅导，孙某的逆反心理已逐渐消除，遇事不再盲目顶撞。学习比以往更认真，上课能主动举手回答问题，学习成绩进步很大。

参考文献

[1] 李艳波．对学生叛逆心理的研究．内蒙古教育（基础教育综合版），2009（7）.
[2] 原美玲．浅谈如何调节学生的叛逆心理．教学研究，2009（3）.
[3] 牛涛．中学生叛逆心理的探究与思考．内蒙古教育（理论研究版），2008（12）.
[4] 周英，桂守才．青少年逆反心理的教育对策．心理天地，2008（5）.

第五节　孩子任性怎么办

一、问题概述

我们知道，转型时期孩子的可塑性很强，中学阶段的孩子正是处于这样一个人生发展阶段的转型时期。在这个时期对孩子进行什么样的教育，就会产生什么样的效果。但是家长如果无原则地对孩子迁就、放任、姑息，久而久之，就会使孩子在思想上形成错误的观念，认为没有自己达不到的目的。于是，孩子便常常向家长提出过分的要求，例如，买衣服一定要名牌；喜欢穿的，穿上了就不脱，脏了也不换；吃东西挑食、偏食，爱吃什么就吃个没完，不爱吃的东西，就一口也不吃；等等。这样渐渐地就使孩子养成了任性的毛病。

（一）任性的表现

任性的孩子，缺乏自我克制的能力，为所欲为，不能忍受外来的任何约束。他们的愿望和要求，带有极大的主观主义色彩。不管正确与否，也不管是合理还是不合理，是有益还是有害，客观条件允许还是不允许，只要是他们想做的事，就非做不可。然而，周围的一切不都是为满足他们的种种需要和要求而存在的，周围的人也不能完全听从他们的支配和调遣。

（二）任性的危害

法国教育家卢梭说过：“你知道不知道，用什么样的方法一定能使你的孩子感到痛苦？这个方法就是百依百顺。因为有种种满足孩子欲望的便利条件，所以他的欲望将永无止境地增加。迟早有一天，你会因为无能为力而表示拒绝。但是，由于孩子没有受到过你的拒绝，突然碰到了钉子，将比得不到他所希望的东西还要痛苦。”这段话发人深省。

孩子处在青春期，且大部分为独生子女，家长把孩子看得特别珍贵，养得也太过娇气。在日常生活中，不管孩子在物质生活和精神生活上的要求是否合理，是有害还是有益，一概给予满足，认为孩子的任何要求都是“天然的合理”，几乎“百依百顺”了。家长认为只有这样做才是真正地爱孩子，但这其实最终是在害孩子，是在给孩子制造痛苦。要知道如果儿童任性心理长期得不到纠正的话，会妨碍孩子的心理健康和心理的正常发展。任性会导致人无法正确认识和判断事物，个性固执、不明事理，妨碍生活能力的发展，不善与人交往，难以适应环境，不被别人接受而陷入孤独，经不起生活的考验和挫折，感到非常痛苦。而他们又不能主动、自觉地对自己的心理状态进行调整，总是与周围的人和事处于一种对峙状态，时间长了可能会酿成心理疾病，如忧郁、偏执、狂躁。长大成人后会成为武断、专横、霸道、一意孤行的人，而这种人最终会摔跤，惨遭失败。

二、原因分析

从心理学的角度来看，任性是个性偏执、意志薄弱和缺乏自我约束能力的表现。环境是导致孩子产生任性心理的主要原因。一般说来，孩子由于心理发育还不成熟，对许多事情缺乏认识和判断能力，多少有点任性。但孩子的任性心理不是天生的，而是家长不加约束放纵教育的结果。

（一）内部原因

1. 遗传因素

从心理学的角度分析，人的性格有多血质、胆汁质、抑郁质和黏液质等类型。孩子受遗传的影响，有的天生气质就属于较兴奋的类型，情绪表现较强烈，属于那种“有个性”的孩子，这与家长的遗传因素有很大关系，如果后天再不注意改良，这样的孩子最容易出现任性的行为。

2. 生长发育特点

婴幼儿在正常发育的情况下，两三岁时就开始出现心理反抗现象，出现强烈的独立需求意识。如愿意自己吃饭，自己穿衣服，上下楼梯不愿别人牵领，自己家的东西不让别人动，处处以自我为中心，遇到不满意不顺心的事情即大哭大闹，劝阻和强制都不起作用，直至家长妥协、自己满意为止等。

（二）外部原因

任性与遗传因素有一定的关系，与人的神经类型也有关。但是，关键还是后天的教育和影响。

1. 家长对孩子溺爱、娇惯、放任和迁就

大多数孩子的任性，都是家长惯出来的。孩子小的时候，常常有不合理的要求，家长觉得孩子小、不懂事，就迁就他，几次下来，孩子便形成了心理和行为定式。据调查，独生子女和最小的孩子任性率较高，达到60%左右。孩子任性往往与他们在家庭中受到百般宠爱有关。

2. 家长教育方法失误

有些家长教育方法简单粗暴，造成孩子叛逆，不管家长说得对不对，孩子都不接受，从而埋下了任性的种子。有些家长无视孩子生理、心理的发展，无视孩子的兴趣、爱好，对孩子一味限制，要求孩子绝对服从，想出各种方法让孩子就范。这种做法不仅违背孩子的意愿，也违背孩子的身心发展规律，是孩子形成任性性格的重要原因。

还有些家长蔑视孩子的人格，不尊重孩子，将自己的意志强加于孩子。有些家长总爱讽刺、挖苦、谩骂孩子，或者当着众人的面数落孩子，有时家长的话虽然是对的，但刺伤了孩子的自尊心，孩子虽然心里明白自己错了，可为了保全面子也不能接受批评，于是就“拧”起来对抗。另外，家长对孩子的教育方法不一致也是原因之一。家长在教育孩子时，如果一个严一个宠，那么孩子的任性就会越演越烈，很难得到改正。因此家长教育孩子的要求、观点应保持一致。尤其在孩子任性时，家长更应统一要求。

3. 同伴交往机会缺乏的影响

随着人们居住条件的改善，出现了不少“高楼儿童”，这些孩子很少有机会与其他孩子一起玩。同伴的缺乏，导致幼儿的玩伴由成人来替代。由于亲子交往大多不是一种平等的交往，往往是成人来造就孩子，在这种不平等的交往情景里，如不是有意识地对孩子进行教育培养，孩子就会缺少互助、合作的意识，缺乏谦让、自制的行为。

从以上所述不难看出，孩子的任性是由多种因素造成的，家庭内在的、外来社会的、自身生长发育期的等。作为家长应该及早发现、分析，及时纠正，运用科学的方法，根据生长发育规律进行教育。如果认为孩子小就一味地去迁就，任性的个性就可能会越来越厉害。任性的个性一旦形成，要想从根本上改变是有相当难度的，这样孩子以后的生活、学习和工作，都可能因此而受到影响。

三、应对策略

面对孩子的任性，我们究竟该怎么办？

（一）要帮助孩子认清任性的危害

任性的孩子只知道由着自己性子来做事，并不知道那样做将会产生什么样的危害。父母可以把任性的各种危害从轻到重逐条列出来，帮助孩子认清任性造成的各种不良后果，孩子明白了自己任性的危害，就会从心里想改变任性的行为。

（二）要树立正确的教育理念

1. 对孩子不溺爱、不一味迁就

父母对于孩子合理的要求，应尽量一一满足，如果经济能力实在达不到，或者遇到了阻碍与困难，也要向孩子耐心地说明原因。而对于孩子不合理的需要，不管孩子使用什么样的手段，哪怕哭闹、不吃饭、不去上学等，父母也不能迁就，而应因势利导地帮助孩子学会控制自己的任性脾气。否则，孩子一次得逞，任性的行为就会继续下去。

2. 平等地对待孩子

父母对孩子不能过于严厉专制，只有平时做到尊重孩子，有什么事情多征求孩子的意见，平等地与孩子交往，孩子才不会产生逆反心理，才会认真听取父母的安排、解释，按照父母的正确要求做事，才不会做出一意孤行的任性行为。

3. 让孩子学会换位思考，培养孩子的自控能力

父母应该学着教导孩子，让孩子学会换位思考，同一件事情要多从他人的立场去想，多方面地考虑，而不是只想到自己的意愿和利益。培养孩子顾全大局、顾大家的意识，这样孩子就会减少或者避免自己的任性举止。父母在日常生活中要有意识地培养孩子的自控能力，从一些小事情入手进行教育。例如，改变孩子懒惰的任性行为，父母可以给孩子制定一个时间表，让孩子自行整理房间，如果孩子不能控制自己就要接受惩罚，等等。这样孩子在不自觉中就学会控制自己的任性心理了。

4. 鼓励孩子多与他人交往

父母应该鼓励孩子多与同龄孩子交往，因为孩子的任性，在开始时孩子可能会遇到一些挫折，或者受到别人的冷落，但孩子会慢慢地学着调整自己的认知与行为，从而改掉自己任性的毛病。

（三）转化孩子任性行为的小方法

1. 冷处理法

当孩子由于要求没有得到满足而发脾气或撒泼打滚时，父母可暂时不予理睬，给孩子造成一个无人相助的环境，不要流露出心疼、怜悯或迁就的神情，更不能和他讨价还价。当无人理睬时，孩子自己会感到无趣而作出让步。事后，家长应对孩子简单而认真地说明这件事不能做的原因，并对他说“相信你以后会更懂事的”之类的话来宽慰他。

2. 适当惩罚法

运用惩罚原理时要注意：首先，惩罚的行为必须具体、明确；其次，惩罚要及时；最后，惩罚物和惩罚力度要恰当。

3. 激将法

利用孩子自尊心和好胜心强的特点，机智地将他一军。

4. 转移兴趣法

孩子的任性，虽然坏处很多，但也不是一点益处都没有。父母要善于从孩子的任

性中发现有益的一面，因势利导，把孩子的任性转化为坚持不懈的精神，转化为勤于思考、乐于钻研的行为，把任性中积极的一面进行发扬，不利的一面弃除，这样孩子的任性就转化成了优点，能够促进孩子成功。

四、案例

案例一

优等生的任性行为

我们班发生了这样一件事：检测考试结束，我兴致勃勃地给学生发奖，6 名成绩优秀的学生在阵阵掌声中陆续走上讲台，手捧“三好学生”大红奖状和笔记本。台下 50 多双羡慕的眼光，更增添了他们的光彩和豪气。在此，我大力表扬了这 6 名学生的优点和骄人的成绩，号召大家向他们学习，争创优秀学生，整整一堂课就在激励与赞美声中度过了。谁知我回到办公室不久，就有学生来报告，由于一名同学说了声“奖品才一本笔记本”啊，张某竟当着同学的面赌气将笔记本撕了。为此我感到很尴尬，也非常生气，很想弄明白其中的原因。

一位资深的老师告诉我，这是典型的优生放纵心理表现，即言行不受道德、纪律甚至法律的约束，任性妄为。其原因主要是由家庭环境影响和学校教育失当造成的。在家里，当今的孩子多为独生子女，父母长辈的溺爱娇惯，养成了他们的优越感，滋生了“以我为中心”的心理；在学校，成绩优秀的学生自然成了老师的宠儿，他们处处受到照顾和优待，经常性地享受着各种荣誉和鲜花。过度的“甜蜜”与宠爱，更容易使他们产生心理上的演变，即由自尊自信演变成虚荣、爱面子，由倔强好胜演变成高傲自大，由自尊自爱演变成自私自利，最终发展成唯我独尊，目空一切。一旦外界条件不能满足个人的心理欲望时，就会出现一些异常的言行。张某的行为虽是个例，却是这种不良心理的突出表现。

我阅读大量这方面资料才发现孩子不良心理的形成与发展，直接影响到其人格和为人，这不仅不利于他们的健康成长与成才，也是与我们的教育目的相悖的。要把育智与育心结合起来，做到教书、育人两不误。

结合自己几年班主任工作实践以及几位有经验的老师的建议，我整理并采取以下几个措施：

其一，在平时顺境情况下，要防止优生心理上的过分自信。优生相对其他同学付出相同或较少的劳动而取得较多的报偿，容易形成“我了不起”的心理。对此，班主任应经常提醒和劝诫，以防止其因过分自信而骄浮。

其二，在众口称赞、声誉四起时，要防止优生心理上过度“得意”。优生在获得突出成绩或赢得较高评价时，其周围无形中会形成一个光环，这些来自社会、学校、家庭等多方面的赞誉，极易使他们发生心理错位，得意忘形，并导致“自我”意识的急剧膨胀。此刻，班主任应降低“赞美”声调，避免“推波助澜”，可采用转移视线法，多宣扬一些后进生的长处，同时也分给他们一些荣誉。这样做，能促使优生冷静思考，调节自己的心理追求，冲出不良心理的羁绊，稳步地向更高的目标迈进。

经过一段时间的锻炼，一些学习较好的学生发生了很大的变化，他们开始关心并主动帮助班上学习差的同学，由于他们学习任务完成得早，经常主动承担部分卫生地段值日工作，主动擦黑板，经常给我和其他任课教师出谋划策改良班级学习效率，并且要求老师给他们指定一些帮扶对象。一学期结束时我们班的好几门学科成绩都取得较大的进步，几个学习较好的同学在全年级的名次都前进了不少，我终于松了一口气。

案例二

小莉是个处事果断，遇事有主意的同学，但是，十分任性，脾气暴躁，她平时对同学说话也是相当不客气，因而很多同学宁可躲着她，也不愿和她发生冲突。对于这一点，小莉是心知肚明的，她自己也很苦恼。前几天她和一个大个子男同学又发生了一点不愉快，本是件小事，但她将这点邪火就撒到了邻桌同学身上，一连几个指甲血印落在了同学胳膊上，邻桌同学未还手，同学们见此情景都愤愤不平，纷纷对小莉进行指责、批评。在这种情况下，小莉采取默不作声消极抵抗的办法。

心理分析：这些不良习惯的形成其原因是多方面的，从主观上分析：小莉自尊心强，但心理承受能力较差；从客观上分析：小莉的父母在她3岁时离异，从小她就有一种自卑心理。在小学时又曾因此而受到同学和朋友的冷嘲热讽。但这些情况由来已久，为何今天小莉反应如此强烈呢，更何况班中从未有人因其父母离异而冷落她。下课后老师主动了解了一些情况，有两个原因：其一，小莉从小都寄宿，刚刚开始走读学习，很不适应，为此，她心里烦躁时常发火；其二，新学期伊始，她希望改变和同学的关系，克服自己的性格缺点，但越急越不能自控。原来今天的事是个导火索，看来，事情的发生绝非偶然，不能草率处理。面对这种情况，老师又做了一番理性的思考：根据同学反映的情况，不能单纯地认为是小莉任性骄横，同时存在着青春焦虑期的一些心理因素，因为，初中三年级这个年龄段的孩子正处在心理叛逆时期，作为老师不能采取训斥的态度，应循循善诱，妥善处理。

【应对策略】

1. *以爱做原动力倾心交谈*

倾听：小莉对此事的想法，请她做一下自我分析；分析：由于平时养成了任性骄横的不良习惯，所以，当个人利益受到侵害时，不能考虑同学的感受，这样做不是少年君子的作风，问题非但没有得到解决，反而伤了他人和集体，发火也有害于身心。

点拨：女孩子应该落落大方，应有一颗宽容之心，遇事要沉着冷静，伤害别人既不能解决问题，又伤了友情，也显得缺少君子淑女风范。当遇到一些风言风语时，可以置之不理，也可以向老师或家长反映，争得他们的帮助。

鼓励：面对家庭的不幸，烦躁、赌气都会无济于事，要勇于战胜自我的自卑心理。

2. *以爱做原动力激发爱的情感*

召开恳谈会邀请平时与A接触较多的小伙伴坐在一起，从不同的角度谈一谈大家对小莉的关爱，小莉也讲述了自己的感受，小莉主动提出要在班上向大家道歉，并且表示今后要多多友爱同学，把快乐带给大家。

召开主题班会——“愿同学之间多一份爱，多一份情”，会上学生们以这个突发事件为载体，围绕着“爱”这个核心畅谈了大家对爱的理解，对爱的感受以及我们应该如何付出爱。除此，大家还讲述了一些同学之间的故事。最后，班会在《爱之歌》的合唱声中结束。

【心理个案感悟】

风雨过后，总会有彩虹。这件事引起我们的深思：教育的确是门艺术，当遇到突发事件时不可鲁莽草率地去处理，要注重调查研究，分析与突发事件相关的主客观原因，尤其不可忽略种种心理因素。在处理的过程中要以爱的教育为主线，从激发爱的情感入手，采取适当的方法，这样才能收到预想的教育效果。

现在的孩子大多数是独生子女，他们是家里的小皇帝、小公主，家长们百般呵护。孩子想要做什么就做什么，想要什么家长就给什么。如果得不到满足，就会大哭大闹，直到达到目的，他们才会善罢甘休，在家成了“小霸王”。而许多家长多是用哄用骗，有的百般迁就，有的家长实在没办法暴怒之下打一顿了事。随着孩子们的不断成长，各种心理因素也越来越复杂，家长面对各种问题，需要冷静分析，正确处理。不然，时间一长，这种任性就会慢慢在生活中形成、呈现，以致形成一个不健康的心理，从而影响孩子各方面的发展。

【分析和思考】

孩子在家庭中起着举足轻重的作用，特别是一些老人，他们十分溺爱孩子，对孩子提出的要求不管正确与否，都会无原则地迁就、满足，导致孩子任性、以自我为中心等不良习惯的产生，经常不称心就大哭大闹、乱扔东西，甚至打人骂人，这是孩子任性的表现。什么都要自己说了算，如果从家长那儿得不到满足，他们就会马上哭，一哭家长就会心疼，就会答应他，这样就会更加地放任他。一旦形成了任性的坏习惯，当他在幼儿园里要求得不到满足时，他就会不满，长期下去就会形成不良的习惯，导致幼儿产生一种任性的不健康心理。

对策：创造一个温馨、和睦的家庭环境，家长之间的教育方法要一致，不要过分溺爱，不然只能对孩子造成不好的影响。如孩子已经养成了这种任性的坏习惯，家长最好不要在孩子闹的时候去要求他们怎么样，让孩子宣泄出来，适当地冷处理，等孩子闹过以后，再讲道理，他们就可能会听你的。平时要多给孩子正面引导及鼓励，一旦孩子做错事要任性时，家长千万不要打、骂孩子，要更多给孩子讲道理、鼓励他。父母在日常生活中，应该让孩子懂得什么事可以做，什么事不可以做，鼓励他们学会控制自己，做一个有修养的人。

参考文献

李萍．浅谈任性孩子性格的形成轨迹和解决对策．时代教育（教育教学版），2008（6）.

第六节　孩子出现恋父（恋母）情结怎么办

有些进入青春期的女孩子，不顾及两性的生理差异，在身体上与父亲过度接触，在心理上对父亲过分依恋；而已进入青春期的男孩，则对母亲有类似的依恋。这种现象就是恋父（恋母）情结的表现。

一、问题概述

在我国传统的家庭里，儿子与母亲的关系基本上是“礼而不亲”，很多都只是“晨昏定省”而已，这种相对淡薄的母子关系是不太可能发展出特别的“恋母情结”的，但和儿子比较亲密的女人，例如，他的奶妈、后妈或者服侍他的婢女，即变成了儿子有所“恋”的对象。世界知名导演贝托鲁奇在电影《末代皇帝》中，曾引进“恋母情结”来活化、加深溥仪人生悲剧性的一面。溥仪依恋的不是他的母亲，而是他的奶妈，贝托鲁奇这样的认知与诠释在某种程度上也是比较符合我国的文化现实的。还有根据《雷雨》改编的张艺谋的电影《满城尽带黄金甲》，也涉及得不到宠爱的皇后、与继母纠缠的太子、与哥哥乱伦的妹妹、有恋母情结的儿子等俄狄浦斯情结的各种变形的情感。

而在我国现今政策和传统文化影响下，单子化、单亲化、重男轻女、溺爱等现象还是普遍存在的，很多母亲都把儿子当作宝贝来抚养，同时也有很多孩子大部分时间都待在幼儿园里，与幼儿园的老师们朝夕相处……在这样的成长环境中，中国人从幼儿时期就形成了“恋母情结”，这的确是值得我们注意的问题。

二、原因分析

（一）恋母情结

“恋母情结”，又称为“俄狄浦斯情结”，它由奥地利精神分析学家弗洛伊德所创。俄狄浦斯是希腊悲剧作家索福克勒斯的《俄狄浦斯王》一剧中的主角人物，他受命运的捉弄，被生身父母底比斯城的王与后弃于荒野，由邻国的国王抚养长大。长大后的俄狄浦斯离开养父之国，于途中因争吵而弑杀了素未谋面的生父莱乌士；并因解答了狮身人面女妖斯芬克斯的谜题，而成为底比斯王（取代父亲的地位），娶素不相识的生母约卡士达为妻，生下二男二女。后来底比斯城发生瘟疫，残酷的真相终于因神谕而揭露，弑父娶母的俄狄浦斯弄瞎了自己的眼睛（去势的象征），离开其家乡底比斯，四处漂泊。精神分析学泰斗弗洛伊德引用这一神话故事，道出了俄狄浦斯情结这一概念，也即恋母情结。

他陈述道：“儿子在幼年时就已经开始对母亲形成一种特殊的亲密情感，他认为母亲属于他一个人，因此感到父亲是争夺他个人财产的竞争对手。与此同时，小女孩认为母亲干扰了她与父亲之间的亲密关系，并认为母亲占据了她本应有的位置。观察表明，这种情感可以追溯到儿童早期，我们把它称之为‘俄狄浦斯情结’。它在儿童的心理生活中扮演着一个固定的、异常重要的角色。”

1. 恋母情结存在的必然性与普遍性

弗洛伊德认为，俄狄浦斯的悲剧之所以令人感动，因为里面有“我们的心声”，我们就像被命运捉弄的俄狄浦斯，“注定第一个性冲动的对象是自己的母亲，而第一个仇恨暴力的对象却是自己的父亲”。这个童年期的向往其实早已被人压抑到潜意识中。它是必然也普遍存在着的。恋母情结是心理学上公认的心理现象，是个体成长过程中的一个必经的心理阶段。它是男孩在其成长过程中的某个阶段（一般是在哺乳阶段），在潜意识里的一种把母亲占有为爱人而把父亲作为竞争对象的心理，因为父亲总是拥有他的母亲，所以他有排除父亲而占有母亲的一种本能欲望。在他逐渐懂事以后，就把它打入潜意识，但这种潜意识会以某种形式来影响他的性格、行为以及他对女性的评价。

恋母情结是一种最基本的、也是最早发生的人际关系，长大以后的各种人际关系都不同程度地受恋母情结的影响。可以说，后来的各种人际关系都是恋母情结的变形。把恋母情结及其变化进行编码，3～6 岁出现的恋母情结是第一恋母情结，进入青春期后出现的是第二恋母情结。它的对象不再是自己的亲生父母，而是父母的替代者，即家庭之外的两位长者，可以是父母的朋友，也可以是自己的老师、历史上的名人或是著名演员。相似作用表现为对一位替代父母者认同，模仿他、学习他、崇拜他；互补作用表现为爱上一位年纪比自己大许多的异性，这种现象叫作“牛犊之恋”。

随着年龄的增长，恋母情结的对象渐渐年轻化，终于被同龄人所取代。此时，相似作用表现为与同性的同龄人形成友谊，互补作用表现为与同龄异性相爱。真正意义上的友情和爱情产生了，这就是第三恋母情结，它有两种特殊形式，即“安提戈涅情结”和“该隐情结”。安提戈涅是古希腊神话中的人物，她深爱自己的哥哥波吕尼刻斯，哥哥死后，她不顾禁令埋葬了他的尸首，因此被活活地砌在陵墓中处死。该隐是亚当和夏娃的儿子，他因为嫉妒而杀死了自己的兄弟亚伯。

兄妹乱伦的主题见于许多神话故事，如我国的伏羲和女娲、埃及的奥西里斯和伊西斯、希腊的宙斯和赫拉。据说，古代埃及和日本的王（皇）室为了维持血统的纯洁而实行兄弟姐妹通婚。这种血缘婚姻是王室的特权，在民间是被禁止的。同胞相残的主题也到处可见，除了希伯来的该隐和亚伯，还有中国的象和舜、埃及的塞特和奥西里斯。另外，宫廷政变也总是伴随着同胞相残。等到自己结了婚有了孩子，父母意象就被孩子取代了，恋母仿父变成了“恋女仿子”，这就是第四恋母情结。恋女情结也称“李尔王情结”，父亲偏爱女儿，母亲偏爱儿子是普遍现象。“仿子”颠倒一下，变成了“子仿”，表现出望子成龙、望女成凤，以自己的标准教育子女，让子女成为自己这样的人或自己理想中的人。不难看出，第四恋母情结与第一恋母情结是相呼应的。儿子恋母仿父，而母亲恋子，父亲为儿子做示范，希望儿子模仿自己。随着第四恋母情结的退场，子女之外的年轻人取代了亲生儿女。子女之外的年轻人范围很广，除了亲生子女都行。有些老人钟爱学生，有些老人喜欢认干儿子，有些老人爱别人家的孩子胜过自己的孩子。还有一些老人溺爱孙子，经常为了孙子而跟儿子闹矛盾，这便是第五恋母情结的表现，因为孙子也是“子女之外的年轻人”。

许多人否认恋母情结的存在，因为他们没有发现自己有恋母情结。按弗洛伊德的说法，这是压抑的结果，没有发现并不能作为其不存在的依据。现在，这一概念渐渐为人们所接受。俄狄浦斯情结虽然被压抑在潜意识里不为个人所知，但是，在现实生活中，它多多少少会以各种各样的方式表现出来，如年轻的女孩会喜欢上比自己年龄大很多的男性，男孩也乐意跟与自己母亲秉性类似的女性交往。很多时候，人们也会以俄狄浦斯式的方式思想，如父亲更偏爱女儿，母亲更宠爱儿子，或在夫妻情感冷却后这种偏爱代替了配偶之爱。

正如弗洛伊德所说：“我从自己身上发现对我母亲的爱，对我父亲的妒。如今我认为此乃孩童遍存之现象。”每个男孩女孩都会在三四岁时经历恋母（恋父）情结阶段，这是人格发展的最重要的阶段，如果青少年能够顺利地解决恋父（恋母）情结，就会促使超我逐渐形成和发展，就会形成与自己的年龄、性别相适应的人格特征，长大以后就能很好地与异性相处，发展良好的恋爱婚姻关系。没有必要否认俄狄浦斯情结的存在，也无须对它感到震惊和愧疚。

2. 恋母情结的危害

（1）恋母情结的男孩，很可能是没有主见，缺乏进取精神的。因为他们非常害怕失去母亲的爱，所以一直是窥测着母亲的脸色，抑制自己的主张，专门为了讨好母亲而生活着。由于过于依附母亲，其思维方式和言谈举止都容易女性化。带着这种生活态度进入社会，也是一个懦弱的人，没有别人的指令就不能行动，缺乏自主意识，精神容易慢性萎缩。

（2）恋母情结的男孩，习惯于单方面获得，不懂得自己应主动地去为他人服务，很可能形成自私的心理。

（二）恋父情结

1. 恋父情结的由来和界定

恋父情结，也称“爱烈屈拉情结”，指女孩亲父反母的复合情绪。古希腊神话中，爱烈屈拉公主因母亲与其情人谋杀了她的父亲，故决心替父报仇，与其兄弟最后杀死了自己的母亲。弗洛伊德借此来说明儿童性心理的特征。认为小女孩对父亲深情专注，潜意识中有一种取代母亲位置的愿望。特别是到了性器期发现自己没有男性生殖器，故埋怨并妒忌母亲占有父亲的爱。

朱智贤主编的《心理学大词典》这么释义恋父情结：“女儿亲父反母的复合情绪。弗洛伊德把小女孩对父亲的深情专注，想把母亲置诸一边，取代她位置的愿望，即‘爱父嫌母’的潜在愿望，称为恋父情结。”恋父情结形成的原因：

精神分析理论认为，个体性心理的发展，需经历如下五个阶段：

第一阶段：口腔期。从出生到 1.5 岁，动欲区是口，婴儿从吮吸吞咽中感到快感和满足。

第二阶段：肛门期。从 1.5 岁至 3 岁，动欲区是肛门，幼儿从排泄中得到快感和满足。

第三阶段：性器期。从 3 岁至 6 岁，动欲区是外生殖器，幼儿开始注意性别，出现好奇心。

第四阶段：潜伏期。从 6 岁至 12 岁，幼儿的性欲潜伏下来，避开异性，与同性为伍。

第五阶段：成熟期。与青春发育同步，男女均从与异性接触中寻求乐趣。

个性发展到"性器期"，混沌初开，开始注意两性的差异。女孩发现男孩有"小雀雀"，站着小便，像只骄傲的公鸡，说有多神气就有多神气，而自己小便必须蹲着，无比委屈，感到低人一等，从而埋怨起生她的母亲来；而母亲又是父亲的疼爱对象，于是，在埋怨的基础上又添一层妒忌。据研究，女孩这种对母亲的埋怨与妒忌的交织情绪，发展成为反母亲父的"恋父情结"，一般需要三个条件：一是家庭里阳盛阴衰；二是父女相依为命，或父女亲近超过母女的亲近；三是女孩个性内向，心理稚嫩，富含"嗲"气。

2. 恋父情结的危害

"恋父情结"是性心理障碍，亦称性心理倒错，即生理上已进入"潜伏期"或"成熟期"，而性心理却严重滞后，仍停留在"性器期"，犹若蝌蚪变青蛙，变成了青蛙却仍留下蝌蚪时代的尾巴，不成熟。

"恋父情结"很可能会阻碍她们长大后走近异性、走向婚恋。困于某种原因，即使走进婚恋，亦身在曹营心在汉，无法全身心地投入婚姻生活，因为她仍在深深地依恋着父亲，无法将感情从父亲身上转移到丈夫身上。

三、应对策略

面对有过度恋父（恋母）情结的孩子，父母该如何做呢？

（一）对孩子进行性教育

实际上，就是性的补课教育，包括这样两个方面：一是性的社会角色教育，让孩子明白"男女有别"，教育孩子从依恋父母中解脱出来；二是帮助孩子走向同龄同性伙伴，结交同性朋友，为将来青春期结交异性朋友做好铺垫。

（二）行为配合

孩子的恋母情结与母亲的"感情私有"有关系，所以母亲应该反省自身：是不是对孩子过分保护和溺爱？母亲还应该让孩子更多地进入社会生活，在人际活动中让孩子感受到更广泛的温暖。俗话说："男大避母，女大避父"，这对形成健康的儿童心理有启迪作用，孩子在成长过程中，与父母的情感是不可分割的，但他的行为逐渐走向独立。所以母亲，尤其是单亲家庭的母亲，应该让他多与父辈或与其他男性接触，让他逐渐成为一个"男子汉"。例如，让孩子同其他亲人多接触，培养他对其他亲人的感情；为孩子在亲戚和邻居中找几个小伙伴，培养他对小伙伴的友好感情。

母亲也应该尽量避免身体的裸露，与男孩的拥抱和亲吻都应该有所节制，使母子之间有一定的自由空间。不经常对孩子做各种像对婴儿那样的亲昵动作，如亲吻、拥抱，过多地抚摸其身体等。不必过多地限制孩子自由玩耍、束缚孩子的手脚。在家庭生活中，要让孩子较早地分床睡觉，养成自立的习惯。也不要让孩子的着装打扮与性别不符。让孩子多同各种人接触，树立独立自主性，培养广泛的爱好。这样，才有利于孩童时期恋母情结的消除，才有利于孩子的健康成长与发展。

孩子的"恋父情结"，即源于其婴幼儿期父爱的过溢与母爱的不足。因此，矫正时：一方面，作为父亲，应坚定而巧妙地暂时疏远女儿；另一方面，作为母亲，则应急起直追，行为上亲近、再亲近女儿，满足女儿的爱欲依附。

四、案例

案例一

为恋父情结所困

"是青春热线吗？"一个温柔而略带稚嫩的声音传来，把我带入今天的咨询。

当我询问她在哪些方面希望得到帮助时，她轻描淡写地说："想让您帮我做一个选择。"

"哦……"这是一个什么样的选择呢？女孩沉思了一会儿，像是做好充分准备，非常流利地说："我是参加自学考试的学生，今年报考了四门。现在离考试的时间很近了，有一门专业课，我如去听串讲，就要挤自学时间，尽管我知道串讲的老师很棒，会对我的考试有帮助，但我仍不知道是去听还是不听。"

"这个选择好像对你很难……"我没有明白，这么简单的事，为什么需要打电话咨询呢？

女孩喃喃地重复我的话："很难，很难……"我听见女孩急促的呼吸声。她犹豫了一会儿，终于下定决心似的说道："其实，我是怕见串讲的老师……几个月前，我喜欢上了他，尽管他比我大 20 岁……他是单身，课讲得好，人也长得帅，我经常向他请教。那段时间我感到很快乐，这是我 19 年从来没有过的感觉。可当我向他表白时，他委婉地拒绝了我，我很难过。"

"看来你受到了挫折啊！这之后你做了些什么？"我想，这个大胆示爱的女孩应该是会有一些跟进行动的，可她的回答让我感到意外，她说："我知道我们不合适，不会再找他了……我知道我现在首要的任务是学习。"

直觉告诉我，她的表现是"假好"，肯定另有原因，我试图寻找着突破口。"能告诉我你自考的专业吗？"女孩非常紧张地快速反应道："为什么要问这个？"

我感觉她在回避这个问题，我对她说可以不回答，她平静了下来。接着，我告诉她，我也参加过法律专业自学考试，自考是非常艰苦的学习过程，她能选择用这种方式学习，我很佩服她。

女孩听说我也有同样的学习经历，非常兴奋，开始与我一起讨论学习方法和她所遇到的困难等。我感到她是一个聪明、好学、上进的女孩，我直接表达了我的感受，她再次沉默了。

我耐心等待她的反应，轻轻地问："是我说错了吗?"女孩小声答："我有4年没有听到别人这样评价我了。"

为什么是4年呢？"那时你15岁，有什么事情发生吗?"女孩用更小的声音回答："我爸爸去世了。"她哽咽的声音由小变大，嘤嘤地哭了起来。

看来这个女孩把对父亲的思念压抑太久，应该鼓励她宣泄出来。女孩觉察到自己的失态，极力控制情绪小声地说："不好意思。"我说："谁遇到这样的事都会很难过的，哭出来吧，会好受些。"

她说："不哭了，妈妈看到又要担心。爸爸去世前，我单纯快乐，成绩优秀，是个人见人爱的女孩，父母以我的聪明懂事，学习好而自豪。爸爸去世，我和妈妈受了沉重的打击，从此我不能专心听讲，成绩直线下降，没考上大学。一年前，我努力调整自己。我知道，只有我高兴了，妈妈才能快乐。这一年，我和妈妈都改变了许多。我们的生活逐渐走入正轨。""你真是个懂事的好孩子！我为妈妈有你这样的女儿高兴，更为你的自我调整能力自豪！我想爸爸看到你现在的样子也会感到欣慰的。""谢谢，可爸爸对我的影响太大了，我忘不了他，我是个没有爸爸的孩子，我无法交男朋友了。"我的心一紧，这可能是女孩的症结所在。

女孩缓缓地说："我发现我喜欢的老师有许多地方像爸爸，我所憧憬的白马王子也有像爸爸的地方，这怎么办?""具备爸爸的品质不好吗?"我想澄清，她为什么害怕像爸爸。她说："我害怕自己有恋父情结。"她说，她自学考试的专业是心理学，由于还没有学到专业课，所以对这个名词不很明白。

我告诉她，"恋父情结"是心理学家弗洛伊德发现的，是儿童心理发展过程中普遍存在的一种现象，即所谓的"爱烈屈拉情结"……

我讲述了"恋父情结"的具体内容，她听得非常认真，疑惑地问："我为什么喜欢像我爸爸的男人呢?"我告诉她这是正常现象，因为父亲是每一个女孩接触的第一个男性，父亲的优良品质在女孩的心里扎下了根。她们崇拜父亲，自然要把父亲的品格赋予到所爱的人身上。"很多人都这样吗？包括那些父亲健在的女孩吗?"女孩关切地问。

我说："当然，除非他们的父亲一无是处，就是我们结婚十几年的人，重新审视对方时，也可能发现对方有很多的地方像自己的父亲。""原来是这样!"女孩有点轻松了，"你的意思是说，这与我父亲去世没有关系，我是正常的?""是的!"我肯定了她的说法，并建议她读些心理学方面的书，避免给自己贴标签，与同学老师多交流，她愉快地接受了我的建议。

在谈话的最后，女孩高兴地说："我现在觉得，我喜欢老师是正常现象，我会重新审视自己，正确对待的。我打算去听串讲，并争取四门功课都过关。"

我非常欣慰，她能够放下父亲去世的压力去看待自己的感情。我鼓励她继续努力，并预祝这个女孩快乐。

案例二

患“恋母情结”的孩子

那是一个寒冷的冬天，天色阴暗，寒风阵阵，片片雪花借着风力在空中肆意飞舞，往日喧闹、拥挤的门前小街变得寂静起来，人们大都躲在屋里避寒取暖。下午快要放学时，同事邝老师（化名）对我说她临时有事要先走一步，并再三叮嘱我照顾她儿子小洋（化名）吃晚饭。我想：这并不为难，孩子都上四年级了，偶尔不和妈妈在一起吃饭，应该没什么大问题吧！可是，到了吃饭的时间，我却怎么也找不到小洋的影子。无奈中我只好返回办公室，只见门上贴着一张纸条：胡老师，我进城去找妈妈了，不要找我。看到这儿，我一阵紧张，担心孩子途中是否安全。而我又要值周，情急之中连忙给邝老师和熟悉小洋的人打电话，请他们帮忙寻找。打完电话，我不由得陷入沉思之中：为什么平时如此乖巧听话的孩子，一下子没见到妈妈，反应就如此强烈？莫非是孩子的心理出现了问题？联想到孩子从出生到现在一直都是邝老师一个人独自带着他，孩子缺少应有的父爱，莫非是“恋母情结”在作怪？想到这儿，我的眉头不禁紧皱起来，这可是我担任班主任工作以来从未遇到过的问题，该怎么办？我一次又一次地问自己。

直到晚上10点，邝老师领着小洋回到学校，我才得知原委。原来，小洋长这么大，还从未独自一人进过县城，加上大雪天，公共汽车少了许多，小洋就沿着陌生的路径步行前往县城，中途还迷了路，快到县城时，车流量增大，险些被一冒失司机撞倒。等到大人们费了九牛二虎之力找到他时，只见他满身泥水地蜷缩在汽车站门外的拐角处，正冻得瑟瑟发抖，一双焦虑的眼神迷茫地四处张望着，一副受到惊吓，不知所措的样子。孩子终于找到了，邝老师激动地扑到孩子的身上，把他紧紧地搂在怀里，嘴里不停地重复着：“孩子不怕，妈妈来了。”在场的亲朋好友们一颗悬着的心才落了地。

今夜注定无法入眠，脑海中一直在思索着明天该如何教育开导小洋……

第二天，当小洋在妈妈的陪同下，怯生生地站到我面前时，我全然没有了他擅自离校后的愤怒，我心平气和地说：“今天，老师要表扬你两件事做得好：一是现在你能站在老师面前，你已经是一个能够承担责任的好孩子，老师为你高兴；二是你临走时给老师留了一张纸条，告诉老师你的真正去向，这一点可见你是个多么会为别人着想的孩子，为此，老师也要表扬你。”说完了这一席话，我又一次端详起这个小男孩，发现他不再像刚才那么胆怯，对我的戒备心理也消除了很多，看来，这一番话使他对我产生了些许的信任，于是，我们促膝长谈起来：

“小洋，你能把当时独自进城最真实的想法告诉我吗？”

“我每天一下课就能见到妈妈，可今天发现妈妈不在了，当时，我心里就只有一个念头，我要妈妈！”

“为什么那一刻非得见到妈妈呢？”

“我也不知道，反正一下课就特别想见到妈妈，妈妈不在，我觉得啥都没有了意义。”

“那么，我想请问你一个问题，什么样的孩子一刻都离不开妈妈呢？”

“婴儿。只有婴儿才一刻也离不开妈妈。”

“是呀，可你已经是大孩子了，你的年龄是婴儿的好几倍呢！你怎么还能像婴儿一样依赖妈妈呢？你一个人独自外出，多危险呀！妈妈多操心呀！”

“老师，我……我当时没想那么多。”

“再说了，你爸爸常年工作在外地，家里家外全靠你妈妈一人张罗，她哪有时间和精力一刻不停地守候在你的身边呀！她如果天天看着你，那你们母子俩吃什么，喝什么呢？”

当我说完了这番话时，我发现小洋的眼睛里已经有了晶莹的泪花。于是，我又接着开导他：“其实，在咱们班还有很多同学的家长都不在家。例如，你的同班同学龙飞（化名），他父母双双常年在外地打工，他不仅要学习，还要自己买菜、做饭、洗衣服，一年365天，只有过春节时才能和父母团聚一次。如果他像你一样一刻也离不开妈妈，那他整天不是要哭成泪人儿，甚至也像你一样擅自离开家去寻找在外地务工的双亲？但是，他这样做了吗？没有。他照样把自己的生活安排得井然有序。和他相比，你要幸福几百倍呢！天天下课、放学，都能看到妈妈灿烂的笑脸，可就这一会儿工夫，你就承受不了妈妈不在的寂寞，你想想，你的做法是不是太幼稚了，也太像婴儿了，赶快醒醒吧，孩子！你已经是四年级的大学生了。”当我一股脑儿地说出这些话之后，发现小洋已惭愧地低下了头。此时，他有些不好意思地说：“老师，我错了，我一定会慢慢改正的！”

事后，我又多次找到邝老师，和她沟通交流，希望她平时不要让孩子对自己过分依赖，要注重培养孩子独立生活的能力，不要事事包办代替，彻底摒弃“百依百顺”的教育方式，从养成孩子一人睡一个房间，一个人独自在家完成作业这些最基本的习惯入手，尽早地让他与“恋母情结”说再见。

如今，小洋已经彻底地摆脱了“恋母情结”，不管妈妈在不在身边，他都能和其他同学一样，独自生活，奋发学习了。他正像一棵充满生机的幼苗，经风历雨，超越自我，成长为建设祖国的栋梁之材。

【应对策略】

“用爱心和智慧铺筑学生的成长之路”一直是我信奉的教育理念。对于有“恋母情结”的孩子可采取以下措施：

1. 适时表扬，消除孩子的戒备心理

古人云：“数子十过，不如赞子一功。”教师要善于找准孩子的闪光点，加以肯定，拉近距离，为沟通交流打下基础。当孩子不小心犯了错误时，他害怕听到教师的厉声呵斥。因此，他们总是把自己小小的心门关闭得很紧很紧。有的孩子甚至会认为：“大不了又是一顿臭骂，没什么大不了的，就受着吧！谁让自己犯错误呢？”可是，作为班主任，如果一味地批评指责，缺乏有效的教育疏导，久而久之，就会造成恶性循环。试想，小洋擅自离开学校，这已经是很严重的错误了，家长训斥了他，如果我也劈头盖脸地一顿责骂，那么，他怎么能对我产生信任？怎么能告诉我他内心的真实想法？我又怎么能和他坐在一起促膝长谈呢？因此，适时的表扬，能让做了错事的孩子仍能找到“我是好孩子”的感觉，让孩子轻松和谐地接受教师的开导，从而达到有的放矢、事半功倍的效果。

2. 倾注爱心，架起心灵沟通的情感桥梁

作为一名教师，应始终从内心深处关爱、呵护学生。教育是一门心灵的艺术，我们教育学生，首先要与学生建立起一座心灵相通的情感桥梁，做到手拉手、心贴心，让师生真正成为情同母子的知心朋友。如果我们承认教育的对象是活生生的人，那么教育的过程便不仅仅是一种技巧的施展，而是充满人情味的心灵交融。心理学家认为“爱是教育好学生的前提。”因此，对于犯了错误的学生，我没有厉声呵斥、咄咄逼人，而是蹲下身来与之亲近，把自己先变成小孩子，站在他的角度来想问题，用关爱之心来拨动孩子的心弦，使他从心底里认识到自己所犯错误的症结所在，并愉快地与教师配合，逐步改正。

3. 开启智慧，铺筑学生成长之路

法国作家维克多·雨果说过：“世界上最广阔的是海洋，比海洋更广阔的是天空，比天空更广阔的是人的心灵。”作为班主任，面对青少年眼中复杂多变的世界，面对患有“恋母（恋父）情结”的学生，要想走进他们的心灵深处，探索心灵的奥秘，如果不善于运用智慧，不巧妙地选择方法，不精心地寻找“路径”，则实际的效果往往会与我们美好的愿望相差甚远。这就需要我们注意学习先进的教育理念，不断地探索新的教育方法，博采众长，为我所用。同时，还要遵循教育规律，选择最佳的教育机制，找准每个患有“恋母（恋父）情结”孩子所犯错误的症结所在，根据每个孩子都具有可塑性这一特点，晓之以理，动之以情，导之以行，为他们的健康成长付出心血，铺平道路。

第七节　家长教育理念不一致怎么办

一、问题概述

设想这样一个情景：父亲一面打着孩子一面斥责道：“你这不争气的东西，才好了几天就又调皮了，要你何用!”母亲听到马上走过来，推着孩子的父亲说：“你的方法是一打二骂，像你这样能教育好孩子吗?”“我不会教育，你来吧！孩子还不是你宠坏的!”母亲一手拉过孩子愤愤地说：“我宠就我宠，别理你那不讲理的爸爸!”……争论可能还会继续下去，但是，无论哪一方胜利，对孩子都是不利的。

许多教育得法的父母认为：父母对孩子的教育要一致，绝不能你有你的做法，我有我的要求，更不能有分歧时在孩子面前争争吵吵，否则，孩子将辨不明是非，无所适从。更有甚者，孩子还会从父母对自己的不同态度中产生不正确的爱和憎，或者利用父母间的矛盾掩盖自己的缺点，拒绝接受教育。

因此，父母在教育孩子的意见没有达成一致时，绝不能各行一套，让教育的作用相互抵消，甚至造成事与愿违的结果；而应冷静地交换思想，讨论一下如何对孩子进行教育，力求协调一致，取得最佳的教育效果。

二、原因分析

在家庭教育中，父母应注重给予孩子统一的价值观。在教育孩子时，父母及祖父母对孩子的要求常常不一致，在孩子犯了错误或是教育孩子为人处世时，总是“一个唱白脸，一个唱红脸”。有的家长自身对孩子的要求也不连贯一致，高兴了，孩子爱干什么都可以；不高兴时就这个不准，那个不行。

（一）父母要求不一致会让孩子产生心理压力和困惑

事实上，父母对孩子的要求连贯一致，对孩子的成长是十分重要的。如果做不到这一点，孩子就会左右为难，心中充满了矛盾，会产生压力，不知道自己怎样才对。

家长的变化无常，会导致孩子的困惑不解。他们不仅觉得父母的要求混乱，而且弄不清什么事情重要，反而认为什么都是可以改变的。

（二）父母态度不一致会使孩子难以管教

家长之间对教育孩子的态度不一致，也是导致孩子“难管教”的重要原因。如果母亲总是答应孩子的每一项要求，而父亲却试图“扳回”这种毛病，孩子会感到有靠山，并试图用哭闹来解决问题或示威。

在孩子的心中，父母是他们学习的榜样，凡事总要效仿父母的样子去做事。如果家长本身就言行不一、反复无常，就会给孩子留下另外一种印象：使他认为做事情不需要有一个固定的准则。

三、应对策略

每个人的思维方式和行为方式都不相同，所以才会导致家长管教孩子的方法和尺度不完全一致，但父母双方应尽可能在大问题上一致，并注意减少矛盾，给孩子一个统一的价值观。在教育孩子的问题上，若父母之间存在分歧怎么办?

父母在教育孩子的问题上不能意见一致，不能相互配合，这是一件憾事；而因此引起争端，使孩子能利用父母间的矛盾逃避自己应负的责任，就更可悲。事实上，大多数父母在教育方式上看法有异，并非就一定会有坏的效果，关键在于父母双方应怎样处理这种分歧。

（一）父母协商探讨最佳教育方略

父子与母子之间的关系是有相对独立性的，虽然三者生活在同一个家庭里，但并非要按照同样的模式来处理关系。父亲如果不同意母亲对待孩子的方式，可以发表自己的意见，或与其进行讨论，但绝不该介入其中进行干涉。尤其不应该当面阻止和提出反对意见，这样不但伤了感情，还会让孩子不知所措。母亲与孩子之间的关系取决于母亲与孩子，父亲不应该对母子间的关系作决定、定规则。

对孩子的教育，父母都有责任和权利，但并不等于一方可以干预另一方的决定。而且尽管父母都认为自己的方式是正确的，但究竟是否完全正确，或谁的更正确，却是一个难以回答的问题。即使双方在基本点上的认识一致，遇到某些具体问题时也可能会产生分歧，这时谁有权威来裁决？一般来讲，现代家庭中没有绝对的权威，父母可以按自己认为正确的方式来处理与孩子的关系。而对于孩子，他（她）应该懂得与母亲之间的问题应与母亲一起解决，而不应去搬父亲做救兵，这是对他自己和父母的尊重。而父母不应该交叉参与相互关系问题的解决，这也是对孩子能处理好这一问题的信任。对在父母双方不同的教育观点下成长的孩子，应学会取舍，而不为分歧所困惑。在大部分情况下，如果父母能尊重对方的观点，不加干涉，两种方式便可和谐相处，而孩子则可以从每一对关系中获取对自己成长最大的益处。

不干涉孩子与父母任一方的关系，并不等于对孩子的求援耸耸肩而不予理睬。父亲可以帮助孩子分析一下为什么母亲要责怪他，是不是孩子自己有错却不自知，如何才能避免犯错。这样直接进入问题重心避免因方式不同而起争执，使孩子无隙可乘的教育方式，可谓殊途同归。

（二）保持家庭教育的一致性

家庭教育的一致性具体表现在三个方面：父母的要求标准前后一致，父母之间一致，父母的言行一致。

1. 父母的要求标准前后一致

无论是生活、学习，还是习惯养成，家庭都应有一贯的准则，不能今天这样要求，明天那样变化，更不能因家长的情绪好坏而随意出尔反尔。对孩子的要求要有一贯性，要让孩子知道什么该自觉遵守、怎样才是文明礼貌、学习应持什么样的态度，要让孩子在点点滴滴的小事中培养好的习惯，形成良好的品质。当然，这些要求要适合孩子的身心发展，要能让孩子愉快地接受。而且，生活中的约束不可太多，不能压抑孩子天真、活泼、爱玩的天性。过分的苛求，只会适得其反。家长要有计划地抽出时间陪孩子游公园、远足等，孩子在愉快的生活中也会更自觉地遵守家庭一贯的准则。

2. 父母之间真情挚爱

要保持家庭教育方式的一致性，夫妻恩爱是基础，在这个基础上才会产生和谐，只有言行上的和谐才能在教育上默契地配合。

俗话说，从孩子身上可以看到父母的影子，矛盾型的家庭容易出“劣子”。如父母经常在孩子面前吵闹甚至打骂，就很难教育出一个文明礼貌、品行端正的孩子；父管母护或母亲管爷爷奶奶护，结果会让孩子形成矛盾的心理，使其行为无准绳。当然，家庭成员的科学文化素质、道德水平以及审美意识等具有相对的独立性，不可能事事时时默契，种种矛盾会随时产生。因而，作为家长，相互之间也要经常交流，加强沟通和理解。可以说，沟通和理解是家庭教育的基石，尤其是夫妻之间应多沟通、多理解，保持平等关系，互让互谅。要尽量不把矛盾暴露在孩子面前，否则教育的效果就会大打折扣，孩子会从无所适从到不以为然，父母的威信在孩子心目中也会受到损害。

在日常生活中，独生子女违背父母意愿，常常是因为父母企图用溺爱来换取威信造成的，或是父母用哄骗的办法，或是父母用相互打闹降低对方威信的办法，或父母随意向孩子做不兑现的许诺，或一方要孩子瞒住另一方等，在这样的家庭中，“望子成龙，望女成凤”成为一句空话。父母之间在教育孩子上要保持一致，首先要感情融洽，父母之间要互相爱护帮助。这样才能充分协商、统一要求，才能让孩子感觉到父母是一个完整而又不可分割的整体形象，孩子会为此自豪、上进。所以说，健康的家庭关系是具有真情挚爱的夫妻关系的派生物，要使孩子在良好的家庭环境中成长，就要不断改进夫妻关系，这是父母之间保持一致性的基础。

3. 父母的言行一致

生活中父母的言行直接影响孩子的成长。在很大程度上，有些孩子并不是按照父母的要求去处理问题，而是看父母是如何处理同类问题的。孩子是喜欢模仿的，家长同别人谈话时的态度、神色，家长的衣着打扮，家长的欢欣与不快等，无形中都在影响着孩子。青少年知识经验少，有时辨不清是非好坏。父母不以为意的言行，也许会成为孩子模仿的对象。试想一个对家庭不负责的家长，如何要求孩子热爱家庭；一个懒惰的家长，如何要求孩子勤奋向上；一个争吵、打骂的家庭环境，怎样造就身心健康的孩子。孩子的良好行为、习惯的养成，需要家长发挥榜样的作用。

因此，家长要事事处处注意在行为习惯上为孩子做表率，通过自己的一言一行为孩子起引导作用。可以说，要让孩子养成良好的行为习惯，在一定程度上取决于家长自身的行为习惯，成人的生活方式是下一代生活方式形成的一面镜子。家长要求孩子做到的，自己一定要率先做到；同时，还要注意多站在孩子的角度考虑自己的要求与言行，在教育孩子的过程中，不断提高自己、完善自己。

四、案例

案例一

初二年级阿明的爸爸是一名企业员工，妈妈是一名公交车司机。妈妈每天的工作很忙碌，教育阿明的任务多半由爸爸来完成。妈妈是一位性格温和的女性，在教育方面主张儿子自由成长。然而爸爸却不这么认为，他主张“不打不成器”，在这种思想支配下，阿明每有一些小毛病，或者做错了事，或者考试成绩不理想时，便免不了被爸爸打一顿。时间长了，小明非常害怕爸爸，只要爸爸在家，他就感觉惶惶不安。妈妈看到儿子这种状态很焦急，尽管曾经参与对儿子的教育，但是阿明的爸爸却经常否定妻子的教育方式。

【案例分析】

这是一个夫妻双方都不懂家庭教育，丈夫性格粗暴，动辄否定妻子教育方式的案例。像这种案例在现实生活中并不多见，因为母亲教育仍然是家庭教育的主流。但是这种教育对孩子的伤害却是显而易见的，父亲的粗暴不但改不掉孩子的坏毛病，而且会打击孩子的自信心。当母亲参与的家庭教育被父亲否定后，孩子会感觉自己很孤独。在这种孤立无援的状态下，孩子往往会产生心理问题。

案例二

初二年级的阿敏同学的妈妈是一名中学教师。作为一名教师，阿敏妈妈相对懂一些家庭教育，所以从阿敏很小的时候便开始采取积极主动的家庭教育。然而问题随着时间的推移就逐渐显现出来：阿敏爸爸经常在家里说脏话，经常带朋友回家打麻将，经常睡懒觉，对阿敏的学习不管不问，甚至认为学习没用，等等。当父亲的负面榜样作用被女儿模仿后，阿敏的妈妈明显感觉自己对女儿的教育和好习惯的培养越来越吃力了，于是很焦虑。

【案例分析】

这是夫妻双方有一方懂教育，但常常被另一方的负面教育所抵消的案例。这种案例在很多家庭中常有，父母的榜样作用，特别是负面的榜样作用，常常让另一方正面和积极的教育被抵消，有时甚至会让夫妻关系出现矛盾和裂痕。

案例三

初一年级的小童同学生活在一个隔代教育家庭里。爷爷和奶奶都已经退休在家颐养天年，小童的妈妈和婆婆关系相处得并不是很好，经常会为一些鸡毛蒜皮的家庭琐事产生矛盾，而矛盾的焦点恰恰就在小童的教育方面。妻子对母亲的不恭敬、不孝顺，小童爸爸是看在眼里，气在心上，虽然也曾经私下里和妻子沟通过，但是效果甚微。时间长了，小童的爸爸便在心里对妻子产生了怨气。再看小童妈妈，也因夫妻关系的裂痕而消极面对公婆。在这种家庭环境下，两代人的教育观念和方法上的冲突便更明显了，而小童妈妈教育小童的心态和方法有时也会出现偏激现象。例如，严禁小童和爷爷奶奶接近，不准小童接受爷爷奶奶买的礼物、吃爷爷奶奶买的零食等。

【案例分析】

这是在隔代教育家庭里，因为与老人关系处理不好，为夫妻关系出现问题埋下隐患，继而影响亲子关系的案例。隔代教育问题一直困扰着很多家庭，如何处理好年轻父母与老人之间的关系，如何解决老人与儿女和谐相处的问题，是妥善处理隔代教育的关键。可以说，这是一个时代课题，需要家庭教育理念和方法的推广和普及，只有让两代人都掌握了现代家庭教育的内涵，相互尊重和包容，才会让家庭和谐完美。

知识专栏

专栏一　积极心理学

积极心理学是以积极的情绪体验、积极的人格、积极的社会组织系统为三大支柱，旨在研究怎样使人更好地发展以及预防各种不良心理问题的一门心理学科。积极心理学采用科学的原则和方法来研究幸福，倡导心理学的积极取向，以研究人类的积极心理品质、关注人类的健康幸福与和谐发展。

一、对人性优点和价值的关注

美国著名心理学家赛利格曼提出，心理学不仅应对损伤缺陷和伤害进行研究，更应倡导关心人的优秀品质和美好心灵，这就是积极心理学理论的初衷。就研究对象而言，积极心理学的研究分为 3 个层面。①在主观层面上研究个体对待过去、现在和将来的积极体验。在对待过去方面，主要研究满足、满意等积极体验；在对待现在方面，主要研究幸福、快乐等积极体验；在对待将来方面，主要研究乐观和希望等积极体验。②在个人层面上是研究积极的个人特质。积极人格有助于个体采取更有效的应对策略，这方面具体研究了 24 种积极人格特质，包括自信、乐观、成熟的防御机制、智慧等。③在群体层面上，积极心理学非常重视社会背景下的人，意识到积极团体和社会机构对于个人健康成长的重要意义。赛利格曼还指出，心理健康状态不只是没有身心失调紊乱的现象，更应该是一种蓬勃的存在。积极的心理健康状态应该存在积极的情绪、参与、意义、良好的人际关系和成就，即达到幸福的 5 个元素：积极情绪（positive emotion，P）、积极投入（engagement，E）、积极的人际关系（relationship，R）、意义（meaning，M）和成就（accomplishment，A），简称 PERMA。

积极心理学也重视对心理疾患的预防，并认为，人类自身存在着抵御心理或身体疾患的力量，通过挖掘困境中的个体的自身力量，就可以做到有效预防。积极的情绪好像发动机，它可以源源不断地产生积极的能量，用以推动人的各种活动，使人能有一个积极进取和有意义的人生。积极的心理和情绪状态对保持或促进生理健康具有重要的意义。积极的情绪状态如乐观向上能够使人们减少疾病，也容易促进身体体质的康复。

二、积极心理学对教育的贡献

近些年校园里暴力、凶杀、自杀、自残等案例增多，这表明学生的心理状况出现了问题，因而心理学者们越来越多地关注学生的心理健康。但大多数的学校心理工作者将心理健康教育的重点确定为“问题学生”，在研究工作中不自觉地会带着一种消极倾向。而变被动为主动，使消极转为积极，把积极情绪体验理论引入学校心理健康教育活动是积极心理学的贡献。

（一）倡导积极心理，提高育人功效

长期以来，消极心理学理念下的学校心理健康教育片面路径弱化了学校心理健康教育的作用，导致心理健康教育内容的片面性、教育形式的简单化和教育途径的程式化，造成了教育对象和教育者关系的分离。其问题的根源就在于学校心理健康教育在研究问题方向上偏重于心理健康的消极取向，陷入一种心理疾病预防和治疗的病态心理学模式。学校应该以积极心理学引领师生心理健康教育的价值取向，这样可以丰富和拓展学校心理健康教育的内容，改善学校心理健康教育实施者与被教育对象的关系，挖掘教育的资源，提高学校心理健康教育的功效，真正实现学校心理健康教育的目标。

（二）拓展积极内涵，延伸积极意义

积极心理学积极体验理论拓展了心理教育的积极内涵，增强了心理辅导者积极的态度和价值观念，延伸了心理教育方法和策略的积极意义。新的时期倡导积极型心理教育的意义在于为心理健康教育乃至整个社会，提供了一种全新的思路和认识视野，开启了心理健康教育为整个社会和全人类命运发展服务的大门。

要以积极心理学的价值取向在教育中树立积极的人性观，并重新认识心理健康教育的内涵与目标。学校心理健康教育急须从聚焦于“问题心理、问题学生”的偏差中走出来，培养个体和群体自我的积极面。在积极心理学视角的启发下，学生是有价值和有潜能的个体，他们不仅需要预防心理疾病，而且需要学会如何幸福生活，如何挖掘自身的潜能。因此促进和培养个体的主观幸福感、生活的满意度、对未来的乐观希望、有价值的情绪体验、积极的人际关系和自我概念（自信和坚毅）等应成为学校心理健康教育的主要目标。

（三）积极心理教育途径

积极心理教育把塑造人的积极心理品质作为主要培养目标。心理学者研究认为积极的心理品质表现在人的思想、意识、情感、意志、品德等诸方面。增强积极心理体验是培养积极心理品质的有效途径，积极心理教育的重要手段主要是助人自助式教育，包括自助式心理调节、心理疏导、心理训练、心理暗示，组织自助式心理社团等。通过积极的助人自助来实现自我管理、自我教育和自我发展。

专栏二　逆反心理

逆反心理是个体由于刺激物的消极特征而诱发的非常规性质的逆向反应。典型的逆反心理有三种：超限逆反、自我价值保护逆反和禁果逆反。

一、超限逆反

超限逆反是指机体过度接受某种刺激之后出现的逃避反应，是机体自然的保护反应。生物学和心理学的研究表明，对于任何刺激，包括能够给机体带来巨大满足的刺激，机体的接受性都是有限的，当超过一定的、最适当的水平后，刺激对机体的意义就会从满足变成伤害，此时，机体就必须逃避这种刺激。例如，美好的食品可以给人带来满足，但若过度进食后，对什么样的山珍海味都会感到厌烦。

二、自我价值保护逆反

人是理性的动物，自己活着有价值是个体的生活富有意义的最重要的理由。任何时候，当外在的劝导或影响威胁到个体的自我价值时，个体都会有意无意地进行自我价值的保护。个体由于自我价值保护动机的推动，有时会对外界劝导或影响做出反向的反应，即为自我价值保护逆反。

三、禁果逆反

禁果逆反，又叫“潘多拉效应”，是指不充分的禁止反而会激发个体更强烈的探究欲望。古希腊传说中，伊甸园中的夏娃受蛇的诱惑，偷食了善恶树上的禁果，受到了上帝的惩罚。禁食的果实分外甜，由于禁止，个体尝试的欲望反而更加强烈。禁果逆反正是因这个传说而得名。心理学研究表明，探究周围世界的未知事物是人类普遍的行为反应，是人在长期生物进化中形成的具有生物适应意义的稳定需要。对一件事做出不说明原因的简单禁止，会使这件事具有区别于其他事物的特殊吸引力，使人自然地将更多的注意力转移向这件事。而且，没有经过解释的禁止会引发各种推测和假设。从认知不协调的理论来说，当个体对禁止感到理由不充分时，个体就找不到充分的理由来扼制自己的探究欲望，从而心理上会朝违反禁止的方面倾斜，最终使人倾向于做出偷食禁果的行为。

专栏三　自卑情结与自我实现

一、自卑情结

自卑情结是指自我评价偏低。按照心理学家阿德勒的理论，自卑感在个人心理发展中有着举足轻重的作用。阿德勒认为，个人都有先天的生理或心理欠缺，这就决定了人们的潜意识中都有自卑感存在。每个人消除其自卑感的方式会影响他的行为模式。许多精神病理现象的发生都与对自卑感处理不当有关。因此，作为父母，要认识到每个人都有自卑的情绪体验，要清楚怎样才能激发孩子奋发向上的意愿和潜力。只有这样，才能使孩子正确地对待自卑，更好地成长。

二、自我实现

自我实现，是美国心理学家马斯洛之“需要层次理论”的核心概念。所谓“自我实现”就是指个人可以充分发挥其潜力和才能，对社会做出自己觉得有意义、有价值的贡献，从而实现自己的理想和抱负。马斯洛提出自我实现概念是强调“自己想成为什么样的人，就一定能成为什么样的人”。所以，科学家就必须在科学上获得成就，文学家就必须写出好的作品来，企业家也必须使企业得到发展。因此，自我实现是一种成就所能成就事物的欲望。因此，父母要给孩子树立好的榜样，并通过给孩子看励志的影视、文学作品等来激发孩子成功的欲望，从而使孩子在以后的道路上实现自我。

第二章 情绪情感

国内外的许多研究资料表明：孩子有很多情感需要，这些情感需要的满足，对于成长发育中的孩子来说是十分重要的。尤其是进入青春期的孩子，他们的身心处于快速发展期，其心理的发展往往跟不上生理的发展，在其成长过程中，会遇到很多心理问题。因此，情绪情感问题作为这些心理问题的一个方面，应给予足够的重视。

进入中学阶段的孩子会面临一些以前未曾遇到过的问题，同时，生活环境、学习环境和学习内容等方面的变化，也会使他们面临各种人际和学习压力，这些压力的结果会通过孩子的情绪情感表现出来。然而长期的情绪情感的高亢或低沉都是不利于孩子心理健康成长的。作为父母，应及时察觉孩子在这些方面的变化，及时给孩子提供帮助和指导，让孩子快乐地成长。例如，家长要经常给孩子以鼓励和赞扬，对孩子提出的正当要求尽可能地接受并尽量满足，从而让孩子感受到父母对他的爱和希望。

如果孩子在日常生活中总有失败感，他就会灰心丧气。因此，家长一方面应注意不宜向孩子提出过高的要求，以免超出孩子的能力限度而使他受挫；另一方面，在向孩子提要求时要注意考虑孩子的特点，使他能够在某一方面取得进步，并享受到由此带来的乐趣。

又如，孩子往往喜欢和同伴一起玩耍、一起学习，从集体中得到快乐。如果长时间独处，孩子的情绪就会受到压抑而产生抑郁情绪。家长应设法为孩子创造与同伴共同娱乐和学习的机会。类似的情绪情感问题还有很多，本章将对中学生中出现的一些较为常见的情绪情感问题进行探讨分析，了解其产生的原因和危害，使家长更有针对性地给孩子提供帮助和指导，协助孩子健康、快乐地成长。

第一节　孩子孤独了怎么办

当今，一些城市人或“类城市人”将自己的时间与精力过多地投入社会发展的进程中，无暇顾及子女教育。同时，城市化进程的加快也导致大量的农民工以城市建设主力军的身份进驻城市。这些人因为“精力转移”，他们对子女的家庭教育经常处于缺失状态。久而久之，许多孩子的不良行为因为得不到及时的纠正、错误的认识得不到有效的开导，结果在迷茫中失去了自我，封闭中扭曲了心灵，逐渐变成心理上的“问题学生”。他们的共同点是心理孤独，而社会上的表现形式是“心理孤儿”。这些社会学意义上的“心理孤儿”，是心理上的孤独者。

一、问题概述

中学生进入青春期，开始有了个人的秘密。多数学生又都是独生子女，缺乏沟通和交流的对象，导致他们总是在自我封闭的状态下生活。特别是有些中学生常常觉得自己是茫茫大海上的一叶孤舟，性格孤僻，害怕交往，莫名其妙地封闭内心，或顾影自怜，或无病呻吟。他们不愿投入火热的生活，却又抱怨别人不理解自己、不接纳自己。心理学把这种心理状态称为“闭锁心理”，而把因此产生的一种感到与世隔离、孤单寂寞的情绪体验称为“孤独感”。

中学生产生孤独感的主要原因是独立意识的增长和自我意识的发展。在摆脱依从父母走向独立的过程中，多数中学生积极投入同龄人的交往，但也有少部分人站在人群外观望，自认为唯我独尊，或害怕不安全，或担心自己的某些方面被人耻笑，于是便小心地在心中构筑起一道篱墙，闭锁自己内心的秘密。深沉的孤独感会产生挫折感、寂寞感和狂躁感等，严重的甚至厌世轻生。如果教师及家长对此没有足够的重视，不加以引导，可能会导致孩子逐渐封闭自我，逐渐丧失与人交流的信心与勇气，因而遇到不愉快的事情只能自生烦恼，产生受挫感、孤独感，甚至产生绝望情绪。例如，家长或教师教育方法不当，孩子总达不到家长所期望的目标，看不到好脸色，听不到好话语，甚至挨骂遭打，势必会导致中学生心理压力过大。再如，中学生对变动的人际关系恶劣的环境不适应。父母关系不好，经常唇枪舌剑甚至大动干戈，总迁怒于孩子。还有的家长在孩子很小的时候就交给祖辈抚养或由他人代养，孩子大了才领回家来。孩子与父母不亲近，一有诱因就容易造成孩子孤独感的产生或独自离家出走……所以，心理教师应教育引导学生学会打破心理闭锁，消除孤独感。

“孤独”一词来源于医学，用以表示人际沟通以及情感表述方面的功能障碍。孤独是一种认为自己被世人拒绝、抛弃，心理上与世人隔绝开来的主观心理感受。它是缺乏与人交往的后果，也是难以与人良好交往的心理障碍。

那么，孤独的中小学生又有怎样的行为表现呢？

（一）沉默寡言、消极悲观，难以适应新的生活环境

孤独的孩子往往寡言少语，他们往往以自我为中心来感知周围的环境，不喜欢也不善于与别人相处和交往，因而很难与其他同学很好地相处。他们不懂得如何尊重别人，结果必然是看谁都不顺眼、不顺心、不习惯，但他们也不是故意不想和别人建立良好关系，一个孤独的人的内心其实也渴望良好的人际关系，也想有几个知心朋友，以排遣自己的孤独、痛苦和寂寞。但由于他们沉默寡言、孤僻离群，常常不能与人友好相处，尤其是当来到一个陌生的环境时，他们常常很难适应，从而产生孤独感。

（二）敏感多疑，不喜欢参加集体活动

孤独的学生往往对周围环境非常敏感。教师、同学的一举一动、一言一行，都会让他们担心和怀疑是不是与自己有关，总担心别人谈论自己、在背后说自己的坏话。他们不喜欢参加集体活动，唯恐内心的秘密被人发现。他们害怕在集体活动中做错事，被人笑话，被人瞧不起，被人讨厌。

（三）感情脆弱，自卑感强，不能经受挫折、困难和失败

孤独的学生往往性格比较内向，他们不愿向别人倾诉内心脆弱的情感，即使对方是他们最信赖的人。他们总觉得自己渺小且无能为力，总担心如果暴露出自己情感的脆弱，会遭到对方的轻视。他们一想到要把自己内心的恐惧和真实的想法告诉别人，就异常担心，宁可把自己的情感隐藏起来。这样，他们就不能与别人正常交往和沟通，与别人的关系也因此而疏远，不知不觉中使自己处于孤立和让人生厌的位置。孤独的学生因感情脆弱而导致孤独，而孤独又使他们的感情更加脆弱，一些细小的失败、一点困难和挫折，都会使他们陷入自责、自卑和灰心丧气的情绪之中不能自拔。

（四）紧张抑郁，焦虑且不善言辞

孤独的学生由于认为自己遭到教师、同学的遗弃和拒绝，内心非常痛苦，心情较为抑郁。由于他们不喜欢和别人谈话，也不愿和别人交际，只喜欢一个人孤独地待着，一个人沉思默想，因此，当他们和别人谈话时往往会很紧张，害怕因答错或不能答好别人的提问而被人耻笑和瞧不起。

二、原因分析

青少年学生孤独行为的产生既有其生理和心理上的原因，也有来自家庭和学校等环境因素的影响。

（一）生理因素

青少年期的孩子由于正处在第二生长发育期，有机体各个部分之间、整个有机体和环境之间，常常暂时失去平衡，其机体发育和肌肉力量的增长速度往往超过各个运

动器官调节能力的增长速度，以致产生一些短暂的动作不灵巧、不协调或笨拙的感觉。这时如果他们对适当的温情与欢乐的需求得不到满足，就会产生情感上的饥饿。并且随着性的成熟，以及因此而对异性兴趣的增加，有的会感到不安。当他们与异性接触的时候，有的会脸红、不自在，举止呆板，词不达意。如果不以为意，多次接触后也就自然了；而如果产生“我担心控制不住自己”的想法，与异性接触就会越发不自在，“我控制不住自己”的心理日趋严重，导致“社交恐惧症”。这种青春期的不适应现象在女生身上表现特别明显。由于生理上较早、较快的变化以及对异性的害羞感和厌恶感，她们会产生羞怯、紧张、厌恶、不安和抑郁等心理，因而形成一定的心理压力，再加上过重的课业负担，她们在心理上往往难以承受，从而影响其学业成绩的提高，造成一定的自卑感。所以，在孤独型学生中女生往往多一些。

（二）心理因素

1. 青少年心理发展的影响

青少年期是一个半成熟、半幼稚的时期，一个独立性和依赖性、自觉性和幼稚性错综交织的时期，学生的心理发展非常复杂。其自我意识的发展主要表现在“成人感”的发展上，青少年强烈要求独立自主，并开始意识到自己和别人的不同，表现出自我教育的要求，在调节、支配自己行为方面的独立性、自觉性有了很大发展，但这种评价和调节能力还不是很高。在情感的发展方面，由于青少年期性成熟过程的急骤进行，受内分泌腺素的影响，青少年的神经系统具有较高的兴奋性。同时由于受到一定社会生活条件的影响，青少年的情感发展过程具有如下特点：首先，青少年的情绪具有较高的兴奋性，例如，他们会因一件小事而狂喜，也会因一件小事而痛心；其次，青少年在生理和心理方面的矛盾和困难，使得他们产生情绪上的紧张感，这在少女的身上表现得更加明显。总之，青少年期是个不稳定时期，是“困难期”“危机期”，青少年的心理发展充满着矛盾，这个时期青少年的可塑性非常大，如果教育不得当，青少年就会不接受成人的教育，而经常用固执、粗鲁、执拗、孤僻等方式来对抗。

中学生处于青年初期，这个时期他们最重要的心理成果就是发现了自己的内心世界。随着心理的成熟，青年学生越来越发现自我与其他同龄人之间的心理差别，意识到自己与众不同的特点，产生了与人交往、渴望了解别人的内心世界并被同龄人接受的要求。如果这种需要得不到满足，自我的需要无法找到理想的依附之处，他们便会感觉到空虚，从而产生孤独感。同时这一时期的青年学生还面临着一个自我同一性的问题，即关心自己是怎样的人，会成为怎样的人以及自己在别人心目中的地位。由此，一方面，他们会觉得自己心中有许多不愿轻易告人的秘密，有一种封闭心理；另一方面，他们又渴望别人了解自己，能与自己以心换心地沟通交流。在找不到这样的“知音”时，他们会陷入惆怅和苦闷的情绪之中不能自拔，觉得自己与周围世界存在着一层隔膜。心理学家的研究表明，有些学生在进入高中以后，因一时不能适应高中竞争激烈的学习生活，从而产生精神压力，又不肯向别人诉说自己心中的焦虑，所以变得少言寡语，终日闷闷不乐。

2. 青少年气质、性格的影响

气质是表现在人的情感、认知活动和言语行动中稳定的能力特征。人的气质可分为胆汁质、多血质、黏液质和抑郁质四种类型。大量的调查表明，孤独型的学生多为黏液质和抑郁质的学生，这是因为黏液质的学生常常表现得沉着冷静，情绪发生慢而弱，思维、语言、动作迟缓，内心情感很少外露，具有坚忍、执拗、冷漠等心理特点；抑郁质的学生具有柔弱易倦，情绪发生缓慢而强烈，富于内心体验，言语、动作细小无力，具有胆小、忸怩、孤僻等心理特点。性格是表现个人对现实的态度及行为方式中比较稳定而有核心意义的心理特征。根据内外倾向不同可把性格分为内倾型和外倾型。内倾型的学生往往更多地关注内部世界，富于幻想和自我体验，性格孤僻；外倾型的学生往往更多地注意与其兴趣有关的外部世界，性格开朗、活泼，善于交际。在对55名孤独型学生的调查研究中，发现他们的性格都属于内倾型，他们和别人亲近较慢，一般不太活泼，在新的环境中多半沉默寡言，需要较长时间才能适应。

3. 青少年自我认知、自我评价的影响

青少年学生因自我认知、自我评价能力较低，往往会出现对自己评价过高或过低的现象，从而产生自傲或者自卑心理，影响其正常的人际交往。过度自卑是一种不健全的人格反映。按照心理学家埃里克森的自我发展观的解释，一个人在学龄初期，即在6~12岁的年龄阶段，应该是获得勤奋感、避免自卑感的时期。这时的儿童智力得到不断发展，其逻辑思维能力发展迅速。这个时期，如果他们的学习等各项活动因为获得成绩而得到同伴和成人的支持和肯定，就会激发起他们的进取心和勤奋感。但是如果他们的活动得不到积极的支持、帮助、肯定和赞扬，而总是受到种种否定和压制，他们就会产生挫折感和自卑感，在以后长期的生活、学习中产生事事不如人的自卑感。

（三）环境因素

1. 家庭原因

研究表明，家庭气氛紧张、家长期望值过高以及教育方法简单、粗暴等，都是青少年产生孤独感的重要原因。

（1）父母不和、分居或家庭缺损。

处于这种环境中的孩子由于长期只能和一位亲人生活在一起，如果这位亲人忙于工作而无暇给他们以温暖和爱护，就会致使孩子从小就因得不到或很少得到父母的爱而感受到孤单一人的寂寞和痛苦，长大以后便很容易形成孤僻的性格。另外，父母不和，经常发生争吵，家庭不良的精神压力也会使孩子过于紧张，从而形成孤僻、不合群的性格。

（2）家庭教育方式。

家庭教育方式与家长的教育风格紧密相关。家长的教育风格一般分为专制型、民主型和放任型三种。研究表明，有孤独症学生的家长大多采用的是专制型或放任型教养方式。他们有的用打骂、训斥等方法管教孩子，特别是当孩子犯错误时，家长总是怒气冲冲地打骂他们，不给孩子申辩的机会；有的家长则对孩子采取放任自由的态度，只关心孩子的吃住问题，对孩子的思想问题不闻不问。孩子觉得自己在家中得不到重视，感受不到家庭的温暖，体会不到自己的成长在家庭中所起的影响，因而产生自卑心理和不思进取的思想。这两种教养方式都会造成孩子与父母感情上的疏远、冷淡，导致孩子出现孤独的心理。

（3）青少年在家庭中的地位。

青少年在家庭中的地位对其心理成长有一定的影响。有不少孩子在家中得不到尊重，不受喜爱；但更多孩子在家庭中是“小皇帝”“小公主”，他们往往听不进别人的话，尤其听不进批评的话。这些孩子在顺境中长大，往往经受不住一点挫折和失败，甚至遇到一点不顺心的事情就灰心、发脾气，觉得家长对他不好。这些孩子一旦到了新环境中，往往由于自理能力、社会交往能力和社会适应能力差而不能与他人融洽相处，有的甚至成为众人所讨厌和嫌弃的对象。

（4）家长的期望程度。

望子成龙，望女成凤，可以说是广大家长的共同愿望。这种心态很正常，问题是家长应如何给予孩子正确的引导。在现实生活中，有些家长往往对孩子的学习抓得很紧，使其整天处于“学习、看书、作业、成长”的氛围之中，甚至不顾孩子的身心发展特点及实际状况，给孩子背上沉重的思想负担，从而使孩子出现孤僻、焦虑和烦躁不安等异常心态。

2. 学校原因

学校教育中的一些恶性因素也是学生产生孤僻心理的重要原因。这主要表现在以下三个方面：

（1）题海战术，补课频繁。

为了应付竞争激烈的升学考试，学校大搞题海战术，学生在学校补课是一种普遍现象。孩子们的时间基本被学习占据，很少有时间去做别的事情，从而影响了其他方面的发展。

（2）学习气氛过于紧张、严肃。

学校的教育教学既是紧张、严肃的，更应是团结、和谐、活泼的。但现实情况是，因为学习的沉重压力，学生们的神经一直处于紧张状态。

（3）其他因素。

在学校总有学习成绩好的学生，也有学习成绩不好的学生，有些学生可能因为学习成绩不好而遭受批评或不被同伴接纳，这对他们来说是一种很大的伤害，这时孤僻心理也会应运而生。

三、应对策略

通常认为，年纪越大的人会有更多的机会体验孤独情绪，事实并非如此。心理学调查报告指出，孤独最容易在 18 岁以下的青少年儿童中发生。在这一年龄阶段，有 79% 的青少年儿童报告有时或经常体验孤独；而 55 岁以上的成人只占 37%。一个重要的原因是，年轻人正处在一个脱离旧家庭关系和寻找新知己的转折点上，这时，他们往往会因为缺少知己而更容易受到孤独体验的折磨。

孤独通常伴有情绪和行为症状。孤独的学生往往会体验到恐惧、自卑、无能为力、情感淡漠、悲观厌世等症状。他们往往讨厌学习，在自悲自叹、自暴自弃、颓废彷徨、唉声叹气中打发时光。有的因为忍受不了孤独，离家出走甚至自杀；有的甚至产生心理变态；有的受不了被集体孤立的痛苦而求救于外面的“问题团伙”，从而成为“问题小孩”。

由于孤独行为有一定的内隐性，往往以消极顺从的形式表现出来，对集体的干扰不太明显或无影响，因此不太容易引起家长和教师的重视。但孤独在中小学生中存在的广泛性以及孤独所造成的不良后果应引起家庭、学校和社会的重视，广大家长和教师应提高对学生孤独现象的重视，采取积极有效的措施，矫正学生的孤独行为。家长要做的主要有以下六个方面的工作：

（一）多与孩子接触、交流

家长不应因工作忙而忽视与孩子的接触与情感交流，造成与孩子情感上的隔膜与疏远，应在工作之余尽可能多地同孩子谈心、讨论、做游戏。例如，在做家务时鼓励孩子参与，以便在共同劳动的过程中交流思想、沟通情感、增加了解。

（二）为孩子创设良好的生活条件

孩子如果总是闲着，没事可做，便会感到孤独、寂寞、烦恼和不安。因此，要为孩子创设活动的条件，让他们从事一些有趣并有益的活动。例如，在阳台上为孩子开辟一块自由活动的天地，教他种植花草、喂养动物等。孩子在栽培、喂养的过程中，能增强自信心和责任感，栽培和喂养成功后所产生的成就感会缓解、减轻其孤独的症状。

（三）营造和谐的家庭氛围，改善家庭成员之间的关系

全家人应和睦相处、相互体谅，给孩子营造一个祥和、安全的家庭环境。尽量不要在孩子面前暴露父母双方的分歧与争执，避免给孩子带来阴影。除此之外，父母还要积极改善与孩子的关系，不要用伤害性的语言或消极语言批评孩子；多给孩子一些温暖，关注孩子的生活、学习和健康，每天抽时间与孩子游戏、散步、交谈，使孩子感到自己在父母心中的地位和分量，心中得到爱的满足，从而产生安全感。

（四）创造机会，让孩子在情境中学会交往

父母应创造机会，让孩子在情境中学会与人交往。例如，让孩子多参加学校和社区等组织的活动，多与同龄人相处，这样，孩子会逐步学会如何生活、如何与人相处。

（五）尊重孩子作为主体的人格和权利，避免包办代替

父母应注重培养孩子的生活自理能力，帮助其摆脱依赖思想，引导孩子学会关心自己的亲人，注重亲人的感受，防止其过分“以自我为中心”。父母不必时时刻刻陪伴在孩子身旁，要有意识地给孩子创造独立活动的机会，让孩子在独立活动中学会探索、解决问题，逐渐形成坚实的自信心。

（六）建立良好的伙伴关系

孩子之所以孤僻、不合群，有时是由于不愿听取他人的意见、缺少合作意识造成的。因此，家长要帮助孩子改变以自我为中心的心态，使其学会听取同伴朋友的意见，分清是非。

四、案例

案例一

缓解源自孤独的思家之情——广附咨询案例

作为广附的实习咨询老师，让我印象最深刻的是一个初一的小男孩。一天晚上，我正在和另一位同学聚精会神地看书，突然有个小男孩推门进来，哭着跟我们说："老师，我想家了怎么办?"然后，这个小男孩就不停地哭。当时我们哭笑不得，想哭是因为这个小男孩经历了我们都经历过的事——想家，想家的滋味并不好受；想笑是因为他以这样可爱的方式呈现在我们面前。我们让他坐在沙发上，然后一次"不寻常却又有点可爱"的心理咨询就开始了。

作为咨询师，在来访者情绪起伏过大时，应该尽量让他平复好心情。所以我先给他倒了杯热水，同学给他拿了纸巾，并且鼓励安慰他，过了几分钟后，他的啜泣没有那么严重了，并且开始跟我们说话。我作为主要咨询者开始问他问题，我问他："你是怎么想家的？能不能把你想家的感受告诉我们?"小男孩开始回答："我现在就想家，特别是我今天晚上上晚自习，突然就想家了，然后就哭了起来，后来看见你们这里灯还亮着，我就进来找你们，想要跟你们说说话。"我问道："你想家的时候，心里有什么感受，身体有什么感受?"他回道："我现在就觉得心里空落落的，感觉这里很空（男孩指了指心），我在家的时候就觉得孤独，就想要住校，没想到来了学校后感觉更孤独，我也不知道怎么办。这种感觉好难受，现在就想回家，就想待在自己家的床上。"咨询师让来访者描述他想家的感受，是为了让来访者进一步释放自己的情感，不要压抑自己，释放完后才有可能理性思考问题。

接下来，我继续问他："你有没有想过为什么会想家?"他思考了一下（现在基本已经不哭了），说道："可能是因为我第一次住校吧。以前在家里，都是我妈妈照顾我，平时爸爸要去上班，妈妈退休了，但是也会出去玩，经常是我自己一个人在家，我当时总觉得很孤独，没有人说话，所以就跟我妈妈说，想要住宿。但是没想到来了这里后，感觉更孤独。"说到这里，我尝试打断他，问道："你在学校有没有交朋友？交了朋友后是不是会感觉不那么孤独?"他回道："我跟室友关系都挺好的，但是我还是想家，而且我总是很羡慕我室友，因为他们也想家，但是晚上想一会儿就睡着了，但是我还要不停地想，有时候就在被子里哭。"我继续问道："你说你刚来学校一周，所以跟室友虽然相处还不错，但是还没有成为能分享情感状态的亲密朋友吧？有没有可能等你有了知心朋友之后，就像亲人一样的朋友之后，有了他们的陪伴，你就不会感觉像现在这么想家了?"他若有所思地点点头，然后说道："那等我跟他们熟起来之后，可能就没有这么想家了。"

当咨询师引导来访者理性思考问题的时候，来访者的注意力就不会全部停留在自己内心的情感状态中，而是会将自己的注意力转向外部。他继续问道："那有没有什么方法，能让我现在不想家呢？（男孩现在已经完全不哭了）"我回答道："比如你可以看看书啊，学会转移注意力，就不会想家了；再比如，你可以参加一些社团活动啊，画画、学英语、跳舞等，我们心理咨询中心也有心理社团，你都可以过来玩游戏、听课的。"男孩听后点了点头，说看能不能参加一些感兴趣的社团。现在，男孩已经完全平静了。

接着心理咨询师要使用认知疗法让来访者明白自己"想家"的根源在哪里。于是，我开始向小男孩讲述我当初想家的心情是怎样的。我当时刚住校，跟他一样很想家，也会偷偷躲在被子里哭。过了一个月之后，我就开始适应了，就没有那么强烈地想家了。我总结了一下想家的感受：其实我们想家是觉得离开了温暖的港湾、妈妈的怀抱和熟悉的生活场景，这是习惯导致的，但是习惯并非不能更改的。最重要的一点是，爸爸妈妈不会因为你离开家就不爱你了，他们永远爱你。只要你知道他们爱你，无论走到哪里，你都会安心的。小男孩问："可是我就不能不离开爸爸妈妈，不离开家吗？"听到这句话，我语重心长地看了他一眼，然后说道："我们每一个人早晚都要离开家自己生活的，比如住宿，你初中、高中可以不住宿，那大学呢？大学生都是要自己独立学习、生活的。参加工作后你也会遇到各种各样的新同事，会遇到更多形形色色的人，父母也不会永远都陪着我们的。所以你现在不能后退，也不能逃避，要学会独立生活。"

在咨询结束后，我亲自送小男孩回教室，并跟小男孩的班主任说明了情况，希望班主任能多关心学生的情感状态，发现学生有想家情绪时能及时给予鼓励和安慰。最后，跟小男孩道别的时候，我鼓励他，再多坚持半个月，有时候，时间也会解决情感问题的。

案例二

教育是场无痕的慢艺术——记我的第一次住宿生班主任经历

接手初一（4）班之前，我已经当了12年班主任，但一直带的都是走读班，从来没有带过住宿生。虽然自认为已经很熟悉班主任工作，很明了班主任应该承担的责任和付出的心血，但是面对50个第一次离开父母的孩子们，面对100个第一次离开孩子的父母们，作为"新手"的我，不得不感叹，"当住宿生的头儿，太难了"！

难在班主任的角色增加了，不仅是老师，是朋友，往往还要担当起父母的角色。班主任工作的内容也变难了，不仅要关注孩子们的学习和德育，还有他们的日常生活和青春期心理问题。而最难的绝对是情感上的，孩子和父母第一次断舍离，他们的情感焦虑如何缓解？

从军训开始的时候，我就不只是老师，更是每个父母的分身和情感托付。一条条短信，一个个电话纷纷涌入我的手机，我看到的是一个个的家庭，一份份的牵挂！

军训刚结束，我就收到这样一条短信："杨老师，您好，阳阳身体比较差，去年冬季时，连连发烧感冒多次，家中也没有安装空调，如果重新换宿舍，不知可否安排离空调远的床位。”

开学后的某天夜里三点多，我被微信信息声吵醒，“杨老师，我担心得一夜没有睡好，发现您说的是对的，5号床是空调比较吹不到的，换了7号床旁边还有个风扇……如果阳阳这几天有不适，麻烦老师您告知我，谢谢老师”。被吵醒的第一反应是：这个家长怎么这样！半夜三更还骚扰老师。一生气就睡意全无，拉开窗帘，看到夜空中零星的几点星光。突然想起小时候听过一句歌词：天上的星星眨呀眨，妈妈的泪光鲁冰花。瞬间感性泛滥，胸口突然涌出无限的感动，一条微信，于我是骚扰，于孩子就是母爱，于母亲那头就是无尽的牵挂。“可怜天下父母心”，被骚扰也是一种不一样的幸福。

第二天早上大课间的时候，我录了一段阳阳做操的视频，发给阳阳妈妈。阳光下，孩子跟着节拍，做着整齐划一的动作，健康、阳光。很快我就收到阳阳妈妈的短信：“谢谢老师，我就是昨天晚上连做噩梦说孩子被学校赶回来了，说不能住宿。其实军训的时候我都没什么感觉。相信阳阳在老师们的带领下，会很快适应的，谢谢老师。”夜晚的感性泛滥，在此时变成了理性思考，家长半夜三更发信息，可以理解成爱子心切。可为什么家长会做有关孩子被赶回家的噩梦？

翻看手机，最近陆续收到不少家长跟我反馈：有顾虑孩子不适应的；有害怕孩子总是扣分被停宿的；有担心孩子睡觉睡不好的。有个家长跟我说：“看到家长群里的私聊，很多家长都比较担心孩子们的吃饭、睡眠、作业等，一群老父老母，让群里弥漫着莫名的焦虑。”

老班主任遇到的新难题，以前学生走读，每天晚上父母都可以跟孩子见面沟通，从来不会产生这样的困扰。但是现在呢？住宿生活开头难，这么难的原因是什么呢？一群十一二岁的娃，很多都是独生子女，娇气任性，依赖心强。很多在家衣服都没洗过，现在不仅要洗衣还要做好宿舍内务，一个不小心，就会被扣分。的确不容易！孩子和家长一周只能见一次，家长对孩子在校的学习和生活了解得较少，听到的都是孩子们回家反馈的一面之词。孩子们刚离开家，难免不适应，在家长面前抱怨一下很正常。由于家长们没有其他途径了解孩子在校的学习生活情况，也就很容易产生焦虑。人的想象是无限的，往往一件很小的事情，都能被无限放大。找出原因，就可以由难变易。

正好那周语文课讲授“秋天的怀念”，有一个环节是让学生谈学后心得。不少学生都谈到了母爱，讲到史铁生的后悔。我趁机给孩子们读家长的微信，让他们知道原来自己的父母也像史铁生的母亲一样，在他们不知道的时候，看不到的地方焦虑牵挂着他们。特别是夜半三点多的那条短信，让整个班级都沉默了，有个女孩甚至偷偷抹起了眼泪。我告诉孩子们，我们不用沉默也不用伤心，我们比史铁生幸运，因为我们还有很多机会告诉父母，我们生活得很好。只要我们懂得互相关心、彼此照顾，住宿生活也会很温暖。

中秋节前的有天晚上，我熄灯后去查房，刚进入231宿舍，就闻到了不一样的甜味。“你们刚刚吃什么了啊？又在宿舍吃东西！”我正准备发火，已经躺下的同学抬起头七嘴八舌地说："老师来得正好，我们刚刚开了个小 Party，提前过中秋。就知道老师你会来，我们刚刚分了块大月饼，还给你留了呢。"拿着这块月饼，莫名感动。互相照顾，温暖彼此，一个团结友爱有仪式感的集体，雏形正是在这样一次次的小感动中酝酿。

孩子们过节，家长知道吗？孩子们快速地适应住宿生活，突然闲下来的父母知道吗？耳听为虚，眼见为实！在平时可能的情况下，我会拍一些孩子上课、课间活动时的照片，分享一些孩子学校生活的正能量照片到班群。缓解家长们分数查询、宿舍扣分及各种不放心的焦虑，引导家长们关注孩子住宿生活中的美好。除了照片，孩子的话也有很大的说服力。运动会结束后，因为没有上课，学生问我："老师，这周的语文作业是什么?""布置什么作业呢?"我说："要不我们每个人写段运动会感言吧，就写写这次运动会让你感动的瞬间，直接发到家长群，让没到现场的家长跟我们一起感受运动的魅力!"我只布置大家写一小段，但孩子们发出来的文字中却饱含感动与希冀。

"站在跑道上，800 米的路程比原来好像又长了不少。旁边的运动员们好像很有信心，立志夺冠。我看着别人，心中有些紧张。……但是在这个过程中我却十分享受，每次经过看台，听见同学们加油助威的声音，脚下的步伐总会加快，这也许就是比赛中最享受的时候。"

"站在跑道上，灿烂的阳光洒在我身上。我看着站在我旁边的对手，心里十分紧张……虽然这次 4×100 米我跑了倒数第二，但是我感受到了团队合作的快乐。希望下次运动会的 4×100 米，我能跑得更快，争取夺冠!"

"我非常期待 1 500 米的长跑，因为有我们班的小杰，从他健壮的体魄、信心坚定的眼神，我觉得他肯定能进前五名……虽然最后他没能进前五名，但他的精神激励着所有的同学奋勇向上，我觉得他虽败犹荣。比赛结束了，我拿了两瓶脉动和两块巧克力给他和小骥，这时我发现，他们的怀里都装满同学们给他们的各种零食，我们班真是一个温暖而快乐的大集体。"

"星期五的运动会来了，这是我们来广附的第一次运动会。或许我们已经熟了，但我们还不知道谁体育最强。也许我们还不熟，但我们已经学会互相关心、互相帮助。……加油，我们是最棒的!"

看着孩子们的文字，很多家长都感动莫名。再翻翻最近的手机，我好像很少收到家长不放心的叮嘱了。就像孩子们说的：也许我们还不熟，但我们已经学会互相关心、互相帮助。也许在住宿生班主任这个职位上，我还要长久摸索。但就像泰戈尔在诗中所说："天空没有留下翅膀的痕迹，但我已飞过。"难题在这一个又一个微不足道的故事中，慢慢弥散成感动!

【案例分析】

"一个人"待着，其实有两种不同的表现，一种是"单独"，即主动地选择一个人待着，另一种是"孤独"，是被动地选择一个人待着。通常感觉到孤独的学生，一般都是没有选择权的，只能被动地一个人待着。具体来说，当周围的同学朋友不在身边时，他马上就会感觉到失落、悲伤，似乎不被任何人需要，内心各种酸楚，五味杂陈。究其心理变化之根源乃是当自己一个人时，感到孤独的学生实际上是感觉不到爱，内心的情感没有归属。现在你可以想象一个画面：一个小孩独自一人在大树下玩耍，身边没有任何人陪他玩。看上去实在太孤独了。我们再想想小时候，是不是经常一个人看着蚂蚁搬食物忘了回家？当时的我们都很享受这种时刻，一点都不孤独。所以说，看上去的“一个人”的行为，其实并不一定是孤独，只有心理上的“一个人”，那才是真正的孤独。如果一个人很享受自己的独处，那他的世界就不是封闭的，即使他独自一人生活，他也知道有人始终在某个地方默默爱他，并不会感到孤独。简单理解，当我们小时候一个人在外面看蚂蚁搬家时。我们并不会感到孤独，因为我们知道父母在家里等着我们回家，我们只是暂时一个人玩而已。人是活在关系之中的，只要你在关系中感觉到被爱，你就不孤独，反之，你就会很孤独。特别是在中国，家庭关系是非常重要的一个关系，如果小孩子在家庭中感觉不到温暖与被爱，那无论他身边有多少老师、同学或者善意的陌生人，他们都会或多或少感觉到孤独，因为他们的心中没有爱，没有被爱填满的地方最容易滋生孤独。

现在社会越来越发展，为什么越来越多的学生会感觉到孤独呢？其中最重要的原因就是家庭问题。虽然现在网络普及，聊天沟通似乎很方便，但是人和人之间面对面的情感交流机会变少了，我们大多数人都是跟其他人通过电子屏幕来交流，关系被手机、电脑隔离了，情感上我们感觉到更孤独了。成人社会如此，我们倒可以忍受，但是不幸的是，这种疏离的情感孤独已经蔓延至家庭领域，父母和孩子之间的情感交流也被高科技媒介隔绝了。在孩子的成长过程中，孩子是无法忍受与父母的聚少离多的，因为能让孩子感觉到的父母之爱是在父母与孩子的日常生活中被建立起来的亲缘之爱。我们可以看一下在《人民日报》探究防沉迷问题的文章中，一位小学生表示，“当我孤单的时候，我妈妈就把手机给我”。所以，孤独产生的很大一部分原因，是父母没有足够的耐心和陪伴来加入孩子的成长、走进孩子的内心。

这样孩子来到学校后，自然没有办法用爱与教师、同学交往，由此产生许多人际交往中的摩擦和矛盾。在校生活，尤其是寄宿生活中，许多同学共同学习、生活。各种不同的性格、生活习惯碰到一起，不可避免出现许多矛盾；其中有一部分学生因社会生活经验不够丰富，加上本身性格不够开朗、洒脱，一方面他们较其他人更容易产生矛盾，另一方面将矛盾阴影存留心间。久而久之，矛盾越来越多，阴影越积越厚。他们对周围环境，对每个人都怀有一种不信任，乃至产生“交往会对自己构成危险”的思想。这也导致了孤独心理的产生。

所以，我们解决孩子孤独感的一个最根本的办法是从家庭关系中着手，让孩子感觉到被爱，之后再慢慢引导孩子解决人际交往中的具体问题。正如很多老师所说，学生的心理问题大多能从中看到家庭问题的影子，特别是学生的孤独问题，其实就是家庭问题，很大程度上要从父母身上找原因。

在教养孩子过程中，父母最重要的是要陪伴自己的孩子，陪伴不是表面上的陪孩子吃喝玩乐，而是要情感上的陪伴。及时与孩子交流，在孩子最需要父母的时候及时出现，永远做孩子坚强的后盾，在需要孩子自己独立生活时，能适度放手，让孩子自己去应对前路的坎坷与困难。现在的年轻父母更要多多增进两代人之间的相互了解，要多给予孩子接触、理解、体贴和帮助，不能把孩子一个人锁在家里，自己忙于学习、工作、事业等，或者依赖于电子媒介来与孩子沟通交流，使孩子孤独或对父母感到陌生。

参考文献

［1］杨莲英．幼儿孤独感的成因与解决方法．广西教育，2019（5）．
［2］郑妙龄．新形势下中学班主任工作的管理艺术．教师，2019（1）．
［3］胡译丹．家庭教育对小学生成长的影响．知识窗（教师版），2018（1）．

【孤独感小测试】

测试方法：本次测试一共有10道题目，通过累加所有题目选项后所对应的分数得到总分，然后对照结果。分数不分好坏，请选择符合自己的选项。

开始测试：

1. 我感觉自己和周围的人相处很和谐

是的→1 分
有时→2 分
从不→3 分

2. 我觉得自己缺少别人的友情

是的→3 分
有时→2 分
从不→1 分

3. 即便我一个人的时候，我也不会感到寂寞

是的→1 分
有时→2 分
从不→3 分

4. 我所感兴趣的事情，周围的人都不感兴趣

是的→3 分
有时→2 分
从不→1 分

5. 周围有让我感到亲近的人

是的→1 分
有时→2 分
从不→3 分

6. 聚会时，即便我离开，也很少有人注意到

是的→3 分
有时→2 分
从不→1 分

7. 我能够深深地感受到自己属于某个团队（集体）

是的→1 分

有时→2 分
从不→3 分
8. 我感觉没有人真正理解我
是的→3 分
有时→2 分
从不→1 分
9. 在我周围，有能够向其寻求帮助的人
是的→1 分
有时→2 分
从不→3 分
10. 我感觉自己和周围的人缺少共同语言
是的→3 分
有时→2 分
从不→1 分
结果：

A. 10～16 分→孤独等级：★

你并不是一个孤独的人，也很少感受到孤独。这是由于你是一个十分乐观的人，有着探索世界的好奇心，社交中的你也是十分活跃的。你的内心坦荡，没有什么不能说，自然也会受到很多人的欢迎。

总之，你不但没有孤独感，而且还会有强烈的归属感，在很多方面人们都愿意接近你，认为没有你不行，这让你感到自己价值的同时，也体验了一把存在感。你对抗孤独的方式很简单，就是找点事来做，你总是有很多做不完的事情。

B. 17～23 分→孤独等级：★★★

孤独感与归属感总是伴随着你的成长，在你所擅长的领域里，你有着强烈的归属感，并且将大部分精力都投入这个领域，这表明你很有可能是个工作狂。在你不擅长的领域里，你却常常感到孤独，社交中的你总是渴望人们谈论自己擅长的话题。

一旦人们没有谈论你擅长的话题，你就会感到孤独和失落。你很少主动谈论自己擅长的领域，因为你觉得很少有人真正懂你，你也常常孤芳自赏。

C. 24～30 分→孤独等级：★★★★★

你有典型的孤独感。你的内心害怕出丑而遭受他人的嘲笑，对于接纳和情感有着强烈的渴望。这使你想要进入新的社交关系，但是又发现自己不愿意面对一丁点的挑战，除非得到不受伤害的承诺。对于他人的评价会很敏感，即便是很明显的无伤大雅的事情，对你而言都可能是嘲笑，从而让你退缩。

相反，当你一个人的时候，没有任何嘲笑，没有任何矛盾冲突，反而多了一些充实感和满足感，形成一种不良循环，导致你回避社交与合作。而你对抗孤独感的方式也很简单，就是沉浸在自己幻想的世界里。你的想象力总是如此的丰富，如果你从事创作一定会有很多的创意。

第二节　孩子抑郁了怎么办

据国内调查显示，中学生中抑郁症状的检出率为23.7%～54.4%，其中重度抑郁症状检出率为3.3%～9.68%。"中学生抑郁"已经成为一个非常值得关注的常见现象。但目前更大的一个问题是，绝大多数父母不了解、不懂甚至不相信自己的孩子会得抑郁症，而会简单地认为这是青春期逆反、叛逆或不听话，从而使绝大多数已经出现抑郁症状的孩子被忽略。只有到了孩子不愿上学、不能上学甚至有了自杀的想法或行为时才会认识到问题的重要性。

一、问题概述

中学生正处于青少年阶段，青少年处于个体生命过程中一个极为特殊的阶段。一方面，从生理基础看，青少年正经历青春期发育，体内的激素水平变化很大，受激素的影响，青春期孩子的情绪往往变化较大，但大脑和心理发育的速度则相对缓慢，使得青少年群体处在个体发展不平衡的状态。另一方面，从社会因素看，青少年要经历人生中多个重大抉择和转折，如中考、高考、参加工作等，诸多社会、生活的变化所导致的情绪上的波动、对新环境的不适应等，都较易诱发抑郁症。值得注意的是，家庭教养方式不当，家庭不完整包括父母缺失、离异、外出打工等情况，都是导致孩子抑郁症的原因。

抑郁是以情绪低沉和忧郁为特征的心理状态。在认知上的表现为否定的自我评价，经常自责并有犯罪感，对自己的未来持悲观态度，认为自己毫无前途，事情不会越来越好，只会越来越糟糕；在情绪情感上表现为长年累月地感到悲伤、绝望、无助、内疚和懊丧，几乎整日无精打采，闷闷不乐，或者是彷徨忧虑，惶惶不可终日；在动机上常表现为社交退缩和有自杀意向，自我封闭，不与他人交往；在行为上表现为孤僻自卑，消极怕事，反应迟钝，不愿奋发有为或者欲振无力，并经常伴有运动功能性迟滞，动作反应缓慢，对外界事物不感兴趣、活动减少等；在身体症状上则表现为经常性的睡眠障碍、食欲不振等。

青少年抑郁很少有像成人抑郁那样出现思维迟缓症状（如觉得脑子反应迟钝），甚至在重度抑郁的情况下，他们遇到高兴的事也能高兴起来。青少年抑郁的主要情绪体验就是"心烦"，常因为一点小事发脾气，在家里比在学校更容易发脾气。同时经常表现为上课注意力不集中，学习成绩下降，与同伴交往减少，对以前喜欢的活动失去兴趣，整日沉迷于手机或网络，自尊心和自我价值感受损，学习兴趣下降或厌学、逃学，行为偏激、冲动或冒险，甚至离家出走，随便发生性行为，酗酒或吸毒。有的孩子抑郁以后喜欢看血腥的视频，觉得活着没有意思，整日钻研各种自杀的方法，严重时可导致自杀等后果。

已有很多的研究表明，由于受到学业、人际关系或家庭等因素的影响，中学生都有着程度不一的抑郁性情绪。因此，作为家长，应时刻关注孩子的成长，别让孩子掉进抑郁的深渊。

二、原因分析

孩子之所以会产生抑郁心理，大都受孩子自身、学校和家庭等因素的影响。具体有：

（一）自身因素

1. 不客观的自我归因

对自己行为的归因是中学生平衡心理的重要方法。按照归因理论，人一般会对自己的行为结果从两个角度进行归因，即稳定性和内外因。许多中学生，尤其是后进生，会将自己的挫折归因于稳定的内因，即认为自己能力不行。因此，他们会对自己丧失信心。

2. 自尊心丧失

所谓自尊心，就是一个人对自己的尊重，相信自己的能力和自己从事的工作和学习的价值。自尊心较强的孩子，善于表达自己的思想，能与同伴很好地相处，在学习和生活中独立性强；而自尊心较弱的学生，在大部分时间里都忧郁伤感，害怕参加活动，害怕遭到别人的拒绝，他们觉得没有人爱他们，时常感到孤独、无助和压抑。

3. 缺乏正确的自我认识

青春期的孩子自我意识发展还不完善，他们对自我的认识和评价往往是片面的。在学习上，一方面盲目自信，另一方面（遇到挫折时）又盲目自卑，这种矛盾的心理状态，使得中学生因无法控制自己的情绪而产生焦虑、恐惧和自我封闭的抑郁心理。

（二）学校因素

1. 人际交往贫乏

正常的人际交往是中学生心理健康的重要指标。目前，一些学生受到学校和家庭的双重压力，他们的大部分时间都用在学习上，无暇顾及朋友之间的情感沟通，这种紧张的学习状况，往往使他们感到生活单调乏味，从而产生孤独和寂寞的情绪。

2. “应试教育”带来的压力

不合理的“应试教育”给学生们带来了过重的精神压力。当前，片面追求升学率的“应试教育”在一些中学还相当普遍。学校为了追求升学率，常常取消各种课外活动，迫使学生“苦读升学书”。另外，频繁的考试也使学生的“学习活动”实际上变成了“应试活动”，极大地限制了学生的兴趣和爱好的发展，使他们长期处于紧张、焦虑的情绪状态之中。

3. 因达不到既定目标而产生失败感

中学生因达不到既定目标而产生的失败感，是他们陷入抑郁的重要原因。理想是中学生学习的动力之一，但中学生在学习中往往对自己期望过高，不能正确处理现实和理想之间的关系。加之处于青春期的中学生心理上还不成熟，正确的人生观还没有形成，因此，他们在学习中很容易因失败而感到郁闷和彷徨，从而陷入自轻、自贱的抑郁情绪之中。

（三）家庭因素

1. 父母不恰当的期望

在这个充满竞争和注重成就的时代，父母忧心忡忡，迫切想为子女提供一种竞争优势。为了给孩子创造一个良好的环境，父母自己省吃俭用，辛苦劳作，为孩子的成长提供条件，真可谓用心良苦。也正是因为家长为孩子付出了太多，所以对孩子的要求和期望也就越大。在这个过程中，有一些家长不顾孩子的禀赋，以自己认定的模式塑造孩子，让孩子只许成功、不许失败，给孩子带来了极大的压力。其实，过高的期望除了给孩子增添极大的痛苦之外，也给父母带来了无限的苦恼。

孩子是父母的希望，是家庭的未来，每一位家长都希望自己的孩子有出息，希望自己的孩子健康成长，成为有用的人，这本身无可厚非。期望是一种耐心的等待，家长对孩子寄予期望，是一种信任，有利于孩子增强自信心和进取心，是其进步的动力。孩子出于对家长的爱戴，愿意以实际行动取悦于家长，让家长满意，这就促使孩子自觉地、经常地将自己的实际表现同家长的期望进行比较，并努力缩小二者的差距。

家长的期望本是一种积极的表现，是一种促使孩子努力向上的精神环境，是潜在的动力，但是期望过高，脱离孩子的实际能力，不仅不能起到积极的作用，反而会产生消极的作用。当孩子因学业不良而产生心理困扰时，最需要的是父母的帮助和谅解，若采取惩罚和打骂的态度，会加重孩子的心理负担，并恶化亲子关系，使孩子与父母的关系疏远。也许在一些孩子心目中，父母已不再是值得信赖的权威。

2. 父母的消极态度

“已经 8 点了，该学习了！”“做完作业再玩！”“不要老看电视，赶紧学习！”“你今天到底学不学习？”这些都是大部分家长经常说的话。但是这些话到底有多少能被孩子听进去呢？也许，比起督促和批评，对孩子的指导和帮助更为重要。家长如果能够在事先及时进行必要的引导，就完全可以避免事后的批评和指责，这同样是让孩子能达到家长要求的好方法。引导是积极的方法，批评和指责却是消极的方法。

如果一个孩子总被父母指责为“忘性大”，他就可能对自己的记忆力丧失信心，记忆的时候总担心自己记不住，产生“再努力去记效果也不大”的心理。由于经常被告知记忆力不好，自己又多次失败，时间一长就会形成条件反射，不知不觉就会相信自己是健忘的，于是就真的变成了记忆力不好的人。同样的问题，若家长是以鼓励和引导的言语指出，效果就不一样了，家长可以说：“好多东西你已经记住了，剩下的只要用心记也一定能记住的。”家长甚至可以教孩子一些好的记忆方法，这样，孩子就会有信心。而每一次的成功都会增强孩子的自信心，促使其记忆力不断发展。

有的父母常常担心孩子不能成为他们所期望的样子，要知道这种担心久而久之就会变成一种埋怨，而这样的指责会给孩子造成很大的精神压力。因此，对孩子不要说斥责、讽刺、冷淡、威胁的话，不要以物质和金钱去利诱孩子。

3. 父母关系不和会对孩子造成伤害

父母关系不和的家庭，孩子的生活规律被打乱，得不到应有的照顾和关怀，蕴藏在孩子心灵深处的就只会是精神创伤。父母吵架时，往往出言不逊、行为粗鲁，不仅降低了父母在孩子心目中的地位和威信，而且大大削弱了家庭教育的效果，不少孩子会仿效父母打人、骂人、摔东西。因此，家庭不和，不能仅仅看作夫妻之间的纠纷问题，它也关系到子女的教育问题，是不容忽视的。

若经常目睹父母争吵、打骂，孩子就会焦躁不安、情绪不稳、待人冷漠，甚至其性格也会变得孤僻、不合群。这对孩子的身心健康和人格发展都是不利的，对其的影响将是伴随一生的。

三、应对策略

了解了引发抑郁的原因，那么，如何帮助孩子摆脱抑郁心理的困扰？下面提三点建议：

（一）充分了解孩子，调节期望值

每个孩子都有长处与不足，家长要因势利导，使孩子发挥其最大的潜能与优势，使其健康成长。一方面，家长不可对孩子期望过高，以致形成理想与现实的强烈反差，导致自己和孩子的双重失败感，从而形成不良的家庭环境；另一方面，对孩子期望过低的家长容易对孩子的学习漠不关心、不管不问，造成孩子不能真正开发自己的潜力，缺乏上进心和求知欲。因此，家长要做到期望值适当。

具体来说，首先，应全面了解孩子的心理特点，了解他们的志向、兴趣和能力，根据他们的特点，给予适当的期望；其次，要尊重、理解孩子，互相沟通；再次，和孩子共同制定目标，鼓励孩子逐个实现，对孩子进行正面的强化，减少严厉的惩罚措施；最后，多与学校沟通，密切配合，共同提高孩子的成绩。

（二）正确对待自己，保持良好的情绪

家长应正确对待自己，悦纳自己。人是在学习中不断提高和进步的，家长也一样。家长可以通过学习来提高自己的学识与才能，通过自身的行为来展示自己的才华，通过别人的评价和自我反思来认识自己。对自身的优缺点要有正确恰当的评价，当发现自身存在缺点时应及时改正；对无法改变的缺陷应乐于接受，切不可自卑、自暴自弃。自卑者总是否定自己，结果焦虑剧增，毁了自己；自弃者总在内心说“我不行”，且又没有正确的方向，也缺乏能力来表现自己。

在现实生活中，客观现实和环境往往不尽如人意，再加上个人片面的主观认识等原因，常会引起家长自己的心理波动。这时家长要有理智的反应，先接受现实的自我，然后再塑造理想的自我，避免心理冲突。绝不能把不良情绪和烦恼带回家，迁怒到孩子身上。在家庭中，父母都应注意各自性格的长处和短处，不但要做到扬长避短，而且要做到取长补短，发挥各自性格的优势，使家庭和睦、融洽，对孩子良好性格的形成产生积极的影响。

(三) 保持理智,持之以恒

家长要具有良好的心理品质,就应该做到遇事理智。理智是一种高级的心理品质,它表现在能够自觉地控制和调节自己的情感,克制自己无益的激情和冲动。在家庭中,很多问题往往容易带感情色彩,自觉或不自觉地出现感情用事的现象。当孩子犯错误时,有时家长很想控制自己的感情,但一旦其感情失控,就容易出现语言过激,甚至动手打孩子,这些不文明的行为自然会伤害孩子的自尊心。当孩子有了成绩时,家长的过分夸奖同样是不理智的。要使孩子自己遇事时不至于感情失控,家长就要善于冷静地分析情况,分析问题产生的原因,然后妥善处理,保持理智。

一个心理素质良好的家长,应该具有坚韧不拔的毅力。应把教育内容时刻融会到日常生活中,努力营造一个良好的家庭教育氛围,而不能仅凭一时的冲动和热情。

四、案例

在新环境中摆脱抑郁状态

高一×班的A同学自述有抑郁症,初中被私立医院确诊过,之前一直在进行药物治疗,已经好转。高一开学后的前几个月,A同学发现自己的抑郁症开始复发了。学习的时候,总会想起周围不喜欢的人,挥之不去。平时也会想象周围同学会欺负她等一些不好的事情。她的朋友很少,只有一个朋友每天和她形影不离,但她和她的朋友都很闷,内向且不愿意说话。A同学的愿望是:摆脱抑郁症,回到以前活泼开朗的样子,有一个崭新的生活。

具体咨询过程:

我:你学习不进去的具体表现是什么?

A同学:我经常学着学着就管不住自己的思维,经常会想到那些我看不惯的同学,或者是想我周围的同学,想着他们为什么对我这样?为什么他们这么开朗?之后,学习的注意力就被分散了,学习成绩自然下降,而且我初中的时候,初考成绩还是名列前茅的,高一这几个月,退步了好多。我想好好学习,但是管不住自己。

(通过这些话,有理由推测来访者存在思维漫游倾向,属于神经症的一种。)

我:你不是告诉过我,你有一个好朋友吗?你有没有告诉她这些事?你跟她的关系如何?

A同学:我朋友跟我一样都很内向,甚至都有些孤僻,我们两个每天都形影不离,我跟她说过这些事,她也没有办法。我平时就觉得我的朋友很少。初一的时候,我很开朗,像周围同学一样,大大咧咧的,但是初二的时候,我突然觉得要好好学习了,所以我就没有跟朋友一起玩,努力学习。后来我发现我把自己孤立起来了,没有朋友。现在到了高一,我想认认真真交朋友,但是我还是和以前一样,内向,不敢大声说话,不敢交朋友,也没人跟我交朋友。

(通过这些话,我们可以合理推测出,A同学没有朋友是有原因的,是她过去自我封闭,慢慢进入抑郁状态,并丧失了交朋友的能力,从而不知道怎样跟人相处。)

我：你刚刚告诉我，你抑郁过，究竟是什么状况？

A同学：我是在初二的时候被确定为抑郁症的，当时我每天都意志消沉，不能上学，只能在家里，班主任劝我去看心理医生，妈妈带我去私立医院检查，果然发现是抑郁症。之后医生给我开了很多抗抑郁症的药，比如百忧解等，我吃了之后，感觉好很多，基本上已经好了，但是现在，我发现又复发了。

我：你有没有去其他公立三甲医院检查过你是否有抑郁症？你是否知道抑郁症需要反复诊断才能确诊？

A同学：我没有去其他医院诊断过，只去了这家私立医院，然后就一直在服用医生给开的抗抑郁症药物。抑郁症还需要去几个医院诊断才可以吗？

我：这里有一个心理学常识需要跟你普及一下，抑郁症等心理问题并不像一些生理式的器质性疾病便于确诊，必须要反复多次才能够确诊，而且必须是正规的公立三甲医院才有可信度，不能只听信一家私立医院，即使是公立医院也需要多家综合看待。最重要的一点就是，抑郁症的确诊只能是抑郁症倾向的概率很大，不是盖棺定论的。简单来说，抑郁症等心理问题是随时间变化的，即使你现在这段时间感觉自己很抑郁、很悲观，但是可能过段时间抑郁心理就减弱了，甚至消失了。更何况正常人或多或少都会有一些心理问题，包括抑郁心理，绝不能给自己的身上贴一个强硬的抑郁症标签。

A同学：你是说，我的抑郁症之前被私立医院确诊过，并不是那么可信，而且后来我的抑郁症又突然好了，说明我的抑郁症状是随着时间变化的，就是说，我的抑郁症其实是可以治好的？

我：在大概率上，你是不是真的是抑郁症还有待多方综合诊断，而且你的状况很大程度上是可以好转的，关键是要找到抑郁的根源是什么。你能不能告诉我，当时你所谓的"抑郁症"是怎么好的，当时发生了什么？

A同学：初二时吃了一段抗抑郁症的药之后，我心里平静了很多，后来陆续有几个同学愿意跟我交往，一起学习一起玩乐，不过到了高一之后，换了新环境，我又没有朋友了，只有一个跟我类似的内向的朋友。

（可以分析出A同学其实并不是真的抑郁复发，只是面对与过去重复的环境，身边没有朋友，于是就又陷入与过去重复的情绪状态里，以为就可以永远逃避自己的现实生活了。）

我：其实你有没有发现当你身边有了好朋友后，你会变得阳光，抑郁症状也就好了。当你在高一这个新环境时，你没有朋友了，于是又变得抑郁起来了。是不是可以这样推测，你的抑郁症状取决于你是否有朋友陪伴，当你没有朋友陪伴的时候，你很容易陷入以往的抑郁情绪状态里，这并不是说你有天生的抑郁症状，而是说你在过去的环境里曾经有抑郁的情绪状态，后来你没有及时改正，任由抑郁情绪泛化进而形成了抑郁心境，这是一种习得状态，即你已经习惯了抑郁症这种固定的思维模式，当你进入一个新环境的时候，你不会主动去寻找朋友，主动变得阳光，而是很容易以过去的抑郁的思维模式为人处事，自然也就交不到好朋友，然后你又会把交不到好朋友这个事实归因到你有抑郁症这个原因上。我感觉，你并不是真的有抑郁症，你只是不想面对自己在现实生活中遇到的困境而已，并且你也没有能力和力量改变你的困境。

A 同学：是的，我想是的，你说得对。可是我该怎样改变自己的困境呢？

我：在心理学中，我研究的领域是具身认知，我一直在致力于把具身认知的心理学理论应用到心理咨询中。具身认知，简单来说，就是身体比脑子更聪明，引申到心理咨询的方法论上就是行动即真理，一句话就是：你想得多，做得少。我认为你应该采取一些具体可行的方法来改善自己目前的处境。首先，你一定要有勇气面对自己，你现在就是处于抑郁症状态，而造成抑郁症的根源是因为你自我封闭，失去了交朋友的能力。其次，你要学会找方法处理现在的问题，你首先要学会交朋友，可以通过参加社团、周六周日参加兴趣班等方式结交新朋友，而且千万记得不要怕交不到朋友，也不要怕得罪朋友，要学会处理交朋友期间的一些小摩擦，因为交朋友肯定不都是一帆风顺的。最后，我希望你能真正答应我，下周就开始照着我说的去做，坐而论道不如起而行，一定要执行。意义是在行动中产生的。

A 同学：很感谢你，我一定照你所说的试试看。那么，我下周可以再来找你吗？

我：当然可以，不过，下周你来的时候，我可要检查我留给你的“作业”了哦。

A 同学：好的，再次感谢你，从来没有人跟我说过这些。

我：最后再送你一句话，人生是有希望的，我们要永远对生活怀有热情。

参考文献

［1］黄娟．抑郁情绪 vs 抑郁症．心理与健康，2019（1）．

［2］孟华．农村中学生心理健康教育迫在眉睫．考试周刊，2019（55）．

［3］陈万芬，潘彦谷，张大均，等．中学生心理素质与抑郁的关系：应对方式的中介作用．西南大学学报（自然科学版），2017，39（8）．

抑郁小测试

抑郁自评量表，是含有 20 个项目，分为 4 级评分的自评量表，原型是 W. K. Zung 编制的《抑郁量表》(1965)。其特点是使用简便，并能相当直观地反映抑郁患者的主观感受及其在治疗中的变化。主要适用于具有抑郁症状的成年人，包括门诊及住院患者。

在进入测试之前，请您找一个相对安静的地方，同时将自己的心情恢复到平静。

测试开始：

（注意事项：请准备一张白纸，下面 20 个项目，请仔细阅读每一项内容，确认将每条问题的含义都弄明白，然后根据您最近一周的实际情况在白纸上写出相应分数，每一项都有 4 个分值，20 项分值全部写完后，请算出总分）

抑郁自评量表

序号	评定项目	很少有	有时有	大部分时间有	绝大多数时间有
1	我觉得闷闷不乐，情绪低沉	1	2	3	4

（续上表）

序号	评定项目	很少有	有时有	大部分时间有	绝大多数时间有
2	我觉得一天之中早晨最好	4	3	2	1
3	我一阵阵哭出来或觉得想哭	1	2	3	4
4	我晚上睡眠不好	1	2	3	4
5	我吃得和平常一样多	4	3	2	1
6	我与异性密切接触时和以往一样感到愉快	4	3	2	1
7	我发觉我的体重在下降	1	2	3	4
8	我有便秘的苦恼	1	2	3	4
9	我心跳比平时快	1	2	3	4
10	我无缘无故感到疲乏	1	2	3	4
11	我的头脑跟平常一样清楚	4	3	2	1
12	我觉得经常做的事情并没有困难	4	3	2	1
13	我觉得不安而平静不下来	1	2	3	4
14	我对将来抱有希望	4	3	2	1
15	我比平常容易生气激动	1	2	3	4
16	我觉得做出决定是容易的	4	3	2	1
17	我觉得自己是个有用的人，有人需要我	4	3	2	1
18	我的生活过得很有意思	4	3	2	1
19	我认为如果我死了别人会生活得好些	1	2	3	4
20	平常感兴趣的事我仍然感兴趣	4	3	2	1

测试结果：

把20个项目中的各项分数相加，即得总粗分（X），然后将总粗分（X）乘1.25以后取整数部分，就得标准分（Y）。

按照中国常模结果，SDS标准分的分界值为53分，其中53～62分为轻度抑郁，63～72分为中度抑郁，73分以上为重度抑郁。

SDS总粗分的正常上限为41分，分值越低状态越好。标准分为总粗分乘1.25后所得的整数部分。我国以SDS标准分≥50为有抑郁症状。

抑郁严重度＝总粗分/80。结果：0.5以下者为无抑郁；0.5～0.59为轻微至轻度抑郁；0.6～0.69为中至重度抑郁；0.7以上为重度抑郁。

第三节　孩子的情绪情感易走极端怎么办

卡莱尔曾经说过："我从那个人的神情和眼神中，看到了一丝希望之光，看到了更远、更美好的未来之光。"中学生处于生长剧变的青春发育期，尚不善于自我控制情绪，具有明显的冲动性和极端性，容易在受到外界刺激时，出现各种剧烈的情绪反应。这是由于青春发育期的生理剧变，这种剧变必然引起中学生情感上的激荡。这种动荡的情感有时表露有时内隐。因而在此阶段进行及时有效的情绪教育尤为重要。

一、问题概述

有一位母亲在日记里这样总结自己的孩子：当他的情绪处于积极状态时，自信、乐观、兴奋、快乐；当他的情绪处于消极状态时，沮丧、恐惧、焦虑、悲伤。总之，他的情绪就像天气一样变化无常，一会儿沮丧，一会儿兴奋。情绪好时，如登山顶；情绪差时，如坠深谷。

是的，很多情绪失控的孩子都会表现出如这位母亲所说的情形。大部分人不是让情绪控制情况，而是让情况控制情绪。如果情况好，他们的情绪也好；如果情况不好，他们的情绪也会跟着不妙。

过去人们常常喜欢用"疾风骤雨"来形容中学生情绪情感的变化，意思是说中学生的情感表现不仅来得快而且来得强烈。然而随着时代的发展，时至今日，中学生的情感在泥沙俱下的"疾风骤雨"之前，比以往的青少年多了一种"山雨欲来风满楼"的色彩。他们会在别人不经意间大笑，然而，当他们某一天兴高采烈地与家人或朋友分享其成功的喜悦之时，心中可能已经暗自沉浸在幸福之中好久了；他们会在他人毫无防备时暴跳如雷，然而细心的家长和朋友可以发现，若干天以来，他们的脸上一直或浓或淡地有一丝阴影在时隐时现。也许只谈悲喜说服力还不够强，那我们就来看一下中学生教育中最令家长和教师头疼的"青春期"问题，此话题本书也有涉及。很多青春期的恋爱现象在被家长或教师"捕获"时，已经大有"山盟海誓，非他（她）莫属"之势，"你阻止得越坚决，我反抗得越强硬"。父母师长可能觉得孩子过分草率、鲁莽。中学时代本是天真无邪、不谙世事的阶段，今天我们的中学生缘何如此？我们都知道，情绪过于高亢、兴奋或者低沉、消极对身心的发展都是不利的。作为父母，又能给予孩子怎样的帮助呢？

首先我们先来认识一下"情绪化"的概念，"情绪"这个词大家都知道，哭啼、吵闹等都包括在内，但是过于情绪化，就是走"极端"了。比如：孩子想要东西，你不给他，一般的孩子就会哭闹，而有的孩子就会就地打滚儿，扔东西，更有甚者会咒骂、撕咬……这就是所谓的情绪化"极端"。其实，孩子的这种"极端"表现，就是由于父母尤其是祖父母辈在早年过分溺爱孩子，在孩子坏的意念"萌芽"的时候，不是打骂，就是依从，没有及时理智地处理而造成的。

二、原因分析

青少年情绪情感起伏不定、易走极端的现象是有很多方面原因的，既有来自外界环境的，也有来自他们自身身心发展的。

（一）外界环境影响

过去面对父母的唠叨，中学生可能很容易表现出强烈的反感，“反抗”“逆反”是家常便饭。随着社会的进步，信息传递更加形式多样、方便快捷，孩子们过早地受到各种传媒的熏陶，被无情地暴露于各种社会现象面前。看着在社会竞争中激烈角逐的“成人们”动用各种手段使自己的真实情感含而不露，孩子们也逐渐模仿，学会各种情感的文饰技巧。

另外，中学生学习上的任务很重，在不得不面对激烈的竞争时，心理压力普遍比较大；除此之外，随着年龄的增长，他们渴望对外部社会有更多的了解，人际交往也逐渐增多，各种各样的信息纷至沓来，这就使他们要处理的问题越来越多、越来越复杂。这些压力常常交织在一起，矛盾此起彼伏，加之正处于情绪易起伏不定的青少年时期，来自外界的压力和影响使他们的情绪更加此起彼伏，甚至会促使他们走向极端。

（二）身心发展原因

青少年时期的中学生正处于身心发展的关键时期，青少年极力要求独立，但成人（父母或教师）没有这种思想准备，以过分关切的态度对待他们。除此之外，他们的自主性也急速发展，想要自己做自己生活的主人。

三、应对策略

中学生的情绪此起彼伏，变化较大，这是中学生身心发展过程中的正常现象，但是父母若能在旁帮助孩子认识、调节、控制他们的情绪情感，尤其是不良的情绪情感，则更有利于他们的成长。那父母应该如何做呢？下面提四点建议：

（一）对孩子的情绪要有正确的认识

父母应该懂得，孩子和成年人一样，是独立的个体，有自己认识世界的方法和态度。与快乐能产生满足的积极情绪一样，孩子当然也会产生种种诸如烦恼、愤怒等不良情绪。要想孩子成为情绪的主人，父母就要接受孩子的各种情绪。心理学家汉·金诺认为，孩子的情绪不会因为成人的一句“不要这样想”或者“你的这种感觉不应该有”而消失。只有尊重、同情孩子，才能有效地帮助孩子。

（二）让孩子学会乐观地面对生活

积极的情绪体验能够激发人体的潜能，使其保持旺盛的体力和精力，维护心理健康；消极的情绪体验只能使人意志消沉，有害身心健康。为此，学会保持积极乐观的生活态度与情绪，对孩子来说是十分重要的。作为父母，要使孩子乐观地面对人生，自己首先对生活要有一种乐观的态度。孩子的情绪易受父母行为的影响，因此父母必须学会乐观。在教育孩子学会乐观地面对人生时，除了多与孩子交流，培养孩子的自信心以外，还有一个很重要的方面，就是父母首先要相信自己的孩子，给予其鼓励和支持；其次是帮助孩子进取，克服一些他们现在克服不了的困难，只有这样，才能教会孩子以正确的态度和行动乐观地面对人生。

（三）教会孩子适当宣泄不良情绪

人在精神压抑的时候，如果不寻找适当的机会宣泄情绪，就会使身心受到损害。生理学研究表明，人的泪水含有毒素比较多，用泪水喂养小白鼠会导致其得癌症。由此可见，在悲伤的时候用力压抑自己、忍住泪水是不合适的。

（四）帮助孩子将不良情绪遗忘或转移

一般情况下，能对自己的情绪产生强烈刺激的事情，通常都与自己的切身利益有着很大的关系，要很快将它遗忘，是很困难的。但是，可以进行积极的转移，即设法使自己的思绪转移到更有意义的事情上，或者主动去帮助别人，或者找知心朋友谈心，或是找有益的书籍来阅读。总之，要使自己的心思有所寄托，不要使自己处于精神空虚、心里空旷的状态。凡是在不愉快的情绪产生时能很快将经历转移到他处的人，不良情绪在他身上停留的时间就短。

情绪无所谓对与错，只要表达方式被社会所接受。父母要学会接纳孩子情绪表达的多面性，情绪表达的各种面貌都蕴藏着情绪转化的可能性，消极情绪可以转化为积极情绪。唯有正视情绪表达的所有面貌，健康情绪才有可能发展起来；而唯有能够驾驭自己情绪的孩子，才能够成为懂事的孩子。

四、案例

案例一

“长大后我就成了你”——谈原生家庭对孩子成长的影响

近几年反映家庭生活的现实主义题材电视剧、电影层出不穷。例如，《都挺好》《小欢喜》《少年的你》等不仅受到观众的热捧，也受到社会的广泛热议。不同年龄层次的观众会有不一样的感受，而从我近几年的从教经历来说，这几部影视作品给我最大的思考便是原生家庭究竟在孩子的成长过程中有多大的影响？

通常来说，我们把一个人从小出生长大的家庭称作原生家庭。正是这个一生中最早接触和成长的环境，与孩子性格的塑造、价值观的形成、自我意识的养成、与他人交往的情感态度等方面都有着密切的关系。美国著名心理治疗专家 Murray Bowen 认为，家庭就像是一个基本的情绪单位，家庭成员活动时，他们的情绪是相互作用的，因此他们所表现出的情绪以及所产生的心理问题也都和家庭成员有着千丝万缕的联系。于是，Murray Bowen 提出了家庭系统的理论。几个不同个体的案例印证了上述专家的观点。

小 A 原本是走读班的学生，初一开学不久父母便为他申请了住宿，但小 A 在住宿的第一周便与室友发生了矛盾。室友与他开的一些玩笑，他总认为是他们联合起来欺负他，室友闲谈之间的言语在他眼里也会被认为是对他的含沙射影。小 A 每天都会和父母打电话倾诉自己在学校学习、生活的遭遇。小 A 父母听闻后便约我了解小 A 的情况。某天晚自习结束后，我们在后门保安室里和小 A 如约见了面。让人出乎意料的是，小 A 的父亲当着我的面教导小 A："你在宿舍就是要当老大！……谁不服，你打到他服为止！你不用怕，你知道你老爸有多厉害……"

闻之愕然的我表示很震惊！从小 A 父亲的言谈举止中，我隐约看到了小 A 从小受到的教育。从后来的了解中也印证了我的判断。小 A 还有一个小他两岁的弟弟，弟弟学习成绩好，常在家里受到表扬，小 A 的父母也常在朋友圈表达对弟弟的喜爱。小 A 学习成绩不好，常受到批评，于是小 A 常在家里与弟弟发生矛盾，并表现出对弟弟一定的攻击性。小 A 的父母认为他的行为影响到了弟弟的学习，尤其是弟弟马上要进入小升初的备考，于是才千方百计让小 A 到学校住宿。

就在刚入学的第一个学期，小 A 就与其他班级的小 B 同学多次发生冲突。据同学反映，小 A 在宿舍经常小题大做，主动用言语挑衅他人。为帮助小 A 尽快适应学校的生活，与同学正确交往，我们邀请家长进行了多次电话沟通和面谈，但效果不是很明显，家长的态度依然是小孩在学校太软弱才受到别人的欺负。

小 A 与小 B 同学矛盾再次升级。小 A 的父亲来到学校找到小 B，态度极其恶劣地抓住小 B 的衣领，威胁不准再欺负他小孩。

鉴于小 A 父母的教育态度，和小 A 表现出对住宿极大的不适应，学校果断地对小 A 采取了退宿的处理。从心理行为的临床研究来看，在原生家庭的三角关系中，"孩子是受教育者、接受者和学习者。成长过程中，孩子把父母当成学习的榜样，并从父母那里习得一些个体经验和感受，逐渐内化成自己特有的沟通方式、应对机制等生存法则。在不良环境的家庭中，孩子会被卷入父母的不良行为模式、沟通模式和情感模式里，在持续的不良互动当中，孩子很难得到良好的自我分化，而且会产生严重的慢性焦虑。他们在这样的三角关系中逐渐习得了这些不良的、僵化的模式，最后内化成自身应对外界环境的方式"。

亲子关系是家庭关系重要的组成部分，也是孩子成长中接触的第一个社会关系。在孩子成长中，原生家庭的教养方式对孩子的成长产生直接的影响。而在现实社会中，每个家庭的教养方式都不同，因此孩子的素养也表现得不一样。研究表明，在严格控制型的教养方式下，孩子最容易产生冲动、激进的行为，亲子冲突的可能性也大大增加。

从上述案例来分析，小 A 的行为习惯及与他人的相处模式正是他父母这种严格控制型教养方式下的产物。小 A 的父母在家里总以夸弟弟，批评小 A 的方式来要求小 A。而小 A 在家庭中找不到存在感，便将怨气撒向他的弟弟，认为是弟弟夺走了父母原本给他的爱而缺乏安全感，所以一遇到困难，总会找各种借口联系他的父母。其实是想以此得到父母更多的关注和关心。而他的父母恰恰认为小 A 的这种行为是软弱的表现。于是小 A 的父亲教育他要强大，要靠拳头赢得别人的服从，他是小 A 强大的后盾。故在小 A 与他人发生矛盾和冲突时，总会表现出歇斯底里，和难以控制的攻击性行为。

我们常说："每一个问题孩子的背后，往往都有一个问题家庭。"可见原生家庭对个体心理和行为健康发展起着重要的作用。在教育孩子的过程中，应该营造和谐温馨的家庭氛围，为孩子成长创造一个良好的环境。因为孩子"长大后就成了你"。

案例二

以心交心，点亮生命

题记：邓校长曾在一次会议当中说道："教育的本质意味着，一棵树摇动另一棵树，一朵云推动另一朵云，一个灵魂唤醒另一个灵魂。"我们老师，尤其是班主任，就要做这棵树，这朵云，这个灵魂。

周日下午我像往常一样走进教室，正准备检查班级人数是否到齐，这个时候手机的电话铃声响起来："喂，请问是张老师吗，我是小铭的爸爸呀，今天晚上想给小铭请个假。"我说好的好的，正想问他小铭是怎么回事的时候，家长就将电话给挂断了。感觉家长非常着急，以往都会问问孩子在校表现。我只好暂时先进教室继续检查人数。

我刚清点完班级人数，又有一个电话打进来了，"老师，我是小铭"，电话里传来一个哭泣的声音，一开始还真没听出是小铭的声音，于是我赶紧说："别着急，你怎么啦?""我爸要打死我了，老师，我怎么办啊?"声音中带着一些愤怒，更多的是恐惧。我赶紧问他："你在哪里，你先别着急。""我现在在我的房间里，我爸在外面踹门，要是他进来打我，我就拿刀跟他拼了。"一听到他在房间里，我的心就放下一半，说道："你现在待在房间里，不要开门，你的电话不要挂，我们保持通话。"我一边劝他保持冷静，一边了解了事情的经过。原来是晚上吃饭的时候，父母在商量是否生二胎的事情，但他觉得妈妈年纪大了，高龄产妇生二胎的话会有很大风险，担心年龄较大的妈妈会遇到危险甚至失去生命，出于保护妈妈的原因，他跟爸爸争吵了起来。结果被他爸打了。了解事情的大致经过后，经过一番劝说，他平静了下来。我让他明天过来学校当面聊。挂断电话后，我马上给小铭的妈妈打了个电话，了解情况的同时，让她劝说小铭暂时不要出房间，劝父子双方都先冷静一下，并叮嘱小铭明天回校过来办公室找我。

第二天早上小铭回到学校，跟我叙述了事情的经过：昨晚吃饭的时候，爸爸妈妈在商量生二孩的事情。两人意见有一些分歧。此时小铭同学没有了解清楚两位家长在争执的内容，就说了一句，不要生二孩了，年纪这么大还生什么生。因为小铭坚持认为妈妈年纪大是高龄产妇，如果生二胎的话可能会存在生命危险，他从关心妈妈的角度，认为父亲坚持要生二胎而把妈妈的生命置之度外，指责父亲自私，还说了一些比较难听的话。而他的父亲，一名部队转业的政府部门主要领导，哪里听得儿子对他的指责，于是拍案而起，再后来就有了小铭被打得躲进房间……

听完事情经过和他的想法之后，我与他进行了如下的沟通：

第一，非常感谢你对老师的信任，在遇到麻烦的时候，给老师打电话，请求帮助，除了父母家人，班主任老师就是你最坚强的后盾。第二，老师要表扬你，你是一个非常有爱心和孝心的孩子，你的出发点是担心妈妈的安危，所以才反对爸妈生二胎，你能够首要考虑到妈妈的健康，我觉得你是一个非常优秀的孩子，非常孝顺的孩子，除去成绩，这是老师在你身上发现的另外一个闪光点。第三，老师还要表扬你，因为老师跟你通话后，你能够保持冷静，没有开门冲出去更没有做出更危险的动作，这说明你遇事能冷静思考不冲动，说明你成熟了。第四，你妈妈是医学博士，对于高龄备孕和生产的一些注意事项肯定有专业的判断，你可以先与妈妈进行沟通。

最后，我还给小铭讲了个故事，这是我的父亲从生病到离开人世最后一年里发生的一些事情，在父亲人生最后的那段时间里我都没有好好陪陪他，也没能事事都顺着他老人家的心意，有些愧对父亲的养育恩情。我流着泪讲完了故事，小铭也是流着泪听完的。我想他也从故事中理解了一个道理，做子女的应该要多理解父母的想法和做法，子欲养而亲不待，不要等到老了才懂得父母，不要等父母离开了才理解父母的做法。

这次谈话正是以情感的交融为纽带，以心灵的沟通为桥梁，拉近了我们彼此的距离。小铭是个孝顺的孩子，对妈妈的保护不就是最好的证明吗？我从他的眼泪中看到了他对父母的理解。事情暂时平息了，小铭的心情也恢复了平静……

过后我跟小铭的家长打了几次电话，分别把谈话的情况向家长做了汇报，也跟踪了解了小铭周末在家跟父母交谈的情况。就在前不久，我收到小铭发来的一张照片，是跟新出生的妹妹的合影，并跟我说：他会与爸爸妈妈一起，疼爱妹妹一辈子！

孩子是家庭的希望。青春期的孩子很容易与父母出现沟通困难，这时，老师是最好的桥梁。我们老师需要做的，是与孩子、与家长多方面、多层次、多角度进行沟通，从他们各自的角度出发，进行劝解，并给出意见和建议。沟通的过程当中，老师需要付出爱心、拥有耐心、使用真心，与孩子、与家长进行“以心换心”，真诚地为他们出谋划策；还可以采用老师自身经历的一些经验与双方沟通，能让他们对你更加信任。他们才会与你推心置腹，一起前行。

参考文献

[1] 翟越凡．中学生消极情绪产生的原因及应对方式．好家长，2019（12）．

[2] 高美月，凌应生．论提高中学生情绪管理教育实效的路径．科学咨询，2019（17）．

[3] 姜立华．调控情绪健康成长——论中学生情绪调节能力培养．新课程·中学，2017（10）．

【情绪测试】

查看情绪的健康指数，先从做测试题开始。这份问卷由20题构成，满分是80分，每题均有0～4的分数，分别代表：0＝没有，1＝偶尔有，2＝有时有，3＝经常有，4＝总是有。请你根据最近一周，包括今天的感觉，在每个题目上圈上最合适的数字。

序号	评定项目	没有	偶尔有	有时有	经常有	总是有
1	我真希望自己哪天突然死去	0	1	2	3	4
2	小事我也感到非常着急	0	1	2	3	4
3	遇到一点小事我就感到烦恼	0	1	2	3	4
4	我感到在生活中自己是个弱者	0	1	2	3	4
5	我感到人活着没有什么意思	0	1	2	3	4
6	我感到心慌	0	1	2	3	4
7	我对异性毫无兴趣	0	1	2	3	4
8	我觉得太笨，样样不如别人	0	1	2	3	4
9	我变得做什么事都拿不定主意	0	1	2	3	4
10	我想自己去死	0	1	2	3	4
11	我全身没有一点力气	0	1	2	3	4
12	我讲话的声音变得有气无力，闲话少多了	0	1	2	3	4
13	我晚上睡眠时间比往常少多了	0	1	2	3	4
14	我什么事情都不想干	0	1	2	3	4
15	我感到不高兴、不愉快、不痛快	0	1	2	3	4
16	我感到心里难受或者心里不舒服	0	1	2	3	4
17	我对周围的一切都感到没意思	0	1	2	3	4
18	我感到紧张不安	0	1	2	3	4
19	我不想吃东西	0	1	2	3	4
20	我觉得比平时瘦多了	0	1	2	3	4

如果分数低于16分，你的情绪没有任何不适症状；16~35分，已经感染轻度情绪病；36~45分，已经达到中度；大于45分，你的情绪病已经很严重了，需要赶紧调整，避免再度加重。

第四节　如何进行青春期性教育

孩子们进入青春期以后，在性生理和性心理上都会产生一些变化。但他们对自身的这些变化所知寥寥，常会感到紧张、困惑和不安。我国的性教育一直处于封闭或半封闭状态，家长和教师大多采取堵而不是疏，防而不是导，躲而不是教的方式处理孩子们所遇到的性问题。这种状况往往导致青少年性犯罪、不健康性行为和诸多社会问题的出现。父母是孩子性教育的启蒙老师。家长应为青春期的孩子进行青春期性教育，让他们顺利度过青春期，坦然地走向青年期。

一、问题概述

《人之初》杂志介绍了这样一对母子的故事：有个男孩15岁那年第一次发生遗精，弄湿了裤头和床单（这本属男孩子发育中的自然现象）。可他又惊奇、又恐慌，隐隐感到这是男人才有的事。第二天早上，他迟迟不敢起床，被妈妈从被窝里揪出来。妈妈一看床单，明白了是怎么一回事，给了他一记耳光，骂道："这么小年纪就想媳妇了，下次再这样看我怎么收拾你！"从此男孩天天睡觉总怕出"乱子"，久久难以入睡，最后发展到要用妈妈的卫生巾才能入睡，渐渐地离不开这东西……这种无知的"严格要求"，使孩子极度压抑，心理严重受创。

孩子长到一定的年龄时，经常对自己是如何来到这个世上的产生疑问。有的家长对孩子说：你是山里捡来的；还有的家长对孩子说：你是从大海里捞出来的；也有的家长对孩子说：是爸爸把一粒种子种在妈妈的肚子里，你就在那里发芽了，长大之后从妈妈的肚子里取出来；等等。有些孩子信以为真，一直到了结婚的年龄，还不知何谓夫妻生活。

当孩子提出有关性的疑问或知识时，有些家长采取了回避的态度。例如，有些孩子在杂志或书中看到"避孕套"一词时，问父母"避孕套"是什么东西，它有什么用处？还有些孩子在电视节目或杂志上看到动物性交行为时，问父母动物为什么会这样做？等等。有些父母对孩子的问题采取搪塞的态度。有的家长说，小孩子不要打听这些事情，长大就知道了；还有的家长对孩子的提问如临大敌，采取遮掩的态度，生怕孩子知道有关性的信息。其结果是愈怕孩子知道，孩子的好奇心就愈强，也就愈想知道。孩子不能从正确渠道了解性知识，就会从其他渠道（如黄色书刊等）追求满足，还有些孩子采取窥视异性身体的方法满足自己对性的好奇。

可见，不正确的性教育方式会导致孩子对性的无知，遇到有关性生理和性心理困惑的时候不知如何解决；遮掩和回避的态度只能增加孩子对性的好奇心，青少年可能通过不正常的渠道获得性知识，增强性的诱惑力，甚至导致畸形的心理或变态的性行为反应。

青春期（一般在11~20岁）不仅是孩子学习、接受新生事物的黄金时期，也是生长发育的第二高峰期。随着生理的生长发育、性的成熟，孩子的心理也会有一系列变化，如不注意加以教育引导，其就容易胡思乱想，学习成绩从而下滑，甚至犯错误。所以有专家称这个时期也是孩子成长的危险期，因此，家长们如果重视青春期教育，就会使孩子受益一辈子。

现在学校虽已开设了青春期教育课，但由于重视程度不同，孩子对性无知的情况仍占很大比重。国家教委青春期教育调查报告记载，在调查研究11~20岁的青少年中有44.14%的男性、42.65%的女性对性一无所知，这是在省会城市的调查，而县以下的城、乡青少年性无知的比率更高。与此相应的一组数字更令人触目惊心，近年来，青少年性罪错比重呈上升趋势。年龄在19岁以下的占所有性罪错人员的50.60%；在少女犯中，性罪错比率占96.00%。来自上海的资料显示，青少年性行为在朝低龄化发展，性失误的最低年龄为11岁；15～17岁青少年性失误比例最高……

然而许多青少年正是由于性无知才在迷迷糊糊的好奇、冲动下偷尝“禁果”，走进性误区。孩子性罪错之所以会向低龄化发展，与经济发展、生活条件的改善，促使孩子成长发育快、成熟快有关。此外社会信息量加大，而孩子心理及辩证思维能力还未成熟，又缺乏正确的社会道德观念和性方面的知识，他们就容易接受外界的不良刺激，为所欲为地去追求个人的满足，从而导致失足和犯罪。但关键还是由于有的家长对孩子青春期生理、心理一系列变化的无知，而采取了一些不恰当的管教导致的。

二、原因分析

从以上事例中可以清楚地看出，青少年在性生长发育期很需要教师和家长的正确指导，以帮助他们安全度过人生的“危险多发期”，使之从性无知、性神秘、性躁动的困惑中走出来，令其性心理得到正常发展。实际上，性教育和营养一样重要。“性”永远是人类社会的一个重要课题。

青少年对性有兴趣，是他们在成长的过程中性成熟的客观反映。客观存在的东西是不以人们的意志为转移的。这时家长和学校如果不用美和真的性科学知识去教育、引导他们，那么淫秽、谬误的东西就会乘虚而入。“性”禁锢不仅不能让青少年少想或不想它，反而会造成他们对性的猎奇和心理的畸形发展。

有的家长往往只重视孩子的学习成绩及吃、穿方面，不大注意孩子生理及心理的变化，当发现孩子学习成绩下降时，不是责怪、打骂，就是严加管教，甚至越管越糟；还有的家长因工作忙根本就不管孩子。至于提到加强对孩子的性教育，还有不少人持反对态度，认为“现在孩子从报刊影视片中接受性知识已够多了！不能再开化了”。还有的说：“堵都堵不住还教他们?”随着时代的进步，对于学校青春期教育课的开设，现在反对的人虽然少了，但其仍未引起足够的重视。

还有的人可能是受“不懂为美”的影响，认为不懂性知识就是道德纯洁。其实这也是错误的观念。什么都不懂并不是现代青少年的美德，他们应该懂，并且应该在性成熟以前就多懂一些。精神上有准备和精神上无准备是不一样的，如女孩子月经初潮时，不知月经是怎么回事，见血就会惊恐万状；如果已获得这方面的知识，就会心情愉快，感到自己长大了。

三、应对策略

作为孩子监护人的父母，应该主动承担起教育的责任。首先，不管工作多忙也要挤出时间，采取巧妙的方法多与孩子接触、交谈，倾听孩子的心声，理解孩子在成长发育期间出现的朦朦胧胧的性意识，并对孩子施以自尊、自爱、自重、自强方面的教育，培养其理智感。一个具有良好理智情感的人，能积极进行自我调节，用理智控制感情，让自己的行为符合社会道德规范，符合社会生活准则。

其次，要教育帮助孩子树立正确的人生追求目标，培养其荣誉感、成就感，鼓励孩子积极向上，将旺盛的精力用在学习、求知和丰富多彩的文体活动上。如孩子出现早恋问题（要调查清楚），无论情况怎样，都不要大喊大叫地批评斥责，因为这样不仅无济于事，反而会造成逆反心理的产生。逆反心理其实是“孩子气的纵情和赌气”，你越干涉，他就越保护自己的“权利”而与你闹别扭。这时应采取冷静、诚恳的态度和中肯的语言，从爱护关心的角度向他提出要求，并告诉他“夏天不可能结出秋天的果实”的客观规律，引导孩子明白自己年幼，正处在成长过程中，各方面都不成熟，特别在认识和了解人方面还很幼稚，今后发展变化会各不相同，所以中学生谈恋爱的成功率极低；目前又是其成才、打基础的关键时期，应建立同学间的纯真友谊，相互学习，共同进步，并表示相信其会处理好这些事。

总之，为了孩子能健康成长，也为了家庭的幸福，希望家长们能做教育孩子的有心人，不断学习、掌握教育艺术，采取以激励为主、适当点拨的方式，这样一定会收到良好效果。

四、案例

案例一

记孩子的青春萌动

作为班主任要有一颗年轻的心，要涌动着青春的激情。做班主任工作的幸福就像是一种由内而外流淌出来的甘霖，有丰富的人生内涵而又有无尽的生命回味。

我想我的教育生涯也是如此：不管教师这个职业的取得是偶然还是必然，是主动还是被动，只要你还在从事它，在作为谋生手段的基础上，就应努力把它变成事业，寻求自己的价值和理想，寻求到快乐和幸福。

要想幸福，首先要学生喜欢你，学生喜欢你是孩子们学习好你带的这门功课的前提。这就要求我们在做好教育教学工作时，最基本也是最重要的要做到心中有爱、爱生如子，并且体现在教育教学的每一个环节中，让学生感受到学习知识是快乐的、愉悦的，进而快乐地学习，做学习的主人。作为教师，我时刻注意自己的一言一行：不让学生做的，自己坚决不做；要求学生做到的，我自己首先做到。我不断加强自身修养，在学习中不断充实自己，在教学中不断影响学生的心灵。做到以情感人、以礼育人、以身示人、以德服人、以能教人，真心实意地为学生着想，使学生与我彼此相互信任。

在近几年的教学工作中，很多事情难以忘记，其中最难忘的是发生在去年的一件事。去年我是初一（2）班的班主任兼数学老师，那天和往常一样，第一节晚修结束后，学生们将收齐的数学作业交给我。为了方便批改，课代表们帮我将所有的作业翻到要批改的那一页，突然在一本作业里面掉出来一张纸条，我拣了起来，上面写着：小 C：51392010（我一生就爱你一个）！我翻开书本，发现是平时表现很好，很文静的小 Y 同学的。我本来打算课后再处理这件事情，没想到几个眼尖的学生看见了。他们问：“老师，上面写了什么呀？”这时，其他学生都把目光投向了我，问：“老师，上面写了什么呀？”

“没什么。”我说。

“我知道，是要传递的情书。”一个调皮的男生脱口而出，“老师，念念看。”

“好，那我就念给你们听。”我把纸条慢慢地展开了，我就一本正经地念道：“天才是百分之九十九的汗水加百分之一的灵感——爱迪生。”随后，我就把纸条折了起来，把它放入口袋里。旁边一个男生问：“老师，就这个?”

“当然了。”我郑重地告诉他，“学习不就是这样吗?”

我特意朝这本书的主人那里看了看，发现她的脸一直红到了脖子。我又接着说：“大家继续认真做题。”

第二天中午，我叫她来我的办公室，她低着头红着脸不敢说话。我说：“在你们这个年龄段，男女同学之间相互有好感，这很正常，因为你们到了青春发育期。但是你们毕竟还是孩子，还没有实力和能力去谈爱情，你们连爱是什么可能还不理解，你们以后还会遇见很多更优秀的人。现在的任务是学习，健康快乐地成长，等你学业有成以后你可以去更高更远更辽阔的地方去遇见更多不同的人，那时候我相信你一定能够选择那个最好的最适合自己的人，现在希望你能够把这份喜欢这份爱先放在心里，化作你前进的动力，为你的未来蓄力。青春期老师也经历过，懂得你的感受和担心，你放心我暂时不会告诉你的家长，也不告诉其他老师，但是希望你今后能够把心思转移到学习上，提高自己各方面的成绩。因为你今后的路还很长，这只是你人生的一段经历而已，不能因为这一点‘成长的烦恼’，就影响了你的学业，你明白我的意思吗?”

她点了点头，好像理解了，眼里噙着泪花。

经过我后续两个月的默默观察，那位同学刚开始会刻意回避，后面就慢慢淡忘了，再后来就一心一意非常用功地学习，像这事完全没发生一样，在她期末大联盟考试时数学成绩是班级第 3 名，相比期中考试还进步了 5 名。后来小 Y 同学专门给我写了一封感谢信，说道：“吕老师，如果没有您的及时引导，我可能期末考不会取得这么好的成绩，感谢您!”说实话，看完我还是挺感动的。

记得有位教育学家曾经说过：“尽可能深入了解每个孩子的精神世界，是教师的首条金科玉律。”确实，通过小 Y 同学的事例，我深深感到走进孩子的精神世界是多么重要。精神是行为的支撑。如果我们每一位教师多从精神上关心孩子，教化孩子，那么对孩子行为上的过错，我们也会多一分理解，对孩子的迷惑行为我们也可以找到标本兼治的对策。

我认为幸福其实就是一种感觉，幸福是一种心态。“幸福的家庭都是类似的，不幸的家庭各有各的不幸”说的就是这个道理。我是做教育工作的，我的工作理念是：享受教育，享受人生，享受幸福。

案例二

在正佳广场开展的“第二课堂”

2019 年 5 月 20 日，本是一个平静的晚上，我正在自己班看晚修。9 点多，微信突然响了一声，我一看，感觉事情有些不妙，是实习老师小吴给我发来的微信，说在办公室等我，有急事要找我。小吴是心理学专业的，最近一个月来我们班实习，平时就在阳光心理社让有需要的同学过去咨询。我收拾了一下电脑，让班长上来讲台看管纪律，就急急忙忙跑去办公室。

到了办公室，发现除了小吴以外，还有其他几个实习的心理老师也在，不停地安慰小吴。小吴和我大概交代了事情的经过：班上的小洛同学约了她今晚在阳光心理社聊天，小洛同学在学习、生活和人际交往上都出现问题。在学习上，临近中考，他的成绩还是非常差，预估中考分数300分左右，上高中应该是没有希望了。生活中，因为妹妹才一岁多，父母都把重心放在了照顾妹妹身上，对他比较忽视，也没有时间倾听他的内心想法，所以他感觉父母完全理解不了自己。

而压垮他的最后一棵稻草是他的朋友们深深地“欺骗”了他。他对班上的一位女生有好感，前段时间和她聊天，两人约好了毕业以后就往恋爱的关系发展。但是随后他得知一个晴天霹雳的真相：原来那个女生是欺骗他的，还把和他的聊天截图内容散播给其他同学，基本上全班同学都知道这个事情了，都对他议论非非。方方面面的不如意让他沮丧至极。

而最让人担忧的是，他已经明确在QQ空间和QQ签名等地方表示过几天就要和大家再见了，几个实习的心理老师都认为这个信号非常危险。然后我突然想起来，小洛昨天找过我，把课室的钥匙还给我了，说怕过段时间毕业忘记了……不得不说把这些事情一联系起来真的让人高度紧张，甚至有点毛骨悚然。所以我和几位老师商量了一下，这几天必须24小时有人监护他，然后再想出一个完善的方案转移他的注意力，同时也要让他父母联系社会机构，寻求专业的心理咨询和辅导。

在当天晚上10点左右，我们打电话和他父亲取得联系，确认了他已经安全到家以后，我们让他父亲过来学校一趟，先把目前的状况都告知，让他确保小吴在家的安全，然后也让他这周末尝试联系未成年人援助中心，让小洛得到专业的心理辅导。同时我在当晚就联系了小洛在班上关系最好的朋友小文，小文也知道小洛的情绪状态很不稳定。所以我就拜托小文在学校期间时刻关注小洛的状态，手机也带在身上，发生什么突发情况第一时间联系我。

第2天，也就是21日，早上我带十几名同学去参加体育缓考，所以和实习老师确认过小洛早上正常到学校上课以后，我便把工作重心放在体育考试上。但是悬着的心还没来得及完全放下，又被挂了起来：语文老师10点多给我发微信，告诉我语文考试期间小洛完全集中不了精神，很痛苦，说想去外面走走。然后就让小文陪着他去逛操场了。听到这个情况之后，我决定中午就找小洛把这个问题聊开，不能再拖了。

到了学校，我直接去了阳光心理社，在里面的一个心理辅导室等小文带小洛过来。在等他们的时候，我内心也比较纠结，因为这也是我知道这个情况以后第一次接触小洛，也怕会起到反效果。仔细整理了一下自己的思路，我决定等一下就和他画一下未来的蓝图，既然现状已经如此破烂不堪，倒不如一刀割掉，让他好好期待未来。

见到他们以后，我先主动问小洛要不要小文留下来一起聊天，还是我们俩单独聊。他让小文留下了，于是我便把门带上，给他们两个倒了杯温水，和他们说：“先喝点水，小心中暑。”其实我是想让他们平复好情绪，也舒缓一下紧张的气氛，让他们自在一些。然后我就开门见山，让小洛和我说一下他心底的话，他想做什么，他需要什么，我会尽全力帮助他。我也让他明白，如果是和同学有矛盾和误解，和父母有沟通问题，寻求帮助是最佳的解决方案，因为班主任是班集体的领队，是学生和家长之间的沟通桥梁，而且我的年纪正处在小孩和父母的年纪之间，让我来传达可以最大限度减少代沟带来的误解。他似乎也理解我的意思，也信任我，不过可能是烦恼的事情太多了，他就和我说一句：我想好好放松一下，忘记当下的一切。

得知他主动寻求放松，我算是松了一口气，随后马上问："半天够吗？要不就今天下午？你想怎样放松？我全力配合你。"他想了一下，提出想下午放学之后，晚修请假，和小文去正佳广场逛一下，吃吃喝喝，玩玩游戏，看看鞋子。我思考片刻以后，和他提议："打铁趁热，要不等下吃完中午饭直接过去吧，晚上吃完晚饭再回来晚修。我的唯一要求就是希望能够允许我默默跟在你们后面，因为这里去正佳广场还是比较远的，我要保证你们的安全，顺便我也想请你吃个饭，答谢一下你作为考勤员兢兢业业干了三年。"我这么说除了想打铁趁热，主要就是出于安全考虑，以免下午在学校还出现什么变化。他们俩同意以后，我就和他母亲说了这个事情，也和级长报备了，中午一点就领着他们俩到了外面。

打车到了正佳广场以后，我就和他们保持一定的距离，不打扰他们，默默地跟在后面，保证他们在我的视线范围之内又最大限度降低对他们的影响。他们先逛了球鞋店，然后又去逛手机店，我也时不时拍一下他们的背影发给小洛妈妈让她放心。到了学校外面我明显感觉小洛比较放松了，有时候也主动走到后面来找我聊天，聊一下最新的手机资讯，买什么手机性价比较高。正好我也是一个数码产品发烧友，对最新的手机产品还是比较了解的，所以和他们一起在每个手机店里体验各种手机，聊一下每个品牌、每个型号的优缺点。中考结束以后他们都可以拥有新手机了，所以感觉他们还是充满期待的。

到了下午3点多，他们说想坐下来打一下游戏，我便主动提出去必胜客吃点下午茶，然后坐着玩几把游戏。他们估计觉得必胜客很贵，都不好意思，我就说等以后小洛出来工作了，拿到第一份工资就回来找我，请我吃饭就可以啦。吃饱喝足以后，我也和他们一起打了几盘游戏，也让他们见到了班主任的另一面，其实这都是为了让他能够对我敞开心扉。

终于，他和我说目前最困扰他的其实是他觉得未来很迷茫。他已经做好准备去职中上学，但是在专业选择上和父母的矛盾很大。他和几个最要好的朋友都对电脑、软件设计方面的专业很感兴趣，其他朋友的父母都支持他们这个选择，但是小洛说他们家觉得这种专业以后很难找工作，应该踏踏实实读汽车维修之类的技工专业。因此我答应他会和他父母说一下专业这个事情，给他们解释清楚。然后也推荐了好几个我知道的不错的中职院校给他，和他分析了不同选择的利弊，当然最重要的是让他知道未来会越来越好，目前的一切不如意都会成为过眼云烟。

我们在必胜客愉快地聊到了晚上6点，总算把他的情绪从低谷拉了上来。然后把他们两个准时送回学校晚修，我和小洛的父母交代了今天的经过，也和他们解释了一下专业选择的问题。同时我也感谢小吴和小卢两位实习老师利用下午的自习课时间和班上的同学大致交代了一下小洛同学的情况，希望班上的同学都能相互关心，相互关爱，更有正能量。

随着中考的脚步越来越近，大家都为了中考奋力拼搏，包括小洛，显然这件事情已经对他没有什么困扰了。放暑假的时候，他告诉我他考了345分，已经比一模二模有了巨大的进步，我自然也是很开心的，因为这个分数意味着他在职中的专业选择上有更大的余地。

当我写这篇教育叙事的时候，小洛已经在新学校学习生活半个学期了，时不时我还可以在朋友圈看见他的动态，看着他吐槽新学校的宿舍如此“糟糕”，运动会篮球赛如此“累人”，我的内心真的很开心，因为我知道在新的环境他适应得非常不错，这次心理危机让他成长了，也让我成长了。

参考文献

[1] 钟志农．“青春期烦恼”的来龙去脉及其应对．江苏教育，2019（56）．

[2] 刘颖欣．我青春，我快乐．广州市第十一届健康教育学术交流活动摘要集，2018.

[3] 廖峰．从人格教育角度谈青春期性教育．好家长，2017（25）．

第五节　如何看待孩子与异性同伴之间的交往

一谈到异性交往，家长们的神经可能就会立刻紧张起来，接着马上就会想到一个关键词——早恋。的确，青少年的异性交往是青少年成长中无法绕过的一个问题。一方面，现在的孩子面临着非常沉重的课业和升学压力，家长非常担心孩子分心；另一方面，在我们的教育里，往往缺乏两性教育。很多家长自己都没有这方面的知识，所以只能视孩子与异性的交往为“豺狼虎豹”，担心孩子“误入歧途”。但是青少年的交往中总是免不了和异性接触，这本是一种正常现象。因此，“异性交往”这一课，家长和孩子都要学习如何正常看待。

一、问题概述

孩子与异性同伴之间的交往本是一件再正常不过的事情，可是对于正处在青春期的孩子来说，这个话题会变得敏感起来。不少家长会担心：这孩子该不会是在谈恋爱吧？自己的孩子会不会因此受到不良影响？伴随着这样的一些担心，家长可能会采取一些措施来“阻止”孩子与异性的交往。我们暂且不论家长的这种做法是否正确，在下结论之前先要了解一下，青春期的孩子为什么喜欢和异性交往？和异性交往有什么好处？常出现的问题是什么？作为家长，应如何引导孩子正确地与异性同伴交往。

在此先问一个问题：“你喜欢与同性交往还是与异性交往？”家长们不妨先来回答一下这个问题，只要平心而论，两相比较，你可能更喜欢与异性交往。孩子也是一样的，尤其是逐渐进入青春期的孩子，随着他们生理和心理的发展和成熟，身体特征和心理特征都发生了变化，性别意识开始增强。这一时期，他们在关注自己的同时也开始关注异性，希望了解异性，渴望与异性交往，希望与异性建立友谊。这是一种很正常的心理现象，也是孩子开始成熟的一种表现。

然而，现实生活中的大多数家长，因为害怕孩子早恋影响学习，而对孩子的异性之间的交往忧心忡忡，一旦发现任何蛛丝马迹，就会对孩子采取禁止和防范措施。当然，他们的出发点是为了孩子好，可这样往往会给孩子带来很大的精神压力，甚至有时，过度的禁止和防范反而会增强孩子对异性的好奇心和神秘感，或激发孩子的逆反心理，弄巧成拙。即使无法排除孩子们真的恋爱的情况，家长们也应当具体问题具体分析，而不是一味对其加以干涉，以致造成一些不良的后果。

异性孩子在一起活动、交朋友，有很多好处：可以使孩子消除性别的神秘感；培养自由交往、自由发展的天性；有利于增强孩子的社交能力；有利于孩子心理的健康发展。反之，如果父母禁止异性孩子在一起活动，会使孩子对异性产生神秘感，不利于其心理的健康发展，同时也会使孩子因此失去与异性交往、学习的机会，使其可能因缺乏与异性的交往经验而导致其以后不能很好地适应社会。

二、原因分析

青春期的孩子与异性交往既有一定的身心发展原因，也有一定的社会原因：

（一）青少年之间的异性交往是青春发育期一种生理发展的必然

进入青春期的青少年，下丘脑和垂体前叶迅速发育，并分泌出和成人几乎相同的激素。雄激素和雌激素相互作用，促成了青春期生长激素剧增，身高迅速增长，体重不断增加，第二性征逐渐出现，性意识（第三性征）开始觉醒。此时的青少年，相互间充满了神秘与探究欲望，对异性的好奇很容易演变成一种自然的倾慕。上海市某高级中学课题组的调查显示：大多数高中生都已具有一般意义上的异性朋友：男生83%，女生88%。可见，青少年之间的异性交往是其成长过程中一种必然的趋向和生理发展的正常需要。

（二）有些异性交往是一种情感的补偿行为

有的青少年，在双亲缺一、父母感情不和（纠纷较多，经常吵架）或父母因忙于事业而忽视了自己等情况下，常常感到孤独、寂寞，找不到合适的倾诉对象。此时，异性对他（她）的理解和支持就如同雪中送炭，使他（她）有了情感的依托。也有一些在学习上有困难的青少年，由于经常得不到老师和同学的信任、关怀，容易以与异性交往的方式补偿自己的信心，获得心理平衡。

（三）对媒体报道的盲目模仿

有的青少年，由于过多地受到各种媒介的影响，如对书刊、歌曲、影视等内容不加选择，耳濡目染的都是有关异性交往的内容，再加上涉世不深，从而容易盲目模仿。

（四）受到来自班级氛围的压力而从众

有的青少年尚未能全面地看问题，平时对待事物缺乏主见，常常人云亦云，如果他们所在班级中异性交往的比例较高，就会造成心理压力：怕自己被孤立，怕同学说自己没“本事”、没“魅力”等。为了消除这种压力，他们也会加入与异性频繁交往的队伍之中，以显示自己的“能力”和“魅力”。

（五）自身的病理性因素所致

有的青少年，由于某种疾病，如生殖系统的器质性病变、内分泌失调等引起性神经兴奋；有的家长给孩子服用大量补品，使他们提早处于性亢奋状态等，这都会导致青少年病理性地频繁与异性交往。

当然，导致青少年与异性交往的原因还有很多。作为老师和家长，在对待青少年与异性交往的问题上，要具体问题具体分析，采取正确、有效的措施，及时予以积极的引导。

三、应对策略

事实上，与异性交往是有很多好处的。通过与异性交往，孩子可以学习如何与异性相处，了解异性的心理，为将来的人际交往做准备。事实也正是如此，青春期正是个体性机能发育、发展到成熟的阶段，其发展变化迅速而短暂。随着生理在激素作用下的急剧变化，孩子产生了性心理适应，即与性生理、性欲、性行为有关的心理问题，当然也包括与异性交往的心理。这个时期生理机能的成长速度远远超过心理发展的速度。随着第二性征、性器官和性机能的迅速发育，少男少女们开始意识到两性在生理、行为和社会角色方面的差异，产生了一些特殊的情感体验，于是进入心理学上的异性期，开始对异性感兴趣，并产生思慕情感。在这个特殊的年龄阶段，男女生之间相互产生好感和爱慕，出现与异性交往的渴求，如喜欢一起学习，结伴参加各种社会活动等。有的女孩在日记中倾诉自己对身边的某个男孩的爱慕之情，有的孩子追星等，都是这种心理的表现形式。孩子热衷于与异性交往是成长中的正常心理现象，这种现象几乎每个人都会经历。

但是也不排除孩子在与异性交往中走入一些误区，作为父母应给予孩子正确的引导。那么，父母应该如何正确引导孩子与异性交往呢？以下提出五点建议：

（一）持正确的态度

男孩女孩在一起游戏时，父母不用担心孩子会因此而早熟，要用正确的眼光来看待他们之间天真纯洁的友谊。

（二）顺应孩子的心理规律

孩子热衷于与异性交往是其成长中正常的心理现象，父母对于孩子与异性的交往应采取客观、积极的态度，这样才有利于孩子形成正确的异性交往观。父母坦然、积极的态度能消除孩子过强的好奇心和逆反心理，更好地学会与异性融洽相处。因此，父母要根据孩子自身发展的规律，引导孩子从小习惯与异性朋友友好相处，上学期间不仅要结交同性伙伴，而且要与异性同学健康交往。这样做，可以使孩子消除性别的神秘感，培养自由交往、自由发展的天性，有利于他们社会交往能力的增强，也有利于各自心理的健康发展。

（三）交往情感要适度

父母应随时提醒孩子，与异性交往要把握一个度，也就是要有分寸。男女同学之间的交往，是以情感上的相互吸引为基础的，但也要保持适度，不要投入太多的感情，不痴迷对方，只把对方当作朋友。不要故意疏远，也不能过分亲密，要保持适当的心理和空间距离，既要热情、亲切、随和、融洽，不拒人于千里之外，又要把握好分寸，做到近而不狎，疏而不远。要做到诚恳待人和热情大方，既不过分夸张，也不闪烁其词；既不盲目冲动，也不矫揉造作，要恰当地表现自己。在彼此尊重的基础上与异性落落大方、合理、适度地交往。

（四）对孩子的感情持宽容、理解态度

如果父母发现孩子在与异性交往中萌发了早恋念头，也不可训斥打骂，要冷静清醒地对待已发生的感情。父母应理解、尊重孩子的情感，并告诉他们：青春期是学习的最佳时期，过早陷入感情的泥潭，错过黄金般的学习时机，可能会给今后的成长和发展留下很大的遗憾。同时，应及时了解孩子的心理和情绪变化，增进与孩子之间的情感交流，增强家庭生活对孩子的吸引力，避免孩子过多地从外界寻求关怀和理解。

（五）引导青少年在与异性交往时不要过多地进行单独交往

青少年与异性之间过多地单独交往，容易逾越普通交往的界线，过早萌生对异性的情爱。异性之间过多的单独交往易使一部分人（特别是女生）产生内心向往、外表抵触的矛盾心理。带着这种矛盾心理与异性同学单独相处时，其可能变得紧张、胆怯、少言寡语、行为乖僻、情绪复杂多变等。长期下去，就会产生自卑、孤僻、冷漠等不良情感体验，担心自己在今后的异性交往中产生种种挫折和失败，从而产生对异性的恐惧心理，个别人可能会因此患上异性恐惧症和社交恐惧症。因此，父母要引导和鼓励孩子多进行集体交往。

四、案例

案例一

我的早恋是被逼出来的

王×是和我同校同年级的女生，我是班上的英语学习尖子，而她的英语比我还棒。上学期，我们一同参加了全市英语竞赛，她考得好，获得一等奖，我只得了二等奖。

放假前，我问她：“王×，有空给我讲讲你学英语的方法，好吗?”

接着便放假了，我已经忘记我曾请王×给我讲英语学习方法的事情了。开学前的一个下午，妈妈和爸爸问我：“斌斌，认识一个叫王×的女同学吗?”

“认识，是高二（2）班的，她英语很好。”

“你们熟悉吗?”妈妈又问。

我回答不上来，说不上是很熟还是不是很熟。我莫名其妙地看着爸爸妈妈。

妈妈叹了口气，和爸爸一块出去了。我想着妈妈的表情，心烦意乱，便去妈妈的提包里找了当天的晚报。妈妈的提包里什么都没有，只有一封信，已经折开了，上面却写着我的名字。

原来我的信被爸爸妈妈私下折开了。

信是王×写来的，她请我在8月20日上午去她家讨论关于学习英语的问题，她还告诉我，她的父亲是一位英语老师。信是用英文写的，在10天前发出，今天已是8月25号了。

我全身的血都在奔涌。父母折了我的信而且一直都瞒着我。我突然觉得自己生活在一个如此虚伪的环境里，一向爱我的父母怎能如此欺骗我!

我恨他们。

等父母回来，我忍不住叫道：“你们为什么，为什么折我的信……”

妈妈看着我，说：“斌斌，你不必害怕，我已和你爸爸一起去找过你的班主任了，只要你不再和那个王×通信和接触就行了。你知道妈妈对你寄予了多大的希望，这么早谈恋爱会考不上大学的……”

我痛苦地抱住了头，泪水奔涌，他们认为我在谈恋爱，他们如此不相信自己的孩子，他们什么都不懂，连信的内容都看不懂就这样自以为是……我打断她的话：“这是恋爱信吗？她是约我上她家去学英语……”

“我知道这些女孩子的鬼点子，说是学习，其实是约会，这信我给一位懂英语的同事看过了……”

天哪，这下所有人都认为我是一个坏孩子……人们还会说王×的是非，因为信是她写的，可她是清白无辜的啊!

我“砰”地关上门，我要去找王×，向她道歉并解释这其中的一切。

忙乱与愤怒之中，我对王×讲了所发生的一切。她用漂亮的眼睛看着我并对我说：“斌斌，别生气，我理解你，我也愿意帮助你……”

我多感激她呀！在这以后很长一段时间里，爸爸妈妈以“车轮”战术对我进行“早恋是错误”的言语轰炸。对此我反感到了极点。我一直依赖的父母不再理解我了，只有王×是理解和信任我的。王×多好。

从此，只要有烦恼，我就告诉王×。终于有一天，我给她写了一张纸条：“I love you deeply!”她也给我回复：“I love you，too!”

我终于走上了父母逼我走的恋爱之路。

案例二

像朋友一样沟通

一直以来，如何有效地同自己的孩子沟通，是广大父母最头痛的事情。在我们还是孩子的时候，生活的单调不容我们有太多的想法，我们心里只有一个愿望，那就是不辜负父母的期望，努力读书，考上大学，回报父母。但是现在，作为父母，我们面对的是一群有思想，任性又叛逆的孩子们。小时候他们还会听父母的话，随着他们升上初中、高中，他们有什么心事，宁愿向同学朋友倾诉，也不愿意找父母。他们认为，父母只会约束他们，不能理解他们心里的想法。例如，即便是男女同学之间的正常来往，在父母看来也会有早恋的倾向，不问缘由横加干涉；偶尔上上网，父母也会担心自己染上网瘾，陷入网恋，不由分说就限制上网……如此一来，孩子就更加抗拒与父母沟通。

我却认为，沟通并不是一件很难的事。父母要把孩子当成朋友一样对待，不能凡事都板着面孔教育孩子，要耐心地引导他们把心事告诉自己，然后和他们一起分析事情的利害关系，提出合适的建议供他们参考。孩子如果理解了父母的苦心，就会欣然接受父母的意见。

就像我女儿，有一次我接她放学，远远发现她和一个男同学一起走，当时她刚升入高一，这种情况我还是第一次发现，当时心里“咯噔”一下，有点担心。女儿见我在远处望着她，匆匆和同学道别，神色也有点紧张，担心我责问她。我笑着问她：“今天这么晚才放学，刚才那个男同学和你是一个班的吗？他学习成绩好吗？他也住在这附近吗？”女儿知道我的用意，解释说今天学校有事，放学晚了，碰巧那个男同学也过来这边，所以一起走，叫我不要误会。我说：“我当然相信你啦！其实男女同学之间的正常来往是可以的，一起交流学习心得，取长补短，对学习是有帮助的，我不会横加阻拦。”我还鼓励她多向学习成绩好的同学“取经”，提高自己的学习成绩。

我问她学校里有没有同学早恋，她说有，还说有些同学因为早恋影响了学习成绩，也受到老师的批评。我问她：“你觉得这样做值得吗？”女儿说：“不值得。”我问她如何看待学生早恋，她想了想说，不赞成学生早恋，学生的主要任务是把学习搞好，也向我表态她决不会早恋。看着她坚决的表情，我欣慰地笑了。我说：“你能有这样的认识，妈妈就放心了。”这样的谈话完全是朋友式的，我没有把女儿当作被教育者，而是知心朋友，因此女儿没有什么压力。从那以后，女儿有什么心事、烦恼都会第一时间跟我说，她上网和同学、网友交流，也不害怕我在一边看着。我会留意他们的谈话内容，提醒她不要随便答应陌生网友的邀请，和同学去唱歌时要注意安全，要学会保护自己，有事外出或者晚回家要及时通知家长，以免家长担心，等等。女儿现在把我当成她的知心朋友，与我无话不谈，看着她健康快乐地成长，我由衷地高兴。

所以说，父母和孩子之间是可以沟通的，只要我们做父母的站在孩子的立场上多为他们想想，把他们作为朋友对待，相信沟通从心开始，相信孩子在学校和父母的共同努力下会更健康快乐地成长……

【案例分析】

案例一、二反映了青春期孩子的心声。对青春期的孩子与异性交往这一问题，部分父母是相当敏感与排斥的，在这件事情上，父母往往很容易失去理智而采取一些不恰当的干预措施，导致一些不良的后果。

一般情况下，家长都会认为自己的孩子是最好的，也非常愿意相信自己的孩子。唯独与异性交往这件事，他们不但不相信自己的孩子，而且只要见到男女生在一起，就会大发怒火。要么晓之以“理”——早恋是错误的：会毁掉前程；要么动之以“情”——父母的难处：含辛茹苦；若再不就范，那就实行“监管”，一天 24 小时全面监视，甚至翻看孩子的日记本、书包、信件等。本来学习压力就挺大的孩子突然受到如此强大的“重视”，自由受到如此程度的侵犯，其反抗力度可想而知。

而实际情况往往是，男女生在一起并不是家长想象的那种“亲密接触”。家长应该做的是帮助孩子接受自己的身体变化，接受自己的成长，帮助孩子和异性正常交往，尤其是鼓励孩子和同学们广泛接触，共同成长。在群体的交往过程中，孩子既能消除对异性的神秘感，又可防止单独交往的意外。学生时代的交往是成年人交往的基础，不要幻想这时不交流，长大后自然就会交流了。

如果家长大惊小怪，好像“狼”来了一样，青少年极强的好奇心会驱使其去看一看“狼”是什么，试一试“它吃不吃人”；或者就像案例一中的那位同学遇到的情况，自己最亲最爱的父母非要“欲加之罪”，满肚子的委屈没地儿说，迫于无奈只好寻求理解。其实家长可以设想一下，如果自己受到这样的待遇，会有什么感觉。

本来孩子之间的爱慕和相互吸引是人之常情，但由于这段时间是求学的黄金时期，父母们都会担心孩子因幼稚、冲动而影响学业，常持反对态度，戴“有色眼镜”看人，凭主观臆测给孩子施加压力，用“早熟”“早恋”来界定孩子的这种情感需求，禁止孩子与异性交往或者向孩子发难。这样做不但伤了孩子的自尊心，还易造成其性心理偏差，影响孩子将来的人际交往和社会适应能力，有时还会让孩子错误地认为，两性交往是低级的、丑恶的，以致在与异性相处或交往时因紧张、恐惧而形成社交障碍。另外，来自不同方面的“批评”“帮助”，还可能迫使那些有逆反心理的孩子真的谈起恋爱，以示抗议。

（摘自《广大附中家长学校用书》）

参考文献

[1] 任国清．例谈青春期问题的解决策略．中国教师，2018（5）．

[2] 孙家新．望：中学生异性交往的困惑．现代教学，2017（Z4）．

[3] 虞杰．我们一起“谈恋爱”——异性交往辅导教学设计．江苏教育，2017（40）．

[4] 陆伊．对心理课学科特色的反思与实践——以“爱情是什么”教学为例．江苏教育，2017（24）．

第六节 孩子过于依赖父母怎么办

父母过度宠爱孩子，导致培养出不少衣来伸手，饭来张口的孩子。例如，孩子早上起床，让妈妈来叫醒自己；孩子写完作业，喊妈妈来帮自己检查；孩子要上学，喊妈妈来给自己装书包……有些孩子甚至连吃饭穿衣这样的小事，都需要妈妈的帮助。但是随着孩子长大，离开父母独自求学时，各种各样的问题接踵而至，如孩子不会自己洗衣服，处理不好和同宿舍同学的关系。家长们过度宠溺教出了高学历、低情商的孩子们，甚至出现了“妈宝”孩子。孩子们过度依赖父母的难题也成为孩子们健康成长和发展的障碍。孩子为何会过度依赖父母，孩子依赖父母究竟该怎么办？

一、问题概述

通过对我国现代家庭教育的现状分析，不难发现，很多家长对孩子的教育存在很大的片面性。“成才 = 高分”这一公式在许多家长眼里是天经地义、无须证明的公理，使得家庭教育出现了重智轻德、重智轻能、重智轻体的“一重三轻”状况。教育方法是两种极端并存：一种无视孩子的权益，教育方法简单粗暴；与此相对应的另一种极端是娇宠溺爱，孩子躲在温室中风不吹，雨不淋，过着“衣来伸手，饭来张口”的生活，凡事依赖家长，做事没有主张，遇到问题不能主动想办法解决。试想这样的孩子，将来怎么能适应社会的发展？家庭是人生的第一所学校，也是一个人一生离不开的学校，人之所以成才，是多种因素合力作用的结果，而家庭教育是这一合力中最基本的因素。因此，在家庭教育中培养孩子的独立能力迫在眉睫。

二、原因分析

从心理学的角度来看，孩子过于依赖父母，与孩子的童年经历息息相关，简单来说，是父母的教养方式造成孩子长大之后仍然过于依赖父母。孩子在小时候都是依赖父母的，但是根据父母抚养儿童的不同方式，孩子会发展出不同的依恋模式，有的是好的依恋模式，有的是不好的依恋模式。而这种童年形成的依恋模式会通过一种摆脱不了的“内部工作模式”伴随孩子一生，哪怕是到了成人的时候，也会形成顽固的待人接物的处事方式，影响一切亲密关系。

（一）“依恋”理论介绍

依恋，一般被定义为婴儿和其照顾者（一般为母亲）之间存在的一种特殊的感情关系。它产生于婴儿与其父母的相互作用过程中，是一种感情上的联结和纽带。因而，最初的研究者把对依恋研究的注意力放在母婴关系如何随婴儿的成长而丰富和变化上。现在，研究者普遍认为，依恋是人类适应生存的一个重要方面，因为它不仅提高婴儿生存的可能性，而且建构了婴儿终生适应的特点，并帮助婴儿终生向更好适应生存的方向发展。

理论最初是由英国精神分析师 Bowlby（1969）提出的。二战期间，许多儿童成为无人照料的孤儿，Bowlby 发现这些进入孤儿院的孤儿虽然在身体上得到了看护，但仍然表现出严重的心理障碍，因此，他从孤儿院中由于母爱剥夺等因素导致的孤儿的心理障碍的关注开始，在生态学和精神分析的基础上，提出了依恋理论。继 Bowlby 提出依恋理论之后，以美国心理学家 Mary Ainsworth（1975）为代表，依恋研究进入一个新阶段。通过精心的家庭和实验室观察，Ainsworth 等发明了著名的陌生情境测验法来测量幼儿与母亲之间的依恋关系。通过对多个样本的分析，探讨了影响母子依恋质量的因素，并根据陌生情境下幼儿与母亲分离与重聚时以及陌生人在场时的表现，将幼儿的依恋类型划分为典型的三类：安全型依恋、焦虑—回避型依恋、焦虑—反抗型不安全依恋。

安全型依恋的幼儿当母亲在场的时候急于探索游戏室，但母亲离去时表现出不安。当母亲回来时，幼儿会主动与母亲互动，寻求与母亲的身体接触，很快便从不安中平静下来，接着开始探索行为。对陌生人表现出不同程度的警觉与怕生，但有时也能试图接近并向陌生人表示友好。焦虑—回避型依恋的幼儿和母亲进入游戏室后立即开始玩耍，没有注意或很少注意到母亲的离去，在母亲离去后仍能继续玩耍。母亲回来时，表现出对母亲的回避行为，不注视母亲，而是寻找玩具。对待陌生人甚至比对待母亲的回避还少一些。焦虑—反抗型不安全依恋的幼儿一进入游戏室就表现出痛苦，对新奇环境相对没有兴趣。整个过程都担心着母亲的去向，母亲离开后十分沮丧，母亲回来时表现出矛盾行为，既寻求接触又抗拒接触，不容易平静下来，整个过程都表现出不安和痛苦。对陌生人不主动接近，社会适应上表现消极。

基于 Bowlby 和 Ainsworth 的工作，其他研究者在成年人与恋爱伴侣及配偶的关系中也发现了类似的行为模式。安全型依恋的人能够信任自己的伴侣，而这也意味着他们能够自信地各自独立活动。焦虑—回避型依恋风格的人难以与他人亲近，他们难以信任他人，也不喜欢依靠他人。焦虑—反抗型不安全依恋风格的人会因为他们的交际行为，而被伴侣看成是过分依赖，从而引来麻烦。他们易于担忧伴侣是否爱自己、伴侣是否珍重自己。依恋类型通常形成于婴儿期。有观点认为，成年人所建立的人际关系反映着他们与母亲的依恋风格。

（二）成人依恋

到 20 世纪 80 年代中后期，依恋理论的研究大多局限在儿童研究领域，直到 1987 年，随着人格和社会心理学家们的加入，才使得依恋的研究范围拓展到了成人阶段，典型的标志是 Hazan 和 Shaver 发表了一篇题为“浪漫的爱可以看成是依恋过程”的论文。他们认为 Ainsworth 等人提出的三种依恋类型同样也能应用到成人的恋爱过程中。因此，他们在 Ainsworth 等人对婴儿依恋类型描述的基础上，构建了一个简单的自我报告量表。在这个测量中，受测者要求从三个有关依恋类型的描述中挑选一个最能够反映他们在恋爱中经常有的感觉和想法。如安全依恋型的描述以信任对方，喜欢保持亲近为特征；而焦虑—回避型的描述是缺乏信任，喜欢跟对方保持情感上的距离；焦虑—反抗型不安全依恋类型的典型特征是对恋人的情感效用性缺乏信息，有一种强烈而又不太满意的与对方亲近的愿望。此后，有关成人依恋的量表不断涌现，并极大地推动了这个领域的研究进展。

研究认为，儿童期孩子身上表现出来的依恋特征，成年以后仍然会显露出来，所以成年人也应该具有和儿童一样的依恋类型分类：

A. 安全型：我发现与别人亲密并不难，并能安心地依赖于别人和让别人依赖我。我不担心被别人抛弃，也不担心别人与我关系太亲密。在人群中约占60%。

B. 焦虑—回避型：与别人亲密令我感到有些不舒服，我发现自己很难完全相信和依靠他们。当别人与我太亲密时我会紧张，如果别人想让我更加亲密一点，我会感到不自在。在人群中约占20%。

C. 焦虑—反抗型：我发现别人不乐意像我希望的那样与我亲密。我经常担心自己的伴侣并不是真的爱我或不想与我在一起。我想与伴侣关系变得非常亲密，而这有时会吓跑别人。在人群中约占20%。

这三种类型的成人比例与婴儿的安全型、焦虑—回避型和焦虑—反抗型不安全的比例分配非常匹配。这个研究也支持了新弗洛伊德理论的观点：从成人的行为中能找到他童年经历的痕迹。

（三）可能影响依恋类型的因素

研究者假设这些因素是比较可能影响依恋类型的：主要照料者的行为（主要是母亲）；孩子自己的特点；家庭的影响；文化差异。

1. 主要照料者的行为

有大量实验验证：母亲对婴儿的需要反应比较及时且适当，母亲在头3个月，对孩子的需要比较敏感，到孩子12个月再测试的时候，这些孩子更有可能会被评估为安全依恋型。但是，也有部分实验表明，母亲对孩子需要的敏感性和依恋类型的相关性并不是很强。当然，反过来，有着安全依恋的孩子，他们的父母往往和孩子的互动是同步的。而被忽视、虐待的孩子，可以肯定他们是不安全依恋。

2. 孩子自己的特点

母婴关系是互相的，母亲的行为对这种关系有影响，同样，孩子的行为对这种关系也有影响，母亲有时候会根据孩子的反应来调整自己的行为。有人观察了174对母婴互动（Lewis & Feiring，1989），在家里自然的环境下，孩子玩玩具/和母亲互动。9个月以后，发现玩玩具比较多的孩子，表现出不安全依恋的行为比和母亲互动比较多的孩子要高。更多的研究表明，虽然婴儿自身的特点对母婴互动有影响，但是这个影响只是中度。

3. 家庭的影响

低收入家庭的孩子的不安全依恋比例比经济条件稳定家庭的孩子高（Shaw et al.，1994）；夫妻关系不好的家庭，不安全依恋的孩子比例高。之所以这些因素影响依恋类型，研究人员推测，条件困难降低父母对孩子需要的敏感度，而且夫妻间的争吵/愤怒让孩子觉得成人并不是可以用来依靠的力量。

4. 文化差异

很多人用了陌生人情景在欧洲、日本等地测试婴儿，也确实发现不同的国家母婴互动不一样。但是，因为每种文化对依恋的理解不同，所以，无法有统一标准去解释实验结果。

所以，对于依恋的形成，各种因素交互发生作用，很难说哪一点更重要。

三、应对策略

曾经有人说，中国的家长太累，责任心太强。的确，许多时候，家长成了孩子的“代办人”。从生活琐事到思考问题，都一“代”到底。其实这样做，容易使孩子形成依赖性和懒惰性，缺乏自立意识，导致自理能力和自我调控、管理能力不强。怎样改变这一教育弊端呢？行之有效的办法就是把自主权交还给孩子，在实际生活中培养孩子自我独立的个性。

（一）让孩子自己去安排时间

不少家长以为，孩子还小，不懂得安排自己的活动，但如果成人完全包办，孩子只是去执行，那么孩子的自主性就永远培养不出来。有位父亲，他在孩子 3 岁多的时候，就每天给孩子一段可以自由支配的时间，只要不出危险，孩子可以自己安排做自己愿意做的事：玩游戏、看电视、画画、拼图等，或者什么也不干。长此以往，孩子便逐渐懂得了珍惜时间，学会了安排时间。

（二）让孩子做自己空间的小主人

教育孩子，不妨给孩子留下一点空间，如果一味把孩子当作服务命令者，自己当成发号施令者，往往会使大人与孩子之间形成对立。经常看到有的家长，好像就怕孩子闲着，看到孩子在那里玩，或者做完一件事情有空闲的时候，马上就会来一句：“××,你去干××去！”要不就是让孩子立即做作业，或者做另外一件事情。因此有些孩子常常为了赢得自己的时间，放慢了学习速度，在学习中穿插玩耍，搞点小动作，反而影响孩子的教育与学习。

（三）鼓励孩子学做力所能及的家务劳动

用揠苗助长这种违反客观规律的做法来培养孩子，肯定是要失败的，但采取消极的完全“顺其自然”的态度，也不利于孩子的成长。遵照客观规律，积极创造条件，让孩子去锻炼，这才是我们应该采取的正确做法。有一位母亲看到 5 岁的孩子对洗碗感兴趣，就为孩子准备了一个小板凳，对孩子说：“我知道你特别爱干活，想自己洗碗，可是水龙头太高，你够不到，妈妈给你准备了小板凳！”孩子兴奋地喊着：“谢谢妈妈！”马上就蹬上小板凳高兴地学着大人的样子去洗碗了。其实当孩子完成某件家务事时，也获得了成就感和愉悦感。

（四）适当地找“苦”给孩子吃

古人云：“艰难困苦，玉汝于成。”也有俗话说：“穷人的孩子早当家。”生活在穷困家庭的孩子，恶劣的生存环境自然就为他准备了艰苦锻炼的条件。然而现在生活水平普遍提高，家长可以多想办法给孩子设置一些困难，让孩子去解决。现在越来越多的家长也明白了其中的道理，每逢周末都会带孩子去农村艰苦的地方体验生活。孩子在生活中碰到困难，也要求他自己去解决，从而培养孩子应对未来社会的能力和意志。

（五）交还孩子自主选择的权利

孩子的自主性在他的自主选择上表现得最为明显，可不少家长怕孩子选择错误，从来不给孩子选择的权利，这样的孩子长大后就不可能适应竞争激烈的社会生活。家长应主动给孩子选择的权利，并告诉孩子要对自己的选择负责。有一位家长带孩子去少年宫报名，家长本来的意愿是让孩子学钢琴，可是却发现孩子在舞蹈组门口看得出了神，家长尊重了孩子的选择，但也提出要求，就是要对自己的选择负责，一定要坚持到底，把舞蹈学好。

（六）让孩子自己寻找问题的答案

孩子提出问题，成人通常的做法是立刻告诉他答案。这样看起来简单又省事，但这样的孩子长大以后，就不会解决问题，总希望别人能提供现成的答案，这直接妨碍了孩子在智力劳动上的自主性的发展。有一位家长的成功经验是：孩子问我字，虽然我认识，但我却不告诉他，而是让他去查字典。以后，再有不认识的字，他也不来问我了，而是自己去查字典了。

（七）让孩子学着自己解决矛盾和冲突

和成年人一样，孩子们在一起难免有冲突。吵嘴、打架是孩子交往中不可避免的问题，也是孩子了解群体社会行为规则的窗口。家长不能以自身的好恶、道德观来判断孩子间的是非对错，而应引导孩子正确认识交往中的各种矛盾，教给孩子一些正确的交往方法，如分享、交换、轮流、协商、合作等，让孩子学着自己解决矛盾。当孩子向家长诉说自己遇到的诸如人际交往之间的矛盾时，家长应鼓励孩子去面对它，指导孩子自己去解决，而不是回避它，更不宜由家长代替孩子解决问题。

（八）教育孩子要懂得抓住机遇

人的一生会遇到不少机遇，但如果不善于把握，机遇就会和你擦肩而过。家长的任务应该是提供或指出各种机遇，启发孩子自己去抓住，培养孩子善于抓住机遇、参与公平竞争的能力。曾经有一个孩子偶然间同母亲讲起学校要进行英语选拔赛的事情，母亲就鼓励英语成绩不错的孩子争取参加，并告诉她，这是一个难得的机会，把握住一个机会就意味着在成功的道路上迈进了一步。在小学升初中时，这次比赛的成绩被作为一个重要的参考因素。孩子非常感激妈妈的提醒，以后就很主动地在各种机会中表现自己。

（九）为孩子寻找一个良好的竞争对手

为了让孩子提高适应社会的能力，必须让孩子从小就学会合作，学会竞争。其中有效的办法之一就是经常在孩子的身边树立一个友好的竞争对手。有一个孩子在某阶段的测试上竟成了班里倒数第一名，父母没有过多地责备他，而是一再鼓励他不要灰心，要敢于和别人竞争，首先是与比自己稍好一点的同学比。在孩子取得胜利之后，父母又启发他寻找新的竞争对手。

（十）培养孩子的创造性

创造是自主性的最高层次的表现。孩子的创造性不是油然而生的，培养孩子的创造力可以帮助孩子面对未来复杂的社会，知道如何学习、选择及解决问题，而非事事依赖父母。家长对孩子富有建设性的想法更要加以鼓励，并给予正确引导。有一个孩子特别爱玩泥，而且能捏出一些花样来。于是父母主动给孩子买了各种各样的泥塑和橡皮泥，对孩子说："你要玩就好好学、好好捏、好好练，用上新点子。"在父母的鼓励下，孩子充分发挥自己的才智，初中毕业时就已经能轻松捏出栩栩如生、各具特色的人物形象了。

总而言之，独立性是一个人非常重要的心理品质，对人一生的发展和成才起着极为重要的作用，家长若从小培养孩子的独立自主性，必将使孩子受益终身。

四、案例

案例一

"妈宝男"

那是一个寒冷的冬天，天色阴暗，寒风阵阵，片片雪花借着风力在空中肆意飞舞，往日喧闹、拥挤的门前小街变得寂静起来，人们大都躲在屋里避寒取暖。下午快要放学时，同事邝老师（化名）对我说她临时有事要先走一步，并再三叮嘱我照顾她儿子小洋（化名）吃晚饭。我想：这并不为难，孩子都上四年级了，偶尔不和妈妈在一起吃饭，应该没什么大问题吧！可是，到了吃饭时间，我却怎么也找不到小洋的影子。无奈中我只好返回办公室，只见门上贴着一张纸条：胡老师，我进城去找妈妈了，不要找我。看到这儿，我一阵紧张，担心孩子途中是否安全。而我又要值周，情急之中连忙给邝老师和熟悉小洋的人打电话，请他们帮忙寻找。打完电话，我不由得陷入沉思：为什么平时如此乖巧听话的孩子，一下子没见到妈妈，反应就如此强烈？莫非孩子的心理出现了问题？联想到孩子从出生到现在一直都是邝老师一个人带着他，孩子缺少应有的父爱，莫非"恋母情结"在作怪？想到这儿，我的眉头不禁紧皱起来，这可是我担任班主任工作以来从未遇到过的问题，该怎么办？我一次又一次地问自己。

直到晚上10点，邝老师才领着小洋回到学校，我才得知原委。原来，小洋长这么大，还从未独自进过县城，加上大雪天，公共汽车少了许多，小洋就沿着陌生的路径步行前往县城，中途还迷了路，快到县城时，车流量增大，险些被一冒失司机撞倒。等到大人们费了九牛二虎之力找到他时，只见他满身泥水地蜷缩在汽车站门外的拐角处，正冻得瑟瑟发抖，一双焦虑的眼睛迷茫地四处张望着，一副受到惊吓、不知所措的样子。孩子终于找到了，邝老师激动地扑到孩子的身上，把他紧紧地搂在怀里，嘴里不停地重复着："孩子不怕，妈妈来了。"在场的亲朋好友们一颗悬着的心才落了地。

今夜注定无法入眠，我脑海中一直在思索着明天该如何教育开导小洋……

第二天，当小洋在妈妈的陪同下，怯生生地站到我面前时，我全然没有了他擅自离校后的愤怒，我心平气和地说："今天，老师要表扬你两件事做得好：一是现在你能站在老师面前，说明你已经是一个能够承担责任的好孩子，老师为你高兴；二是你临走时给老师留了一张纸条，告诉老师你的真正去向，这一点可见你是个多么会为别人着想的孩子，为此，老师也要表扬你。"说完了这一席话，我又一次端详起这个小男孩，发现他不再像刚才那么胆怯，对我的戒备心理也消除了很多，看来，这一番话使他对我产生了些许的信任，于是，我们促膝长谈起来：

"小洋，你能把当时独自进城最真实的想法告诉我吗？"

"我每天一下课就能见到妈妈，可今天发现妈妈不在了，当时，我心里就只有一个念头，我要妈妈！"

"为什么那一刻非得见到妈妈呢？"

"我也不知道，反正一下课就特别想见到妈妈，妈妈不在，我觉得啥都没有了意义。"

"那么，我想请问你一个问题，什么样的孩子一刻都离不开妈妈呢？"

"婴儿。只有婴儿才一刻也离不开妈妈。"

"是呀，可你已经是大孩子了，你比婴儿大好多呢！你怎么还能像婴儿一样依赖妈妈呢？你独自外出，多危险呀！妈妈多操心呀！"

"老师，我……我当时没想那么多。"

"再说了，你爸爸常年在外地工作，家里家外全靠你妈妈一人张罗，她哪有时间和精力一刻不停地守候在你的身边呀！她如果天天看着你，那你们娘俩吃什么，喝什么呢？"

当我说完这番话时，我发现小洋的眼睛里已经有了晶莹的泪花。于是，我又接着开导他："其实，在咱们班还有很多同学的家长都不在家。例如，你的同班同学龙飞（化名），他父母常年在外地打工，他不仅要学习，还要自己买菜、做饭、洗衣服，一年365天，只有过春节时才能和父母团聚一次。如果他像你一样一刻也离不开妈妈，那他整天不是要哭成泪人儿，甚至也像你一样擅自离开家去寻找在外地务工的双亲？但是，他这样做了吗？没有。他照样把自己的生活安排得井然有序。和他相比，你要幸福几百倍呢！你天天下课、放学，都能看到妈妈灿烂的笑脸，可就这一会儿工夫，你就承受不了妈妈不在的寂寞，你想想，你的做法是不是太幼稚了，也太像婴儿了，赶快醒醒吧，孩子！你已经是四年级的大孩子了。"当我一股脑儿地说出这些话之后，发现小洋已惭愧地低下了头。此时，他有些不好意思地说："老师，我错了，我一定会慢慢改正的！"

事后，我又多次找到邝老师，和她沟通交流，希望她平时不要让孩子对自己过分地依赖，要注重培养孩子独立生活的能力，不要事事包办代替，彻底摒弃“百依百顺”的教育方式，从养成孩子一人睡一个房间，独自在家完成作业这些最基本的习惯入手，尽早地让他与“恋母情结”说再见。

如今，小洋不管妈妈在不在身边，他都能和其他同学一样，独自生活，奋发学习了。他正像一棵充满生机的幼苗，经风历雨，超越自我，成长为祖国建设所需的栋梁之材。

【应对策略】

“用爱心和智慧铺筑学生的成长之路”一直是我信奉的教育理念。对于有“妈宝男”症状的孩子可采取以下措施：

1. 适时表扬，消除孩子的戒备心理

古人云：“数子十过，不如赞子一功。”教师要善于找准孩子的闪光点，加以肯定，拉近距离，为沟通交流打下基础。当孩子不小心犯了错误时，他们害怕听到教师的厉声呵斥。因此，他们总是把自己小小的心门关闭得很紧很紧。有的孩子甚至会认为：“大不了又是一顿臭骂，没什么大不了的，就受着吧！”可是，作为班主任，如果一味地批评指责，缺乏有效的教育疏导，久而久之，就会造成恶性循环。试想，小洋擅自离开学校，这已经是很严重的错误了，家长训斥了他，如果我也劈头盖脸地一顿责骂，那么，他怎么能对我产生信任？怎么能告诉我他内心的真实想法？我又怎么能和他坐在一起促膝长谈呢？因此，适时的表扬，能让做了错事的孩子仍能找到“我是好孩子”的感觉，让孩子轻松和谐地接受教师的开导，从而达到有的放矢、事半功倍的效果。

2. 倾注爱心，架起心灵沟通的情感桥梁

作为一名教师，应始终从内心深处关爱、呵护学生。教育是一门心灵的艺术，我们教育学生，首先要与学生建立起一座心灵相通的情感桥梁，做到手拉手、心贴心，让师生真正成为知心朋友。如果我们承认教育的对象是活生生的人，那么教育的过程便不仅仅是一种技巧的施展，而是充满人情味的心灵交融。心理学家认为“爱是教育好学生的前提”。因此，对于犯了错误的学生，我没有厉声呵斥、咄咄逼人，而是蹲下身来与之亲近，把自己先变成小孩子，站在他的角度来想问题，用关爱之心来拨动孩子的心弦，使他从心底里认识到自己所犯错误的症结所在，并愉快地与教师配合，逐步改正。

3. 开启智慧，铺筑学生成长之路

法国作家维克多·雨果说过：“世界上最广阔的是海洋，比海洋更广阔的是天空，比天空更广阔的是人的心灵。”作为小学班主任，面对复杂多变的儿童世界，要想走进他们的心灵深处，探索心灵的奥秘，如果不善于运用智慧，不巧妙地选择方法，不精心地寻找“路径”，则实际的效果往往会与我们美好的愿望相差甚远。这就需要我们注意学习先进的教育理念，不断地探索新的教育方法，博采众长，为我所用。同时，还要遵循教育规律，选择最佳的教育机制，找准每个孩子所犯错误的症结所在，根据每个孩子都具有可塑性这一特点，晓之以理，动之以情，导之以行，为他们的健康成长付出心血，铺平道路。

案例二

提升孩子的自主性

生活中有些孩子很自主，有思想，有些孩子却处处依赖家长，干什么都没有信心，遇到一点困难就想放弃。这两种孩子的区别就在于自主性的强弱。

15 岁的小红是高一新生，刚刚开学却闹着退学。这是为什么呢？原来小红入学后就面临着过集体生活。她从小没有离开过父母，什么事情都是妈妈一手包办，自己除了上学，其他事情都不需要去做。她不会洗衣服，不会整理内务，每天穿的衣服都是妈妈准备好的。住校让她感觉特别孤独和害怕，因为她的动手能力太差了，许多事情也做不好。学校的集体生活都是快节奏的，动作太慢就会迟到，还会影响别的同学。小红很焦虑，心里发慌、出汗、手颤，上课没办法听讲。老师发现她的情况后，赶紧通知家长把她带回家调整。

接到这个个案后，在前几次的咨询中，我首先为小红做了放松训练和脱敏治疗，让她身体先放松下来，不再恐惧学校环境。然后进行认知调整，让她认识到现在的焦虑紧张是由于缺乏独立自主的生活能力。接着，让她明白她是有能力照顾好自己的，可以通过练习来提高生活自理能力，也可以多向同学学习他们的好做法。不要怕做不好，一开始做不好是正常的，不断地做，就一定会越做越好的。我还安排了几次与小红家长的咨询，让他们学会渐渐放手，以后利用节假日来锻炼孩子，让孩子学会承担责任。我为小红布置了行为训练任务，让她每天做好记录，看看自己哪些做得好，哪些做得不好，每次咨询的时候把记录带过来谈论。

经过一段时间的心理调整和行为训练，小红慢慢适应了新的生活，建立了自信心。她变得开朗乐观，学习也开始进步了。

【案例分析】

小红最初的心理问题是由自主性不足引发的。自主性指人在活动当中的独立性和主动性，它表现为个体自由地、独立地支配自己言行的一种状态。孩子的自主性最主要体现在他有能力进行自由选择。

自主性是从小慢慢培养起来的。现在很多父母过分重视孩子的学业成绩，但忽视了孩子的独立能力。从长远看，会引发一系列问题，包括学习上的。从小被父母包办惯了，什么都是父母做主，最后会导致孩子什么都不去做、什么都不会做，只是享受父母的劳动成果。父母总会想：孩子能不能做好啊？这种不放心，会导致父母无法放手。慢慢地，孩子就养成了比较自我的个性，觉得什么都跟他没关系，反正父母会给他弄好的。还有一些父母工作很忙，就把孩子托给老人照看。很多老人生怕孩子冻着、饿着、累着，就会包办孩子的事情。在这种环境中长大的孩子，自主性很差，离开了家长就无法生活。

【应对策略】

1. 示弱

父母应当明白，孩子需要锻炼和发展的机会。如果父母什么都为孩子包办了，什么都替孩子想好了，孩子还需要动什么脑筋？所以，父母越是“无所不能”，孩子“无能”的概率就会越大，因为孩子根本就没有锻炼的机会。时间久了，孩子就不只是出现依赖性强的问题，思维和动手能力也会受到影响。

所以，即使父母的能力非常全面，也不要在孩子面前表现得太强势，切忌事事替孩子包办。有时父母表现得弱一点、笨一点，反而能激发孩子的潜能。

2. 做辅助者

有时父母从主导者退居为辅助者，可能会面临对孩子信心不足、担心孩子受到伤害的问题。为了帮助孩子减少出错的概率，给予孩子自由的时间不要毫无底线，也并非不需遵守纪律，一定要和孩子做好事前沟通，并且定好规则。当孩子不能遵守事前定好的规则时，可以暂时停止自主权利，让孩子有时间及空间自我反省，也可请孩子自行承担错误结果。例如，破坏物品后要求孩子进行修复，破坏空间整洁后让孩子自行打扫。

3. 做观察者、引导者

也有很多父母起初愿意给予孩子自主权，但是当孩子出现错误、面临失败时，父母会感到愤怒，甚至将孩子的失败视为自己的失败，因而感受到羞辱，并将不好的情绪转嫁到孩子身上。这样会使孩子丧失信心，最后导致依赖心理变得更强。

家长朋友们要放手让孩子独立去做一些他们想做、该做的事情。孩子犯各种各样的错误都是很正常的，家长可以经常和孩子沟通，引导孩子自我反思，说说自己有什么不足之处，需要如何改进。孩子在失误之后非常需要自我反省、自我觉悟的机会。通过这样的反思，孩子会变得越来越有经验，越来越有掌控力和自主性。

孩子是自己生命中的主角，父母要多做观察者、引导者，鼓励孩子多尝试，协助孩子克服困难。我们相信每个孩子成长的力量都是无穷的，他们有能力长成自己最期待的样子，成为独立自主的人。

参考文献

[1] 海男．七岁的那个夜晚．中学生阅读：上半月，2019（7）．
[2] 王红艳．如何培养孩子的自主性．河南教育：基教版（上），2018（11）．
[3] 李元云．关于小学生自理自立能力的培养探究．考试周刊，2018（8）．
[4] 李尔吉．从起点到征途．未来教育家，2017（10）．
[5] 林巧燕．关于家庭培养孩子独立性的思考．都市家教：上半月，2017（7）．
[6] 王景艳．追根溯源：依赖是怎样炼成的——“过度保护”的家长．班主任，2015（4）．

第七节　孩子嫉妒他人怎么办

法国文学家巴尔扎克曾经说过，嫉妒者比任何不幸的人都更为痛苦，因为别人的幸福和他自己的不幸，都将使他痛苦万分。虽然孩子产生嫉妒心是一种客观存在的心理和情绪表现，但如果这种情绪过分强烈，会影响孩子对事物的正确认识。那些遇事总是怨天尤人、总爱产生偏见的人，可能是因为小时候产生过分强烈的嫉妒心理时父母没有进行正确引导造成的。那么，面对孩子的嫉妒心理，父母应该如何引导呢？

一、问题概述

有人说："嫉妒是一种原始情感，是人类心理中动物本能性的表现，具有一定普遍性。"的确，很多孩子会有意无意地拿自己与他人比较，一旦发现自己在能力方面不如对方时，就很容易产生不安、烦恼、痛苦、怨恨等消极情绪，这就是嫉妒心理在作祟。而当孩子嫉妒别人时，内心是很痛苦的，整个心灵被"忌恨"包裹。在嫉妒心理的驱使下，孩子不会把注意力放在自己该如何提高上，而是把注意力转移到如何妨碍对方进步上，这样就难免做出损人不利己的事情，结果只能被集体嘲笑和孤立。因此，当孩子嫉妒别人时，我们一定要用正确的方法帮助孩子摆脱这种病态心理的干扰，使孩子健康快乐地成长。

比如，孩子希望妈妈只爱自己一个人，但是，当妈妈与其他孩子表现亲昵时，他就会嫉妒对方，进而不让妈妈与其有亲昵的举动；又如，孩子一直是班级第一名，但是当这个位置被其他同学取代时，他会不自觉地产生嫉妒心理，也会把对方当成"眼中钉"；再如，当同学拥有高档玩具或漂亮衣服时，孩子也会因自己的玩具和衣服不如人而羡慕和嫉妒同学……所以，孩子在成长过程中，出于某些因素而产生嫉妒心理是很正常的，我们既不能认为这是孩子道德败坏的表现，也不能过于忽视，任其发展。毕竟，嫉妒是一种消极情绪，是不健康的心理表现。

心理学认为，嫉妒是个体在个人欲望得不到满足而对造成这种现象的对象所产生的一种不服气、不愉快、怨恨的情绪体验。嫉妒是人性的弱点，常常发生在年龄、文化、社会地位与条件相当并有竞争关系的人之间。现代社会充满了竞争，而竞争中的失败者往往会对竞争对象产生嫉妒心理。对于中学生来说，学习是一项有竞争性的智力活动，同学间容易因为相互比较发现差距而产生嫉妒心理。对此应注意疏导，以防产生进一步的恶果，因为心理学家认为，心理对生理有着微妙的作用关系，嫉妒心理长时间存在会导致内分泌系统功能失调，引起神经功能紊乱，继而对身体健康产生不利的影响。嫉妒心理是一种不良的负性情绪，它会使一个人变得卑下、褊狭，使人丧失理智和信心，陷入自伤或伤人的漩涡中不能自拔。因此，如果发现嫉妒心理，务必及时疏通、引导，使孩子健康快乐成长。

如今的中学生大多为独生子女，在家一般享受着优越的物质生活条件，感受着父母的悉心呵护和关爱。然而在学校的学习生活中，当与同学相比较，发现自己的成绩、才艺以及在同学中的影响力等不如他人时，此时如果争强好胜之心过于膨胀，则会产生羞愧、恼火、敌意甚至怨恨等错综复杂的情绪体验，进而心里就别扭，甚至怀恨在心……这就是孩子的嫉妒心理在作祟，当发现孩子的嫉妒之心时该怎么办？是听之任之还是对孩子加以斥责？

（一）嫉妒的界定

嫉妒是在条件相当的人当中，通过比较发现自己在各方面与他人存在差距时产生的包括焦虑、恐惧、悲哀、消沉、猜疑、敌意、怨恨、报复、羞耻等复杂心理的情绪状态。一定的竞争心理能激发孩子的潜能，使孩子有更强大的动力继续前行，但好胜心过强，就会误人伤己。嫉妒是一种消极的心理，被称为“心理的肿瘤”，是人际关系的“砒霜”，嫉妒是心灵的地狱。嫉妒的人不愿意看到别人的优点，或是拿别人的优点来折磨自己。如果它恶性膨胀，一般都是悲剧性的结果。它破坏人际关系，伤害同学间的友好感情，有碍于自己的身体健康，甚至会由于攻击性情绪的发泄造成悲剧。嫉妒的危害，从自身来讲，嫉妒伤身，它使人把时间用在阻碍和限制别人身上，而不是致力于自我潜能的开发；就他人而言，嫉妒者的流言、恶语、陷害、阻挠、拆台、造谣等，往往对被嫉妒者造成恶劣的后果。在中国古代，庞涓嫉妒孙膑等，都是以害人开始、以害己结束。

总之，从本质上看，嫉妒是一种不健康的心理状态，它带来的后果往往是竞争、攻击和对立，嫉妒心理对孩子之间正常的交往具有不良的影响，会妨碍孩子的进步。法国著名作家大仲马说过：“人生是由一串无数的小烦恼组成的念珠，乐观的人总是笑着数完这串念珠。”有了嫉妒心理并不可怕，只要微笑着去战胜它，就能数好人生的“念珠”。如果放任嫉妒心理，其导致的恶劣情绪，可使内分泌功能失调、免疫功能紊乱，从而引发多种心身疾病，最终还将发展成病理性嫉妒，这样就会危害个人和社会。

（二）嫉妒与其他心理的区别

1. 嫉妒与竞争的区别

心理学家在 1897 年就发现，一个单独放风筝的孩子比与其他人一起放风筝的孩子，在行动上要缓慢得多，这就是缺乏竞争意识的后果。竞争意识是指个体或团体在各方面力争胜过对方的自觉的心理活动，是条件相似、地位相当的人为了胜负优劣而进行的活动。竞争会激发人积极进取，使人们更加勤奋地学习和工作，更加努力地创造和奋斗。达尔文的“物竞天择，适者生存”很好地反映了生物界的一个普遍现象，人作为生物界的一分子，也同样需要竞争。从心理方面来看，是个体通过竞争来实现自己的愿望，满足自己的各种心理需要。竞争与嫉妒有什么关系？一般认为，竞争的方式与范围会影响嫉妒心理的产生。封闭式竞争，例如，“窝里斗”，更容易让人相互憎恨，产生嫉妒心理；开放式竞争，是人们在共享资源的情况下进行的竞争，更容易使人相互喜欢，产生羡慕心理。

2. 嫉妒与羡慕的区别

羡慕是个体认为所比较的对象比自己强时产生的仰慕心理，这不同于嫉妒。因为羡慕是在承认与对方存在差距并且二者不具有可比性的情况下产生的，并认为他人比自己强不会对自己造成威胁，因此羡慕包含的更多是喜欢而不是嫉妒。对于自己认同的对象，爱得多、恨得少，就叫“羡慕”。嫉妒心理则是喜欢少一些、憎恨多一些。人的嫉妒心理是逐渐发展而来的，先是自觉或不自觉地表露出对被嫉妒者的挑剔，或者散布对其不利的言论以求得心理的平衡和满足。

（三）中学生嫉妒心理分类

依据嫉妒发展的不同阶段，中学生常见的嫉妒有如下三种表现：嫉慕、嫉怨、嫉恨。

嫉慕：当别人取得成功或成就时产生的羡慕之情，往往表现为害羞、惭愧、心里别扭等，这是嫉妒心理发展的第一阶段。在日常的学习生活中可能表现在以下几个方面：言谈话语中流露出对某同学的佩服、欣赏；晚会时羡慕别人能歌善舞，觉得自己才艺平平而黯然神伤。嫉慕会产生积极和消极两种可能性。积极可能性是经过理性转换和自我调节，把嫉慕变为前进的动力，把他人的成功和优点变为自己努力的方向和学习的榜样，"临渊羡鱼，不如退而结网"，从而走向成功；消极的可能性是自我调节能力差的学生会钻牛角尖，认为别人不仅比自己聪明，而且运气比自己好，自己无论如何是不能超过对方了，从而郁郁寡欢，丧失斗志和进取心。

嫉怨：面对自己的失败和别人的成功，满怀怨气，认为自己的不成功是因为别人的成功阻碍了自己风采的展示，对方的存在威胁到自己的发展或对方是造成自己失败的主要原因，因此对超过自己的人怀恨在心，采取敌对手段，为此给他人或集体造成伤害。"既生瑜，何生亮"就是这种心态最明显的表露，这是嫉妒心理发展的第二阶段。处于这个阶段中的学生可能表现为：学习成绩好的同学之间互相封锁自己的资料，怕"肥水流到外人田"，损害自己的利益。尤其是当平时成绩与自己相当或比自己差的同学超过自己时，更是无法忍受，在心理上嫉怨对方，嫉怨过深的人，如不及时进行自我调节，就会演变成嫉恨，甚至会产生变态的暴力行为。

嫉恨：就是由于嫉妒心理过度膨胀而采取报复性的侵害嫉妒对象的错误行为。中学生的嫉恨行为表现为两种形式：一种为他虐，一种为自虐。他虐是指对嫉妒对象采取造谣、诽谤、诬陷等形式来达到破坏性的目的，如造谣某人成绩好是作弊所得，鼓动大家与他对着干，在别人学习时，故意捣乱，在选班干部或评优时一致不选他等。自虐指因痛恨自己无能和不争气而虐待自己，一般是成绩较好、性格内向的学生。如成绩没有嫉妒对象好时，就惩罚自己每天增加学习时间，这是违反学习规律的表现，结果必然是身心疲惫，学习效率低下，这更是对自己的一种否定，会造成更为严重的心理压力，最终导致心理失衡。

二、原因分析

孩子为什么会嫉妒别人呢？心理学家发现，大多数年纪较小的婴幼儿都会有嫉妒的表现，例如，看见爸爸妈妈抱其他的小朋友时会表现出赌气等嫉妒行为，不愿与这个小朋友一起玩耍。这在 2 ~ 3 岁的幼儿身上是正常的表现，只要多加引导与照顾即可。但年纪稍大的小孩如果还有这种表现就要引起家长的注意了，如果任其发展，就可能是嫉妒心理的苗头，这对孩子的成长和生活都有着负面影响，会导致一系列心理障碍和人际关系紧张等问题。

（一）孩子自身的特点

从心理学的角度讲，嫉妒是人在交往过程中，发现自己在才能、名誉、地位、待遇等方面不如他人，进而产生的由失落、羞愧、愤怒、怨恨等组成的复杂情绪状态，是一种不正常的心理发展现象。中学生的嫉妒往往是朦胧的，指向性不是很强，只是追求形式，为求形式完美而去嫉妒他人，希望得到他人的注意。中学生因面对紧张的学习和升学的压力，嫉妒心往往表现得很突出、偏激。

（二）不正确的教育方式导致嫉妒心理的产生

有些家长往往喜欢用错误的“激励教育法”来刺激孩子，经常拿孩子与邻居、亲戚家的孩子相比较，例如，“隔壁李阿姨的孩子成绩多好，你还真是不如人家呢!”或者是“××同学的钢琴弹得真好，你看你，弹的什么呀!”像以上那样的方法看起来似乎是“激将法”，但其教育效果往往不容乐观，容易使孩子产生自暴自弃的负面情绪，孩子还可能错误地以为自己给父母丢面子了，父母不爱自己了，从而从最初的不服气演变成嫉妒。

（三）对家长言行的模仿

孩子嫉妒心理产生的另一重要原因是对家长言行的一种模仿。中学生正处于人格的形成阶段，阅历尚浅，很多心理行为都是对大人的一种模仿，如果家长在日常的行为表现中存在这种嫉妒他人的心理和行为，则孩子在耳濡目染中也会不自觉地产生嫉妒心理。因此，家长一定要做好表率示范的榜样作用，为人心胸开阔、热情耿直。高素质的家长熏陶下的孩子，一般都较少存在嫉妒心理。此外，孩子嫉妒心强还可能与父母关系不和、父母对孩子的要求不一致等有关，家庭作为孩子成长的第一个港湾，其教育方式恰当与否对孩子一生的成长都有着不可小视的影响。

三、应对策略

（一）要向孩子讲明嫉妒的危害性

嫉妒有两大方面的危害：一是引起人际关系的紧张，破坏人际关系的和谐。当一个人嫉妒另一个人的时候，就不会对那个人友善、热情，两个人的关系必然冷淡。嫉妒的对象越多，关系冷淡的对象就越多，这就给人际交往带来了极大的妨碍。而且，这不只是个人的问题，还会破坏集体的团结。二是造成个人内心的压抑苦闷。嫉妒是拿他人的优点来折磨自己，是心灵的毒瘤，一个嫉妒心强的人，常常陷入苦恼之中不能自拔。久而久之，会引发自卑情绪，在非理智思维的控制下还可能采取不正当的方式去诋毁伤害他人，使自己陷入更恶劣的处境。法国文学家巴尔扎克曾经说过：“嫉妒者比任何不幸的人都更为痛苦，因为别人的幸福和他自己的不幸，都将使他痛苦万分。”

总之，嫉妒不仅会影响与他人的团结，更是对自己的一种惩罚。家长要充分帮助孩子认识到嫉妒心理的后果，嫉妒不仅会破坏与同伴的和谐的人际关系，还会阻碍自己前进的步伐，任其发展，不但损害了别人，还会毁了自己。众多的历史人物可以提供很好的例子：春秋战国时庞涓与孙膑一起学习兵法，但是庞涓嫉妒孙膑的军事才能，用刖去双膝的酷刑加害于孙膑，最后被孙膑设计射死，为天下人所耻笑；三国故事里，周瑜与诸葛亮同为军事奇才，但是周瑜心胸狭窄，在“赔了夫人又折兵”后，哀叹“既生瑜，何生亮”，吐血而死。这些都可以为疏导孩子嫉妒心理提供借鉴。

（二）应善于激发孩子的竞争意识

当孩子与同伴对比后发现与之存在差距时，家长要引导孩子承认差距，努力奋进。世界上没有两片完全相同的叶子，也没有两个完全相同的人，人和人之间的差距是客观存在的，不是表现在此方面就是表现在彼方面。一个承认差异性的人就是正视现实的人，要减少差距，就要发愤图强，让自己强大起来。嫉妒于事无补，只会影响前进的步伐。

嫉妒心理的一个特征是希望嫉妒对象发生变化，由好变坏。有人说这是“东方式嫉妒”的特征，我们并不苟同，因为东方自古就有“见贤思齐”的教诲。我们应该把“努力改变自己”作为正确的指导思想。家长千万不可用贬低孩子嫉妒对象的办法来减轻孩子的嫉妒心理，那样会导致孩子过多地关注别人的不足而放弃自己的努力。嫉妒心比较强的孩子一般有争强好胜却又心胸不够开阔的特点，家长在教育孩子的过程中就要与孩子一起分析自我的特点，有意识地运用孩子争强好胜这一个性特征，激发孩子的竞争潜能，让孩子逐渐自强，发挥自身的潜能和优势，赶上并超过对方。同时要让孩子明白通过不正当的手段来达到超过别人的目的是可耻的、不道德的。竞争并不是要把人拉下来，而是要靠自己的努力去超越别人。每个人都有长处与短处，要想事事超过别人是不可能的。

（三）要帮助孩子形成正确的自我观念，增强自信意识

家长需让孩子意识到人和人天生就存在着许多差别，有富有穷、有高有矮、有胖有瘦，有聪明有愚笨……提高自我意识水平，是减轻嫉妒心理的重要途径。提醒孩子经常反问自己：“我现在各方面表现如何？有什么优点？有什么缺点？与之前的自己相比，哪些方面进步了，哪些方面退步了？有没有信心与决心更上一层楼呢？”同时，教育孩子在班上给自己寻找追赶的榜样，多看看他人的优点并由衷地发出赞美。一个孩子如果能经常这样去想问题，嫉妒心理就会慢慢打消，从而更加客观地评价自我、看待他人。如果处处都想和别人争个高低，什么事都想压过别人，只会自寻烦恼，因为处处都超过别人是一种苛求，也是一种不切实际的奢望。所以说关键是要善于自我评估与分析，发现自己的长处与短处，扬长避短。同时保持一颗平常心、包容心，变嫉妒为虚心地向他人学习，变消极嫉妒为积极地博采众长，使自己不断发展，走向成功。

（四）要引导孩子学会自我调节，科学理智地转化嫉妒

遇事善于自我评估与分析，学会辩证地看问题也是转化嫉妒的一种有效的方法。古语言：“知人者智，自知者明。”古希腊也有一句名言：“认识你自己。”这说明了自知并能自我调节的重要性，学会自我调节、自我控制是转化嫉妒心理最有效的方法。

嫉妒心理主要产生于私心杂念，气量狭小而又争强好胜，总把自己放在和他人对

立的角度去思考问题。开放性、竞争性、合作性是现代社会的一个重要特征，因此学会合作是立足社会的重要能力。作为中学生，要学会从“小我”中解放出来，开阔视野，宽阔胸襟，正确看待他人的成功，承认自己是有局限的，学会自我调节、自我控制。当嫉妒心萌发时，通过自我暗示、自我疏导、转移目标等方式，把嫉妒化为前进的动力。正如培根所说：“嫉妒是一种四处流落的情绪，能享有它的只能是闲人，每一个埋头沉入自己事业的人，是没有工夫去嫉妒别人的。”中国古代有副对联，叫作“欲无后悔须律己，各有前程莫妒人”，要经常引导孩子不断地反省自己，改善自己的品性。

（五）健康合理的家庭教育

家长在日常的家庭生活中不可溺爱孩子。温室的花朵经不起暴风雨的洗礼，溺爱是滋生嫉妒的温床，家长该放手时就放手，外面的世界很精彩，外面的天空很高远，家长只需握住手中的“线”，把自己的经验告诉孩子，然后让“风筝”自由去飞吧。

还有，家长在为人处世上要做好榜样，应经常表现出对别人的宽容大度，孩子在潜移默化中，就会学到如何正确对待比自己更成功的人，使个性朝着健康的方向发展。多多关注孩子的心理和情绪，培养孩子热情、合群的性格和集体主义观念，有助于孩子克服嫉妒心理。

此外，对孩子的要求或者期望值不能过高，要做到只求尽力不求最好，给孩子减压，从根本上预防嫉妒心理的产生。面对竞争日益激烈的社会环境，应使孩子正确地认识竞争，要明白对手不是仇人，嫉妒也不是要强，进而使孩子学会欣赏他人的成功，分享他人的快乐。最后，让孩子懂得，生命是一个过程，过程远比结果重要，人生最重要的不是一时一事的得失，而是积极地参与和有快乐的心境。

四、案例

梁某，女，16岁，某中学高一学生，打篮球是主力，爱打扮，学习成绩差，但嫉妒心却很重。她的同桌张某，品学兼优，是个顶呱呱的好学生。每次张某考试得第一名时，梁某就在背后议论张某是事先知道了题目，不然就是碰巧的。梁某经常把张某的笔记本藏起来，让张某不能好好上课。只要张某积极主动为班上做好事，梁某心里就不舒服，说张某是爱出风头，爱表现自己。班上如有同学穿着比梁某漂亮时，她便不高兴，暗中嫉妒，背后说别人的坏话。久而久之，梁某的嫉妒心越来越强，凡是别人有比她强的地方，她便心生怨恨，妒火中烧，不仅背后议论人，还会晚上失眠。为此，她感到异常痛苦。

【案例分析】

梁某的这种嫉妒心理是一种恶劣的感情。莎士比亚曾把这种恶劣的感情称为“绿眼妖魔”。谁做了它的俘虏，谁就要受到愚弄。产生嫉妒心理的梁某对别人比她好的地方总感到不满，进而贬低和诋毁别人，更为严重的是去伤害同学。

梁某为何有嫉妒之心？一是缺乏自知之明，只见自己所长，不见自己所短，自高自大，目中无人，容不下他人比自己强；二是好胜心太强，处处都想取胜，事事都想占上风，不服气他人超过自己；三是心胸狭窄，缺乏修养，内心想法表现为“我行，你就别想行!”“我不行，你也别想行!”“你行，我偏叫你不行!”

【应对策略】

1. 案例教育

古往今来，因嫉妒而害人的例子屡见不鲜：大将孙膑才能卓越，却被嫉妒的庞涓剜去了双膝；法国科幻小说家凡尔纳因为遭到30名法国科学院院士的嫉妒，至死也未能跨入科学院的大门；被评为大连市特等劳模的售货员董明在当上特等劳模之后，就被嫉妒者指责为“风流劳模”“流里流气”“有意抬高身价”……

嫉妒之火能毁灭他人，也能断送自己。童话中嫉恨交加的后母想用毒苹果置白雪公主于死地，让自己成为世界上最美的女人，结果，死的不是白雪公主，而是她自己；《三国演义》中的周瑜在“既生瑜，何生亮”的叹息声中气绝身亡等。

可以通过大量的实例来开导梁某，让她认识到嫉妒的危害性。

2. 找出自己的闪光点

“金无足赤，人无完人”。梁某虽然学习成绩差，但她是篮球队的主力，打篮球是她的优势，可以让她发挥这一优势，看到自己也有强于他人的地方，那么，梁某就能找到心理的平衡位置，从而获得到生活的乐趣。

3. 化嫉妒心理为竞争意识

每当梁某出现嫉妒他人的苗头时，应该开导她多问几个为什么：“我为什么会这样想?”“这样想会产生什么后果?”再启发她自奋：“你行，我也行!”“你行，我比你更行!”经过长期耐心的引导，使她将消极的嫉妒心理转化为积极的竞争意识，产生自爱、自强的精神。

4. 参加有益的活动

指导梁某参加一些有益的活动。如读书活动，让梁某阅读有关书刊，加强自身修养；还可以参加班级和社会公益活动，将自己培养成一个胸怀宽广的人。

通过辅导，梁某的嫉妒心理大大消除了，她再也不犯“红眼病”了。她能虚心向同学们请教，学习有了进步；能与同学友好相处；思想上能达到“见贤思齐，见不贤而内自省”的境界。

【小链接】

学生嫉妒小诊断：以下共8个问题，每个问题的后面有A、B、C、D四个选项。请你认真阅读每个题目，在符合自己情况的选项上打“√”。

1. 你的同学穿件过时的服装，却又洋洋得意，问你：“这件衣服漂亮不?”那么，你如何回答?

A. ……（不吭声，暗自发笑）

B. 不错！前些时期穿更好。

C. 不错，很漂亮！我也想有这么一件。

D. 不大合适，过时了。

2. 同学带来了极为漂亮的钢笔，你也想买这么一支。那么，你会怎么办？

A. 询问是在何处买的。

B. 自己找支与之相似的钢笔来。

C. 婉转地打听是哪家商店出售的。

D. 放弃打算。

3. 班会上，一位看上去并不比你强的同学提出了比你高明的建议，当老师问你意见如何，你怎样回答？

A. 赞成这个意见。

B. 不赞成，并提出其他意见。

C. 回答“我没有看法”。

D. 一声不吭，事后发牢骚。

4. 某著名电影导演的周围簇拥着许多你的同学，要求为他们签名留念。你看到时怎么办？

A. 挤进去也让导演给你签一下。

B. 站在那儿看热闹。

C. 说一句“哼，瞎起哄，真没意思”。

D. 一声不吭地走开。

5. 你被同学奚落了一番，你会怎样？

A. 在什么时候也刁难对方一下。

B. 感到心里很不好受，却发作不得。

C. 决定和这种人断交。

D. 自我解脱。

6. 你喜欢的一位异性同学在校门口和人亲切交谈，但你看不到那人的样子，这时你会认为这位异性同学最可能是在和谁谈话？

A. 老师。

B. 你的同性同学。

C. 你的异性同学。

D. 肯定是他的“那一位”。

7. 平时成绩一直与你不相上下的那位同学，这次由于某种原因而成绩比你差，你是如何对待这件事的？

A. 他本来就不如我嘛。

B. 哼，活该！最好下次也这样。

C. 要不是因为这件事，他准会考得更好。

D. 他真够可怜的。

8. 本来你和另一位同学都有条件被评为三好学生，但由于名额有限，老师决定让那位同学获得这一荣誉，这时你的态度是：

A. 衷心地为那位同学鼓掌。

B. 心里愤愤不平，认为老师偏心。

C. 认为自己确实不如那位同学。

D. 背后到处揭那位同学的短。

作答计分表

题号	A	B	C	D	得分
1	2	3	1	5	
2	2	5	3	1	
3	1	3	2	5	
4	2	5	3	1	
5	2	3	5	1	
6	1	3	2	5	
7	3	5	1	2	
8	1	3	2	5	
总分					

评价表总得分类型：Ⅰ型（32～40分）；Ⅱ型（24～31分）；Ⅲ型（16～23分）；Ⅳ型（8～15分）。

参考答案：

根据作答计分表的得分，算出总得分，然后根据总得分对照评价表判断你的嫉妒心理属于Ⅰ、Ⅱ、Ⅲ、Ⅳ中的哪一种类型。

Ⅰ型：强烈型

你比一般人更容易产生嫉妒心理，你相当敏感，稍稍感到自己被歧视或不如他人时，就会产生较强的嫉妒心理。你即使处于优越的地位中，也会担心他人随时夺去这个位置。你常疑神疑鬼，胡乱猜测，结果适得其反。当你有了嫉妒心时，你往往就会有一种强烈的外泄心理。有了这种嫉妒心，常会给你带来不愉快的心情。尽管你在许多方面都高人一等，也备受重视，但你往往不合群，心胸不够开阔，因此你得到的虽多，但失去的也不少。

Ⅱ型：时发型

你具有一般人容易产生的嫉妒心理，但平时你不会轻易产生，通常也不影响同学之间的交往和你的生活，但对特定的事，或在一定的时候，你也会产生强烈的嫉妒心。处理得好时，嫉妒会成为你上进的动力，助你获得成功；处理得不好时，你往往会以狂风暴雨式的姿态不择手段地拆他人的台。但你又有较强的反省力和较大的勇气主动认错，因而事后你不会怀恨在心，反而会主动地找人和好。

Ⅲ型：克制型

你常有自我满足感，平时很少让他人觉察到你的嫉妒心理。你也会在某些场合产生嫉妒心理，只是你能够克制忍耐，情绪绝不外露，并常用其他事情来冲散抵消。一般说来，你不仅能自我控制，而且工于心计，富于理智，能听进他人的话，因此你往往能把嫉妒心理化为上进的力量。但你也会有处理不好的时候，会弄得自己和他人都不痛快，幸好这种局面只是短暂的。

Ⅳ型：平和型

你很少有嫉妒的心理，独自悠然自得，对小事毫不介意，通事达观，不自寻烦恼。可能是由于你对周围环境无动于衷，根本不想把自己同他人作比较，也可能是由于你对自己抱有极大的自信，认为嫉妒是愚蠢的表现，是不体面的，即使有些事让你感到意外和委屈，但你能在产生嫉妒的初期就采取调节或转化的措施，所以你很少有嫉妒他人的言行，与他人关系融洽。

参考文献

[1] 吴铭云. 高中思想政治课堂中学生嫉妒心理消除方法. 教书育人，2019（20）.

[2] 孔晓明. 始化风雨，育优等生心理健康. 考试周刊，2019（34）.

[3] 李经祥. 中职生嫉妒心理分析及其调适. 才智，2018（8）.

[4] 李超，董大威. 将嫉妒心理转化为合理竞争心态的学生案例分析. 都市家教月刊，2017（9）.

第八节　如何增进家长、孩子和老师的信任关系

当今社会，教育中家长、孩子和老师之间的人际信任问题日益突出。良好的家校信任是促进学生思想道德修养及促进基本信任度正面发展的必要因素之一。如果家校信任度低的现状得不到应有的改善，势必影响教育的发展及革新。《中国青年报》曾经组织过一次关于家校如何形成合力的讨论，参与的专家学者认为，唯有家长、学生和老师建立起相互信任的关系，才能真正致力于教育。但是，如何才能建立起家校之间相互信任的关系呢？这是每一位教育工作者苦苦思索的问题。

一、问题概述

汤老师担任班主任不到两周，某家长就赶到学校，当面斥责她，说她没责任心，孩子没吃饱饭都不知道，害得孩子饿肚子。任凭汤老师怎么解释，家长就是听不进去。从那天以后，该家长经常在班级微信群里说一些过激的话，部分家长纷纷响应。汤老师布置班级活动，也在这个家长的鼓动下出现家长们不配合、不支持甚至唱反调的现象。家长们和班主任的关系陷入僵局。后来，已退休的原班主任道出了事情原委：主要原因是家长们对学校安排年轻的科学老师当班主任不满意，这样“折腾”就是希望能引起学校的重视，换掉这个班主任。

近些年来，家校之间的关系时有“不良”状况发生，家长因点滴琐事就指责教师，甚至“大打出手”。家长、教师双方各执一词，莫衷一是。家长和教师，这两个都为“孩子好”的群体为什么会“打架”呢？追根溯源，都是“信任”缺失惹的祸！笔者

以为该从“心”开始，进行有效沟通，搭建起家校之间彼此信任的“基石”，构建家校“和谐互动教育场”。

从教育学的立场看，信任是教育中最基本的关系，它存在于教育诸要素的互动之中，从信任中显现出来的是“以关系为本”的教育世界。作为一种策略，信任能够简化教育的复杂性，能够打开通向未来和世界的道路，实现各种力量自由地真正地联合。信任为教育打开了更宽阔的视界，它使道德教育具有关系性、公共性和正义性，使智慧教育具有探险性、创造性和反思性，使情感教育具有安全性、健康性和发展性，因此它是非常重要的教育实践智慧。

二、原因分析

(一) 信任的概念界定

在心理学上，人际信任的经验是由个人价值观、态度、心情及情绪、个人魅力交互作用的结果，是心理活动的产物。美国心理学家 Deutsch 于 1958 年通过著名的囚徒困境实验将信任研究引入心理学领域，开启了心理学上对于信任建立的研究。

事实上，信任不只是一种态度，还是一种个人能力。一个人对外界的人或事所持有的信任，是由他对自己内在的信任向外投射的结果。那些放心地倒下去的人，其实是把内在对自己的信任的部分投射到了身后的保护者身上，《吕氏春秋》里有一则“疑邻盗斧”的成语故事，讲的就是这么一个心理呈现：在内心有贼的人眼里，眼里的人都可能是贼。(因为只有他人有了伤害的行为才可以治罪，而不是发觉对方有谋划就可以定罪)，而像一个个体的人一样建立了内在的信任。他所表达的意思就是“我的眼里没有坏人，只有做了坏行为的罪人。”

从心理学意义上来说，信任他人，就是信任自己。

(二) 影响信任建立的因素

从马斯洛的需求层次理论来讲，每个人都有归属与爱的需要，这种需要必然建立在安全需要的基础之上，归属与爱（涵盖了人类的各种感情需求，不单单指爱情这一方面）的需要，必然涉及一个群体或一个人，如此才有可能达到。达到的过程需要投入时间和精力，进行培养和促成，也就意味着信任的建立不易。在信任的建立过程中，包含以下几点影响因素：

1. 社会因素介入

相似性程度影响信任的建立。在人际交往当中，不可排除社会因素的介入，除了个人主观意识之外，要建立相互之间的信任关系，就必须对彼此的家庭背景、价值观、宗教信仰，以及社会地位等方面的因素进行考虑，然后综合各项社会因素的指标，确定了两者之间的差异不大，相似性极高，其建立信任关系的可能性也就越高；反之，建立信任的可能性也就降低。

2. 相互之间的了解程度

信任的建立除开社会因素之外，还需要对他人有一定程度的了解，信任是建立在一定的相互了解的基础之上的，陌生人之间的信任必须是在有一定的交谈及了解之后才开始建立的。假如对于路上一个随机的、你完全不了解或者不认识的人，你就难以对其形成信任，相反地，在对他人有了一定的了解之后，对于他的品行、背景大致清楚之后，信任的建立就显得较为简单了。

3. 个人因素

个人因素即个性和人格特点等。喜欢一个人，一般来说第一印象占了很大一部分，而个性和人格特点在信任的建立上占据了一定的地位。在这个现实的社会当中，有的人还是很纯真、不受不良风气影响的，总会把其他人看成善良的、值得信任的，十分愿意与他人进行沟通合作，也十分容易把自己的信任给予他人，并获得他人信任；但是有些人则反之，他们不信任他人，认为依赖他人是一种不确定的冒险，不值得。

4. 社会文化环境和社会地位

环境能给人产生潜移默化的影响，古语道："近朱者赤，近墨者黑。"大抵就是说环境对人的影响。良好的社会文化环境会形成良好的社会风气，处于这种文化环境中的人，相对而言，信任的建立会比较容易一些，环境对他们的影响使他们在其观念中形成社会是善良淳朴的观点了，反之不好的社会文化环境会阻碍信任的建立。社会地位就相当于企业品牌，好的社会地位会给他人树立一个良好的形象，就像大家买品牌产品时，多数是因为这个品牌而选择去相信质量，这就是一种信任的表现，良好的社会地位会博得多数人的信任。

（三）信任的教育意义

首先，信任存在于教育的一切互动之中。在教育中，教育者、受教育者、教育资源之间的关系是最基本的关系；在教育资源中，既有直接的可见的资源，如承载教育内容的教科书、呈现教育内容的教育手段以及作为引导和辅助教育内容呈现的直接的物理和心理环境，也有间接、抽象的教育资源，包括教育制度、知识系统、专家系统等。教育者是运用教育资源去影响受教育者的。在这里有一系列的环节，教育者首先要对教育资源加以处理，然后通过教育活动向受教育者施加影响，受教育者接受教育者及其所展现的教育资源。这样，信任不仅发生于作为教育主体的师生与教育资源之间，也发生在教育主体之间。如果教师没有对教育资源有最基本的信任的话，就不可能有正常的教育活动，同样，如果学生对教育资源、对教师缺乏最基本的信任的话，也不可能进入正常的学习。

其次，信任建构了以"关系为本体"的教育结构。信任最重要的性质在于它的关系性。在信任里，已知和未知、危险与安全、自我与他人、人与世界都是密切联系的，是可以相互联结的。信任超越已获得的知识，并以"欠充分归纳的知识"去面对未知，以实现已知与未知的融合；信任给予人以最基本的安全感，好像是给人注射一种能够减弱或磨钝情感的"疫苗"，形成了人对事物和人的连续性的意识，为冒险的行动提供了保障。在这个意义上，教育主体之间的美好感情培育是教育的立足点，是建立师生之间信任关系的根本条件，师生之间的人际信任为学生认识以知识为主体的抽象体系创造必要的条件，教师处在使学生进入知识这个抽象体系的"入口"处，他的态度和经验对学生是否信任这个抽象体系有极其重要的影响。如果教师不信任所教学科的知识，不信任教育理论，不信任教育制度；如果教师没有过硬的学科知识，没有娴熟的教育专业技能，没有对教育制度积极的态度，不仅会使学生无法积极地获取知识，更糟糕的是，会中断学生与抽象体系之间的关系，从而为学生厌学埋下祸根。

再次，信任打开了教育通向未来、通向世界的道路。今天，我们已经接受了教育是复杂系统的这个概念，接受了学生是有着多种可能性存在这样的观点，接受了当前的社会是一个风险社会的事实。信任使教育主体乃至教育自身获得自我的同一性，使其获得抵御存在性焦虑所必需的“疫苗”，也为教育在发挥其社会功能上获得了自信心；与学生是有多种可能性一样，教育乃至社会的未来都是由各种可能性构成的，社会的未来甚至是由教育创造的，信任也会“延伸”出一些不测，甚至创造出新的可能性，信任是与可能性甚至偶然性密不可分的，如果未来需要创造，那么就不可能没有信任；信任的重要功能在于简化复杂性，是以内在的确定性去迎接外在的不确定性。

最后，信任是教育中最重要的综合力量。艾德勒指出：“教育事业的各种艺术——当然，其中教和学的艺术是突出的——很明显是合作的。”

三、应对策略

（一）如何促进师生信任

1. 注重修身，用人格魅力解除信任危机

明代大思想家王守仁在《传习录》中写道：“种树者，必培其根；种德者，必养其心。”是的，培育一棵大树，要从树根开始；教育一个人，要从品德培养开始。作为人类灵魂的工程师，教师肩负着神圣的职责与使命，我们要在学生幼小的心田中播下真、善、美的种子。因此，教师首先要加强自身的道德修养，用人格魅力感染学生、引导学生、教育学生，使自己真正成为学生的榜样。乌申斯基指出：“教师个人对学生心灵的影响所产生的教育，无论什么样的教科书，无论什么样的思潮，无论什么样的奖惩制度都是代替不了的。”所以，“身教”胜于“言教”。

2. 秉持公正，用公平的爱解除信任危机

美国人本主义心理学家亚伯拉罕·马斯洛将人类的需求分为五个层次，其中第三个层次的需求就是归属和爱。可见，人类对于爱有着强烈的渴求。苏联教育家马卡连柯也曾经说过：“爱是教育的基础，没有爱就没有教育。”在教育过程中，爱是不可或缺的。几乎每一位教育工作者都为学生无私地奉献着自己的爱，但有时，这份爱很难做到“一碗水端平”。否则，陶行知先生也不会如此劝诫我们：“你的教鞭下有瓦特，你的冷眼里有牛顿，你的讥笑中有爱迪生。”

3. 讲求方法，用教育智慧解决信任危机

“师者，所以传道授业解惑也。”作为教师，我们可以通过“言传”和“身教”给予学生丰富的知识，培养其良好的品德修养。但是，要想做学生成长道路上的引路人，我们必须运用教育智慧。泰戈尔曾说：“不是锤的打击，乃是水的载歌载舞，使鹅卵石臻于完美。”若想让每一名学生都成为日臻完美的“鹅卵石”，我们要有水的载歌载舞，要有润物无声的智慧。

信任效应于学校具有攻无不克的神奇力量和价值，是施行教育的重要保障，教师威信高，学生会爱教师及其所教学科，会对教师输出的各种信息在头脑中产生“易接受”心理优势，理解上发生同频共振，情绪上产生感情共鸣，把与教师的合作视为己身责任，将自己当作学习的主人；教师信任度高，学生会把教师看成父母般的亲人，愿意向教师反映内心世界，袒露自己的思想，真诚倾诉心理秘密；学生崇师度高，教师的模范言行、治学精神会让学生得到熏陶感染并效而仿之。

（二）如何促进家校信任

1. 语气婉转，态度诚恳

教师与家长交谈时应语气委婉，首先要肯定孩子的优点，再指出存在的问题，先扬后抑。比如小王上课总是插嘴，教师不能一见到其家长就告状说：“今天小王上课又插嘴了，他总是改不了这个毛病。”这种方式只会引起家长的反感，家长心里就会不舒服，影响沟通效果。如果换一种方式，效果就会大不相同，比如这样说：“小王上课非常积极，肯动脑筋，但倾听的习惯还没有养成，有插嘴的毛病，希望家长和他谈谈，引导孩子做得更好。”我相信如果教师选择这种谈话方式，家长就会很乐意接受。再就是要报喜也报忧，教师平时要主动向家长反映孩子在校情况，谈孩子在校各方面的进步表现和不足之处，这样不仅能体现教师对每个孩子负责，而且也会拉近教师与家长之间的距离，家长对教师的意见也会乐意接受。

2. 真诚关爱，互相尊重

将家长视为朋友，尊重家长的意见，虚心听取家长的建议，乐意与家长交谈，以一种平等友好的态度来对待家长，那么教师与家长的关系就会比较融洽。教师应尽量满足家长的合理要求，主动向家长介绍孩子的在校表现；对“多事儿”“挑剔”的家长，教师要以一颗平等而细致的心来对待；以宽厚的胸怀来接受家长的不同意见；以积极的态度和方法来改变家长的埋怨。家长十分在意教师看待自己孩子的态度，所以教师在与家长沟通时，应学会换位思考；应多站在家长的角度去关心孩子，理解家长的心情。“我的孩子是最好的”是所有父母的想法，他们觉得自己的孩子犯了错误，只是孩子顽皮，是天性。而孩子在校碰破一点皮儿，家长就会非常心疼和紧张。这时教师要了解和理解家长的心情、需求以及问题，正确、客观、公正地评价孩子。我认为最重要的一点是教师要以一颗真诚、善良、理解的心，对孩子表现出关爱之情，特别是对后进的孩子，教师应该付出更多爱心和关心，换取家长的信赖。

3. 多种途径，持之以恒

与家长沟通要讲究方式方法，它需要教师从家长的角度出发，把握好家长的心理，因人而异，对症下药。应通过多种途径、多种方法与家长进行交流、沟通；如定期家访、使用好家校联系册及QQ、微信、面谈、电话，召开家长会、组织家长参加学校活动等，及时就学校教育教学的新动态与家长进行宣传、讲解、交流，取得家长的理解、信任和支持。教师要主动帮助“总不放心孩子”的父母调整好心态，如请家长来校看孩子的活动，向家长推荐有关家教方面的文章，经常性地与家长约谈，细心观察记录孩子一天在校的表现等，及时与家长沟通。

家庭和学校是学生学习生活的主要场所。家庭教育失误，或学校教育欠缺，都无法培养出一个德才兼备的合格人才。苏霍姆林斯基说："生活向学校提出的任务变得如此复杂，以至如果没有整个社会，首先是家庭的高度的教育素养，那么不管教师付出多么大的努力，都收不到完美的效果。"如果家庭教育与学校教育不一致、不配合，那么两者的教育效果就会削弱，甚至互相抵消。而家庭与学校相互配合的重中之重，就是家长、学生和教师三者互相信任。只有家校真正做到互信互助，才能为孩子的健康发展奠定坚实的基础，为新形势下的学校教育勾勒出最完美绚丽的画卷。

四、案例

再见亦师亦友

当知道学校的班主任节要写教育叙事那天，我正好收到一封结婚喜帖，是自己从教生涯第一次做班主任带的那届学生邀请我的。请帖的女主人是自己从初一一直带到初三的娃，至今毕业已十年。十年间师生两人始终保持着联系，或见面或短信或电话。

我总认为教育如果能起到一种长效的作用，师生关系能演变为亦师亦友的良好状态是难得的，庆幸自己收获了这份师生情谊。毕业十年间，这位学生还一直非常尊重和信任我，经常在一些关键问题抉择上询问我的意见，而我也见证着她从曹同学到曹老师，曹小姐到王太太的人生历程。下面我就两人相处之间的一些片段谈谈教育感受。

首先是师生之间要真诚地相互关心。还记得他们中考第一天，我就像送娃奔赴考场的老母亲般忐忑。由于不用监考，又在本校考试，我得以考前巡视一下，刚好曹同学在本班考，我眼睛亮了，站在窗外给她一个加油的手势以鼓励，她也回报我自信的微笑。后来曹同学如愿考回本校高中部。只要你真诚地关心学生，他们会感受到并加倍回报于你。后来因两地分居，我工作调动至番禺。2011 年暑假，我的第一个小孩出生不久，曹同学正值高三暑假补课，其间有两天假，居然不辞辛苦，跟同班李同学安排了一天时间，特意从中山过来番禺看望我们母子。这让我感动不已。以后的每一个教师节我都能收到来自她的祝福，每一年的寒暑假如无例外我们都能保持见面。

其次是学生对老师的信任会增强老师的教育热情，促进老师的提升。还记得曹同学在高三填报志愿时非常信任我，说想报师范，问我选政治专业行不行，我出于以后就业的考虑，坦诚地跟她分析利弊，最后建议她选汉语言文学或者英语专业，最终她选了英语专业。我没跟她说的是由于自己没带过高三，为了给她更权威的建议，我回复她之前特意咨询了本校诸多高三班主任，获取很多招生和就业信息，最终才给她提供建议。当你发现学生很信任你时，你会竭尽所能提升自己，帮助学生，而师生情谊也会进一步加深。

再次是学生有迷茫困惑时要给予她指导和支持。韩愈在《师说》中写道："师者，所以传道授业解惑也。"老师是履行教育教学职责的专业人员，承担着教书育人的使命。曹同学在大学毕业后有两年的工作迷茫期，她在去公司上班、入职民办学校、代课还是考公办学校之间徘徊，为此她也咨询了我的意见，我给她发了一段长信息鼓励："不要气馁！求职既要实力又要运气。如果你还想做老师就进学校，如果觉得想试试别的就去公司，毕竟行行出状元。在代课跟民办之间选择我可能选个好一点的民办而不去代课，因为代课可能代一年半载就不需要你了，又得找另一份，教学经验的积累没有连贯性，职称也晋升不了，现在不是以前代课后就可以转正的年代，还是要考才能进。如果找个好点的民办只要不是太差起码可以长久做着，可以积累教学经验，其间还可以去考一下公办学校，好的民办学校一样可以评职称。不要迷茫，听从自己的内心，大胆勇敢面对现在这个阶段，你身边有那么爱你的家人陪伴，加油！"听取了我的建议后，她入职了中山市一所排名第一的民校，并与她的先生在那里相识。第二年她又在努力之下考取了公办学校，第一时间与我分享了喜悦。那一刻我比自己找到工作还开心，看着学生不断收获幸福自己也是幸福的！

古人云："教学相长。"教与学是师生相互陪伴、相互促进、共同成长的过程，一方面，学生的成长离不开老师的引领和指导；另一方面，学生与老师交流互动，也可以促进老师更好地教。与曹同学毕业后仍延续的师生情让我意识到好老师是不但能在当下，而且在学生以后的人生历程中都能产生深远影响的，从这个意义上说我们要善待每一个学生，我们对他们的影响也许是一辈子。时代在发展，老师的工作理念和工作方式也发生了很大的变化，当然也对老师提出了更高的要求。今天的我们要努力成为有理想信念、有道德情操、有扎实学识、有仁爱之心的好老师。

我认为，师生彼此尊重、相互信任、携手共进，这是师生交往的良好状态。感恩自己遇到了这样一位学生，并与她有这样一段毕业后仍一直延续至今的师生情谊，再见亦师亦友！

参考文献

［1］卢望军．信任是一切教育发生的基础．中小学德育，2019（8）．
［2］吴丽．关于化解家校信任危机的策略探究．辽宁教育，2017（24）．

知识专栏

专栏一　情绪 ABC 理论

ABC 理论是由美国心理学家艾利斯创建的。就是认为激发事件 A（Activating event）只是引发情绪和行为后果 C（Consequence）的间接原因，而引起 C 的直接原因则是个体对激发事件 A 的认知和评价而产生的信念 B（Belief），即人的消极情绪和行为障碍结果 C，不是由于某一激发事件 A 直接引发的，而是由于经受这一事件的个体对它不正确的认知和评价所产生的错误信念 B 所直接引起。错误信念也称为非理性信念。

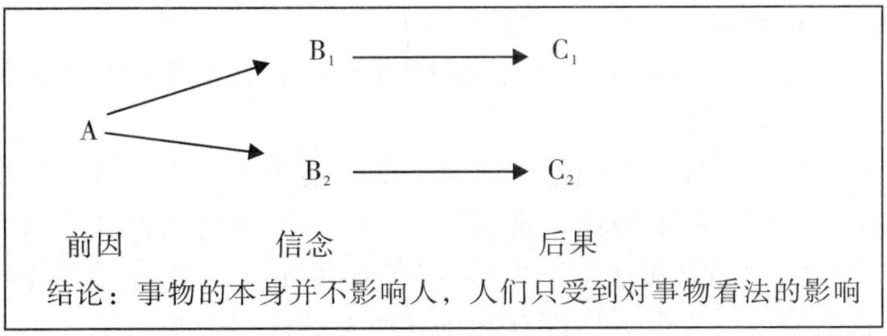

图 2－1　情绪 ABC 理论

如图中，A（Antecedent）指事情的前因，C（Consequence）指事情的后果，有前因必有后果，但是由同样的前因 A，产生了不一样的后果 C_1 和 C_2。这是因为从前因到后果之间，一定会通过一座桥梁 B（Bridge），这座桥梁就是信念和我们对情境的评价与解释。又因为，同一情境之下（A），不同的人的理念以及评价与解释不同（B_1 和 B_2），所以会得到不同后果（C_1 和 C_2）。因此，事情发生的一切根源缘于我们的信念、评价与解释。

艾利斯认为：正是由于我们常有的一些不合理的信念才使我们产生情绪困扰。如果这些不合理的信念持续存在，久而久之，还会引起情绪障碍。情绪 ABC 理论中：A 表示诱发性事件；B 表示个体针对此诱发性事件产生的一些信念，即对这件事的一些看法、解释和评价；C 表示自己产生的情绪和行为的后果。

通常人们会认为诱发事件 A 直接导致人的情绪和行为后果 C，发生了什么事就引起了什么样的情绪体验。然而，你有没有发现同样一件事，对不同的人，会引起不同的情绪体验。同样是报考英语六级，结果两个人都没过。一个人无所谓，而另一个人却伤心欲绝。

为什么？就是诱发事件 A 与情绪、行为后果 C 之间还有个对诱发事件 A 的看法、解释的 B 在作怪。一个人可能认为：这次考试只是试一试，考不过也没关系，下次可以再来。另一个人可能说：我精心准备了那么长时间，竟然没过，是不是我太笨了，我还有什么用啊，人家会怎么评价我。于是不同的 B 带来的 C 大相径庭。

1. 常见的不合理信念

（1）自己应比别人强，自我评价过高；

（2）人应该得到生活中所有对自己重要的人的喜爱和赞许；

（3）有价值的人应在各方面都比别人强；

（4）任何事物都应按自己的意愿发展，否则会很糟糕；

（5）一个人应该担心随时可能发生灾祸；

（6）情绪由外界控制，自己无能为力；

（7）已经定下的事是无法改变的；

（8）碰到的种种问题，如无法找到完满的答案，便是不能容忍的事；

（9）对不好的人应该给予严厉的惩罚和制裁；

（10）逃避挑战与责任可能要比正视它们容易得多。

2. 不合理信念的特征

依据 ABC 理论，分析日常生活中的一些具体情况，我们不难发现人的不合理信念常常具有以下三个特征。

一是绝对化的要求：是指人们常常以自己的意愿为出发点，认为某事物必定发生或不发生的想法。它常常表现为将“希望”“想要”等绝对化为“必须”“应该”或“一定要”等。例如，“我必须成功”“别人必须对我好”，等等。这种绝对化的要求之所以不合理，是因为每一客观事物都有其自身的发展规律，不可能以个人的意志为转移。对于某个人来说，他不可能在每一件事上都获得成功，他周围的人或事物的表现及发展也不会以他的意愿来改变。因此，当某些事物的发展与其对事物的绝对化要求相悖时，他就会感到难以接受和适应，从而极易陷入情绪困扰之中。

二是过分概括化：这是一种以偏概全的不合理思维方式的表现，它常常把“有时”“某些”过分概括化为“总是”“所有”等。用艾利斯的话来说，这就好像凭一本书的封面来判定它的好坏一样。它具体体现在人们对自己或他人的不合理评价上，典型特征是以某一件或某几件事来评价自身或他人的整体价值。例如，有些人遭受一些失败后，就会认为自己“一无是处、毫无价值”，这种片面的自我否定往往导致自卑自弃、自罪自责等不良情绪。而这种评价一旦指向他人，就会一味地指责别人，产生怨愤、敌意等消极情绪。我们应该认识到，“金无足赤，人无完人”，每个人都有犯错误的可能。

三是糟糕至极：这种观念认为如果一件不好的事情发生，那将是非常可怕和糟糕的。例如，“我没考上大学，一切都完了”，“我没当上处长，不会有前途了”。这种想法是非理性的，因为对任何一件事情来说，都会有比之更坏的情况发生，所以没有一件事情可被定义为糟糕至极。但如果一个人坚持这种“糟糕”观时，那么当他遇到他所谓的百分之百糟糕的事时，他就会陷入不良的情绪体验之中，从而一蹶不振。

因此，在日常生活和工作中，当遭遇各种失败和挫折时，要想避免情绪失调，就应多检查一下自己的大脑，看是否存在一些“绝对化的要求”“过分概括化”和“糟糕至极”等不合理想法，如有，就要有意识地用合理信念取而代之。

3. 基于 ABC 理论的合理情绪疗法

合理情绪疗法是20世纪50年代由艾利斯在美国创立的，它是认知疗法的一种，因此采用了行为治疗的一些方法，故又被称为认知行为疗法。合理情绪疗法的基本理论主要是 ABC 理论，这一理论又是建立在艾利斯对人的基本看法之上的。

艾利斯对人的本性的看法可归纳为以下四点：

（1）人既可以是有理性的、合理的，也可以是无理性的、不合理的。当人们按照理性去思维、去行动时，他们就会很愉快、富有竞争精神及行动有成效。

（2）情绪是伴随人们的思维而产生的，情绪上或心理上的困扰是由于不合理的、不合逻辑的思维所造成的。

（3）人具有一种生物学和社会学的倾向性，倾向于其在有理性的合理思维和无理性的不合理思维，即任何人都不可避免地或多或少具有不合理思维与信念。

（4）人是有语言的动物，思维借助语言而进行，不断地用内化语言重复某种不合理的信念，这将带来无法排解的情绪困扰。

为此，艾利斯宣称：人的情绪不是由某一诱发性事件的本身所引起，而是由经历了这一事件的人对这一事件的解释和评价所引起的。

例如：两个人一起在街上闲逛，迎面碰到他们的领导，但对方没有与他们打招呼，径直走过去了。这两个人中的一个对此是这样想的："他可能正在想别的事情，没有注意到我们。即使是看到我们而没理睬，也可能有什么特殊的原因。"而另一个人却可能有不同的想法："是不是上次顶撞了他一句，他就故意不理我了，下一步可能就要故意找我的岔子了。"

两种不同的想法就会导致两种不同的情绪和行为反应。前者可能觉得无所谓，该干什么仍继续干什么；而后者可能忧心忡忡，以致无法冷静下来干好自己的工作。从这个简单的例子可以看出，人的情绪及行为反应与人们对事物的想法、看法有直接关系。在这些想法和看法背后，有着人们对一类事物的共同看法，这就是信念。这两个人的信念，前者在合理情绪疗法中被称为合理的信念，而后者则被称为不合理的信念。合理的信念会引起人们对事物适当、适度的情绪和行为反应；而不合理的信念则相反，往往会导致不适当的情绪和行为反应。当人们坚持某些不合理的信念，长期处于不良的情绪状态之中时，最终将导致情绪障碍的产生。

参考文献

[1] 龚艳．评理性情绪行为疗法的"abc 模型"及其逻辑变革．常熟理工学院学报，2019，33 (3).

[2] 陈艳．情绪阴、雨、晴——中学生情绪管理教学设计．江苏教育，2017 (24).

专栏二 情绪钟摆效应

情绪钟摆效应是描述人类情绪的高低摆荡现象，当一个人的负面情绪强度降低了，正面情绪也会同样降低，就像"钟摆"一样，左右两边的摆动幅度总是一样的，这就是钟摆效应（the Pendulum Effect）。

根据"钟摆效应"原理，当一个人在某种情绪上降低了反应的强度时，他在其他所有情绪的感受上也会相应减弱。也就是说，当人们刻意麻痹自己对负面情绪的感受的时候，也会感受不到正面情绪。这种状态下的人对待生活比较漠然，遇到好笑的事情不觉得可笑；看到悲伤的电影也不会觉得难过。外面的欢笑悲伤都无法进入他的世界；同样，他们也会丧失去感觉别人喜怒哀乐的能力。如果长期发展，最后钟摆就不会摆动，停留在正中间一点不动。而这个心理上的护墙一旦倒塌，便会出现强大的混乱情绪。

启示 1：积极接纳并体验各种情绪

我们每个人都希望避开痛苦的情绪，然而有些人因为矫枉过度，结果连那些他想得到的情绪也失去了。例如，有人害怕失败，因此极力想避开会导致失败的事情，如不敢拓展人际关系、不敢接受具有挑战性的学习任务等。就短期来看，他是避开了会

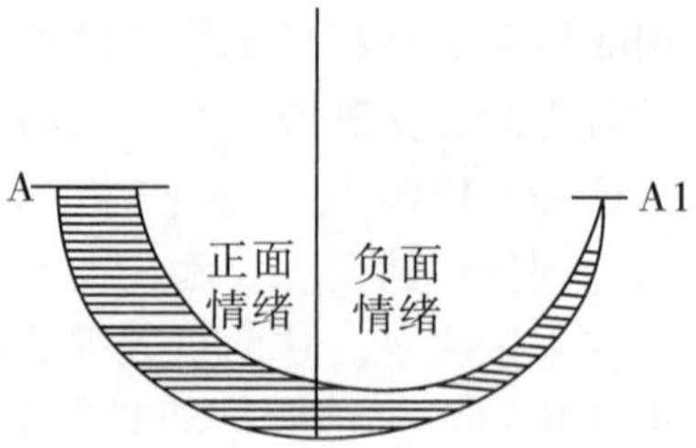

图2－2 情绪钟摆效应

使他失败的事情，可是同时也失去了能使他得到信心和成功的机会。一心想逃避负面情绪并不是办法，积极的做法是从这些负面的情绪中挖掘出正面的意义及功能，让负面情绪为我们所用。

因此与逃避的做法相反，我们应该把自己的情绪强度尽量扩大（重回较大的摆动幅度），这样每天中每件事带给我们的喜悦、满足、自豪、信心等情绪，我们就可以完全得到，达到左边摆动的最高点，心中充满了人生的意义和乐趣。因为左边摆动的正面情绪给了我们积极的影响，即使当右边摆动的负面情绪也达到最高幅度时，我们也能承受。

启示2：克服家庭教育中的钟摆效应

在孩子的成长过程中，孩子刚取得一点好的成绩，家长往往就夸奖、鼓励，用赏识教育的规则以求孩子的好成绩、好习惯能随着夸奖声永续长存，不再滋生缺点。但事与愿违，当我们过度称赞孩子时，孩子行为习惯的钟摆会摆向另一面。一个新的缺点，一个乐极生悲、得意忘形、忘乎所以之后必然产生新的错误行为。情急之中，家长被迫给孩子以挫折、批评，严厉的责罚。重责之下，孩子又渐渐有了好的表现，但孩子的心理情绪也在重罚之下悄悄地寻求合适时机的释放与减压。当父母看到挫折教育的成果（好的卷面成绩）而夸奖孩子时，孩子的压力得以释放，夸奖的不当会导致孩子毫无自制地放纵，此时钟摆效应会向另一面转化、演进，如此赏识—挫折—赏识—挫折……，进入钟摆效应的怪圈。

想要克服家庭教育中的钟摆效应，就既不能一味地赏识，也不能一味地给孩子以挫折。一分为二地看问题就必须适度地对孩子的缺点给予适度的批评，在批评的同时要对孩子的优点、新的进步给予适度的赏识，并注意其行为是否有向另一面转化的苗头，警惕向另一面演进的钟摆效应。这样区分来看待赏识与挫折的过与不及，尽量做到适度，以使孩子朝着具有自制力，形成自律性品质的方向发展，这也许才符合适度教育的要义。

专栏三　人际关系理论

人际关系是指人与人之间通过交往与相互作用而形成的直接的心理关系。主要表现为人们心理上的距离远近、个人对他人的心理倾向及相应行为等。

一、定义

人际关系指人们在人际交往过程中心理关系的亲密性、融洽性和协调性的程度。交往双方在个性、态度、情感等方面的融洽或不融洽、相互吸引或相互排斥，必然会导致双方人际关系的亲密或疏远。人际关系包括三种成分：认知成分、行为成分和情感成分。其中情感成分是核心。人际关系反映了交往双方需要的满足程度。当交往双方能互相满足对方的需要时，就容易结成亲密的人际关系；反之，则容易造成人际排斥。

二、特点

人际关系归根结底受客观社会关系的制约，反过来又深刻地影响着社会关系各方相互作用的形式。人际关系的好坏反映着人们在相互交往中的心理满足状态，以及人与人之间心理上的距离。人们所结成的大部分社会关系，可以分成使人的物质、精神需要得到满足的酬赏性关系和破坏这种满足的处罚性关系。因此满足与不满足程度的差异、人们愉快或不愉快的情绪体验可以形成一个连续分布的区间，制约着人际关系的亲疏情感。

良好的人际关系表现为热情、诚恳、理解、同情、大度、互助、信用和原则性与灵活性的结合。促进人际关系密切友好的因素是缩短空间的距离，提高交往的频率，增加相似的东西，实现需要的互补。阻碍人际关系的个性特征是不尊重不关心他人，对人不诚恳不同情，缺乏自尊心和自信心，妒忌、猜疑、偏激、固执、报复、苛求、依赖他人等。人际关系的变化、发展取决于双方之间需要的满足程度，如果互相间得到满足就容易发生密切关系；如果需要得不到满足，人与人之间发生的矛盾又得不到妥善的解决，人际关系就会恶化。

三、成因

人际关系是社会关系的一个侧面，其外延很广，包括朋友关系、夫妻关系、亲子关系、同学关系、师生关系等。它受生产关系的决定和政治关系的制约，是社会关系中较低级的关系；同时，它又渗透到社会关系的各个方面之中，是社会关系的“横断面”，因而又反过来影响社会关系。它对群体内聚力的大小、心理环境的好坏有直接的重要作用。

人际关系的形成包含着认知、情感和行为三种心理因素的作用。认知成分包括对他人和自我的认知，是人际知觉的结果。情感成分是指交往双方相互间在情绪上的好恶程度及对交往现状的满意程度，还包括情绪的敏感性及对他人、对自我成功感的评价态度，等等。行为成分主要包括活动的结果、活动和举止的风度、表情、手势以及言语，即所能测定与记载的一切量值。在这三个因素中，情感因素起着主导作用，制约着人际关系的亲密程度、深浅程度和稳定程度。可见，情感的相互依存关系是人际关系的特征。一般说来，在正式组织关系中，行为成分是调节人际关系的主导成分；在非正式组织关系中，情感成分承担着主要的调节功能。

四、影响人际交往的主要因素

（一）熟悉效应

在人际交往的时候，事先与周围的人交往，通过不断的接触，彼此相互了解，就容易引发喜欢。此外，熟悉本身就可以增加一个人对某种对象的喜欢，这种熟悉引起喜欢的作用，就称为“熟悉效应”。因为熟悉使人们更容易辨认事物，个体在长期的演化过程中，形成了一种不喜欢和恐惧未知事物的特征。人需要了解周围世界，并明确它们的意义。

（二）个人特征

1. 才能

人们一般喜欢有能力、聪明的人，但最有能力的人往往不是最受人喜欢的。才能与被人喜欢的程度，在一定范围内成正比，超过一定程度，才能所造成的压力常使人倾向于逃避或拒绝。这就需要“犯错误效应”，即小小的错误会增加有才能的人的吸引力。

2. 美丽与外貌吸引

一般情况下，美貌会产生辐射效应，使人们对美貌的人的各方面产生更为积极的评价，但是如果人们感到有魅力的人在滥用自己的美貌，就会招来更严厉的惩罚。

3. 个性品质

人们一般喜欢诚实、正直、友好、热情的人，讨厌虚伪、狡诈、自私、贪婪的人。

（三）相似规则

多种情况的相似都能引起不同程度的人际吸引，如道德观念、宗教信仰、社会地位、受教育程度等的相似，都能形成人际吸引。相似能引起喜欢，反过来，喜欢也能引起相似。

（四）互补原则

互补原则即双方在交往时发生的互相满足的心态。双方能互相取长补短，自己的特点刚好适合对方的需要。

参考文献

[1] 陈晖．中学生社会情感的培养路径探析．学校管理，2019（1）．

[2] 阎菲．一例帮助学生解决人际关系危机的个案研究——焦点解决方法在中学德育中的运用．求学，2018（36）．

[3] 龚亭亭．中学教学中学生人际关系特点与调节．好家长，2018（16）．

第三章 行为发展

现在的中学生都出生于经济腾飞的21世纪，他们多数为家里的独生子，享受着丰厚的物质和长辈的关爱。如果教育不当的话，他们会形成许多不适当的行为和习惯：生活不能自理、吸烟、过度依赖手机、过度追星、攀比、不懂礼貌、不尊敬长辈等。这些问题令父母甚是头疼。父母都希望能够帮助孩子改正这些行为习惯，对此，我们要了解当前学生身心发展的特点，这样才能采取相应有效的措施。

首先，我们要了解学生的认知发展特点。瑞士心理学家皮亚杰的认知发展理论描述了人类是如何采集和组织信息以及该过程是如何发展变化的。他将认知发展分为四个阶段：①感觉运动阶段（0～2岁）；②前运算阶段（2～7岁）；③具体运算阶段（7～11岁）；④形式运算阶段（11岁以后）。中学生基本上都处于形式运算阶段。形式运算阶段的主要特征是个体有能力解决抽象问题，能够推理和建构对解决各类问题都有效的逻辑，也即具有假设性推理能力、类比推理能力、演绎推理能力和反思能力。由此可见，中学生已经具备了成熟的思考能力。因此，晓之以理、动之以情是教育中学生的主要途径。

其次，我们要了解中学生的道德发展特点。著名心理学家科尔伯格认为中学生的道德发展处于后习俗水平。后习俗水平包括两个阶段：社会契约阶段和普遍原则阶段。其中，社会契约阶段的主要特点是规则基于公正、普遍利益的原则，且得到社会成员的一致认同。普遍原则阶段的主要特点是个体的道德规范取决于在公平、公正这些抽象原则指导下的个体良心，个体一生中很难达到这个阶段。由此可见，中学生已具备了换位思考能力，并且注重公正公平。

最后，我们要了解中学生的社会心理发展特点。著名心理学家埃里克森认为个体的个性发展存在八个阶段或关键期，其中，中学生正处于自我对同一性混乱这个阶段。这个阶段的特征是青少年试图解决“我是谁”的问题。也就是说，随着他们的参照标准从父母转向同伴，他们需要了解自身与他人之间的差异。由此，我们可以知道中学生很注重标新立异，试图表明自己是独一无二的，不想受到约束。

了解了中学生的这些特点，我们就能够更好地把握中学生的身心发展状况，并针对他们的问题制定有效的措施。

另外，家庭是孩子的第一所学校，父母是孩子的第一个老师。著名心理学家班杜拉的社会学习理论就强调榜样的作用。事实证明，在家庭氛围良好、父母习惯良好的环境下，孩子往往有许多优秀的行为品质。

在了解了中学生的特点和家庭以及父母作用的基础上，本章将从心理学的角度讨论中学生行为发展的六个问题：①孩子不能适应住宿生活怎么办；②孩子沉迷于手机等电子产品怎么办；③如何对待孩子的吸烟行为；④如何对待孩子的追星行为；⑤如何看待孩子的攀比心理；⑥如何看待两代人之间的代沟。希望对这些问题的解答能给所有的父母带来借鉴，给所有的家庭带来温馨，给所有的孩子带来光明的前途。

第一节　孩子不能适应住宿生活怎么办

一、问题概述

《中国教育报》2005年10月27日第5版刊登了这样一个案例：A同学，男，初一新生。在入学不到两个月的时间里，多次和同学动手打架，都源于一两句话的不投机，或无意的相互碰撞；上课多次迟到，只因为想爷爷奶奶了，就去电话厅给家里打电话；多次不交作业，不是不会，而是时间不够没写完或忘了带作业本；课间或自习课上，他常常一个人坐着发呆，若有所思；有时，还紧握双拳表现出一副英雄无用武之地的痛苦状……作为一名住宿生，他不能习惯学校严格的作息制度；早操前，来不及收拾被褥，几次被生活老师点名批评；晚上，不习惯自己去打热水、洗漱；更有几次，莫名其妙地趴在床上大声痛哭，嘴里还念叨着我为什么不是天才，让同学目瞪口呆。

这个案例说明A同学不能适应住宿生活。现实中有一些住宿生融入不了集体生活，而且这一情况最多出现在由家庭到学校住宿的环境变化的过渡初期。很多孩子因为不能和同学和谐相处，不能融入集体，经常睡眠不足、精神恍惚、吵嘴打架，严重者导致成绩飞速下降、厌学、休学甚至退学。这种问题不由得引起住宿生家长的担心，那么，住宿生家长能为孩子做些什么？又该如何去做？

二、原因分析

（一）孩子心理发展特点

从个体自身方面来说，中学生正处于“疾风骤雨”的青春期，容易情绪化。青春期是少年身心变化最为迅速且明显的时期。在这个时期，男性的身体、外貌、行为模式、自我意识、交往与情绪特点、人生观等都脱离了儿童的特征而逐渐成熟起来，更为接近成人。这些迅速的变化，会使少年产生困扰、自卑、不安和焦虑等心理问题，甚至产生不良行为。

再者，由于习惯了在家里备受关爱与支持，到学校后却面临着自己排队买饭、自己动手洗衣服、和不同的同学一起住宿。由于个性的不同，有的学生喜欢沉默安静，有的则活泼好动，有的喜欢早睡早起，有的喜欢熬夜晚睡，这样势必导致各种冲突的发生。如有的同学喜欢在安静的环境下入睡，但经常有室友总是聊到很晚才肯入睡；有的同学睡觉磨牙、打鼾，影响到睡觉喜欢安静的同学等，这些都会给集体宿舍的和谐气氛带来破坏性打击。

（二）外部环境因素

1. 家庭教育因素

因为现代社会很多家庭都不愿多生孩子，核心家庭现象比较普遍，父母对自己的孩子关爱备至，对孩子的物质支持较多、精神支持偏少，忽略了对孩子独立、自强等良好品格的培养，导致孩子积极、宽容、博爱的心态缺失，甚至出现“以自我为中心”“唯我独尊”等不良心理。

2. 学校教育的缺陷

学校在各项规章制度上不可能做到尽善尽美。常常是规章的制定跟不上学生的变化，或者虽制定了条款却执行得不彻底。如学校规定熄灯后不准说话闲聊，但是有的同学根本不放在眼里，继续我行我素；有的学校虽然派了值班老师去查房，但是等老师走后，有人又会继续闲聊，如果有的室友去告诉老师，就会引发同学之间的各种矛盾。再者，从小学到中学最显著的是有“三多一少”的变化（三多，即书多、课多、老师多；一少，即班主任盯得少），因此，无形中要求学生去转变，但是在这个转变过程中，很多老师都是只顾自己的学科教学，却忽视了对学生生活上的关心与指导。

案例中的A同学，就是源于对学校住宿环境的“适应不良”。初一的新生大多为十二三岁的孩子，自身的自立、自强等社会适应能力差。随着学习压力增强，生活环境改变，在这种大的转变下，孩子们面对这些突如其来的困难和挫折，离开了家庭环境的贴心支持，加上学校的各种规则限制了以前相对比较自由的生活习惯，在心理上难免会感觉到孤独、弱小，从而导致心情沮丧、悲观厌世。A同学就是不能适应集体宿舍生活的典型个案，因此，我们不能忽视学生对集体宿舍适应的重要性。

三、应对策略

住宿、加入集体生活对于现在大多数孩子来说都是一个不小的挑战，环境的变化、任务的变化给他们带来相当程度的心理压力，作为家长很有必要帮助他们迎接和战胜这个挑战。

（一）帮助孩子掌握基本的生活技能

现在的孩子，他们的生活自理能力普遍较低，不太懂得与他人分享、不合群、不善于理解和宽容他人，与他人相处比较困难。由于不同的学生教育背景、家庭环境、成长经历不同，因此，在学校生活中难免会有摩擦。有的学生家庭条件好，从小到大没做过家务，进校住宿后表现出生活懒散、自理能力差、斤斤计较、以自我为中心、常跟同学闹矛盾等现象。

孩子的生活自理能力较差，对内务处理毫无经验，每天要用大量时间处理内务，生活压力大，情绪烦躁，容易影响学习。因此，家长在孩子入学前就要帮助孩子做好以下准备：备好在入学通知中明确告知的必备的生活用品，不要把存在安全隐患的电吹风、电热棒等电器带入学校；学习洗衣服等基本生活技能；在思想上要做好从家到校，从父母的呵护到自我管理，从以自我为中心到与同学平等相处、协作等准备。入学后，生活老师会针对学生暴露出来的缺点予以指导，帮助其养成良好的卫生习惯和生活习惯。同时家长也要帮助孩子树立集体意识、鼓励孩子与同学相互交流，做到不因自己的不良习惯影响他人。

家长应该努力保持家庭教育和学校教育的一致性，指导孩子从小事做起，循序渐进，逐步培养他们适应社会、独立生活的能力。

（二）帮助孩子培养自理能力

教导孩子在学校遇到压力或者困难时，要主动请教老师，多跟老师和同学沟通。父母要相信孩子的能力，要给孩子足够的空间，相信他们，让他们自己去磨炼和经历，只有这样才能健康成长。当孩子遇到难题向父母请教时，家长应该和孩子做朋友，除了教给他们生活自理经验外，还要多给他们提供合理的建议，例如，怎么跟同学相处，怎样化解矛盾等。

坚持让孩子在家做些家务而不是一味地疼惜娇宠。帮助孩子养成早睡早起的习惯，如每天早上六点半林先生都会打电话叫女儿起床早读，同样地，晚上也会催促她早点睡觉。在林先生的关心和帮助下，女儿如今已能够很合理地安排时间了。

家长首先应该主动和孩子沟通，这也是在培养孩子的沟通能力，由此双方才能进行良好的沟通。其次，孩子终究是要离开父母的，因此，家长尤其要注重培养孩子的自主、自理能力，使其成为生活的强者。

（三）帮助孩子正确地处理好舍友关系

为了让孩子尽快融入班集体，宿舍长可以和生活老师达成共识，充分调动舍友们的积极性，帮助那些适应不良的孩子尽快提高自理能力。发掘生活自理能力强、乐于助人的同伴来帮助适应不良的同学，让他们成为好朋友。在宿舍长的带领下，从作息时间到内务整理，都要进行严格的监督，保证宿舍有一个正常统一的环境。

从家里到学校的集体生活，是从个体生活到群体生活的转变，刚开始孩子肯定会不习惯。因此要鼓励住校的孩子主动与他人沟通交流，学会处理好与舍友之间的关系。鼓励性格开朗、学习优秀的孩子发挥积极带头作用，营造充满温馨与欢乐的宿舍环境。主动与舍友攀谈，聊以前的人和事，让大家彼此熟悉起来。

住宿生因为要参加晚自习，和以前的学习生活、作息习惯完全不同了，会由此感到很不习惯。因此，要让孩子学会尽快适应新环境。由于生活习惯不同，有些孩子在家往往睡得比较晚，但是进校后要根据学校的安排调整作息时间，在熄灯前做完所有的事情；熄灯后不能影响其他同学；把生活区与学习区分开，只有保持充足的睡眠才能保证良好的学习效率。

鼓励孩子多多与同学相互交流和了解。在同一个宿舍里，和同学难免会有一些生活上的摩擦，如生活习惯不同、作息时间不同，等等。遇到这些情况要相互理解、不要计较太多，将各自的想法开诚布公地讲出来，避免造成误会、产生矛盾。在学校，都是几个同学一间宿舍，学生不再是一个人，而是要面对一个团体。不要把住宿生活认为是纯自由的，离开家不等于没了约束、没了纪律。

特别是有两个问题要教导孩子，一是如何合理安排时间。在家里，不少孩子都休息得比较晚，尤其是经过长假，生活更没了规律。而在校住宿都是晚上11点熄灯，这就要求他们在熄灯前做好所有事情。由于生活习惯不同，有的学生熄灯后睡不着，于是开始“卧谈”，而这既影响其他同学，也影响自己第二天上课。二是如何与舍友相处。以往，孩子与同学间的交往大多不涉及生活方面，而住宿后，学生的生活习惯、缺点等都暴露无遗，在这样的情况下，如何与他人相处是一种考验。通常，那些有良好生活习惯的学生跟他人相处的障碍较小。因此要教育孩子学会包容他人的缺点、学会互相尊重，要有集体意识和团队精神；在校难免会有小毛病，没有父母的照顾，舍友、伙伴的关心和爱护便是一剂良药，要让孩子懂得关爱他人、懂得感恩。离开家，不少学生在一段时间内都会不适应，告诉孩子可以向老师等寻求帮助，学生之间也应相互包容和关爱。

最重要的是给予孩子适当的关爱。经常与孩子进行心灵沟通，常常会起到意想不到的良好效果。

四、案例

给住宿生多一份爱

教师节的早上，当我打开手机，一则短信跃入我的眼帘：“陈老师，首先祝您教师节快乐！工作顺利！虽然您只做了我一年的班主任，但我不能忘记您对我的教导。在我最苦恼、最无助的时候，是您给了我信心和鼓励，谢谢！”四天后的中秋节，我再次收到同一人的短信：老师，吃月饼要记得喝茶啊！我还记得去年的中秋节你请我们吃月饼呢！中秋节快乐！此时，在我的脑海中浮现出一个剪着齐耳短发、脸上带着浅浅笑容的女孩。

她就是小燕，一个个子不高、模样乖巧的女生。她是我上学年的高一学生，在高二重新分班时她选择了文科，没能分在我所带的班级。但收到她的短信，我并不感到意外，因为我们之间的短信往来从未间断，只要是节日或者其他特殊的日子我都会收到小燕诚挚的问候。

去年九月，小燕来到我们学校，开始了她高一新的学习和生活。由于家住黄埔，小燕成了一名住宿生。以前她从未离开过家，如今要每天在学校学习和生活，一周才能回一次家，所以在开学初就出现诸多的不适应，特别是到了节日，会更加思念亲人，更加想家。由于当年的中秋节还不是假期，没有放假，离家太远的住宿生不方便回家，中秋节就只能和还不太熟悉的同学们一起度过。我知道，多数的住宿生与小燕一样，以前从未离家，缺乏独立生活的能力，刚开始时不太适应集体生活，经常会感到孤独。因此，我从家里拿来了月饼，让小燕给班上的每位住宿生一人发一个，让大家中秋之夜可以在宿舍里一边吃月饼，一边聊天，一边赏月，让小燕等住宿生也能在学校过一个开开心心的中秋之夜。

对于高一的学生，我通常会要求他们写周记，周记能够让我及时了解学生的所思所想，使我与学生的交流和沟通更加具有针对性，更加容易取得好的效果。从小燕的周记中，我了解到，新学期里她还是不能适应一周只能回家一次的生活，她说以前在家就像小公主一样，什么活都不用干，现在不仅要自己洗衣服，而且吃的也没有家里好，非常盼望周末可以回家。为了打消她对住宿生活的抱怨，尽早适应住宿生活，我经常找她聊天，对她进行开导和教育，如表扬她从原先不干活到现在能把自己的衣服洗得这么干净，提醒她饭堂的饭菜可以变化着吃，告诉她这是人生必须经历的一个阶段，要学会自立，学会独立生活。在她自己的努力和同学的帮助下，渐渐地，小燕的独立生活能力得到了提高，后来再也没有听到她抱怨洗衣服麻烦了，反而说洗衣服时可以放松一天学习的紧张心情呢。

小燕在初中时是一位很受老师们喜爱的好学生，她学习成绩很好，尤其是英语更加突出，曾担任英语课代表。但在高一第一学期，她的成绩略有下降。最令她苦恼的是理科成绩的名次总是跟她的学号—— 46 号相差不大，她在周记中为自己的努力和回报不成正比而感到心灰意冷，甚至否定自己的能力，认为自己是学不好的，会辜负家长、老师和同学的期望。当我看到小燕的思想如此消沉时，赶紧在她的周记本上写道："天生我材必有用，但成功绝非能轻易获得的。你是一个聪明的孩子，目前的困境只能说明你还没有找到合适的学习方法，不要过度紧张，我们一起来想办法解决它。"之后，我利用课余时间跟小燕交换意见，或者进行短信交流，让她说出自己在学习过程中存在的问题和苦恼，然后根据她的情况进行具体的指导。我从自己任教的化学科入手，告诉她一些学习的窍门和方法，反复向她说明努力了不一定能立竿见影，但不努力肯定不能进步。

同时，我还鼓励她要大胆地向老师和同学请教，不要浪费这么好的资源，并分阶段地引导她转变学习观。第一阶段，"学习是需要"，人的一生是学习的一生。婴孩要学习走路、说话；老年人要学会调养身体、颐养天年；学生要学会做人、学会思考。第二阶段，"学习的真谛在于用已知解决未知"，作业也好，考试也罢，都是手段，不是目的。第三阶段，改变自我评价，向全班展示她每一次成功的作业，表扬每一次成功的提问，每一次成功的值日……通过一件件小事，潜移默化地一步步把她引入正确的轨道，让她自信并快乐着。

经过不懈的努力，到了第二学期，小燕的理科成绩逐渐有了提高，在 3 月的各科测试成绩排名中她的总分排到了第十名。当她知道自己的名次后，兴奋地跑到我面前说："我真不敢相信这是真的，我真的可以排第十名！"我也高兴地对她说："这是真的！你的确是有能力的。千万别小看了自己！你要及时总结经验，才能保持进步啊。"从此以后，小燕真的越来越自信，心情也更加放松。虽然成绩还时有起伏，但她已学会正确分析和解决，只需我有时从旁提点一下就可以了。

小燕在高一这一年里的变化，使我充分认识到，每个学生都渴望得到老师的关注和疼爱，尤其是住宿生。住宿生由于离开家长独自在学校生活和学习，与家长的沟通较少，从长辈那里获得学习的机会不多，他们更需要得到老师的关爱。班主任与学生接触的时间和机会较多，早读前、课间操后以及在校园里不经意碰面的时候，问候一下他们的生活琐事，了解一下他们的学习情绪或状况都是非常简单的事情，主动地去关心他们的生活和学习，就会使他们感受到学校的温暖、班级的温暖、老师的温暖，就会使他们更加容易亲近老师，更加容易接受教导，甚至可以把老师当成自己的好朋友。可以说，老师的关注和关心，将大大促使学生倾力展示自我，不断去战胜自我、超越自我，并不断取得进步！

（摘自《广大附中论文集》）

参考文献

[1] 仝晓娟. 天才的呼唤——初一新生适应不良的辅导. 中国教育报，2005-10-27.
[2] 范秀梅. 住宿管理工作应从细微入手. 成才之路，2010（2）.

第二节　孩子沉迷于手机等电子产品怎么办

一、问题概述

嘉豪是一名初三学生，笔记本电脑、高科技手机、掌上游戏机等，这一切对他来说都是生活中的必需品。他每天不是玩QQ，就是玩网络游戏。他的父母每次看到嘉豪待在电脑前就会提醒他应该看看书或者出去运动运动，然而嘉豪却毫不在意，不但很少执行，而且还嫌他们烦。他的父母对此真是一点办法也没有。

现在的社会是经济社会，物质生活日益丰富，各种各样的产品在方便我们生活的同时，也助长了我们的惰性。对于大多数父母而言，自己的孩子沉溺于网络和手机游戏是一个棘手而又头疼的问题。据调查，中学生占了网络游戏玩家中近一半的比例。而网络游戏对中学生的不良影响是巨大的。主要有以下四个方面：

（一）模糊了道德认知

中学生喜欢的游戏类型依次为角色扮演类、射击类、冒险类、赛车类、智力类，他们经常玩的游戏有美国的《反恐精英》（CS）、“吃鸡”游戏等。游戏大多以“攻击、战斗、竞争”为主要内容，未成年人长期玩飙车、砍杀、爆破、枪战等游戏，这些内容容易淡化他们的道德认知，模糊虚拟游戏与现实生活，使之误认为这种通过伤害他人而达到目的的方式是合理的。目前，因为玩网络游戏而引发的道德失范、行为越轨甚至违法犯罪的问题正逐渐增多。

（二）诱发金钱问题

由于目前的网络游戏大多是收费游戏，于是暴露出一个弊端——金钱问题。网络游戏的内容不外乎练级和买装备，然而这些都需要耗费大量的时间和金钱。随着上网时间的增多，上网费用也不断增加。而且，玩游戏所需的游戏卡也需要不断地更新、充值。这在无形中给中学生增加了经济负担，学生无法承受负担时，他们便会想出各种办法来解决，其中包括偷窃、暴力抢劫等违法犯罪行为。在我国就有不少因缺少玩游戏的金钱而引发的违法犯罪事件。

（三）损害身心健康

网络游戏，不仅会影响儿童左前脑的正常发育，而且特别影响儿童的早、中期智力开发。日本科学家对成百上千名玩“任天堂”游戏与其他只做简单、重复性算术题的学生的脑部活动水平检测分析发现，网络游戏只刺激了与视觉和运动有关的那部分脑的活动，而算术则刺激了负责学习、记忆和情感的大脑额叶左半球和右半球的活动。我国医务工作者对部分 7～18 岁学生进行的脑像图分析也得出了类似结论。长期坐在电脑前会导致自主神经紊乱，体内激素水平失衡，免疫功能降低，引发各种疾患，如心血管疾病、胃肠神经官能症、紧张性头疼、焦虑、忧郁等，甚至可能导致死亡。

（四）严重影响学习

据调查，在大多数中学生网络游戏玩家中，有 80% 的同学成绩处于中下水平，在这 80% 中有超过一半的同学因为玩网络游戏而导致成绩下降。这些同学之所以成绩下降是因为过度沉迷于游戏，他们几乎每时每刻都在想着游戏中的情节，想着如何去战胜别人，如何练级数，甚至如何去盗取别人的账号等，长期不思进取，以至于成绩下滑。

二、原因分析

电子产品为什么容易吸引中学生？是什么原因导致这么多中学生沉迷于网络中？父母有责任去了解中学生沉迷于网络的原因，并寻求解决问题的方法，帮助他们认清玩网络游戏和学习的关系，正确引导他们。

“冰冻三尺，非一日之寒”，现在的中学生沉溺于网络和手机游戏也是长时间养成的习惯。具体来说，中学生沉溺于此的原因如下：

（一）出于人的天性

中学生正处于成长发育期，他们的自制力还不够强，往往只顾一时痛快，而不管后果怎样。

（二）父母忙于工作，没有时间陪孩子

现在的经济日益发达，竞争也日益激烈。为了养家糊口，为了让家人过上幸福的生活，父母需要努力工作。在这种情境下，父母往往容易忽略孩子的感受，认为孩子白天有学校管，晚上有功课做，不需要父母的陪伴。这往往纵容了孩子。

（三）从众心理

从众是指个人受到外界人群行为的影响，而在自己的知觉、判断、认识上表现出符合公众舆论或多数人的行为方式。通常情况下，多数人的意见往往是对的。少数服从多数，一般是没有错的。但缺乏分析、不做独立思考、不顾是非曲直地一概服从多数、随大流，则是不可取的，是消极的“盲目从众心理”。有些中学生可能对网络游戏不感兴趣，但是看到朋友们都在玩，为了证明自己不落伍，也为了能更好地和朋友相处，便不知不觉地沉迷于其中。

（四）缺乏爱好，寻找激情

沉溺于网络游戏的中学生往往是一些学习成绩不好、没有兴趣爱好的学生。他们在平时的生活中会觉得学习没意思，况且自己也学不好，又没有其他兴趣爱好，于是就在网络游戏中寻找一些激情。

（五）模仿家长

有些家长工作后回到家里也是整天手机不离手。根据著名心理学家桑代克的行为学习理论可知，老师、家长或者很尊敬的长辈的行为会直接影响孩子，从而使孩子进行模仿。因而，家长抱着手机玩的时候，这种行为很容易被孩子模仿。

三、应对策略

我们的应对策略是“三原则，两方法”，即“堵、疏、引”三原则，两方法是“运用奖罚，提高成绩”和“正确引导，培养兴趣”。

（一）三原则

1. 堵

现在学生热衷于网络的现实情况，好比居高不下的洪水，对此不能把围墙一拆了之，这样很容易造成洪水泛滥，在必要的疏导系统没有建立起来之前，“堵”是必要的手段。从大的方面来说，父母应该配合学校还有社会相关单位的工作，严格禁止学生私自带手机回校，同时政府部门要加大网络监管力度；从小的方面来说，要求出台明确的条文规定，在中小学生游戏充钱的金额上进行限制，同时必须严厉制止那些痴迷于游戏的同学，限制他们玩游戏的时间和频率。

2. 疏

堵不是最终的解决办法，它治标不治本。要想彻底解决学生痴迷于网络的问题，关键在“疏”：

第一，作为父母，首先应该摒弃原先对网络的偏见，重新全面认识电子产品。要看到电子产品也有积极的一面，站在孩子的立场上，建立与孩子交流的平台，而不是站在孩子的对立面。与孩子进行平等、探讨式的交流，这样孩子会更容易接受父母的观点。

第二，鉴于手机等电子产品能满足学生渴望交流的心理，父母应该联合学校，创设一个学生之间正常交往的条件，如场所提供、时间安排、良好的氛围等。多安排各种活动，给学生充分的交流空间和时间。如果他们能在现实中找到好朋友，也就不会去舍近求远地追求网络背后的朋友了，或者是在手机等电子产品上去跟同学进行交流。

第三，网络只要利用得当，也可以变废为宝。例如网络游戏，时下被许多老师深恶痛绝的 CS，不可否认其中有暴力成分，但是如果抛开原来的想法，换个角度来看，这款游戏的可操作性非常强，而且对人的反应要求也是相当高的。学校可以举办一些游戏大赛，让学生来充分地表现、展现自我。世界舞台是大的，每个人都有闪光点，学习优秀、遵纪守法可以展现自我，游戏里也可以展现自我，只要引导得当，也许有一天会在世界游戏 WCG 的冠军杯上出现中国人的名字！

3. 引

当我们改变认识，给学生交流的时间和空间，把网络引进校园之后，开办合适、健康的游戏大赛，在此基础上形成一定的规模之后，学校可以把学生的学习兴趣和热情转移到学习计算机的知识上去，在游戏中加入人生观、世界观的教育，引发学生的思考。学生既能学到知识又丰富了娱乐生活，从而达到双赢的效果。也许今天的青少年将来会成为中国网络事业的“比尔·盖茨”。

总之，三原则中以“疏”为主，以“堵”为辅，以“引”为目的。实践中应该把“堵、疏、引”相结合，学校、家庭、社会相互配合，灵活运用，以求达到最佳效果。

（二）两方法

1. 运用奖罚，提高成绩

我们要恰当地运用奖罚来约束孩子的行为，从而培养孩子良好的自制力和意志力，不断地提高学习成绩。在这里，我们可以运用行为主义心理学中的“代币制”。简单来说，代币制就是父母事先设定一个目标，当孩子达到这个目标后就给予适当的奖励；当孩子能够轻松完成这个目标后，父母就要提高标准。例如，小明的父母规定小明每天只能玩一个小时的电脑，并承诺若是坚持了一星期就奖励他吃肯德基一次和 50 元现金，完成一天就用一颗红五星贴在书桌前，贴满 7 颗红五星就代表完成任务。当小明能够很轻松地完成目标时，就要求其完成两星期再奖励，当然可以把奖励品价值适当提高。如此下去，孩子就会养成良好的习惯，成绩就会提高。另外还有普雷马克原理、行为契约和塑造等方法。

2. 正确引导，培养兴趣

利用中学生争强好胜、爱表现的心理来培养孩子运动方面的爱好。运动不仅能够锻炼身体，而且能够调节心情、开阔视野。试想现在的孩子都在狭小的房间里学习、玩耍，不利于视野和心胸的培养。而广阔的空间可以放松心情，使孩子敞开心扉。同时，孩子有了爱好，激情也就有了，因而也就不会再沉迷于手机等电子产品。若是父母利用假期给孩子报班学习，孩子就会在同龄人中出类拔萃，时间长了信心就会增强，形成良好的品质。

四、案例

案例一

让孩子跟网瘾说再见

女儿13岁，我们的关系很好。我一直觉得孩子和我几乎无话不谈。孩子很乖，从小到大没让我们太操心，我们一家三口生活得平淡幸福。今年孩子通过努力进了理想的中学，成为一名中学生。因为学校有各种通知，孩子们也有自己的交际需要，于是我配了手机给她。我虽然限制了每天的使用时间，但玩手机依然会占用她很多时间，这还不是主要问题。更大的问题是我发现她加了很多陌生人（孩子手机设了密码，不过密码我很容易猜到），我查看了她的聊天内容，吓我一跳，都有点不认识我女儿了。于是我以网络安全为由告诉她我要定期检查手机，可是每次检查她都提前把那些微信内容删除，之后又会加上。我也给她讲了网络上发生的很多不安全事件，并规定她不许添加陌生人，当时她答应得很好，但最近我检查发现又都加上了，每天功课那么忙，还抽空聊天，聊天内容也是让人哭笑不得，我真的不知道该怎么处理这件事。强制处理看来没用，需要她认识到自己的行为不妥当才行。她在网上扮演着一个虚拟的人和别人聊天，说自己是童星，还说自己是混血儿，年龄也比实际大，和一个人说自己是加拿大人，德国混血儿，和另一个人又说是韩国混血儿，还说自己是学霸，会几国语言。她还加了一些明星群，和别人要什么明星的微信，也不知道真的假的都加上了。看了这些谎话连篇的聊天记录，我真的很难相信这居然是我的孩子。

从此，帮助女儿戒除网瘾摆上了我们家的议事日程。思想是行动的指南，我们先从思想工作做起，使她认识到网瘾的危害。于是我们开始找她谈，她开始还不以为然，几轮思想攻势后，她的思想才开始渐渐转化，可就是想得开、说得出却做不到。没有监管的小孩必然导致贪玩，加强监管势在必行，有必要让她不敢为。于是每当她坐在电脑旁时，我们就会时不时走过去看她是否在做与学习无关的事。这一招还真奏效，有一段时间没有发现她上网了。可是，这段时间她为何还是总喜欢坐在电脑旁？坐在电脑旁的时间为何那么久？得探个究竟！

一次，在女儿坐在电脑旁做作业的时候，我走了过去，一看，她在用电脑看学习的视频呢。可是，定睛一看，却发现她的微信不断地闪，我抢过鼠标点开一看，原来女儿又在和那些不认识的人聊天。见此，我火冒三丈，把书本和作业本摔到地上，并且大骂一通。发火是有作用的，管与不管、管得严与不严就是不一样，女儿的网瘾逐渐变小。但看得出，她还是手痒痒的，就算有"高压线"，一有机会，她还会去碰。外因是变化的条件，电脑和网络是网瘾的外因，也是条件，必须牢牢控制，让她不能为。物理隔离是最有效的。家里没人监管她的时候，我们就把网线断了，后来干脆将摆放电脑的房间锁住或贴上封条，让她断了上网的念想。功夫不负有心人，三招过后，女儿的网瘾终于渐渐消退。

【家长感悟】

当今社会是网络社会、信息社会，网络在给孩子们的学习和成长带来极大便利的同时，也给孩子们带来了很多诱惑。因此，家长要密切配合老师，加强对孩子的监管和引导，细心观察，见微知著，因势利导，并让孩子明辨是非，抵制诱惑，养成良好的学习和生活习惯，从而健康成长。

【教师点评】

如今，我们已经进入信息化时代，电脑已相当普及，孩子可以利用它很好地为学习服务，但同时由于部分孩子自制力比较差，很容易深陷其中，不能自拔，这给孩子的生活和学习带来了很大的影响。因此，网瘾问题成了家长和老师的共同话题，“让孩子们跟网瘾说再见”也成了家长和老师的共同心愿。针对网瘾问题，我们开过主题班会，与学生交流过，也与家长沟通过，希望从中找到行之有效的方法，可是方法有时却因人而异，并不一定适合每一个孩子，因此，在这里仅是给大家提供一种借鉴。

本文的家长就给我们提供了一个很好的方法，当发现孩子有某方面的问题时，能够及时“提上议事日程”，从思想上加以开导，在行为上加以监管，同时能够宽严结合，既平等交流又严格要求，当一种方法失效后，尝试着换另一种方法。有时某一种方法可能就会让孩子产生心灵上的触动，从而让他们慢慢改变直至戒掉网瘾。

案例二

儿子曾经沉迷于玩手机

我是一名高二学生的家长，虽然算不上是一位出色的家长，但我也算是一位尽职尽责的家长，每次遇到教育孩子的问题时，我都会寻求帮助，譬如打电话到广州市未成年人援助中心，向那里的老师学习咨询。在孩子成长的路上遇到了很多的问题，最令我记忆深刻的是孩子曾经因手机被没收，跳到学校的喷水池中的事情。那是孩子上高一的时候，同学们比较喜欢通过微信交流，儿子一时间也迷上了网络社交，他大概是玩手机成瘾了吧，一时间不看手机心里就不舒服。有一周他居然偷偷地把手机带回了学校，我也没发现这件事，直到有一天，他在宿舍拿出手机玩得正入迷的时候，被轮值的级长发现了，手机被没收后，儿子一时激动，便匆匆地下了楼，级长看他情况不对，便跟着他，结果看到他跳到了喷水池。当时级长赶紧把他拉了上来，便立即通知了我。我跟我先生当时都被吓坏了，赶紧来到学校把孩子接回家先让他情绪冷静下来，随后我又打电话到心理咨询中心去咨询老师，应该怎么帮助孩子戒除网瘾。老师建议我先不要完全没收孩子的手机，可以跟孩子商量手机使用的时间，要一步一步逐渐减少使用的时间。

于是，我跟孩子说：“你这样玩不行，这会影响你学习。”因此，我跟他协定：每天只能玩两个小时，而且必须完成学校布置的作业才能玩（每天我都会问老师布置了哪些作业，并进行监督）。那时他读高一，学化学的时间不长。我早就听一个教物理的同事说过，她儿子原来学习成绩不好，读初二时因为物理成绩有所提高，其他科目的成绩也被带动上来了。因此我抓住这个突破口，辅导他化学，效果很好，慢慢地孩子喜欢上化学了。我又给他补数学，他的感觉又上来了。我马上提出，时间不够用，你最好每天只玩一个小时，因为学习比玩重要得多，他没有异议。后来变成每天半小时、隔天一小时，再后来变成一星期两小时。终于，儿子的成绩又挤进了全班前十名。

到了高二，我就提出："上补习班的题你要全做对才有得玩。"他很自信，说："好!"因为学习上的成功比玩手机更让他觉得快乐。

现在，儿子快念完高二了，叫他玩他都不玩，整天想着怎样考重点大学。

参考文献

[1] 斯莱文. 教育心理学. 姚梅林，等译. 7 版. 北京：人民邮电出版社，2004.
[2] 冉慧. 学生上网现象的思考与对策. 科学咨询（教育科研），2010（5）.
[3] 董超. 引导中学生健康上网. 教育论坛，2009（7）.
[4] 李冬梅. 戒网瘾各国有各招. 域外社区，2010（7）.
[5] 刘丽平. 我国青少年网络成瘾问题探析. 佳木斯大学社会科学学报，2009（6）.

第三节　如何对待孩子的吸烟行为

一、问题概述

王女士最近来到学校找孩子的班主任说在孩子的房间闻到了烟味，当质问孩子是否抽烟的时候，孩子推说自己学习压力大。而王女士非常担心孩子在学校或者社会上结交了一些不良青少年，因而最近十分苦恼，便来到学校了解详细情况。

据权威机构的调查显示，目前，我国中学生第一次吸烟的平均年龄是 10.7 岁，比 20 世纪六七十年代早 2 ~ 3 岁。大约有 41.5% 的吸烟男生认为，吸烟能体现男子汉气概，觉得很时髦、很酷。

中学生吸烟在我国已不是什么稀奇的事，许多父母为此伤透了脑筋。然而，打骂也好，苦口婆心也好，都难以让孩子改正吸烟的恶习。有的孩子甚至被管得越严越要偷偷地吸。那么，孩子为什么对吸烟这样着迷呢?

二、原因分析

中山大学教育学院的调查报告指出，孩子吸烟除了有父母的榜样作用外，主要还是心理原因。学生吸烟的原因大致有以下四种：

（一）自己的父母吸烟

著名心理学家班杜拉的社会学习理论认为，儿童行为习惯的形成源于对榜样的学习。孩子小时候的榜样往往是自己的父母，且男孩子的榜样往往是父亲。父母的一言一行都是孩子模仿的榜样，吸烟自然也不例外。

（二）好奇心的驱使

进入青春期后，许多青少年渴望长大成人，但心理上处于半幼稚半成熟的状态。

许多父母表现出只有成年人才能吸烟的观念，中学生为了证明自己是成年人而吸烟。

（三）想通过吸烟交朋友

由于受“烟酒不分家”社会风气的影响，许多中学生从成人那里获得了相关经验，认为吸烟可以结交更多的朋友。尤其是那些性格外向、喜欢交际的中学生，他们尤其看重吸烟的这种社交功效。一个吸烟的中学生说：“我爸爸说吸烟可以让两个人产生亲近感，还能够提高办事效率。”

（四）为了满足时髦的虚荣心

“饭后一支烟，快活似神仙。”“不抽烟，不喝酒，不如世上一条狗。”许多中学生笃信这些庸俗的社会流言。同时，一些中学生认为吸烟很潇洒，就像电影里的那些帅哥、老大一样，他们嘴里都叼着雪茄。一些女生也认为男生抽烟的姿势很帅，看上去很成熟、很有魅力。一些中学生就是为了赶这些时髦，或者是为了吸引某些女生而开始吸烟。

三、应对策略

（一）让孩子切实认识到吸烟的危害性

父母可以通过身边的真实例子、广告和实验来让孩子切实认识到吸烟的危害性，认识到电影与现实生活的区别。还可以通过科学书籍让孩子认识到香烟中含有尼古丁等多种有害物质，吸烟对呼吸器官的损害尤其严重，许多呼吸道疾病都与吸烟有关。更重要的是，让孩子知道吸烟对青少年的发育有危害性，因为初中生对自己的外貌是很在意的。另外也可以找孩子的同龄朋友共同探讨吸烟的利弊，让孩子了解吸烟的人酷、帅只是一小部分人的观点。美国著名心理学家艾利斯的 ABC 理论就认为行为是由信念决定的，所以关键是要通过思想上的教育来改变孩子的认知，只有这样，才能改变孩子的行为。

（二）让孩子认识到吸烟并不代表成熟

让孩子意识到成长是一个生理过程，每一个人都将迎来自己的成年期，吸烟并不是走向成熟的标志，而且许多成年人并不吸烟。告诉孩子真正的成熟体现在健康的体魄和健全的心智上。

（三）让孩子集中精力学习

如果孩子染上了吸烟的坏习惯，就说明孩子的注意力并没有完全放在学习上。凡是学习用功的孩子，他们几乎没有什么时间来关注学习以外的事情，尤其是一些不良的行为和习惯。因此，一定要让孩子戒烟，并让他们认识到目前的主要任务是学习。

（四）父母要做好榜样

班杜拉的社会学习理论认为，孩子大多都以自己的父母为榜样来效仿。据调查，父母吸烟，其孩子往往也吸烟。因此，要想孩子不吸烟，父母就应该做好榜样。不是说父母一定要戒烟，最起码在孩子面前尽量不要吸烟，这样教育孩子才有说服力。

（五）采取措施，消除烟瘾

对于已经有烟瘾的中学生来说，单凭说教是难以令其戒掉烟瘾的。此时，我们就需要采取一些措施来帮助他们。常用的方法有：让孩子口袋里常备口香糖或喜欢吃的小零食，当烟瘾来时可以解一时之渴。这些方法都在行为主义的疗法中得到了验证。另外还有反应代价法等。

四、案例

“戒烟”的故事

小何家境殷实，比其他学生看起来聪明，学习不怎么认真，但基础相较于其他同学较好，成绩在班上排前列。但行为习惯及学习习惯很差。因性格比较豪爽，所以跟全班同学都成了好朋友，有时因贪玩跟同学一起尝试抽烟；偶尔也会跟同学一起喝酒、打桌球；每天大概有一节课趴在课桌上睡觉，不睡觉时不怎么认真听课，但也能跟上课程。

开学之初，我在查宿时发现厕所有烟味，作为老师我就有些担心孩子的行为会相互传染，大家会效仿，因此晚上我就故意到操场和宿舍去转。某日晚自习课间休息时，我在操场东侧发现几个同学从西教学楼出来，其中一个好像在抽烟，由于离得较远看得不是非常清楚，我就蹲下来，想等他靠近之后抓他一个人赃俱获。他们几人直到走到我身前不足五米处才发现我，不知谁说了一句“老班”，抽烟的小何才匆忙把烟往地下一扔一踩，他的一举一动早已被我尽收眼底，我把他们都叫了过来，小何一过来就语无伦次地对我说：“老师我没有抽烟。”本来我是心里窝着一肚子火，想好好批评他一顿，看到他那故作委屈的样子，我却平静了下来，我笑着对他说：“没事，没事，我也没看到你抽烟啊，都先回去吧。”听到平时一向严厉的我说出这样的话，他简直难以置信，预想中的暴风骤雨突然变成了和风细雨，他肯定有些不知所措，这时我没有再给他发呆的机会，扭头就往办公室走去了。第二节晚自习我走进教室，就像什么也没发生过一样，我故意不向小何那边看，但是我知道他现在肯定是如坐针毡，心中盘算着如何度过我这一关，而我却气定神闲，打定主意就是不找他，我断定下课之后他肯定会来找我。

第二节晚自习小何如坐针毡的同时，我也在思考如何处理这件事情。我觉得应该遵循两个原则：一是要站在关心爱护他的角度，让他知道老师是想帮助他，让他知道抽烟的危害；二是要讲究方法和策略，不能简单粗暴，要给学生解释的机会。

下晚自习之后我前脚刚到办公室，小何接着就来了，我问他来干什么，他说来承认错误，我笑眯眯地说："你最近好像没犯什么错误吧？"他吞吞吐吐地说："老师，今晚我抽烟了，你就狠狠地批评我吧，哪怕打我几下也行啊。"我一看他的确是想来认错了，便对他说："既然你来找我，就是想承认错误，就是想改正错误，那我们就好好谈谈，我向你保证今天这件事我既不告知学生部也不通知你家长。"他一看我很认真也很坦诚，所以就向我打开了话匣子。通过谈话我知道了很多：小何其实不是坏学生，这次抽烟只是出于好奇心而已，在看电影的时候觉得男主角抽烟很酷，所以自己想体验一下。

我和他谈了很久，有大道理也有小道理，我给他做了这样的分析：首先，你第一次抽烟完全是一种好奇心在作怪，看到别人抽烟所以你也想试试；其次，抽烟完全是一种从众心理，看到很多人抽烟，你去学他们抽，甚至慢慢觉得抽烟是一种很酷的行为；最后，老师和家长没有对你进行及时引导，所以你才染上了一些坏习惯。我还特意在电脑上查了青少年吸烟的危害，让他自己从网上看到了一些案例，让他认识到抽烟不仅对青少年的身体发育有危害，还会引发其他的坏习惯或行为，看完后他又告诉我班内几个抽烟同学的姓名。

最后，我和小何进行了这样的约定：一是以后绝对不可以带烟或打火机到学校来，这是一种危险行为；二是周末回家尽量少和抽烟的同学朋友接触；三是允许我和他的家长进行一次面对面的沟通，和其父母交流后，他的父亲特别感动，也特别自责，向我保证：改变教育孩子简单粗暴的方式，孩子在家自己尽量少抽烟甚至不抽，并且周末监督好孩子；四是要把精力用到学习上，让他没有闲情逸致再去违反纪律。

我主要通过以下方法进行了教育：

（1）倾心交谈。首先，我主动找他单独谈心，不是用简单、粗暴、凶神恶煞的语气跟他讲话，而是用和蔼可亲的语气跟他谈心，也因此知道他喜欢下象棋，而且下得不错，还喜欢跳舞，我充分肯定了他的这些优点，让他参加了学校的街舞兴趣小组，并让他负责管理班级的象棋。这样他对我产生了一种亲近感，也使得我们之间形成了一种愉快的谈话氛围。久而久之，他敞开心扉，主动谈了他的家庭、生活和学习。于是，我不失时机、语重心长地告诉他："你应该学会自强、自尊、自立，把学习尽量搞好些，能学多少就学多少，这样你才有出路，你才会得到更多的关爱。"

（2）关心爱护。从小何的家庭情况可以看出，他在家里缺乏关爱。我决定从这里入手。在学校，我对他格外关心，天凉了，我提醒他加衣服；看到他衣服没穿好，我帮他整理整齐。

（3）设定小目标，"芝麻开花节节高"。我和小何一起制定出每天、每周的奋斗目标，每期目标呈梯级递进，督促、激励他不断改正错误，使其优点越来越多。

（4）榜样引路，同伴互助。正所谓"榜样的力量是无穷的"。班上有几名男生非常优秀，我就鼓励小何向他们学习，并和他一起将他与这些同学做比较，找出各自的长处和短处，由他确定要向别人学习什么。同时，我让这些学生主动和他交朋友，除潜移默化的影响外，还教会他应该怎么做。老师和家长的话他不一定全听得进去，但好朋友的话他却听得很认真。

（5）赏识他的优点。赏识如一盏明灯，会照亮一个人前进的道路，帮助一个人建立和增强信心。我在跟他谈话时，首先表扬他的长处。听到老师的表扬，他的脸上不仅露出了笑容，还微露羞涩。我还在集体生活中让他充分感受到“我能行，我不比别的同学差”。例如，他在街舞兴趣小组表现很好，后来还参加了番禺区的征文比赛并获奖，看到自己的努力成果，他开心地笑了。我在班上表扬了他，全班同学热烈地鼓掌。从那以后，他在学习上比以前主动了，清洁值日时踏实肯干，课间会做些有益的活动，很少和同学发生纠纷。

五、反思与感悟

（1）针对青少年“逆反心理强”的特点可知：对待青少年的不良行为，不能用简单、粗暴的方法去处理，否则会产生适得其反的效果。我对小何的行为采取了“耐心＋爱心”的教育方法，事实证明，这应该是行之有效的。

（2）对青少年某一偏差的行为进行教育时，方法要灵活。单一的方法往往会导致青少年产生“适应性”和“对抗性”，以致教育以失败告终。

（3）环境是改变青少年习惯的重要因素。因此，只有营造一个健康的环境，才有可能使青少年走向健康的成长道路。

（4）良药苦口利于病。采用学生乐于接受的方式进行谈话教育，引导学生用自己的优点去战胜缺点。

（5）用好习惯、好兴趣的领地去占领不良习惯、不良兴趣的领地，使之无处生长，慢慢消失。

（6）对青少年实施心理辅导，是促进他们健康成长的一条有效途径。

参考文献

[1] 斯莱文．教育心理学．姚梅林，等译．7 版．北京：人民邮电出版社，2004.
[2] 王延群．戒烟妙法．中国保健营养，2010（5）．
[3] 林长华．走出抽烟“雾区”．杭州（下旬刊），2010（4）．

第四节　如何对待孩子的追星行为

一、问题概述

小强是一名高三学生，比较聪明，但是该生在校表现非常差，上课期间都在睡觉，老师和家长三番四次的教育依然无法改变他的行为表现。经过深入了解发现，他晚上都在看有关某明星的相关消息，十分着迷，因此晚上没睡好，白天上课期间就在补觉。

从心理学看，崇拜明星的现象是个人心理发展到一定阶段的产物。在幼儿期，孩子心中的偶像就是自己的父母。因为父母给自己提供了衣食住行，在他们还不成熟的意识里，父母是自己生存的保障，当然也是最高的权威。接着，偶像会随着教育的变化而改变。例如，给孩子讲的英雄故事会让孩子对英雄产生敬仰、崇拜的心理，而这种崇拜的对象是虚幻的，不容易表现出来。

孩子进入青春期后，他们的自我意识高涨，会以自己的眼光去看待身边的事物，而不是仅仅听从父母的嘱咐，他们也需要精神上的领袖。由于自我意识的成熟，他们感受到了父母的平凡，英雄的遥远，就很容易着迷于经过精心包装，由传媒展现的完美明星。因为，明星是活生生的人，且鹤立鸡群、独领风骚，真实而又充满着诱惑。正因为如此，中学生很容易把某个明星当作自己的偶像，成为追星族。

二、原因分析

孩子追星一般有以下六种原因：

（一）迷恋明星

他们所追的绝大多数明星都是俊男美女，而这些明星所扮演的影视角色也大多是玉树临风、力挽狂澜的英雄或亭亭玉立、贤惠可人的美女。这些正是中学生所向往的角色，更是他们所崇拜的英雄故事情节。因此，他们为之倾慕、迷恋、疯狂也就在情理之中了。

（二）从众心理

社会学里有一种从众现象，就是当大家都这么做时，哪怕自己不愿意，也会随大流，以免别人非议自己，以显示自己跟得上潮流。中学生更是如此，为了面子，为了不让别人说自己落伍，不被视为异端，也盲目地加入了追星的行列。

（三）模仿心理

青少年一个最明显的个性特点就是表演性人格，也就是说“舞台上的自我”。所谓的“舞台上的自我”，是指个体无论何时何地都感觉到自己是众人注目的焦点，所以他们希望自己的衣着打扮、言行举止如同舞台上的明星一样，受到万众瞩目。而现实生活中的明星恰恰是真正的舞台上的主角。他们通过其面具式的舞台自我展示，吸引了无数追星族的目光，进而形成狂热的崇拜浪潮。其一举一动、一言一行似乎都能引导一个潮流，代表一种精神。所以，为了能够与之趋同，达到相似的“舞台”效果，片面地仿照他人的行为并使自己与他人相同的模仿心理在青少年当中是相当普遍的。

（四）归属心理

人本主义大师马斯洛曾提出一个关于个人成长过程的“需要层次理论”。他认为人是有需求的，按照层次的不同可分为生理需求、安全需求、归属和爱的需求、自尊的需求和自我实现的需求。而归属和爱的需求恰巧是青少年所需面对的最主要的问题。因为对于青少年而言，由于生理和心理发展的原因，其正处于一种“心理断乳”阶段，主要表现为情绪的波动性，与父母关系的疏远，自我意识与社会现实的冲突，等等。

同时，由于当今社会所特有的一些特点，如社会的流动性、传统团体的瓦解、传统价值观念的裂变、家庭分裂的增加、代沟、持续不断的社会化——所有这些都加剧了青少年的异化感和孤独感，这主要表现为对归属和爱的强烈的内心需求。而追星族中有与自己有相同感受的同辈，可以同声同气；同时，在明星的音乐、影视或其他活动中，青少年还可以使自己沉醉于其中，以获得一种心灵上的暂时的平静与安慰。所以，从这个角度出发，追星也是青少年孤寂心理的反映。

（五）爱恋心理

青少年由于生理上性的发育，逐渐萌发了对异性的好奇和向往。然而，由于青春期所特有的羞涩等心理作用，其在对异性的行为上往往又表现得特别紧张，甚至以一种反向的交往形式来掩盖其内心的向往。同时，我们传统文化中的一些偏见也抑制了正常的异性之间的交往。所以对于异性交往这一领域，青少年可以说基本处于空白状态。正是这种空白状态的出现，青少年对异性的好奇越发强烈，以至于几乎每个青少年都有一个理想爱人的轮廓。但由于青少年心理品质的不成熟，这种构想只停留在理想的层面上，往往只是外表上的英俊或漂亮而不赋予其任何内涵上的东西。而大部分的青春偶像往往都是一些俊男美女，极易吸引众多青春期少男少女的目光，加之其脱离现实生活的舞台形象，往往在涉世不深的青少年中形成一种完美的形象，进而成为其意念中爱恋的对象，甚至于达到疯狂的程度。

（六）重压之下的放松和空虚心灵的慰藉

应试教育像无形的紧箍咒长期束缚着孩子的身心。他们往往被教师的训导和题海所包围，几乎没有时间来做自己喜欢的事。而学习对于大多数学生来说无疑是一个负担，他们从中找不到激情、看不到快乐。闪耀的明星生活是他们所向往的，与其见面等往往能给他们带来激情和欢乐，心灵从而得到充实。

三、应对策略

追星是一种社会现象，在追星一族中，中学生占有相当的比例。父母要一分为二地看待孩子的追星行为，既给他们创造抒发激情的机会，又要关注孩子心目中“星”的状态，有效指导孩子的行为。

（一）理解孩子对明星的喜爱程度

父母要了解孩子喜欢哪些明星以及为什么喜欢他们，从而了解青少年的流行文化，不能以自己时代的眼光看现代的世界。通过交流，让孩子知道自己的态度：不反对他们喜欢明星，但是要讲究有度。父母甚至可以告诉他们自己也有喜欢的明星，还要告诉他们，明星的成功也是通过自己的奋斗得来的，没有不劳而获的侥幸。

（二）用明星的奋斗史激励孩子

父母可以找一些通过奋斗成功的明星故事资料来教育自己的孩子，如周润发的奋斗史，要让孩子从喜欢他们的外表发展到崇拜他们的精神。让明星的奋斗精神不断激励孩子前行，只有这样才能锻炼出孩子持之以恒、坚韧不拔的宝贵品质。

（三）父母要与孩子共享激情

当孩子心情激荡的时候，总想有人与自己一起分享。这时候，父母应该试着分享孩子的快乐，而不是在一旁冷嘲热讽。只有这样，孩子才会和父母产生感情上的共鸣，长此以往，心灵的距离会越来越近。这样就有利于亲子关系的融洽和谐。

（四）父母要做好自己的本职工作，以身作则

父母要努力维持家庭的稳定和气氛的和谐，多关心孩子，这样才能让他们有一种归属感和安全感。另外，父母也要努力奋斗，言而有信，以身作则，这样才能在孩子心目中树立威信，也能给孩子树立一个榜样。

在这个过程之中，切忌用蛮横的态度、暴力的行动来压制孩子的行为；否则，处于青春期的中学生只会口服心不服，“身在曹营心在汉”，不但会影响孩子的学业和性格，也会破坏家庭关系。

四、案例

借用“星语”成全“心愿”

偶像崇拜在个体的成长中是具有普遍性和必然性的，要求青少年拒绝偶像是不现实的，但疯狂而热烈地“追星”，则可能产生不良影响。我们先看一个案例：小弥刚上初二，父母发现他最近几个月变化很大，开始迷恋某个明星，每次看到电视上出现这个明星的画面就兴奋尖叫。所有话题都是围绕这个明星。开始穿一些奇装异服，偷偷染黄头发；学校要求穿校服，小弥就在书包里带上衣服，放学路上换上自己的衣服。对于父母的说教小弥总是一脸的不耐烦，母亲多说两句，小弥就说：“您是不是到更年期了，怎么这么啰唆，我的事您少管。”最近这个明星要开演唱会，小弥已经约好同学一起去看，并找姥姥要钱，买了近两千元的 VIP 座。小弥的学习成绩也是一落千丈，父母异常着急。

【教师点评】

孩子开始“追星”，表明孩子已经有社会发展的情感倾向，即社会化倾向，这是成长的表现。在成长过程中，青少年会把崇拜的对象从父母身上移开。孩子到了十三四岁的时候，一般会对父母的权威进行挑战，要进行挑战，就必然有一个力量支撑他，这个力量是他成长过程中某种价值观的投射。

父母在孩子成长过程中不必过分焦急，不必在孩子的做法稍有过火时就横加干涉，甚至是实施暴力管教，这样可能会挫败孩子自己选择的欲望。因为孩子所有的新行为、新选择都是对生活的探索、对成长的体验。如果家长不停地挫败孩子的决定或欲望，孩子要么放弃对社会的探索，对父母产生心理依赖，要么加重他的叛逆心理，完全把父母拒在心门之外，父母就很难再与孩子有深入的交流了。

其实有部分年轻人“追星”和崇拜偶像，并不盲从，能正确分析偶像的优点和不足，追星是为了追求明星的亮点，学习明星好的东西，并以此为榜样，在学习和生活中严格要求自己，培养积极奋进的精神，这些年轻人都能健康成长。

如何帮助孩子正确“追星”？如果孩子“追星”，家长可以尝试下面的做法：

第一，跟着孩子去“追星”，寻找共同话题。喜欢娱乐是孩子的天性，孩子追星实际上是一种想把理想转化为现实的探索式追寻。父母发现孩子“追星”，不妨自己也同孩子一起“追星”。父母只有了解孩子追的“星”，才可以和孩子谈“星”。父母对“星”发表的客观评论，会对孩子的人生观与价值观的形成起到潜移默化的作用，也能及时纠正孩子的不良“追星”行为。

第二，防止孩子不健康地“追星”。孩子处于青春期，也是性的萌芽期。比如有的男孩看着自己心目中漂亮性感的女明星，容易产生性冲动、性幻想；有的女孩过于迷恋某男星，幻想着有一天能够成为这个明星的伴侣，如果有某男星结婚的消息，就立刻情绪低落、精神沮丧。这样的“追星”已经到了不健康的地步，肯定会影响学业、影响身心健康发展，这就需要正确引导。父母要告诉孩子，明星都有自己的宣传团队，大部分明星都是经过精心包装出来的，镜头之外明星也是普通人，他们喜欢和追求的只是明星包装出来的样子。

第三，让“追星”成为孩子进步的动力而不是阻力。家长多注意观察孩子，了解孩子到底喜欢明星的哪些方面。在“追星”的过程中，孩子可以伴有自我投射和寻求认同感。家长适时引导他们兴趣的发展，把这种崇拜转化为激励，把明星当作他们人生发展的楷模，让孩子的追星转化为奋斗和成功的自我激励。“大禹治水，疏而不堵”，正确引导是关键。其实孩子追的“星”不是固定不变的，由他自己一次次推翻自己的偶像，是孩子成长的体现。

第四，父母可以帮孩子选择明星。很多明星都有非常艰辛的奋斗史，也有很多明星成功之后在慈善和公益方面成就显著，为孩子选择这样的明星，汲取明星的正能量，让明星发挥榜样的力量。

参考文献

[1] 初德和．做儿子追星的网友．家教指南，2007（4）.
[2] 侯龙龙．碰撞．北京：中国妇女出版社，2005.

第五节　如何看待孩子的攀比心理

一、问题概述

宋女士来信说她上高三的女儿最近一回到家，就会跟她提出要求：“最近快参加成人礼了，学校要求每人准备一双有跟的鞋子，我同学都是专门定制的鞋子，也不是特别贵，两三千左右，妈妈，我也想要专门定制的，一辈子就那么一次成人礼，我希望重视一下。不然买那些便宜的我穿着也不开心，同学也可能会看不起我。”宋女士认为孩子的这双鞋子也只是成人礼那天穿一次，以后就不合脚了，没必要买那么贵的，这相当于浪费钱。她认为孩子大了有了攀比心理可以理解，但是这种单纯的物质攀比却是不可取的，可又不知道有什么方法可以既不伤害女儿的自尊，又能消除其攀比心理。

当个体从他人身上获得各种信息来定义自己的时候，他就会情不自禁地与周围的人比较。这种和他人比较的心理就是攀比心理。

中学生之间的攀比现象已经成为热点问题。有的现象折射出成人世界的庸俗和丑陋，透视出青少年群体中的失落和迷茫，这些现象成了校园生活中不和谐的音符。例如，有的学生沉溺于物质追求，在同学之间比较生活条件，看谁吃得好、看谁穿得俏、看谁花钱阔绰、看谁发型新潮；有的在攀比谁家的钱多，谁的父母权力大。这种盲目的攀比会导致青少年人格的畸形和道德的丧失。

具体来说，盲目攀比的心理对青少年的成长具有以下四个方面的危害：

第一，攀比容易分散孩子的注意力，使孩子把兴趣点集中在自己正在攀比的东西或事物上，这样势必影响孩子的学习。

第二，盲目攀比容易导致嫉妒心理。在和他人比较时，比不过他人就会心里不高兴、羡慕他人，甚至产生嫉妒心理，为他人有但自己没有的东西而生气，嫉妒他人比自己强。

第三，虚荣心会更加严重。盲目攀比往往来自虚荣心，虚荣心是自尊心过度的表现，过分自尊的人容易形成虚荣心理。在这种心理的支配下，人们自然要维持自己的面子，有时甚至“打肿脸充胖子”。出于对面子的维护和爱惜，人们更容易攀比。两者相辅相成，会使攀比心更严重，虚荣心更强烈。

第四，有的孩子在攀比心理支配下，为了获得某种自己需要的玩具和物品等，从而去骗取甚至偷窃。因此，我们应正确引导孩子的攀比心理。

二、原因分析

要想解决中学生不适当的攀比心理，我们有必要来了解一下他们攀比心理后面的真实心理。

（一）自信心理

充满自信的学生好胜心强，学习上喜欢与高于自己的人比较，德行上喜欢与先进者比较，比较的过程自然会促进自己进步。

（二）自卑心理

有自卑心理的学生也喜欢与他人比较，由于自己的表现在同学中处于不利位置，他们通常不愿与学业好、德行先进的学生比，而喜欢与落后的学生比，以求得心理平衡。

（三）补偿心理

有的学生与人攀比，其直接动机是求得心理的补偿。一个家庭经济不宽裕的学生，不一定理解父母的疾苦，反而与人比物质享受；一个学业不良的学生不在学业上提高自己，反而与人比阔气。这些都是出于补偿心理的需要。

（四）虚荣心理

在盲目攀比的学生中，有相当大一部分是虚荣心在作祟。在学习生活中，他们特别爱面子，为了维护自己所谓的“面子”，常常不考虑自身的实际情况，与人比较不该比的、自己无法胜任的东西。

（五）功利心理

有的学生斤斤计较于物质上的攀比，是由于他们只考虑功利化需求，认为人与人之间的关系是一种功利关系，而精神的追求是虚幻的。

（六）模仿心理

对于年龄尚小的学生来说，攀比常常源于模仿，别人有的，自己也一定要有；别人没有的，自己也要设法拥有。在这种心理的直接支配下，学生的攀比行为也愈演愈烈。

三、应对策略

针对这些心理，我们建议的措施是“一合作、二原则、四方法”。

（一）一合作

一合作是指家校合作，家长可以请求班主任通过班会等形式培养学生朴素节俭的意识，在具体的活动中有意识地引导学生养成勤俭节约的良好习惯；在班级管理中注意营造比学习、比好品行的良好氛围，引导学生产生积极向上的进取心；另外，班主任还可以通过家长会向家长传递类似信息，提醒全体家长在为孩子提供生活用品时，以价廉物美、实用为准则。

（二）二原则

一是父母要坚持自己的原则，对孩子不合理的要求不让步；二是父母要以身作则，以勤俭节约的美德来感染孩子。

（三）四方法

1. 反攀比

孩子在攀比时最典型的理论就是“别人都有，所以我也要有”。对于这样的孩子，一个快速生效的办法是反攀比。当孩子说“自己的衣服不如别人”时，妈妈可以反问孩子“你们班每个同学每天都穿新衣服吗”，这样问的话会促使孩子想到有些同学穿得还没有自己好。“反攀比”就是用孩子已有的物品或者特长来和没有的人比，让孩子知道自己有的别人没有，这样，孩子的心理就会平衡一些。然后，家长再给孩子讲道理，告诉孩子哪些可以比，哪些不能比。

2. 改变攀比兴奋点

孩子有攀比心理，说明他内心有竞争意识，想达到别人同样的水平或者超过别人。家长要抓住这种上进心理，改变孩子比吃、比穿的消费倾向，引导孩子在学习、才能、毅力和良好习惯等方面进行攀比。

3. 自己和自己比

孩子总和他人比，容易缺乏自主性和独特性。家长不妨多鼓励孩子和自己比，例如，让孩子这个月和上个月比，本学期和上学期比。在比较中，孩子会看到自己的进步，原来不认识的字现在认识了，原来不会骑自行车现在会骑了。这些比较可以让孩子获得自信，并在欣赏自己的过程中努力超越他人。

4. 把攀比变成动力

当孩子爱攀比的时候，父母可以引导孩子将攀比变成动力，告诉孩子不是不可以攀比，而是要通过自己的努力，去实现攀比的条件。

这就是我们提倡的“一合作、二原则、四方法”。下面我们通过四个案例对这四种方法一一详细说明。

四、案例

案例一

反攀比

星期五，正在上高二的小金回到了家里，跟爸妈聊了起来：“爸爸妈妈，我想买一个××牌的椰子鞋，我同学他妈妈最近出国了，在澳大利亚买的话比在国内买便宜很多，因为不用交税，我几个朋友都买，我也想要一双，大概两千多吧。”妈妈不同意给小金买那双鞋的理由是家里经济条件有限，现阶段的主要任务是学习，鞋子一般几百块的就很好了，没必要跟同学比较。对于妈妈的说法，小金很不满意。他说：“为什么别的同学的父母就给他们买好的鞋子，你们就不给我买？你们老说爱我，其实一点儿也不爱我，全是假话！”无论妈妈怎么苦口婆心地讲，小金都不理睬，只用一句话对付妈妈：“你们不爱我，别的同学的妈妈为什么给他们买？”这时，爸爸问小金：“你看看电视上的这些孩子，他们连吃饱的机会都很少，你看看他们读的学校都是很破旧的，穿的衣服更不用说了，没破洞就已经很不错了，你应该学会知足。”妈妈继续问：“他们为什么没有好的衣服穿？”小金得意地说：“买不起呗！”妈妈说：“你看看，你有的东西别人不是也没有嘛！这些孩子的妈妈都是不爱他们吗？”

【案例分析】

案例一的方法就是反攀比。反攀比就是“以其人之道，还治其人之身”。父母可以用孩子已经有的玩具、物品或特长来和别人比，让孩子知道自己有的东西别人没有，自己有的专长别人也没有。父母也可以经常带孩子出去走走，让孩子看看丰富多彩的世界，认识到世界是由不同颜色、不同事物组成的，每一种物质都有不同的作用。正因为这些不同才构成了世界的魅力。这样，孩子的心理就会平衡一些。此时，父母再给孩子讲道理，告诉孩子不是每个人都可以拥有别人所拥有的东西，每个人的条件是不同的，所获得的东西、所具备的能力也不是相同的，有些东西可以攀比，有些东西则不可以攀比。

【注意事项】

反攀比的重要规则是用孩子喜欢攀比的同类物品进行比较。如孩子喜欢他人的某个玩具，父母可以用另外一个玩具来比，并告诉孩子“你有这个玩具，别人没有”，“别人有的那个玩具，咱们也没有”。

案例二

改变攀比兴奋点

紫韵的妈妈很苦恼地说：“孩子特别爱攀比，每周放学回来以后都会告诉我，班级里哪个同学又准备在放假的时候规划出国旅游了，而自己连外省都没有去过。有时说着说着表情还显得特别失落，说她自己同学的爸妈都是大学教授，收入很高，为什么自己爸妈当年没有读好书之类的话。且现在的孩子还比较谁的父母官最大。紫韵回家后常常感慨别的同学的爸爸的车有多贵，而我们的车就很普通，平时上学都很怕被认识的同学看到，因为担心被同学嘲笑等。这让我们做父母的心里非常难过，一方面觉得对不起孩子，没有让孩子享受到好的条件；另一方面又觉得现在的孩子真是太难教育了，怎么就不知道比比学习？光知道比吃穿！”

【案例分析】

在案例二这种情况下，父母就可以使用改变攀比兴奋点的办法来对待孩子的攀比心理。例如，当孩子说某个同学的父亲是总经理的时候，父母可以告诉孩子，那个同学的父亲是经历了千辛万苦才奋斗成功的，如果没有认真学习的态度，要当总经理是不可能的。父母也可以找一些名人奋斗的故事给孩子看看，和孩子一起讨论，让孩子知道，每一个成功的人背后都有艰辛的努力过程。这样就可以把孩子的攀比兴奋点转移到学习方面去。再如，当孩子说老师偏心眼儿，经常表扬某个同学时，父母可以和孩子一起去研究一下，那个经常被表扬的同学到底好在哪里，是特别爱整洁还是字迹工整，是热爱劳动还是上课积极发言。当发现了这位同学的优点以后，父母可以提出让孩子和这位同学悄悄比一比，看能不能超过这位同学。

【注意事项】

家长要注意的是，改变攀比兴奋点不是一件容易的事，要机智地想办法，避免生硬转移。例如，当孩子和同学比穿着的时候，有的父母生硬地说：“人家有钱，你家没钱，有本事你就和人家比学习，将来超过他，赚大钱了自己买新衣服。”这样的话只会让孩子感到不如他人，甚至产生自卑心理。

案例三

比父母

高中之后，小黄感觉身边的同学都有些“势利眼”，觉得她们都喜欢跟一些父母有权有势的同学做朋友，而自己的父母就是普通工人而已，这让她觉得自己低人一等。平时，她也有想结交的同学，但是因为自己感觉家庭背景不如别人而感到自卑，从而不敢主动结交朋友。从那时起，她仿佛形成了这样一种价值观，人以群分，物以类聚。此事成了她的一个心结，并为此感到悲哀。有一天，小黄回到家后，爸妈询问期中考成绩，小黄坦诚地说：“爸妈，这次我考得很差，班排40多名，主要是因为这次没复习好，我下次会考好的。”爸爸听了很不满：“你怎么又考差了，人家隔壁邻居的儿子怎么这么优秀呢，听说人家这次排全级第五，你能不能争气一点呢。”小黄听了非常恼火：“你怎么老是拿我来跟别人比，人家是很优秀啊，那你怎么没看看他爸妈也很优秀啊，他爸是大学教授，他妈是公务员，他们都是知识分子，还特别会挣钱。你们呢，你们为什么是工人呢?”话音刚落，小黄就后悔了，居然说出了这种话，爸妈听了心里肯定很难受。爸爸这时意识到自己总是拿孩子跟别人家孩子比可能会伤害到自己的孩子，尽管有情绪，但是他冷静下来后，慢慢地教育引导孩子：“尽管我们家没有别人家有钱，爸妈的工作看起来也没有别人家父母的体面，但是，我们总是尽我们最大的能力满足你的需求啊，爸妈希望你努力学习就是不想让你以后像我们一样没有太多选择的权利，爸妈也是为了你好啊。”

【案例分析】

案例中的家长总是拿自己的孩子跟别人家的孩子进行比较，导致孩子也学会了比较。因为孩子往往难以客观地看待自己和他人，难以理智地分析环境、条件对个体的影响，因此常常会在比较中产生自卑感，觉得自己不如他人。这样的想法甚至会损伤孩子的自尊心和自信心。心理学把这种现象叫作“环境产生的无助感”。此外，孩子总和他人比较，容易形成人云亦云的趋同心理，缺乏自主性和独特性。因此，父母要特别注意，让孩子的今天和他的昨天比，尽量不要在孩子面前谈及他人的优越之处。

案例四

比消费

周末放学后，小熙跟妈妈说：“妈妈，我们最近要参加成人礼，学校要求我们穿正装，我同学都是专门定制的，我也想专门定制一套，毕竟成人礼是一个非常具有标志性的仪式。”但妈妈跟她说：“这套正装只穿一次就不要了，买一个几百块钱的就差不多了，没必要买两千多的。”尽管只穿一次，但是，小熙看到同学的衣服是专门定制的，觉得自己也不能落后，尽管爸妈不同意，她还是想用自己的钱买：“妈妈，我同学妈妈也同意帮她专门定制正装啊，我们家又不缺这点钱，为什么你就不能满足我这小小心愿呢？你不想花钱的话，那我用自己的钱买吧。”妈妈说：“熙熙，如果你真的很想买的话，妈妈也可以答应你，但是有一个条件就是你必须要在这一次的月考中进入全班的前五名，否则只能买一套两三百的衣服。”小熙舒展了眉头说：“好，妈妈，我答应你，你可不能反悔喔。”妈妈：“那你努力学习吧，我说到做到。”小熙在妈妈的鼓励下上课特别认真，课后又能充分利用自己的空余时间做作业、复习，每天周而复始。转眼间，月考就要来临了，小熙因为复习充分，最后，功夫不负有心人，小熙取得了全班的第四名。妈妈也兑现了诺言。

【案例分析】

利用孩子的攀比心理用奖赏的形式激发孩子的良好行为，父母需要找到很好的结合点，把孩子的攀比行为变成动力，利用等价交换的方式让孩子明白想要获得某个东西必须要先付出努力。在消费攀比行为的教育上可以从父母的榜样力量出发。俗话说“近朱者赤，近墨者黑”。家庭环境对学生的影响尤为重要，家长的一言一行就像一面镜子。孩子的心灵受父母的影响是潜移默化的。因此家长要提高自身的审美情趣，端正自己的行为，以身立教。孩子对美的认识往往受父母的影响，甚至将父母的穿着打扮作为效仿的对象，如果父母的审美情趣是以新奇时髦、穿金戴银、穿名牌服饰为美，那么孩子当然就会无师自通、上行下效了。

参考文献

米小蓉，亢犁．中学生攀比心理成因与对策．学校党建与思想教育，2010（2）．

第六节　如何看待两代人之间的代沟

一、问题概述

当孩子进入青春期后，自我意识日益增强，有独立思考的要求。他们易冲动、易受他人影响，渴望独立、渴望得到成人和社会的承认。这些心理方面的发展特点，让孩子与父母之间在对待事物的认识上产生了一定的距离。由于态度的不同及意见分歧，因此彼此之间出现了一条心理鸿沟，孩子认为父母不了解他们，有事宁可与同学商谈也不愿向家长诉说，甚至以不满、顶撞、反抗、违法等方式试图摆脱成人或社会的监护，以自己的方式行事，坚持自己的理想和判断是非的标准。

而父母对子女寄托的希望随孩子的年龄增长不断加大，他们习惯用自己的生活方式和思维方式去要求子女，希望孩子听话，有出息，于是孩子与父母之间的摩擦便增多了。在父母与孩子之间最棘手的问题就是代沟问题。

代沟是怎样形成的呢？简单来说，就是不同年龄层次的人，由于历史的不断发展，思想观念的差距造成的心理距离。此外，代沟还存在在年龄相隔十年、八年的人们之间，甚至在大学的高年级与低年级之间，都会有令人惊叹的明显差异。

青少年对社会、对身边的人和事都有一种理想化的苛求，这是不成熟的表现，有利也有弊。代沟使两辈人之间产生的心理隔膜和感情纠纷，摧毁了无数孩子的心灵，破坏了家庭幸福。近年来，对青春期子女的家庭教育已成为令父母颇感为难的事情，甚至出现了种种不幸的情况，例如，在思想上对孩子产生了不良影响，致使孩子成绩下降，离家出走，甚至自杀，等等。如果家长能够做到认真引导和启发，这样不但能激发他们日后致力于改造社会的抱负和志向，而且也可以使他们为了改善某些不良倾向和丑恶现象进行努力。

如此看来，出现代沟是自然的，没有代沟反倒是不自然的。所以，代沟现象也应该很容易被人理解。但是代沟毕竟是困扰交流与沟通的难点，而且容易增加形成偏见和歧视的可能性，面对这种情况，我们要通过种种途径作出各种努力来跨越代沟，填平代沟。

二、原因分析

（一）家庭教育价值观的冲突

对于青少年的教育问题，很多家长会做一些自己认为对其好的事情，但是实际孩子们并不喜欢，这就出现了一定的分歧，就会让家长和孩子之间产生一定的冲突，孩子想要去学习自己喜欢的课程，但是家长认为这些课程对于孩子的成长并没有重要的意义，这就会导致两代人在家庭教育价值观上的不一致，也就导致家庭之间的代际冲突和矛盾。

（二）逆反的青春期

个体生理走向成熟但是心理并不成熟的时期就是青春期，这个时期的孩子思想逐渐独立但是又无法获得一定的权利且无法承担责任，所以会引起几代人思想观念或者价值准则上的冲突。而且青春期的孩子具有一定的逆反心理，因为他们与父母心中渴望的孩子的样子总是存在差异，此时如果亲子之间又缺乏交流的话就会再起冲突。

三、应对策略

（一）正确承认代沟的真实存在

面对代沟，不要回避，要迎刃而上。生活中的代沟，其实可以不必计较，所谓萝卜青菜，各有所爱。而思想上的代沟就需要在沟通中进行碰撞，在碰撞中取得个性的共振。两代之间不能伤感情，否则不但无法沟通，而且会加深隔阂。

主动创造积极的沟通机会，交谈是最好、最直接的沟通方式，父母应主动创设谈话情境，营造交流氛围，多与孩子“以心换心”。这种交谈必须建立在双方平等的基础上，父母最好以朋友的身份参与其中，切忌用封建家长式的态度，居高临下地训斥孩子，这样会使彼此间的距离感增强。

（二）给孩子创造宽松的环境

适当降低对孩子的要求。对孩子要求过高，会形成孩子心理上的重压。家长应争取给孩子创造宽松和睦的环境，不能按自己的好恶和标准来评价和要求孩子。

（三）尊重孩子渴望独立的需求

不要给孩子过分的爱，而要给孩子一片“情感自留地”。青春期的少年渴望独立，对事物具有一定的批判、评价能力，因而不愿事事听命于大人，而喜欢批评、反抗权威与传统。他们迫切需要得到父母和周围人的尊重，承认其独立意向和人格尊严。过多的保护会使孩子内心烦躁，产生抵触情绪，报复和逆反心理也会日趋严重。

（四）接纳孩子的不同见解

对待孩子我们应学会在接纳、容忍的基础上因势利导。在家庭生活中，如果孩子的意见合理，家长要认真听取，或者将双方的意见取长补短，相互融合。由于涉世不深，青少年看待事物经常抱着理想主义的态度，遇挫折易沮丧，也易受他人影响，考虑问题片面甚至凭冲动办事，理性不足，是非界限不清。做父母的要理解孩子的这些变化，及时调整自己的角色，由“权威式”“保姆式”的关系变成“朋友式”的关系。

（五）宽容对待孩子的习惯与爱好

如果两代人之间的某些差异极难协调，那么父母就该求大同、存小异，理解、尊重孩子的生活习惯、兴趣爱好，绝不可将自己偏爱的某种模式强加给孩子。

四、案例

案例一

茜茜，初二学生，生活在一个普通的家庭。她说：“我经常和妈妈闹矛盾，听到她的骂声就心烦，有时真想一走了之再也不回来了。可是她对我也挺好的，给我做饭、洗衣。每当看到她疲倦的面容又觉得于心不忍。我每天就生活在这种内心矛盾之中，真不知该怎么办。小时候我特别崇拜爸爸，觉得他无所不能，妈妈也很好，对我宠爱有加。可是，随着年龄越来越大，我觉得他们都不再爱我了。每天只关心我的饮食和成绩，根本不知道我在想什么。对我特别严，学习以外的所有事情在他们看来都是没有用的。他们也太不理解我了！”

案例二

在广大附中家庭教育问卷调查中，不少同学写了这样的问题：“父母总是对的，我永远是错的，喜欢拿别人与我比较，我不喜欢他总提别人家的孩子，在他们眼里我一无是处，就连生活中我犯的一点小错误，都会被说教一番。”“家人不信任我，不理解我，不了解情况就妄自定论。”“我跟父母之间有代沟，搞不懂他们的一些行为，他们也不了解我。”“父母和我的一些观念想法不同，碰到一些问题总是希望我按他们的方式走，但是我不喜欢，也不知道怎么说。”“父母有时候就会误解我的意思，而解释时父母又不听，有时需再沟通一会，才能真正明白我的意思。希望父母多理解我。”大部分学生都写了自己与父母互相不理解，沟通也有问题，不知道应该怎么办。

【案例分析】

父母与孩子两代人在观念上的差异，表现在行为处事上的分歧或不同，这也是很多家庭都不同程度地存在着的代沟问题。父母在与孩子沟通上存在障碍，而这个问题又不同程度地困扰和影响着父母与孩子的心态，也影响着孩子能否正常地走向社会，能否走好自己的人生之路。这是一个不可回避，也不可忽视的现实问题。

一方面，两代人在一些方面表现出不同、有代沟是非常正常的。父母应该主动意识到代沟的存在，多和孩子谈谈心，只有多沟通才能相互理解。正视代沟、了解代沟也有积极的一面。父母与孩子之间有不同，并不代表是孩子不对，也可能是父母不了解孩子感兴趣的文化和思想，父母应多学习，努力使两代人和睦相处，使孩子健康成长。

另一方面，父母与孩子从年龄上来说由于存在着很大的差距，而父母所经历的那个时代，社会的现实造就了他们自己的思维方式。而今天社会发展的速度之快，特别在教育孩子的理念上，父母必须跟上时代发展的需要，甚至应更超前。对于一些正确的理念、经验等应当传授给孩子，而对于一些过时的、落后的、不适应今天时代发展需要的，不要强加给孩子，不要去束缚他们的思维方式。现实中，有很多代沟就是父母把自己的一些理念强加给孩子，要求孩子按照父母的意愿行事，结果事与愿违。父母应当让孩子自己去思考、去适应、去决定某些事情。

有些父母，往往对孩子从小就制定好路线图，要求孩子按照他们的意愿行事，无意中剥夺了孩子独立思考、自我选择的机会。而孩子随着年龄的增长、文化水平的提高、接触和适应现实社会能力的增强，与父母的要求发生冲突，出现鸿沟也就在所难免。而对于一般家庭而言，多数的代沟表现在日常生活方式上。两代人年龄、收入、经历等的不同，很自然有着不同的生活方式。对于孩子，我们只有将他们抚养长大的责任和义务，没有权利让他们必须按照我们的意愿行事。他们应当永远属于他们自己。

父母对孩子的教育其实就是理念上的教育。这就要求父母做到理念上的正确性。当我们的理念与对孩子的要求及社会现实相吻合时，也就不存在代沟问题。对于出现的代沟问题，父母首先应当从自身找原因，如果不是什么原则问题，也应当尊重孩子的意愿。

参考文献

[1] 白易．青春期：跨过家庭教育的代沟．青春期健康，2012（19）．
[2] 蒋婷焰．家庭和学校中代际冲突的成因以及对策研究．新教育时代，2015（10）．

知识专栏

专栏一　青少年的心理发展特点

青少年时期是从童年走向独立人生道路的转折期，在这个关键时期，青少年正在长身体、长知识、长智慧、立志向，初步形成人生观和世界观。中学生以旺盛的精力汲取着一切科学知识的成果，点燃智慧的火花，探索人生的意义，树立远大的理想。只有根据他们心理发展的特点，采取适当的教育措施，才能促使其心理发展达到该年龄的最高水平。从众多人类生理学和心理学研究成果材料上可以把青少年心理特点归纳为四个方面：成熟感；由具体形象思维向抽象逻辑思维的过渡；情绪的易动性，情绪的表现多种多样；自我意识的发展。

一、成熟感

少年期是从童年向青年期的过渡时期，是儿童心理发展的一个重要转变期，这个时期的主要特点是半幼稚和半成熟、独立性和依赖性、自觉性和冲动性等各种矛盾互相交错。随着青少年身体发育的成熟，在生理、心理、社会影响等方面发生着以下变化：

（一）少年的生理成熟已进入青春发育期（一般指 11、12 岁至 17、18 岁）

大量研究表明，青少年身体的发育涉及人体许多方面的变量：身高、体重和身体比例的急剧变化；体内机能（脉搏、血压和肺活量等）迅速增强，逐步趋向成熟；运动能力有显著发展，神经纤维的髓鞘化完成，大脑皮层的区域机能完善，增强了青少年控制自己行为的能力；第二性征的出现，性发育的完成，标志着个体向成人质的转化，表明人的生理发展已经成熟。

（二）由生理变化引起心理成熟感

少年的生理发展对心理和行为的影响表现为：一方面少年体形的变化对心理的影响。体态直接影响着人的动作和能力，会间接地引起社会评价从而影响自己的心理。每一个人都会意识到自己的体态（成熟的体形和仪表）给予周围人的知觉、评价和期望。如有的学生会因自己不相称的体态而忧虑、苦恼，甚至形成孤僻的性格。少年对自己及同龄人的体态变化和第二性征的出现表示惊奇，产生疏远异性的倾向。性的成熟既影响体态的变化，也影响心理的变化。另一方面早期成熟与晚期成熟的影响。早熟的少年身体高大、肌肉强壮、运动技能和完成活动的能力较强，社会适应能力发展较早，常在同龄人中占据较大的优势。而晚熟的少年身体矮小、肌肉不发达等会使其在某些方面受到限制，从而表现出自卑。

二、由具体形象思维向抽象逻辑思维的过渡

众所周知，思维的发展有一定的顺序和阶段，一般认为少年期的思维，处于从具体形象思维向抽象逻辑思维过渡的阶段，其中具体形象仍起着重要作用，抽象逻辑思维正在发展。少年的抽象逻辑思维的发展，表明这种思维正处于从经验型思维向理论型思维过渡的阶段。

三、情绪的易动性，情绪的表现多种多样

随着内抑制和自我控制能力的发展，青少年时期的有选择的情绪反应能力也在逐步提高。少年情绪的易动性容易受外界刺激的影响，他们爱说、爱笑，带有很大的情感冲动性，不善于调节自己情感的过度兴奋，常表现出少年所特有的热情。而遇到失败或挫折时，又容易灰心丧气、悲观失望。情绪的不稳定性，有时使他们发生互相矛盾的情感。同时我们也看到，少年的情感与思维的发展有着密切的联系，如少年在他对某种社会现象或社会问题无法提出自己的看法时，就会烦躁不安地请求别人解答。当他对某个问题形成一定的看法或观点时，就会激烈地为自己的观点辩护，从而使得情感随思维分析能力的提高而加深和增强。

四、自我意识的发展

少年学生社会交往范围的扩大，在社会和集体中的地位的变化，以及志向、态度的形成和抱负水平的提高等促使他们的自我意识更清晰，更自觉和主动地支配行为及关心自己发展的状态。

（一）少年评价能力的发展

少年学生由于分析批判能力的提高和独立性的增强，已不再简单地遵从父母或老师的权威，而能从行为的表现及其社会意义上来评价别人，并开始着眼于品质的分析。

少年的自我评价能力是在评价别人的基础上发展起来的，出现了少年较容易去评价他人，而难以评价自己的状况。少年只有能正确而全面地评价他人，才能更好地认识自己。

（二）少年自我评价的特点

少年对自己的评价适当与否影响着他们的行为和个性的形成，自我评价适当的学生一般能集中精力，善于控制自己的行为；不适当的评价态度（例如过高估计自己）会影响个人在集体生活中的关系。简言之，少年自我意识的发展具有开始关心人的精神世界和个性品质，要求了解人和了解自己，更自觉地评价别人和自己的个性品质等特点，而自我评价影响着整个个性结构的发展。因此，教育少年学生善于评价自己的思想、愿望和个性特点，正确地估计自己在集体中的地位，对自己的评估持正确的态

度颇为必要。

从上述少年心理发展的主要特征看，少年的成长是从生理成熟、社会发展和个性形成三个方面表现出来的。生理成熟的发展过程是不平衡的；在社会化方面，由于少年在家庭、学校和社会上比过去有更多的机会参与成人活动，社会需要与责任感有所增强，然而在校外的活动范围还很有限；在个性方面，少年以自我评价为中心，在交往中逐渐形成自我能力的倾向性、道德品质和性格特点，但还未定型。这三方面的发展是互为影响的，我们对少年的教育只有从心理发展的一些具体矛盾入手，提出教育措施，才能采取适合少年心理特点的教育方法。

专栏二　如何提升青少年的社交力

古希腊著名哲学家亚里士多德曾说过：从本质上来说，人是一种社会性动物。社会认知神经科学奠基人马修·利伯曼也通过现代科技对人脑的研究证明了：我们的大脑天生就与他人相互连接。这些都说明人天生就注定了要进行社交性活动。

一、什么是社交力

在经济合作与发展组织（OECD）社会与情感能力研究中，社交力（sociability）包括三个方面，即能够与他人接触交往，包括朋友和陌生人；能够与他人建立社会关系；能够维护社会关系。社交力是人能够进行正常学习生活的基础。更确切地说，社交力是人作为社会的个体，在一定的社会文化背景下，基于不同的角色身份，与他人进行交流沟通、往来互动的能力。

经济合作与发展组织提出，社交力包括但不限于沟通表达能力、团队合作能力和公众演讲能力。个体能够与他人进行良好的言语沟通或行为互动，正确表达或控制自己的情感体验，识别并建立不同的社交关系，把握和维护社交关系等都是个体拥有良好社交力的表现。

社交力具有多重特点。在教育过程中尤其要注意下面三点：首先，社交力具有情境性。根据维果茨基的社会文化理论，个体的发展过程是个体与社会共同建构的过程。社交力表现在具体社会情境之中。其次，社交力具有发展性。皮亚杰的认知发展阶段论中提到，个体的发展是呈阶段性的不断发展。随着年龄增长，认知的发展和各种需求不断出现，孩子会表现出较高的社交期待。同时，社交力具有个体差异性。加德纳的多元智能理论也指出，社交力在不同个体身上存在差异，个体会表现出不同程度的社交需求和社交技巧。

二、我们为什么需要社交力

第一，社交是人的基本需求，是幸福生活的必要保证。哈佛大学进行了长达 75 年的著名研究——“幸福是什么”表明：良好的人际关系使我们保持健康与快乐。一般来说，低社交力在很大程度上会导致人际关系脆弱，这被认为是不利于孩子健康发展的。

为了获得更高的幸福感，社交力的培养是不可忽视的。同时，根据马斯洛的需要层次理论，社交需求作为基本需求之一，如果不能得到满足，会造成个体情感和归属感的缺失，甚至出现反社会行为。已有研究显示“校园霸凌”与社交缺失/不良有相关关系。

第二，从工具性的教育目的出发，社交力是个体在激烈的社会竞争中不可或缺的技能。当今世界，经济全球化加速，人口流动加快，这导致了人与人交往愈加密切。在这样的社会文化发展背景下，高社交力可以帮助学生提高社会适应能力，应对多元文化背景下繁多的人际交往，以提升学生的学业/工作能力。

三、青少年社交力发展存在的问题及原因

第一，青少年社交发展中的户外社交缺失现象，也就是我们所说的“宅过头了”。如今，信息技术飞速发展，刷抖音、看视频、聊微信、打麻将、开网游、订外卖，这些已经是青少年的日常。不乏有很多学生在享受网络科技发展带来的便利的同时，无意识地回避了现实社交。此外，学业压力过重，也在一定程度上降低了部分学生积极参与集体性户外社交活动的概率。

第二，青少年社交发展中还存在过度社交现象，也就是我们所说的“社交过头了”。一方面，部分学生积极参与网络社交，抖音、QQ、微信，一个不落统统注册。层出不穷的社交类软件在无形中早已绑架了青少年的业余时间。另一方面，部分学生过分积极参与娱乐场所社交。蹦迪作为现代青少年中一种比较流行的娱乐方式，可能会导致部分自控能力差的青少年不能很好地把握尺度。

事实上，户外社交缺失和过度社交都是社交焦虑的表现。社交焦虑的成因复杂，性别、性格、气质类型和家庭教养方式等都会影响青少年社交。例如，男性社交恐惧高于女性，内向型人格较外向型人格来说社交焦虑更甚，孤独感体验高的个体较体验低的个体更容易出现社交问题。然而总的来说，除个体间差异外，外界诱惑、教育缺失和人际关系也都是当下青少年社交问题的影响因素。

四、提升青少年社交力的对策

我们可以结合前面提到的社交力的重要特点，总结出以下的应对策略：

第一，学会倾听是进行有效社交的前提。在日常教育过程中，家长和教师要营造好聆听环境，做好倾听的榜样，同时要引导青少年学会倾听，还要不断激励青少年，减少社交缺失的发生。

第二，发挥家庭和学校课堂的主阵地作用，改进教养方式和教学方式。一切教育活动都是依托相关手段开展的。家长和教师可以有针对性地开展社交技能培养。例如，家长可以为青少年创造一些社交活动机会；教师在教学过程中可适当增加协作学习和小组教学频率，通过模拟真实社交问题情景的方式，和青少年共同探索社交力，创造一个校内外合作学习生态圈。

第三，建立良好的亲子关系、师生关系和生生关系。家长和教师要更新教育观念，注重改进谈话技巧，构建新型的亲子、师生对话机制，建立新型的亲子、师生关系；

作为青少年人际关系的主体，朋辈之间、生生之间也要加强引导，促进青少年间的良性社交，避免过度社交。

事实上，青少年社交问题繁多，成因复杂。青少年的社交表现和外界刺激是一个双向耦合的动态过程。在实际教育和日常生活中，只有兼顾青少年的个体差异，基于一定的文化背景，结合家庭环境和校园氛围，才能建立起全社交学习模式，使每位青少年的社交力都能得到最大限度的培养。

第四章　品德发展

中学阶段是青少年身心发展最重要的一个时期，是品德养成的关键时期。这一阶段的孩子心理正处于半成熟阶段，人生观、价值观、世界观正在形成。此时的教育至关重要，家庭、学校和社会相辅相成，共同构成了此时的青少年教育的完整体系。

家庭教育在整个教育体系中处于基础地位。一个人从出生起就是在家庭的抚育、培养和教育下获得发展的。青少年早期的价值观念和道德标准主要来自父母的言行举止和耳濡目染。在整个人生过程中，家庭教育贯穿了全过程，属于一种终身性教育。因此，家庭教育对青少年的价值观形成具有关键作用。

家庭教育应该更加注重品德教育，家长通过各种教育资源，或言传身授，或耳提面命，给予子女一种基本的价值取向。在青少年时期，孩子的自我意识开始觉醒，父母赋予孩子的价值观和世界观开始受到强烈的挑战，个性化的意识在孩子的心中逐步建立。所以此时父母应该避免长篇大论的思想工作，应以平等的意识引导孩子认识与思考自己所在的世界和自己的人生。

第一节　孩子不懂得尊重他人怎么办

一、问题概述

尊重是一个人应具备的基本的道德品质，社会交往尤其需要尊重。心理学大师弗洛姆曾经这样说："尊重生命，尊重他人也尊重自己的生命，是生命进程中的伴随物，也是心理健康的一个条件。"可以说，人因尊严而活，他人以及社会对你尊严的认可，就是尊重。尊重是人与人之间最基本的关系，但同时也非常容易受到自我观念、社会舆论、时代风气的影响。

尊重最先产生于亲密关系中，如尊重父母、长辈等，而后随着社会交往圈子的扩大，逐步扩展到尊重教师、同伴直至陌生人。中学阶段，学生在生理与心理发展上是不平衡的，甚至是矛盾的，这种不平衡和矛盾又主要表现在生理和心理上的不成熟，使青少年学生心理发展呈现错综复杂、矛盾重重的特点。中学生与父母、老师的亲密关系出现危机，最直接的表现就是中学生对长辈和老师的不尊重。这种不尊重表现在以下几个方面：

（一）情感、认知上的不认同和不理解

学生与老师和家长之间对许多事物的认识有偏差，当对师长的某些做法和管教有不同意见时，不能平心静气地交换意见；任性、耍脾气、顶撞，甚至出走，这不但没有解决问题，还把事情弄得更糟，最后受到伤害的不仅是学生本人，还有父母、老师、同学和朋友。

（二）不尊重父母和老师的付出与劳动

对于父母和老师的付出与劳动，学生往往表现出无动于衷。上课迟到、睡觉、发呆、和同学聊天，课后不认真看老师对作业的批改，回家后衣来伸手饭来张口，不做家务，甚至会挑剔父母，拒绝与父母交流。

（三）不接受父母和老师的教育

在成长过程中，学生难免会有思想行为的过失，但面对父母和老师的批评、教育与指正，往往是沉默寡言，或者是接受却屡教不改，更有甚者恶语顶撞，扭头就走，不上课，不进教室，甚至离家不归。

二、原因分析

（一）中学生的心理发展变化所致

处于充满希望和活力这一年龄阶段的青少年，正经历着从儿童时期走向充满创造

和收获的成长期的过渡阶段。但是由于他们生理成熟和心理成熟的“异时性”，这一阶段也是大多数人经历的“叛逆期”。这一时期孩子的自我意识中出现了“成人感”和对独立的强烈渴望，他们不再把自己看成孩子，而是希望像成人一样参加学校、家庭和社会的活动，并希望能得到成人的理解和尊重。

（二）教育者的教育方法不当

部分家长和老师对孩子的要求脱离了青少年学生原有的需要，提出要求时采取了强制或伤害孩子自尊的方式，对于一些问题的处理失当，挫伤了孩子的自尊心。另外，成年人言行不一的行为也会降低自己在孩子心中的威信，让孩子对家长和老师产生反感，表现为思想上、行为上对师长不尊重。

（三）社会不良因素的影响

青少年学生的成长离不开家庭和社会，他们也时刻受家庭和社会诸多因素的影响。现在的孩子有着优越的学习生活条件，受到过度的宠爱，社会对他们的影响也更为广泛复杂，一些不良风气可能会影响敏感的青少年学生，腐蚀他们的心灵。

三、应对策略

（一）教师通过言传身教的方式对学生产生直观深远的影响

教师对于学生而言是模范者，建设高素质的教师队伍是推动素质教育的根本保证。教师直接面对学生，一言一行都将对学生产生潜移默化的深刻影响。要组织教师开展学习，特别是引导他们在教学过程中学习、总结，结合专业教育对学生进行素质教育。教师首先自己要尊重学生，才能引导学生学会尊重教师。

（二）学校班级管理等教育手段渗透

学校可以通过系列主题活动进行有效的教育。加强学生尊敬父母的意识，组织学生参加实践，如组织亲子活动和师生活动，对学生的人文素质内化机制进行深入研究，帮助学生内化，从而真正提高学生的人文素质，营造和谐的校园氛围。

（三）家庭适当管教和亲子沟通

父母对子女的管教直接影响子女性格的形成，管教方式若过分宠爱或放任自流或是过严，均会产生不良后果。因此家长必须从观念上重视家庭教育，并且注意方式方法。家长应争取给孩子创造一个宽松和睦的环境。青少年渴望独立，过多的保护会使他们内心烦躁不安，产生抵触情绪，逆反心理日趋严重。

父母应该多找孩子谈谈心，只有沟通才能相互理解。交谈必须建立在双方平等的基础上，父母可以以朋友的身份与孩子交谈，不能用封建家长式的态度，居高临下地训斥孩子，那样只能使彼此间距离感更强。

四、案例

换个角度想问题

“让每一个学生在学校里抬起头走路。”这是苏霍姆林斯基心灵的召唤。有这样一段话：如果一个孩子生活在批评中，他就学会了谴责；如果一个孩子生活在鼓励中，他就学会了自信；如果一个孩子生活在认可中，他就学会了自爱……

我班小汤同学——一个有才气的男孩，但好动、倔强、自我约束能力差，因此常与同学闹矛盾甚至大打出手，上课经常积极举手发言，但也时常废话连篇，影响周围同学听课，干扰老师上课，真让我头痛。于是，我找他谈话，肯定了他身上的优点并希望他在学校遵守各项规章制度，以学习为重，自我调节，自我改进，做一名优秀的中学生。但他只是口头上答应，行动上却毫无改进。看到他不思进取，我的心都快凉了，算了吧，或许他就是那根“不可雕的朽木”。在他又一次没有写作业后，我终于失去了耐心，给他爸爸打了电话，并当着全班同学的面狠狠地批评了他。

随后的一段时间里，我发现他上课能安静听课了，但脸上没有了往日的神采，也不举手回答问题了，课间也少了他的欢声笑语。他在小心翼翼地扮演着老师眼中的好学生，眼神中却流露着明显的消沉和不满。一个虽有缺点但充满自信、神采飞扬的男孩不见了，变成了一个消沉的男孩。看着他的变化，我不禁问自己这是我希望的听话的学生吗？

于是我转换方法，我让他换个角度去想问题，如果他是老师，当着那么多人的面被一个学生顶撞会是什么样的感觉，又让他懂得，作为老师每天要管理那么多的学生会多辛苦，难免脾气会急躁一些，人与人之间是需要相互尊重的，只要我们互相体谅，是可以相处愉快的。经过半个多小时的疏导，他终于认识到了自己的不对，并诚恳地向老师道歉。

这次谈话改变了他，他不但变得活跃、守纪律了，在学习方面也表现得很好，成绩提高了很多，在期中考试中取得班级第二名的好成绩。

（摘自《广州大学附属中学班主任教育叙事》）

参考文献

[1] 金燕飞. 初中生对教师不尊重的心理分析与对策. 新课程（中学），2012（9）.

[2] 甘洁. 从素质教育角度浅析中学生尊敬父母的行为养成及其重要性. 小作家选刊（教学交流），2012（3）.

第二节　孩子不爱劳动怎么办

一、问题概述

劳动，不仅是人生存之本能，更是一种高尚的道德情操。恩格斯有言：“劳动创造了人的本身，人类由劳动而诞生，人类社会由劳动而发展。”高尔基也说过，没有一种力量能像劳动，即集体、友爱、自由的劳动的力量那样使人成为伟大和聪明的人。劳动也是我们中华民族的传统美德，“天道酬勤”指的就是一分耕耘一分收获。“民生在勤，勤而不匮。”

对于中学生来说，劳动教育从某种意义上来说是一种生存教育。对中学生进行素质教育，不仅要提高他们的学习成绩，更要让他们学会课本以外的知识。因此对中学生进行劳动教育是非常必要的。学校、老师和家长应该教育他们学会劳动，学会自己的事情自己做，养成爱劳动的习惯。

很多中学生面对力所能及的劳动任务总是推三阻四，能逃就逃，态度比较消极。调查数据显示，有40.81%的中学生在劳动方面没有耐心，12.24%的中学生怕脏怕累，30.61%的中学生认为自己太懒不想做，16.33%的中学生担心做不好遭人批评。中学生的劳动观是中学生对待劳动的根本看法和根本态度，包括是否愿意参加劳动，以及在劳动过程中如何处理集体利益与自身利益的关系。中学生劳动观和对劳动价值的正确认识是驱使其养成良好劳动品质和劳动习惯的重要因素。当今是充满竞争的时代，缺乏劳动观念的“宠儿”是难以应对的。然而在温室中长大的部分中学生没有意识到这种现状，他们缺乏劳动观念和习惯。

二、原因分析

（一）劳动教育的地位在学校教育体系中不明确

从目前来看，中学生劳动观念淡薄的原因之一，是劳动教育在整个教育中并非不可或缺的组成部分。教育发展到今天，尽管我们一再强调全面发展，强调素质教育，但是这些似乎都被应试教育的强大影响力所掩盖。“以分数论英雄”的思想根深蒂固，在有些老师心中，好学生的标准就是成绩好，考试分数高。学校也更注重升学率，本来有部分学校也重视劳动教育，但是在竞争的环境压力下不得不放弃，继续把智育放在首位。在这样的教学理念指导下，学校忽视对学生思想品格的培养，劳动意识教育也因此而不受重视。另外，劳动教育类相关师资力量缺乏、队伍散漫，劳动教育经费投入少，教育设施不健全，缺乏教育活动场地等，这些都是阻碍劳动教育的不可忽视的问题。

（二）家庭教育对孩子的期望指向出现偏差

随着社会利益的多元化，功利化价值观逐渐找到生存的土壤，很多学生家长受到影响，只看重孩子的考试分数，要求孩子专心学习就行，从不提“劳动”，在孩子的培养问题上走向片面化，明显忽略对孩子进行劳动意识和习惯的培养。经常有家长对孩子说：“你的任务就是把书读好，其他事情不用你管，也不用你动手。”但实际上学习本身就是一种劳动，是学生不可避免的劳动，学习也需要耗费一定的体力和脑力，对于这样一种特殊的劳动，家长只想看到成果，并没有考虑这其中带有的教育价值。家长希望孩子专注学习这种想法本身没有错，可是忽视劳动教育的做法是不可取的，造成的后果也非常严重。比如有些家庭中会出现这样的现象：一边是父母辛苦工作挣钱养家，一边是孩子逍遥自在花钱大手大脚；有些孩子从小到大没有做过任何劳动，家长全部包办，没有一点生活自理能力，进入学校住宿后完全不能适应；有的人从来没有受过劳动的锻炼，意志力薄弱，心理素质和抗压能力都比较差，走上工作岗位之后，不能吃苦耐劳，依旧懒惰散漫，积极性不高，无法在工作中有所成就。这些现象并不是我们想看到的，每个家长对自己的孩子都有所期望，但是期望值过高，或者发生偏差，容易导致教育方式的不正确，这是不利于孩子身心健康发展的。

当前我国家庭劳动启蒙教育存在五大误区：第一，鄙视普通劳动者，一些家长经常这样教育孩子：“你现在不好好学习，长大了没出息，就让你去扫马路、当工人。”于是在孩子心里，普通的体力劳动者就成了“低人一等”的代名词。第二，认为“孩子太小，与劳动无关”，不少父母总觉得劳动离自己的孩子很远，无意之中挫伤了孩子的劳动兴趣。第三，把劳动当成负担，怕影响孩子学习。第四，“现在生活富裕了，没有必要让孩子劳动”，花钱可以找人干活，却剥夺了孩子的劳动体验，买不来孩子的劳动技能。第五，用劳动惩罚孩子，有的孩子平时没有劳动的习惯，偶尔考试没考好或者在外面淘气了，家长就用干家务作为惩罚手段，这使孩子从小就对劳动产生了消极的心理定式，即使家长有心培养孩子的劳动习惯，也很难调动起孩子对劳动的热情。

（三）浮躁的社会环境淡化了中学生的劳动意识

市场经济对效益的最大化追求一定程度上导致了教育的功利化取向。中学生正处在形成价值观、人生观的关键时期，但是由于阅历和经验的不足，尤其是对是非对错的认识和判断能力有所欠缺，容易受到外部负面因素的影响。个人本位观念、利己观念、拜金主义观念不仅冲击着人们传统的道德观和价值观，还冲击着中学生幼小的心灵和略显幼稚的头脑，社会上存在的不劳而获、好逸恶劳、不尊重劳动、鄙视体力劳动、就业观念扭曲、养尊处优、贪图享乐等现象对中学生的劳动意识的养成也产生了消极影响。

三、应对策略

（一）更新教育理念，强化劳动意识

我国21世纪初启动的新课程改革把劳动教育微观化为综合实践活动课程中的分支课程。学校应适应素质教育和新课程改革的浪潮，转变轻视劳动技术教育和职业技术教育的陈腐观念，同时也应改变以升学率为唯一目标的错误倾向，将劳动教育纳入素质教育的教学计划之中。在学校里，劳动教育不应该被置于一个孤立的境地，相关教育活动的教育者和组织者都应该自觉强化劳动教育意识，共同承担起中学生劳动教育的责任。学校要充分发挥其开展劳动教育的主阵地作用，就必须注意转变劳动教育观念，重视教师队伍的建设，强化教师队伍的劳动教育意识，引导学科之间的有效渗透。

要让学生理解劳动的意义，并明确劳动意识教育的重要性，就必须使学生充分意识到其在劳动教育实践活动中的主体地位，强化其行为体验。通过恰当的、多形式的劳动教育实践活动，让不同层次的行为主体都能亲身参与劳动过程，实实在在感受劳动的滋味，在劳动和实际交流的过程中理解劳动的内涵，自觉规范日常行为，养成良好的行为习惯。

将劳动素质评价引入综合素质评价体系，主要评价学生的劳动态度、习惯以及劳动技能的初步掌握情况。这样既有利于引起教师、家长对劳动教育的重视，也有利于对学生的成长与发展形成一种客观全面的认识，从而有效培养中学生个性，促进个人成长，特别是那些在学业成绩方面处于劣势而在劳动素养方面表现突出的学生，有助于其找回自信。

（二）家庭环境的优化

家庭环境的优化对于孩子的劳动意识的形成尤为重要。在优化家庭教育环境时应进行全方位的把握，既要注意客观因素的运用，也要注意主观因素的影响作用。

首先，家长要及时转变家庭劳动教育观念，重视劳动教育对孩子成长的促进作用。一定的劳动锻炼有利于调节学习带来的身心疲劳，提高孩子的思维能力和学习能力。家长不能一味地包办劳动，特别是孩子力所能及的劳动，要对孩子提出劳动要求，让孩子通过思考和意志力来独立完成一些自理劳动和家务劳动。其次，家长要以身作则，切忌拖拉懒散。最后，家长在要求孩子做家务劳动的时候，要加以教育引导。孩子由于能力和阅历上的局限，很可能把劳动当作一种单纯的体力活动，并不能体会劳动的意义和价值，长此以往就会对劳动产生厌烦情绪，逃避劳动、轻视劳动的思想会越来越严重，这样就会使得劳动锻炼产生适得其反的效果。

（三）激发中学生的自我劳动意识，认识劳动价值

就目前的现实情况来看，劳动教育过程似乎忽视了学生能动性的发挥，这也是造成中学生劳动状况不容乐观的现实原因之一。中学生首先在日常生活上要严格要求自

己，自觉养成约束自我行为的劳动习惯，能够认真对待零碎的、力所能及的家务劳动。其次要正确处理集体劳动和自我劳动的关系，集体中的个人对集体劳动有不可推卸的责任，中学生在做好自我服务的同时，必须将集体劳动与自我劳动相结合，在集体劳动过程中要积极踊跃。

不管哪种劳动类型，劳动所蕴含的价值并不只限于它本身所创造的财富价值。劳动教育最重要的是让学生体会劳动的精神价值，即劳动锻炼让人意志坚强、热爱劳动、尊重劳动人民；个人劳动提升生活自立意识和自理能力；集体劳动可以培养责任感、团队意识、集体荣誉感。学校可通过分配劳动任务来锻炼学生独立思考、解决问题的能力，激发创新思维。中学生只有在劳动过程中才能体会劳动成果的来之不易，从而懂得尊重劳动者，珍惜劳动成果，在实践中认识劳动的价值。

四、案例

用心耕耘，静待花开

"我都不会！"

"小苏，把你桌子底下的废纸捡起来。"

小苏捡起废纸，说："老师，给！"

"废纸要扔在自己的垃圾袋里。"

"我不会，我没有垃圾袋，我不会准备垃圾袋。"小苏喃喃地说着……

"小苏，走廊打扫下，有细碎的脏东西！"

"我不会！"

"宿舍怎么没打扫干净？扣分了哦！"

"不是没扫干净，是没扫，我不会！"

"你怎么打扫卫生都不会啊？在家里不干活，爸妈不说你吗？"

"老师，我爸妈也不会干，家里都是阿姨干！"

这个需要寄宿在学校的孩子，连打扫卫生都不会，应该怎么办呢？

像小苏这一类的孩子，我亲自教会他们如何扫地、摆桌子、拖地、整理书本……只要孩子们说不会的，我都一一教会他们。现在小苏是班里的卫生督导员，他负责的讲台是班里最干净、最整洁的！我也会不断地在班里、家长群里表扬那些卫生生活不断进步的孩子，小苏是得到表扬最多的一位。

…………

第一周学生宿舍卫生糟糕，班级每天扣分高达49分！我也了解到，军训期间，班里有十多个孩子请假，在军训的四十多个孩子，宿舍内务全程有教官和赖老师帮忙，他们甚至代替孩子们完成了很多内务事项。

于是在9月，我每天去宿舍四次。早上6点40分到，提醒值日生值日，中午12点50分在学生睡觉前一一告知扣分原因，并对值日生及扣分学生提醒，下午2点又到宿舍再次提醒、督促，教会孩子们值日，晚上10点半再去宿舍，将下午扣分情况及原因一一讲述。对做得好的及时表扬，做不好的严厉批评。这一个月，我几乎过半精力都在宿舍卫生上。随着扣分大幅度减少，鼓励表扬学生次数增多，奖励和惩罚的规定慢慢形成，大多数孩子都意识到了培养宿舍卫生习惯的重要性。

宿舍卫生习惯慢慢养成了，教室卫生问题的解决就水到渠成，孩子们随意扔垃圾、任意洒饮料、肆意掉面包屑等坏习惯有了很大的改正。

我们在班里达成了一个共识，作为学生要做好三件事：运动、学习、劳动。哪件事做得不够，就在哪件事上多下功夫，也可以通过其他的事情来促进做得不够的事情。所以，宿舍卫生那块不够导致扣分，那就在教室值日上，加强卫生打扫、整理物品的学习；值日或学习不够，那就在运动上多下功夫，劳其筋骨让大家长记性，顺便增强体质。

“讲道理的时候要听，讲好的要听！”我经常在班会课、课间反复地跟学生叮嘱。每次孩子犯错时，在理清了事因之后，我也会叮嘱这句话。有孩子告诉我，在家里会不由自主地教育自己的弟弟或妹妹：“讲好的要听！”我当是一种欣慰吧。

对于学生，对于这些孩子，不管什么事情，讲几十遍收效甚微时，那我就不断讲，反复提！对孩子们可逐个突破，反复督促，该鼓励则大方鼓励，该批评也坚决批评，奖罚分明，态度强硬，面对原则性问题绝不心软。

（摘自《广州大学附属中学班主任教育叙事》）

参考文献

［1］赵金晓．当代中学生思想道德问题成因及解决策略［J］．现代职业教育，2019（4）．

［2］毛顺友．再谈中学生道德观的培养［J］．新课程（中学），2014（1）．

第三节　如何看待孩子自私

一、问题概述

曾经看到这样一篇报道：学校开展歌咏比赛，要求着装统一。轮到某班上台时，几名忘记穿校服的男生到外班去借，哪知只有一名男生愿意出借，其他学生不是低下头不让人看见，就是捂着自己的校服不愿出借。据悉，学生不愿借校服是出于两种原因：一是怕衣服被弄脏；二是存在他们班的服装统一了就有可能得分比自己班高的心理。老师叹息：现在的孩子怎么这么自私呢？据心理学家调查研究发现，当今社会多数儿童或多或少存在自私心理。

（一）自私的界定

自私是一种较为普遍的心理现象。自是指自我，私是指利己；“自私”指的是只顾自己的利益，不顾他人、集体、社会和国家的利益。常有自私自利、损人利己、损公肥私等说法。自私有程度上的不同，轻微的表现为计较个人得失、有私心杂念、不讲公德；严重的则表现为为达到个人目的，侵吞公款、诬陷他人等。

自私之心，自古有之。战国时期，齐国有一美男子邹忌，一天另一个美男子徐公来访，徐公走后，邹忌便问妻子、小妾、客人，他与徐公谁长得更英俊，三人异口同声说邹忌长得好看。邹忌是一个有自知之明的人，他认为妻子是偏爱他，小妾是害怕他，客人是有求于他，他们不讲真话，都是有私心杂念。

自私作为一种社会病态心理，有很强的渗透性。我们认为除了社会上少数品德高尚的仁人志士外，大多数社会公民在不同程度上都存有私心杂念。

1. 嫉妒他人

自私的人嫉妒心强，心中只有自己，根本不能容纳他人。如果谁的本事比他强，取得了好成绩，甚至在容貌、身材、年龄等方面超过他，他都会感到难受，于是想方设法诋毁、诬陷、为难比他强的人。嫉妒心有时会把人引入疯狂的状态，甚至会导致伤害他人。在恋爱、婚姻、家庭中常有感情自私的现象：有些人为满足自己的私欲，在恋爱、婚姻、家庭中玩爱情游戏，玩弄异性，用甜言蜜语欺骗青年男女；有些人在配偶身染重疾、处境艰难时，提出离婚要求；还有些人隐瞒自身缺陷，用欺骗手段获取爱情，结果导致婚姻的悲剧，等等。

2. 以钱谋私

社会上有些人为了拉关系、走后门，不惜用金钱、礼品去贿赂有权之人；有一些人用金钱去买名买利，等等，这对社会风气的危害极大。

3. 不讲公德

公德是指广大公民在社会中所应遵循的道德准则。可是有些人却漠然视之，如随地吐痰、乱扔果皮纸屑、乱穿马路；有的居民楼，每家每户都收拾得干干净净，但走廊过道上却垃圾成堆；有的人将自个儿的东西看得紧，对公家的财产却随意浪费，这也是不讲公德。

总之，凡是自私的人，都有这样的病态社会心理，逐渐变成了一种畸形心态。以自我为中心、不关心别人、只顾及自己利益的人就是具有自私心理的人。这类人的自我中心意识特别强烈，为人处世习惯以自我为中心，从自己的立场看问题，用自己的方法处理问题、解决问题。有的具有强烈的占有性、利己性、攻击性，处事不考虑是否损害集体利益、是否伤害了他人。这种以自我为中心的做法即自私行为。自私行为作为少年儿童成长发育过程中的一种不良的心理和行为表现，它的产生和发展，对孩子的身心健康和品德走向，将产生极大的影响。

那么，自私行为又有哪些表现或特点？

1. 自我倾向性

具有自私行为的少年儿童，其自我意识特别强烈，往往受到其他因素的刺激和强化而走向自我中心的极端，使自己的语言和行为处处以“自我”为尺度。在家中，每个少年儿童都是“小太阳”“小皇帝”，一切围着他转，说一不二；在学校不愿帮助同学，不愿听从安排，只注重自我利益，不顾集体需要；在社会上，我行我素，从不替别人着想，冷漠对待一切。只知道“人人为我”，而从不想“我为人人”。这些都是自私行为比较明显的特点。

2. 占有性

这是自私行为的典型特征。少年儿童处于自私误区时，对外界事物会产生强烈的占有性，或者说是占有欲。他们见到什么好就要什么，不管家庭状况是否允许；自己想吃的东西就吃个够，不管别人是否要吃；看到别人手中的爱物时就想占为己有，等等，表现出明显的占有性。

3. 指向性

少年儿童的自私行为具有明显的指向性。即指向“优势”：当自己拥有某种比同类个体优越的物质、地位、条件时，如家中有钱、拥有奇物或学习优异等，为了保持优势，便会诱发产生带有保守色彩的自私行为；指向“利己”：当看到某事对自己有利时，便千方百计去获取，具有鲜明的利己色彩；指向“欠缺”：当自己和同类相比缺少某种优势时，便会想方设法去弥补、占有，使自私行为具有“进取”色彩。

4. 封闭性

封闭性是指使自己处于心理和人际的封闭状态。以“自我”为圆心，以“占有”为半径，以“指向”为曲线，画一个圆，使自己走不出自己构筑的自私的怪圈。

（二）自私心理的危害

一旦孩子形成自私心理，无论是对社会、对父母或者是对孩子本人都没有什么好处，尤其是对其本人的危害更大。

1. 会消磨意志，使其难有大的作为

过于自私，就会斤斤计较个人的胜败得失，使个人整天处于小算计之中。如此一来，就难以把目光投向更为远大的人生目标，自然也就难成大器。

2. 会伤害同学之间的人际关系

一个过于自私的孩子是不会乐于帮助他人的，因此他也往往不会得到他人的帮助、关心和爱护。相反，很多同学和朋友可能因为他过于自私而疏远、蔑视、敌视他。这样，孩子就会觉得孤立无援，就会丧失对学习和生活的乐趣。

3. 自私的孩子即使对父母也是自私的

自私的人心中只有自己，凡事只想到自己，自大地认为身边一切的人和物都是为自己服务的，包括父母长辈，所以，现实生活中，有很多人在成家后仍然缺乏对父母的孝心，仍然算计父母。

二、原因分析

自私行为形成的原因是什么？

（一）孩子生理和心理的发展

少年儿童在发育之初，一切行为意识大都来自本能。随着生理和心理的不断发育，自我意识会在某一时刻闯入孩子的心灵。新生儿在五到六个月时，便会注意自己的手，并开始抓物。至此，生命个体便开始意识到自己的存在，自我意识开始觉醒。而后，随着大脑进一步发育，幼儿便知道“哪个玩具是自己的”，若被别人拿走，就会哭闹不止，看到别人手中的“好东西”会伸手抓取或“无理取闹”。之后，随着生命个体的发育，受外部事物的刺激和影响，“你的”“我的”之类的概念进一步明确。“自我意识”得到进一步强化，于是知道“自己的东西要紧”“凡事隔着自己近”，再加上父母亲人不当的诱导、暗示，这些都为自私行为的产生奠定了心理基础。

（二）家庭教育的影响

由于计划生育政策，独生子女成为一个时代特征，“4－2－1”的家庭组合使几个成人和一个孩子相处，这决定了子女在家庭中的中心地位。家长以孩子的意志为转移，对孩子百般呵护、有求必应，唯恐孩子多干一点活，让孩子意识到自己在家庭中占据着举足轻重的地位。

许多长辈盲目地认为自己的孩子比他人的孩子好，过分评价孩子的长处。而少年儿童分辨能力低，不能正确评价自己与他人，从而产生自己比别人强的思想意识，盲目地将自己当作群体的中心，久而久之，孩子眼中心中唯有自我。唯我独尊使他们不再为别人着想，自我意识得到了极端的强化。于是产生了自私，并使自私自利在家庭中不断滋长。

（三）社会原因

少年儿童作为社会的一个群体，在日常生活中不可避免地受到社会生活潜移默化的影响，加上少年儿童自身发展的局限性，如具有强烈的好奇心、模仿性及缺乏理性等，很容易不加选择地吸收一些成人化和社会化的行为影响。于是，少年儿童耳闻目睹了许多损人利己等社会负面生活事实时，就可能产生羡慕向往的心态。随着社会商品经济的发展，“一切向钱看”“人不为己，天诛地灭”等观念的泛滥，以及社会上各种腐败现象的出现，都对少年儿童的自私心理和利己行为起到催化作用，为少年儿童自私行为的产生添加了外动力。

（四）个体因素

生命个体的存在和发展，不论从心理还是生理方面，都有其自身的需要。心理学告诉我们，需要是人的意识对一定生活和发展条件的需求性和占有性倾向。而动机则是激励人们进行各种活动的内在原因或内部动力。换句话说，动机是生命个体为了某种需要而表现出的某种心理体验。因此，良好的动机、需要可在满足个体欲望的同时，产生良好的行为倾向。如孩子在成长过程中，受其心理、家庭及社会诸因素的影响和制约，动机和需要往往会发生异化。如孩子拾金不昧，却遭到家长训斥；孩子互帮互助，却被家长认为多管闲事；还有的孩子做了损人利己的事，家长还称赞夸奖，致使动机和需要受挫而异化，进而向自私的方向发展，产生并强化了自私行为。再如，为了得到自己想要的东西（不良需要），企图采取偷的方法（不良动机），家长和老师没有及时纠正，从而使孩子趋向自私化。再有，学习好的学生不愿意帮助学习差的同学，公共汽车上不让座，等等，都是动机和需要异化的结果，这也是产生自私行为的根本原因。

三、应对策略

如何帮助孩子克服自私行为?

孩子的自私行为虽然有其不利的一面，但也有其有利的一面，只要给予足够的重视，并积极引导，便可以化消极因素为积极因素，促进孩子健康成长。

(一) 帮助孩子区别“自主”与“自私”

如果孩子有很强的自我中心意识，家长应给予充分的肯定，这为培养自主精神提供了条件。但家长要帮助孩子区别“自主”与“自私”。“自主”的前提是对人、对集体都是有益的；“自私”是只利己不利他、不利公。要对孩子进行“三自”教育①。如让孩子自主开展活动，在活动中培养他们高度的责任心和良好的心理素质，引导他们勇敢地面对困难，自主地解决困难。

(二) 培养和增强孩子的合作意识，克服自私行为

随着人类社会的发展，合作作为一种生存方式，越来越被世人所重视。合作意识成为现代人应具备的素质之一，也是一个人应具备的最起码的人格品质。因此，加强合作意识的培养，也是纠正自私行为的有效途径。家长可以培养孩子的集体观念，增强集体凝聚力，让孩子在平等和谐、团结协作的环境中克服自私自利的弱点，使其健康成长。可以通过家庭集体活动，例如共同打扫卫生，从小培养孩子团结合作、互帮互助的精神和集体荣誉感，让他们学会为他人着想、为集体奉献。

要教育孩子正确评价自己和他人，善于取人之长、补己之短。只有这样才能抛弃自私，抵制自私行为的发展、延伸。

(三) 做好孩子的榜样

家长要在日常生活中以身作则、率先垂范，做到大公无私，对他人、对社会自觉奉献爱心；另外，让孩子学会在家庭生活中关心他人，及时纠正孩子损人利己的错误行为，鼓励孩子参加集体活动，承担力所能及的工作，让孩子尽自己所能为家庭服务，为他人服务，进而为社会服务。在日常生活中，有针对性地对具有自私行为的孩子施加正面引导，满足他们良好的需求，促进良好动机的实现；帮助他们调节动机和需要的正确性，从自私行为中解脱出来。家长还应及时主动地与学校沟通，与学校教育的步调保持一致。

(四) 避免自私源的影响

个体生活在社会中，总要受到外界的影响。少年儿童作为一个稚嫩的群体，更容易受到侵蚀，“近朱者赤，近墨者黑”便说明了这个道理。因此，在日常生活中减少少

---

① “三自教育”是指思想上的自我教育、生活上的自我管理、学习上的自主合作。

年儿童和自私源的接触，是培养少年儿童良好行为习惯的基础，“孟母三迁”的故事也说明了这个道理。因此，为了少年儿童的健康成长，呼吁社会、学校和家庭避免让少年儿童接触自私源是很有必要的，也是纠正自私行为的关键。同时，家庭和学校要通过正确引导帮助少年儿童认识自私行为的危害，增强抵制自私源的能力，构筑一道抵御自私源的防火墙，使少年儿童在健康向上的氛围中成长。

四、案例

在课堂上，有一些知识面广、思维活跃、技能突出的孩子经常受到老师的表扬和同伴的拥戴。久而久之，这些孩子逐渐养成了唯我独尊、自私自利的心理，明明就是其中一个。怎样才能帮助这样的孩子克服自私的心理，让他们懂得去关心、帮助他人呢？

明明是个聪明能干的孩子，可也是个自私的孩子。同学的物品掉到了地上，他会毫不犹豫地踩上去，自己的物品却保管得很好；有同学不小心割破了手哭个不停，他一点也不同情别人，还说：活该，谁叫你自己不小心。每天中午去饭堂吃饭的时候，明明经常排在第一个，即使有时明明洗手回来晚了，还是要排第一个，硬把其他同学往后推……

老师通过一段时间的观察，发现明明非常喜欢纸雕活动，在活动中，他制作的每一幅作品都非常优秀。于是，老师就想在纸雕活动中引导他的行为，让他体会到他人的感受，了解他人的思想情感，从而改掉以自我为中心的习惯。以后，在每周的纸雕活动中，老师有意地表扬一些能与同伴互相帮助、互相爱护，欣赏对方作品的同学。接下来的纸雕活动中，明明也开始和同伴一起分享，也会把自己的作品送给同学玩了……

【解决对策】

自私作为一种病态社会心理，可充分发挥个人的主观能动性予以克服。关于此问题的解决也有一定的方法可循。

1. 内省法

用自我观察的陈述方法来研究自身的心理现象。自私常常是一种下意识的心理倾向，要克服自私心理，就要经常对自己的心态和行为进行自我观察。

观察时要有一定的客观标准——社会公德与社会规范。要反省自己的过错，就必须加强学习，更新观念，强化社会价值取向，向模范学习，同榜样找差距，并从自己自私行为的不良后果中看到危害，找出问题，总结改正错误的方式方法。

2. 多做利他行为

一个想要改正自私心态的人，不妨多做些利他行为。例如，关心和帮助他人，给希望工程捐款，为他人排忧解难等。私心很重的人，可以从让座、借东西给他人这些小事情做起。多做好事，可在做好事的行为中纠正过去那些不正常的心态，从他人的赞许中得到利他的乐趣，使自己的灵魂得到净化。

3. 回避性训练

通俗地说，凡下决心改正自私心态的人，只要意识到自私的念头或行为，就可用缚在手腕上的一根橡皮或弹环弹击自己，从痛觉中意识到自私是不好的，促使自己纠正。

参考文献

刘万伦，田学红．发展与教育心理学．北京：高等教育出版社，2011.

第四节 孩子缺乏责任感怎么办

一、问题概述

在孩子身上常常会看到这种现象：没有父母的督促不愿意做作业、不愿意学习；上学该带的作业、学习用品忘带，还埋怨父母没给他装好，没提醒他；学习成绩好的同学，不愿意帮助成绩差的同学，认为他人成绩好了，不仅对自己没有好处，相反，还会给自己带来威胁；放学后，值日生不见了，教室一片狼藉，黑板没人擦，图书角零乱，学生的抽屉里、课桌下扔了许多纸屑，等等。上述种种表现都说明孩子缺乏责任意识，没有责任感。

那么，什么是责任感?

责任是一个古老的话题，我国从古代的孔子、孟子到近现代的思想家、革命家，西方从古希腊的思想家柏拉图、亚里士多德、苏格拉底到近现代的哲学家杜威、柯尔伯格、康德等都有相关的论述与研究。马克思说："作为确定的人，现实的人，你就有规定，就有使命，就有任务……"歌德说："力量越大，你的责任就越大。"培根说："责任好比宝石，它在无数光影的照耀下显得更加灿烂。"

责任感是指对自己义务的知觉以及自觉履行人生义务的一种态度或意愿。责任感既包括对自己言行和人生道路承担责任的态度，也包括对自己履行职责的过失和责任的态度；既包括对自己负责的意识，也包括对他人和社会负责的意识。责任感是决定一个人健康发展的核心品质之一，可以派生出诸如敢担当、自律、守信用、忠于信念和感情等许多健康的人格特质，会对自己分内的事情非常清楚，明白自己应该做什么、不应该做什么。

许多专家认为新世纪摆在我们面前的第一个挑战，既不是新技术革命，也不是经济发展，而是青少年一代的道德问题。一个道德情感贫乏，缺少责任感的人是不会真正关心他人、无法与他人真诚合作的，也是无法良好地适应社会的。可以说，学会负责已经成为21世纪的通行证。苏联著名教育家马卡连柯亦根据自己的教育实践经验明确指出：培养一种认真的责任心是解决许多问题的教育手段。

现在大多数的孩子都是独生子女，他们在物质方面没有太多危机感，缺少对自己、对他人、对社会的前途命运的责任感。在他们不少人眼中一切都是理所当然的，以自我为中心，唯我独尊，不为他人着想。他们把社会看成自己的社会而不是大家的社会，这正是他们缺乏责任感的主要原因。初中、高中的学生正处于了解社会、认识自我从而适应社会、塑造自我的阶段，对社会不同层面、不同角度的认识直接影响其自我认识、自我评定和自我塑造。

（一）当代中学生责任意识的总体特点

1. 责任情感强过责任能力

有不少学生对一些事情有心尽责，却无力尽责。责任认知强过责任行为，不少学生可以判断出负责与不负责的是非，却不能把正确选择付之于行动。

2. 重个人前途，轻社会理想

不少学生在对待社会时，缺乏一种主人翁的态度。调查发现，当代学生是有抱负、有理想的，将来能很好地实现自我，但没有跳出自己的小圈子，往往局限于实现个人理想，在社会理想和个人理想的结合上，把握得不是很好。

3. 责任意识淡薄

对朋友的责任感意识强一些，对自己和家庭的责任意识显得有些模糊。在个人的奋斗目标上表现为个人意识较强，国家和社会意识较弱。中学生在利益关系上表现为以“我”为中心，凡事从“我”出发，追求自我实现，力求完善自我价值。

（二）中学生责任感缺失的主要表现

1. 在家庭生活中的表现

中学生在家庭生活中社会责任感的缺失，首先表现在不愿主动承担力所能及的家务，如洗碗、扫地、整理房间等；其次，表现在当家庭发生一些令人忧愁的事情或遇到困难时，子女认为这只是父母的事，不会尽自己的力量为家庭分忧解难；最后，有些子女往往不考虑自己的家庭经济条件，盲目与他人攀比吃穿，向家长提出过分的要求，认为家长不论付出多少都是应该的、自愿的，别说回报，可能连声谢谢都懒得讲。

很多中学生只知索取、不知感恩。相当多的中学生不记得父母的年龄、生日，但对自己钟爱的明星、偶像的情况包括其星座、爱好、血型等却了如指掌，关心程度真可谓事无巨细、无微不至。调查发现，约有 63% 的学生不知道父母的生日，近 43% 的学生不知道父母的年龄，还有 4 名学生不能准确写出父母的姓名，76% 的学生从未给父母祝贺过生日。而与此形成鲜明对比的是，父母年年都给孩子过生日的高达 93%。另有 72% 左右的学生不了解父母的兴趣爱好、生活习惯等，能在家里经常从事家务劳动的中学生也不到 58%，住校生中约有 17% 的同学经常将换洗衣物拎回家由父母代劳，有近 38% 的同学不能独自完成诸如洗衣、做饭等日常劳动。

2. 在学校生活中的表现

普遍存在的现象是无故迟到、旷课；课堂上旁若无人地高声谈笑，美其名曰“言论自由”；作业或欠交或抄袭；在考场上千方百计窃取高分后自诩考试高手；课桌椅是他们练习雕刻的好材料，墙壁是随手涂改的黑板；他们讨厌穿校服，喜爱能展示自己个性的衣服；对老师的保证只有一节课的有效期；缺乏集体观念，对大扫除、值日采取敷衍了事的态度，甚至出钱请人代做；不珍惜班级荣誉和形象；上课打闹，破坏课堂纪律，影响老师正常上课；个别学习成绩较好的学生只顾埋头学习，不关心班级事务，不愿担任班干部工作；对班级中的不良现象睁一只眼闭一只眼，放任自流，班级缺乏正气；与社会上的不良青年交往，干扰学校正常教学秩序，等等。

越来越多的学生无心向学，在学校中的表现有以下两种情况：①一部分人在课堂上无心听讲，有的精神萎靡，有的神情木讷、面无表情，更有甚者，一个人独自坐在那里喃喃自语。课后不能按时完成作业，对老师的询问往往采取抵触的情绪，答非所问。②在课后，沉迷于网络中无法自拔。有的是迷恋网上聊天，有的是沉迷于网上游戏，更有的对网上的内容缺乏判断，导致在现实生活中说话猥琐、不堪入耳。他们当中80%的人都有手机，20%的学生极度依赖手机，对禁带手机措施怀有一种莫名的敌意。

3. 在社会生活中的表现

最突出的表现是不能自觉遵守、维护社会规范与社会公德。随地吐痰、乱扔垃圾、到处刻画等破坏环境的行为随处可见；购物、参观、上下车时争先恐后，挤成一团；面对弱势群体的求助或在他人处于危险之际视而不见、漠然处之；残忍伤害小动物，随意践踏草坪、破坏公共设施；穿奇装异服、说脏话；安全和自我保护意识淡薄，骑车闯红灯、约见陌生网友；对自己生命的不负责任，等等。有调查表明：25%被调查学生想过自杀；13.3%的中学生曾计划自杀；42%考虑离家；24.39%的中小学生曾有活着不如死了好的想法，其中曾认真考虑过该想法的人数达到15.23%。由于缺乏抵御挫折的能力，他们面对困境时，轻则怨天尤人，重则采取报复他人、毁灭他人的极端方式，如此一来，中学生重伤、杀害他人的案例也与日俱增。

二、原因分析

导致中学生责任意识缺失的原因是什么？

（一）社会因素的影响

近年来，随着世界经济的快速发展，人们的物质生活水平得到了极大提高。但与此同时，人们对物质过度的、片面的追求也带来了一系列关乎中学生的责任教育的社会问题。当前，不仅西方国家有一系列的社会问题，我国也是如此。以钱为本、权钱交易、两极分化等使得社会矛盾有加深之势，人们的社会价值认同也产生了不良倾向。部分社会成员缺乏爱心与同情心，失去了纯真与宽容。浮躁、仇视、自私、冷漠等各种不良现象时常出现，对社会、自然和他人不负责任的事件时有发生：坑蒙拐骗，巧取豪夺，随意排放“三废”，对资源进行掠夺式开采等。

种种现象说明，人类的精神家园正在遭到无情的破坏，特别是责任感的丧失已成为当今社会一个可怕的现象，已经严重危及我们的生存和发展，也必然潜移默化地影响孩子的成长。

（二）家庭因素的影响

家庭是孩子社会化的最初场所，父母在孩子的社会化发展过程中影响很大。一些研究者认为在孩子社会责任心的发展中，父母的因素是最大的，父母是孩子的第一任老师。家庭环境对孩子的性格形成起着非常重要的作用。当今社会，一些父母片面追求个人所谓的“幸福”“自由”，生活不检点，甚至把婚姻当作儿戏。这些无疑是对家庭极端不负责任的行为，也必然对孩子的成长造成极大的负面影响。很多父母在孩子的文化课教育上不惜重金、舍得投资，希望孩子能取得优异的文化课成绩，却疏于对孩子思想品德的培养和教育，疏于对孩子责任心的教育。同时，因为现在的孩子大部分都是独生子女，父母对孩子往往是听之任之、溺爱惯养、放任自流，对孩子给予了特别多的关爱，却忽略了对孩子责任感的培养，忽略了对孩子挫折感的培养，总是怕孩子辛苦，怕孩子受罪，连一些孩子力所能及的家务事都不让孩子干。长期下去，孩子连自己都照顾不好，更谈不上照顾他人、对社会有责任感了。在这种家庭环境中长大的孩子，只知道一切以自我为中心，心中根本无他人。他们的自我意识很强，甚至为了达到个人目的而不择手段。很难想象在这样的环境中培养出来的孩子将来能对社会、对国家作出多大的贡献。

（三）学校教育的影响

对于加强中学生的责任感，当前的学校教育还存在诸多问题，集中表现在：

1. 应试教育大行其道

在推行素质教育的今天，虽然大家口头上接受素质教育，但在高考指挥棒的指引下，某些学校更注重学生的考试成绩。对考试成绩的过分关注，会导致社会、学校和家长在评价一个学生和一所学校时只注重考试成绩，而忽视了学生思想品德特别是责任感的培养，也会使一些学生对他人、学校、家庭和社会缺少责任心与爱心。

2. 重灌输，轻疏导

许多学校把责任教育和一般的文化知识教育混为一谈，采用填鸭式教育方式，让学生死记硬背，把原本实践性很强的责任感培养变成理论的灌输。

3. 责任教育过于理想化、成人化

许多学校虽也开展责任教育，但是其内容往往脱离学生的生活实际，大而空，使得学生连一些基本的责任常识都不懂，造成学生大事做不了、小事不能做的情形。

三、应对策略

作为父母，应重视家庭教育。家庭中父母对孩子的影响往往是潜移默化的，但这种影响的作用是巨大的。家庭教育和社会德育、学校德育相比要深刻、强烈得多。父母是孩子的第一任老师，是孩子物质上和精神上的坚强后盾。父母对孩子的关爱以及对孩子的付出，将对孩子的人生产生深刻的影响。

（一）营造良好的家庭氛围

例如，在事业上积极向上、追求理想，在学习上勤奋好学，在人际关系上团结和睦，在生活上勤劳节俭，其他还有诸如讲究卫生、爱好健康等良好作风。这些良好的家风能对孩子产生潜移默化的效果，使家庭德育效能发挥更大的作用。家长教育孩子既要有“严”又要有“爱”，“严”“爱”结合。“严”不是简单的粗暴命令，也不是专制、独裁，更不是打骂和体罚，“严”中要有“爱”，严格中包含着引导、说理和启发，严格要求应与关心、热爱孩子相结合，与尊重、信任相结合；“爱”不是溺爱、不是放纵、不是让孩子任性，是“爱”中有“严”，刚柔相济。要让孩子既有情又懂理，让其学会做人、做事，成为对社会有用之人。

（二）建立融洽的亲子关系

真正的家庭教育应该是在亲子感情的伴随下进行品德教育，寓理于情、情理结合，让孩子学会做人的道理，把其培养成人。要让孩子做一些力所能及的家务事，不要事事代劳，要相信孩子。要抛弃金钱至上的思想，不要盲目相信金钱的作用，再多的金钱也抵不过真情的价值。要知道，钱能买到药，但是买不到健康；钱能买到食品，但是买不到日后在社会上生存的能力；钱能买到交易，但是买不到人格。责任感的养成会使学生找准自己在家庭中的位置，从而减少对父母的依赖。父母对孩子的要求应与学校的要求相一致，避免孩子在性格的养成上产生差异。一个学生，如果对家庭都没有责任感，很难想象他会对国家、对社会具有强烈的责任感。

（三）良好的思想道德教育

父母对孩子的责任教育最重要的不是物质方面的给予，不是给孩子买好衣服、吃好吃的，而是对孩子的思想道德教育。父母如果只知道对孩子不加选择地给予，一味地溺爱，那么这种方式是不会有好的效果的，也是缺乏责任意识的表现。父母在给予孩子爱的同时，也要让孩子懂得关爱他人，给他人以爱。否则，孩子如果只知道关心自己，只知道一切以自我为中心，是不可能形成良好的责任品质的。所以老师应该通过平时的家访、家长会等形式多与家长接触、沟通，加深对学生家庭的了解，在教育上与家长达成共识，共同培养学生的责任意识。家长在家里可采取和中学生签订家庭责任合同书的形式，让孩子知道家人各自的职责范围，知道自己在家庭中的角色和应承担的职责，理解父母对自己的期望，感谢父母对自己的养育之恩。这样就有利于增强学生对家庭和父母的责任意识。

据一项调查显示，美国孩子在家每天平均劳动三至四个小时，而我国孩子在家每天平均劳动时间不到一个小时。孩子也是家庭的一分子，权利和义务是统一的，没有无权利的义务，也没有无义务的权利。孩子在家里应该享受他们应该享有的权利，但也要承担一定的家庭责任。孩子在家遇到需要帮助的地方，家长可以加以适当的指导，但是切不可越俎代庖，而要让孩子独立地把事情做完。孩子好奇心强，什么都想去接触、尝试，但是随意性很强，做事总是虎头蛇尾或有头无尾，所以交给他们做的事情，哪怕是很小的事情，家长也要有检查、督促以及对结果进行评价的习惯，哪怕只是倒一次垃圾、洗一块手帕，都应给予表扬和鼓励，失责时应给予批评和惩罚。只有这样，才能培养孩子持之以恒、认真负责的好习惯。要鼓励他们勇敢地承担责任，通过让孩子承担责任，让孩子超越以自我为中心，了解自己周围的世界，从而强化对自己、对他人、对周围环境负责的意识。

四、案例

案例一

如何培养孩子的责任感

孩子在成长过程中，总会遇到各种各样的事情。如果孩子没有责任感，遇事得过且过，对今后的工作、生活都会产生极其严重的后果。因此，我们必须注重培养孩子的责任感。要培养孩子的责任感，就要让孩子明白什么是责任感。责任感是指自觉地把分内事做好的心情，也叫责任心。那么，作为父母，应该怎样培养孩子的责任感？我认为就是要教会他们自己的事情自己做。

记得有一天上午，我刚进办公室。女儿打电话过来了："爸爸，我忘记带作业本了，你快帮我送来，今天老师要检查的。我要是没带肯定要挨批的。"

"好，好，好。你别急，我马上送来。"我说道。

放下电话，我请了假，匆匆向家里走去。一路上，我不禁苦笑，这也不知是第几次了。几次？我心里猛然一动：是呀，几次了。女儿以往的热情、积极性似乎也一点点地减弱了，已经慢慢习惯我们替她去思考、去行动了。这样下去可不行。我踌躇再三，终于下定决心：不能因为心疼女儿，就挡在女儿的前面，替她完成一切。大多数情况下，我只能给她一些鼓励和建议，让她养成自己的事情自己做的习惯，培养她的责任感。

我掏出了手机，拨通了女儿的电话："爸爸来不了了。""为什么？我会挨批的！"女儿很激动。

"爸爸现在有很重要的事情要做，所以来不了了。"为了女儿的未来，我不得不撒了个谎。

"要不你主动和老师说明一下原因？"我试探地问道。"我自己回家拿！"女儿赌气道。说完，就挂断了电话。

中午女儿放学回家，一副气呼呼的样子，一声不响，直接走进她自己的小房间。我笑了笑，随后跟着她进去了。

"怎么了，谁惹我们家的乖女儿生气了？"我笑嘻嘻地说。"还不都是因为你！"女儿愤愤地说，"我今天挨老师批了！"女儿有些激动。

"你没回家拿呀？"

"哪有空拿呀，会误课的！都怪你不帮我！"

"我没帮你？"

"你不帮我送作业本！"

"作业本是我的吗？"

"不是！"

"作业本是我不放进书包里的吗？"

"不是。"

"昨晚书包是我整理的吗？"

“不是……”

“那你的书包应该我帮你检查整理吗?”

“不应该……”女儿似乎有些明白了。

“那你现在觉得挨批还应该怪我吗?”

“可是……”女儿有些不服气。

“爸爸知道你想说什么，你想说‘不就是帮你送下作业本吗’。但是你自己想想，这是第几次了?”

…………

“爸爸这也是为你好。爸爸现在可以帮你，那以后怎么办？你不能依靠爸爸一辈子呀！你要学会对自己负责。今天这样的事，如果你每天晚上把书包整理好，问题不就解决了吗?”

“爸爸，我明白了。以后我一定自己的事情自己做，自己对自己负责。”

行为是一面镜子，每一个人都在里面显示出自己的形象。培养孩子的责任感，目的也是让他能正确地认识自己，对他自己的行为负责，对他自己的人生负责。尼采曾经说过：聪明的人只要能认识自己，便什么也不会失去。正确地认识自己，才能使自己充满自信，才能使自己的人生航船不迷失方向，才能正确确定人生的奋斗目标。生活赋予每个人的并不都是阳光雨露，只要他能正确地认识自己，不失自知之明，就会使自己在人生道路上少走弯路、少受挫折，成就辉煌。

【案例分析】

上述的教育案例很常见。女儿早上忘记带作业本，害怕被老师批评，于是就给父亲打电话，想让父亲帮她把作业本送到学校。父亲为了培养女儿的责任感，对女儿撒了个善意的谎言，也就是这个善意的谎言，帮助女儿改正了缺点，改掉了坏毛病。

在教育孩子的过程中，有些家长会过分地迁就孩子，孩子往往会形成依赖心理，形成很不好的行为习惯。从文中可以看出，这位父亲也很爱自己的女儿，但他很好地把握了这个度，发现女儿的问题后能反思自己，对症下药，从而让女儿深刻地认识到自己的错误，并能够及时加以改正。

撒谎固然不好，但是善意的谎言有时也是一种有效的教育方法，这从另一个方面体现了父母对子女的关心和爱护。有时，它可以帮助孩子克服困难，从而使孩子树立信心，走向成功。

（摘自《广大附中家长学校用书》）

案例二

让责任感在孩子的心灵复制

人要有责任感，对自己有责任，对家庭有责任，对社会有责任。育儿十四载，我们一直把培养儿子的责任感作为我们的责任，并放在了育儿的首位。人们常说：父母是孩子的第一任老师。在平凡的生活中，我们把责任感的相关信息传递给孩子，希望责任感能在孩子的心灵复制。

为人父母，我们努力进取，积极工作，做儿子的榜样。我是从事会计师工作的，自认定这个行业后，我就给自己定了一个发展目标，并不断地学习，朝着这个目标努力。结果，我获得了高级会计师的职称，并成为一名中国注册会计师。我告诉儿子：人要生存得有意义，就要积极地活着，树立自己的目标，并为之不懈地努力。你要通过自己的努力，去换取自己的成功，这是你的责任。我发现，儿子不但有所感触，还很自觉地去努力学习，也给自己定下了目标。一直以来，他学习上全面发展，并多次在参赛中获奖。

儿子小时候，当他生病需要我们照顾时，当我们给在病床的父母送饭、送汤时，我都会对儿子说：家庭的每一个成员都要互相关心、互相照顾。我们在尽父母之责，我们在尽儿女之责，我们在尽家庭成员之责。有一幕儿子至今印象深刻，那是他小学三年级住院做阑尾炎手术，我们一直陪在他身边。他说，最痛苦的是插、拔胃管，如果爸爸不在旁边，不知道自己能否挺得住。他爸爸鼓励他说：照顾、支持儿子是我的责任，而坚强是你的责任！我们就是这样，经常启发儿子热爱生活、珍重生命。

儿子小学毕业的时候，80 岁高龄的外婆肺癌晚期。当时医生向外婆推荐服用一种自费进口药，一粒五百元，每天一粒。但外婆自知病情严重，坚决不让我们给她买那种药，说药不一定有效，太贵了没有必要。晚上，我跟孩子外公通电话谈到买药的事，被儿子听见了。我刚放下电话，儿子从书房走了出来，很严肃地对我说："妈妈，医生说外婆需要那种药，无论那药有多贵都应该买！为什么不争取试一下呢？"他继续说："妈妈，我能拿到奖学金，我拿出来买药给外婆，您先给我垫付吧。"儿子的话让我感到他除了有一颗爱心外，还有一种强烈的责任感！我的双眼闪动着激动的泪花。我当即接受了儿子的那份心意！我说："好，不用再商量了，我明天就去医生那儿交钱，先买一盒（十粒），让外婆试服一下，若有效我继续买！"第二天，我来到了孩子外婆的床前，说已经付钱买药了，并说这药是她的外孙用奖学金买的，祝她早日康复。躺在床上的外婆非常激动地对我说："你们真是教育出一个好儿子啊！你先代我谢谢他，跟他说，外婆出院后，外婆给他奖学金！"不幸的是，外婆已病入膏肓，回天乏术，药没服完就离我们而去了。然而，外孙的那份心意她收到了。她是带着欣慰离去的。

希望孩子成才，首先要让孩子树立责任感。责任感不是一个口号，培养孩子的责任感，首先要从父母做起。生活中的事例是成本最低的育儿教材，在父母言传身教、耳濡目染之下，责任感就会在孩子的心灵复制。

【案例分析】

"让责任感在孩子的心灵复制"这个标题，让人感受到了家长的教育理念。对于孩子，案例中的家长没有选择单纯地用语言去说教，而是采取了用行动去熏陶。处于初中阶段的孩子，他们的世界观和人生观正在形成，他们更加相信自己的直观感受，所以在对他们的教育方面，我们需要用正确有效的方法来引导。如果一味地用语言来说教，有时会适得其反，让孩子觉得厌烦，自己也受到打击，甚至会恶化和孩子之间的关系。来自生活的耳濡目染，会潜移默化地浸入他们的性格，让他们自然而然地朝着家长期待的方向发展。

案例中的家长把培养孩子的责任感放在了教育的首要位置，认为要让孩子成才，首先就要让孩子树立责任感，并且通过自己的言行举止，通过自己的榜样作用，让孩子在体会到家庭带给自己幸福的同时，也认识到并开始承担起自己的家庭责任，这就是父母的责任感在孩子心灵的最好复制。

（摘自《广大附中家长学校用书》）

案例三

爱孩子，就教孩子从小学会负责任

2013 年 2 月，北京市公安局海淀分局通报某著名歌唱家之子李某涉嫌轮奸被刑拘。两年之内，李某两次触犯法律，伤害无辜，瞬间成为千夫所指……据报道称，李某自年少便经常犯错，却很少受到处罚。李某的多位小学同学证实，其在三年级时，曾将一名二年级同学推下楼，但后来这事儿“秘密解决，不了了之”。他还抢过同学的游戏机，而当时的班主任竟以李某家中没有游戏机而怼回了被抢的同学。在李某上小学时，很多同学并不知道他爸爸是谁，只是每次李某犯了错误，总能平安无事，同学们才揣测他“很有背景”。另有网友爆料称，李某在美国读书时，曾因小问题和同学争论至大打出手，并将同学的蛋白粉偷换成洗衣粉，还口出狂言称：“你敢到中国来，我就捏死你，你知道我爸是谁吗?”

子不教，父母之过。14 岁时，李某想开车，他的母亲不顾孩子未成年没驾照就送给他一辆豪车。不久，李某就因交通纠纷殴打了一对夫妻。这些都被他母亲摆平，所以李某以为父母能搞定一切，变得更加疯狂，不仅为所欲为，甚至淡漠法律，最终成了轮奸案的始作俑者。李某被刑拘后，他的母亲常以泪洗面。但是，早知今日，何必当初。其实，李某第一次犯错被劳教，就应该引起父母的高度重视并加以正确规诫，教育孩子正确认识错误、痛改前非。父母却继续娇惯，孩子继续犯错，最终被收监。在孩子接受庭审时，李某的母亲接受记者采访，还骄傲地标榜：我的孩子是最纯洁、最善良的。李某的过度自我、极端不负责任最终使自己成为阶下囚。而孩子的母亲该如何反思呢?！为人父母者，面对自己可爱的孩子，一定要保持一颗平常心，给孩子理智的爱、智慧的爱，爱到心头切记要留三分！

法制社会里，一个人必须为自己的言行、过错负责，孩子也不例外。为人父母者，一定要谨记：溺爱不是爱而是害！当孩子第一次犯错时，你就要教孩子学会自己去承担，而不是搞特权、无原则地庇护……须知，父母不可能跟孩子一辈子，也不可能永远充当孩子的保护伞，孩子总有一天要长大，当他触犯了国家法律时，任何人都无法保护他。

我们可以给孩子生命，却不能代替孩子生活，不能代替孩子成长。千万不要对孩子说：“你什么都不用管，有爸爸妈妈呢。”孩子总会长大，要对自己、对他人、对社会负责。应该教育孩子从小学会负责自己的生活、学习和交往。取得成绩了，表现出色了，是他努力的结果。失败了，父母只能帮助，不可替代。请记住，掌握知识、开发智力与生活自理能力、责任意识及能力，相互之间是紧密相连、相互支撑的，其中任何一方面落伍了、衰退了，都不可能成为社会需要的优秀人才。

（摘自裴秀芳《爱孩子，就教孩子从小学会负责任》，有删改）

参考文献

[1] 李德胜．论加强中学生的责任教育．大连：辽宁师范大学，2009.

[2] 黄其芬．例谈综合实践活动中学生社会责任感的培养．贵州教育，2018（15）．

[3] 胡玲娇．浅议初中道德与法治教学中学生责任意识的培养．新课程（中学），2017（8）．

第五节　如何对待孩子的谎言

一、问题概述

撒谎，也称打谎，是指说假话来骗取别人信任以实现自己的需求的行为。根据社会心理学家的研究，随着年龄的增长、社会化的提高，人都会撒谎。然而，谎言有善意和恶意之分。我们这里所要阐述的是恶意的谎言，即孩子的一种不良习惯。

据调查，我国大约有 50% 的孩子从 3 岁开始撒谎，9 岁的孩子 70% 以上说过谎。可见，撒谎在儿童时期就是普遍的行为。当孩子上到中学时，有时为了蒙蔽老师和家长，他们就会撒谎。而他们撒谎成功时，就可免受责罚。长此以往，他们就养成了撒谎的习惯。

当然，撒谎也许还跟父母有关。哲学家罗素曾经说过："孩子不诚实几乎总是恐惧的结果。"这恰好与行为主义的观点不谋而合。少儿心理问题专家也说："孩子撒谎有种种原因，其中一个原因就是出于无奈。他们说，撒谎有时是家长逼的——这可能是很多家长都没有想到的！"因此，作为父母，我们应该清楚地了解孩子撒谎的原因是出于自私自利，还是另有原因。只有这样，我们才能找到更好的方法来帮助孩子改正这种不良行为。

父母发现孩子撒谎的时候，生气、焦虑都是不可避免的。但是，我们要能够及时调整自己的情绪状态，以便更快地着眼于问题、解决问题。俗话说："态度决定高度。"父母对孩子撒谎的态度直接决定着父母采用的方法以及方法的效率。那么，作为父母，应该持有怎样的态度？

我国提倡以人为本，这正是国家文明高度发展的结果，同时也可作为父母教育的出发点。心理学的人本主义派强调人的尊严和价值。人本主义心理学家马斯洛的需要层次理论特别强调尊重的需要，并认为尊重需要的实现有助于个体的成功。因此，撇开社会角色而言，我们每一个人都是一个独立的个体，都有自己的尊严和追求，也应该尊重别人的选择。父母应该尊重孩子，顾及孩子的感受。只有孩子的尊重需要得到满足，才会追求更高级的需要。另外，父母也要认清撒谎是中学生常见的现象，无须大惊小怪。只有这样，我们才不会庸人自扰。

总之，我们对孩子应该持尊重、宽容的态度，有问题应该坦然面对。我们是孩子的父母，更要做孩子的朋友，只有这样，我们才能扮演好父母这个角色。

那么，我们该如何来解决问题呢？首先，我们应该找出问题产生的原因，这样才能对症下药，达到事半功倍的效果。下面我们就来分析孩子撒谎的原因以及相对应的策略。

二、原因分析

根据我们多年的观察和总结，大体归纳出孩子撒谎的原因主要有以下五个：

（一）为了逃避不愉快的现实

这种撒谎行为是为了逃避家长与老师的批评或责罚的一种自我保护行为。例如，某个同学破坏了东西、学习成绩不好、偷拿了同伴的东西等，如果说了实话，等待他们的往往是父母和老师的严厉批评甚至处罚。为了逃避这种不愉快的现实，他们采取撒谎的办法来进行自我保护。特别是在要求严厉的老师和家长面前，他们更爱撒谎。这时，如果父母与老师对他们的谎言穷追不舍，非要弄个水落石出，就会促使他们撒谎的水平一次比一次更“高明”，从而形成恶性循环，有的青少年最终因此而走上犯罪的道路。

（二）为了提高自己的地位

这种撒谎行为是为了使自己在与同伴、老师和父母的交往中处于有利的地位。例如，某个同学成绩不好，却在同伴面前说自己考得很好；自己家里经济条件一般，却在小伙伴面前说自己家很有钱；没到过某地旅游，却自吹到过某地旅游还看见了什么景色；还有的会乱编自己父亲的官有多大，在社会上如何有地位，等等。这种谎言虽然只是暂时的，但长此以往容易形成孩子的虚荣心，影响孩子的正常成长。

（三）模仿性撒谎

班杜拉的社会学习理论告诉我们，孩子总是善于模仿的，他们总是在生活中寻找一些榜样来进行模仿。在儿童时期，父母往往是他们的榜样。在某些小学生的家中，如果他们的家长经常撒谎，孩子多半也不会诚实，有些家长当着自己孩子的面就经常不说实话。例如，来了电话，父亲就对孩子说：“如果有人找我，就说我不在。”另外，如果这些大人喜欢夸大其词，把一件微不足道的事情吹得天花乱坠，孩子受此影响也会不知不觉地模仿大人撒谎。

（四）反抗性撒谎

这种撒谎行为往往在个别儿童心里不满的时候表现得尤为突出。当家长和老师要他们帮忙做事时，他们虽然有空，却因为不愿意做而编出自己很忙的借口，拒绝家长和老师的要求，这种撒谎行为一般是偶然现象，而且大多发生在家长和老师要求他们做自己不愿意做的事情，或者是他们心中正处于对老师和家长有不满情绪的时候。对此，长辈应该首先反省一下自己的态度和做法，了解儿童是为什么事情而产生不满的，并有针对性地进行教育。

（五）出于报复目的而撒谎

当孩子觉得自己受了某种不公平的待遇或委屈时，有的会报复性地撒谎。例如，某个孩子长期与另一个孩子处得不好，或经常受到那个孩子的欺负，他就有可能出于报复而故意向老师撒谎，说那个孩子做了什么坏事，说了什么坏话，等等。对此，大人一定要弄清事情的真相，切不可轻易下结论冤枉孩子；否则，孩子会对所有的大人都不信任，反而更加爱撒谎。

三、应对策略

针对以上的五个原因，我们建议采取以下相应的对策：

（一）互相信赖，给孩子足够的爱

老师与家长在遇到孩子撒谎时，首先要弄清楚他为什么撒谎，这是非常重要的。一般来说，孩子在比较宽容的大人面前不爱撒谎，因此，我们应该努力与孩子建立起一种亲密的、互相信赖的关系。当孩子说出真相后，我们绝不可凶神恶煞地马上加以训斥甚至处罚；相反，我们应该心平气和地与他们娓娓而谈，用爱去消除他们心中的疑虑，使他们明白撒谎的危害，知道诚实的可贵，教育他们以后不再撒谎。

笔者的班级里，曾经有一位学生小唐，其父母离异，跟着父亲生活，父亲平时酗酒，对孩子的关心不够，发现小唐成绩不好，就对其责骂。因此，小唐从不敢把在学校发生的事告诉父亲。有一次，小唐弄坏了同学的一副眼镜，同学要求其赔偿，但他今天推说父亲出差了，明天说起得太早，没遇到父亲，一拖就是一个星期。后来，笔者与其家长联系，才知道他根本没有把这件事告诉父亲。针对其撒谎的原因——怕父亲打骂，笔者和这个孩子进行了一次耐心的沟通，告诉他撒谎的危害，至于那副眼镜，修一下还可以用，只要帮同学修好就可以了。同时，笔者也找到了孩子的父亲，告诉他孩子撒谎的真正原因，希望他以后改进教育孩子的方法，对孩子要多关心、多了解、多信任，这样孩子做错了事才敢和父母说；否则，只会造成孩子经常性撒谎。经过沟通，孩子的父亲改变了自己的做法，孩子撒谎的现象也有所改善。

（二）引导孩子树立正确的价值观

孩子自我价值观的形成是受到多方面因素影响的，特别是家长的价值观对孩子的影响最大。所以，家长应该注意自己平时表现出来的是非价值观念，如果家长成天追求、谈论、赞赏的全是社会地位和物质财富，那么孩子也必然会受到影响，不切实际地谈论追求社会地位和物质财富，在其同伴面前制造种种谎言。大人在孩子面前应该有一个良好的形象，同时教育孩子没有必要做这种爱慕虚荣的撒谎行为。谎言总有被揭穿的一天，到那时，为了提高自己的地位而撒谎的行为反而会引来更多人的蔑视。

（三）以身作则，榜样示范

榜样的作用是巨大的。要教育孩子不要撒谎，家长首先应该以身作则。当听到孩子有夸大其词的表现时，大人不能听之任之，应该及时纠正，澄清事实。

曾经有这样一位学生，经常撒谎，明明上课时在做小动作，老师提醒他，可他就是不肯承认；老师有时让他做一些事，他明明有空，却推说自己作业还没有完成……为什么他随口而出的都是不真实的话？原来，他父母也经常对他撒谎或当着他的面撒谎。针对这一情况，老师与其父母取得了联系，告知他们孩子的做法及原因所在。听了老师的话，家长表示愿意和孩子一起改掉随口撒谎的坏习惯，处处以身作则，给孩子树立良好的榜样。一个多学期过去了，孩子的撒谎现象越来越少了，大家都为他高兴。

（四）对孩子错误的处罚要适当

当发现孩子犯了错时，老师和家长首先要压住自己的火气，在气头上教育孩子，往往容易犯急躁的毛病。这时应当冷静下来，想想孩子为什么犯错。如果孩子是由于顽皮、好奇、过失而犯错时，不要对孩子太严厉，要耐心地向孩子指明错在何处、应该如何做。如果孩子的错误确实应当受到惩罚，或者旧错重犯，还要想一想孩子是否承认了错误。如能主动承认，可减轻惩罚，并说明之所以如此，是由于其主动承认错误的结果；如果不主动承认，还想蒙混过关，则要加重惩罚，并告诉他，他还多犯了一个错误——撒谎或欺骗。

（五）给孩子足够的尊重

一般来说，凡是受到家人的尊重、能够随意发泄自己牢骚的孩子，一般都比较诚实；相反，在父母过分严格管教下的孩子对父母有较少的亲近感，而有较多的恐惧感，他们常常为了逃避责骂而撒谎或欺骗他人。当发现孩子不诚实时，不一定非要追问个水落石出不可，也不一定非得让孩子承认自己撒了谎，尤其是当着客人、孩子同伴的面时更应如此。当着外人的面，非得让孩子承认自己撒了谎，无非有两种结果：一是孩子“顽抗到底”，死不承认；二是孩子虽认了错，但其自尊心大受伤害。年纪小的孩子其谎言如果被揭穿，会感到羞耻与罪恶。

另外，当孩子没有撒谎、表现良好时，家长就要及时给予奖励。当孩子再次出现撒谎行为时，家长要撤销奖励，这种方式往往比惩罚效果要好。行为主义认为负强化要比惩罚效果好得多。

总之，如果发现孩子有撒谎或欺骗行为，父母要在尊重孩子、坦然面对的基础上解决问题。不要当众揭发他、批评他。可以悄悄地把他叫到一边，单独跟他谈话。一是指出他撒谎了，大人已经知道了实情；二是告诉他这次给他一个改正的机会，不当众揭发批评，也不告诉会给他惩罚的家长或他人；三是阐明撒谎或欺骗的危害性，同时警告他下不为例；四是相信他今后一定能做得很好。纠正孩子的不良行为要家长和学校通力合作才能更有效地解决问题。

四、案例

小晴，自从她上高中以来，学习压力非常大，一方面是高中的知识难度较大，另一方面是身边的同学都非常优秀。她父母认为高中阶段是学习的最重要的阶段，必须要充分利用每分每秒，即使是在周末的时候，也希望她能够保持学习的劲头，充分利用好时间去学习，但是小晴想利用周末去放松自己，劳逸结合才是最好的状态。可每次她向父母提出自己的想法时，父母都认为她想偷懒，对她进行训斥和责骂。后来，小晴不再说自己想去玩了，便跟父母说家里没有学习氛围，要去外面的图书馆学习，其实小晴是外出跟朋友逛街。父母信以为真，还称赞女儿学习努力。小晴一次撒谎成功后，慢慢地学会了利用撒谎为自己争取更多好处。

【案例分析】

造成小晴撒谎的原因主要有以下三点：

1. 为获得自己想要的

因为小晴的爸爸妈妈对孩子要求严、标准高，小晴很想自由掌握自己的周末，但父母不理解，还一直对她唠叨。她便开始通过撒谎来避免父母的训斥，当第一次撒谎成功避免了这些唠叨、训斥，获得了自由的时候，便强化了她撒谎的行为。

2. 年纪小，是非观念差，容易迷失自己

因为小晴年纪尚小，从理论上讲，中学生的道德发展处于后习俗水平。但是，由于每个人的家庭背景和接受的教育不同，社会化程度也有所差异，因而孩子的道德发展也会有所差异。小晴没有意识到撒谎是不对的，还发展成频繁地撒谎。

3. 为了保护自己，避免父母的责骂

小晴并不是一个贪玩的孩子，对学习也很上心，但是父母无法理解孩子的压力，对孩子要求严格、标准高，总是希望孩子按照自己的想法去做，否则就是一顿指责，孩子为了保护自己，避免承受责骂，则学会了撒谎。

【辅导过程】

在整个辅导过程中，老师除了对小晴表达真诚的关怀并通过组织系列活动，深化小晴做诚实孩子的认识外，还经常联系家长，发挥家校合力的作用。在与小晴家长的交流合作中，老师主要谈了以下三点看法：

第一，建议家长考虑小晴的实际情况，跟孩子多沟通交流，站在孩子的角度看问题，放松和学习的时间比例要协调好；告诉家长要善于了解孩子的内心世界，不要总是用自己的想法逼迫孩子，也不可经常责骂孩子；当发现孩子有撒谎行为时，要认真分析产生的原因和情节的轻重及性质，针对不同的情况区别对待。

第二，父母要做一个细心的人，一旦看到小晴诚实的表现，就要立即称赞她；当发现她撒谎的时候要及时批评阻止。因为这样做能让孩子形成明确的是非观念，让孩子知道撒谎是不对的，会受到批评的，而相反，诚实则是对的，会得到大家的赞赏。要使孩子相信，与所犯的错误相比，家长更看重的是诚实的品质。通过强化，可以使孩子清楚地看到自己的进步。

第三，孩子之所以想撒谎，原因是担心家长的责骂。家长在教育孩子时，要有耐心，尽管责骂在某种情况下是管用的，但不能经常这样做。因为这个年龄段的孩子也有一定的思考问题的能力，建议家长以说理引导为主，循循善诱，跟孩子分析利与弊。

【效果与反思】

经过一年的努力，在大家的共同帮助下，小晴慢慢学会了通过其他方式放松自己，也学会了接受压力，与压力做朋友，带着压力学习、进步。同时，小晴与父母的关系也越来越好，能够跟父母敞开心扉讲自己的状况。同时由于她不再撒谎，性格也开朗了，同学们都愿意和她做朋友，她也非常真诚地对待同学了。

这个案例说明，孩子撒谎的原因是复杂多样的，不能单单归结于品德问题，而应该从他所处的环境、心理和经验等多方面综合考虑。一般来说，孩子年龄越小，越会把自己所想、所做的如实告诉家长。但有时孩子的一些做法是家长不认同的，例如，想通过去玩的方式放松自己、没做作业、和同学打架、撒谎等。面对这些情况，性急的家长往往会对孩子进行指责。这样做会损伤孩子的心灵，使孩子产生心理障碍。由于年龄关系，儿童自我控制意识不强，认知能力和独立思考能力较差，往往不能理解家长的苦心，容易从消极方面吸取教训，认为挨骂是因为说了真话、实话，后悔不该说实话，结果就养成了撒谎的毛病。因此，只要孩子说了真话，家长就要对其诚实的表现予以表扬。另外，对孩子的过错不要粗暴地批评，要和孩子一起分析原因，共同制订克服缺点的计划，并帮助孩子着力解决。

所有孩子的本性都是诚实的，但由于家长关爱不够或教育失当，他们暂时尝到了撒谎的乐趣，随后便开始养成撒谎的习惯。“解铃还需系铃人”，培养孩子诚实的品质，需要家长和老师的共同努力。

参考文献

[1] 罗伯特·斯莱文. 教育心理学. 姚梅林，等译. 7 版. 北京：人民邮电出版社，2004.

[2] 蒲昭和. 如何面对孩子的撒谎行为. 家庭医学，2002（11）.

[3] 薛婷婷. 换个角度看说谎. 教育导刊·幼儿教育，2005（5）.

第六节　如何对待孩子的偷窃行为

一、问题概述

晶晶今年 16 岁，高中一年级。她平时并没有小偷小摸的行为，直到有一次她拿错了同学的物理书，发现书中的笔记完整规范，她觉得这本书可以帮到她很大的忙，最起码能够解决很多不会的物理题，她决定不把书还给同学了。从此以后，她就经常趁同学不在的时候偷偷地走到同学的书桌上翻看有用的辅导书，觉得合适的都偷走，慢慢地，自己也觉得非常自责。

偷窃，是指未经同意而将他人的财物据为己有的行为。从这个定义上来说，未经主人同意的借用也属于偷窃行为。在这个物欲横流的现代社会，有些人为了钱财，不惜使用各种手段来达到目的，偷窃行为就不免到处横行。我们从报纸、电视等各种媒介上，都可以看到偷窃时有发生。甚至我们周围也发生过这样的事情，如入室偷窃、公交车扒手等。

对于青少年来说，偷窃行为不仅反映出其素质的低下，而且对其发展也有莫大的危害。青少年若是习惯于偷窃行为，会产生好逸恶劳、好吃懒做、不劳而获的想法，长此以往，随着欲望的膨胀，其行为会变得更加恶劣，甚至发展到抢劫、杀人等行为，这样下去，不但侵害了青少年，更无益于国家的未来。因此，父母一旦发现孩子有偷窃行为，就应该立刻着手帮助孩子及时改正。

父母发现孩子有偷窃行为时，往往会无比愤怒和担忧。但是消极的情绪是无益于事情的解决的，心平气和地面对才会取得事半功倍的效果。孩子偷窃被发现时已经羞愧难当，若是父母再恶语相加只会产生两种结果：一是孩子恼羞成怒；二是孩子自甘堕落。对于初中生而言，他们的自我意识已经相当成熟，很在意自己的声誉，他们无地自容时更需要父母的宽容，而且先礼后兵也是很好的措施。现代社会讲究以人为本、和谐发展，这不仅是国家的发展策略，也是家庭运转的方针。

二、原因分析

在抱着以人为本的态度的基础上，父母该如何对待孩子的偷窃行为？首先分析一下青少年偷窃行为产生的原因是什么，只有这样，才能做到对症下药，收到事半功倍的效果。

（一）贪小便宜

孩子小时候把别人家的东西往自己家里拿，若是父母不管不问，还表扬自己的孩子，那么孩子的这种行为就会得到强化，进而发展成一种习惯。另外，孩子的可塑能力强，喜欢模仿。若是父母买菜时顺手牵羊多拿两棵菜、上班往自家带公物，并且还洋洋自得，孩子就会模仿这些行为，而当这种行为出现时，父母若持赞许的态度，孩子就会乐此不疲。随着孩子的成长、欲望的增强，这种顺手牵羊的行为就会发展成偷盗行为。

（二）换取感情

有些青少年家境不错，而且也不缺什么，偷窃的财物也并非自己所需，这种情况下他们的偷盗行为往往是为了引起他人的注意。他们往往会用物质去换取同伴对自己的亲近，先是从家里拿，然后是在外面偷。或者他们并不是为了财物而偷窃，而是为了看到他人失窃后惊慌失措的样子，以及老师查不出事情真相的尴尬局面。因为这种情况往往会使他们有一种优越感：他们正在为我而忧虑；看他们的笨样，我这么聪明，他们永远也不会发现！这样的心理满足了他们希望被注意的心态。这样的孩子，其父母往往忙于工作无暇照顾他们，缺少关爱和温暖，只能通过这种方式来博取他人的关爱和注意。马斯洛的需要层次理论就是对这种情况的最好说明。

（三）表示反抗

一方面是家里给的零用钱不能满足自己的需要，通过偷窃获得了财物，同时又没有被发现，由此产生侥幸心理；另一方面是父母管教太严，不能做自己想做的事情，对父母敢怒而不敢言，于是做出父母不希望的行为来满足自己自由自主的愿望，同时这也是对父母无声的反抗。

三、应对策略

原因找到了，那么父母应该怎样纠正孩子的偷窃行为呢？正所谓“勿以恶小而为之”，不管孩子的偷盗是出于什么原因，亦不管其所偷之物价值如何，父母都应该严肃对待，认真帮助孩子纠正。

（一）正确对待与运用惩罚

一般孩子的偷窃行为是由老师或者父母发现的。当学校发现时，学校会给予学生一定的惩罚。这时，父母一定要配合学校开展具体的惩罚措施。父母发现孩子的偷窃行为时也要采取适当的措施，除了必要的言辞批评之外，还要做出适当的惩罚。因为只有这样才能让孩子知道做错事是要受到惩罚的，这样孩子才不会在日后的生活中再次做出偷窃行为。同时也培养了孩子的责任心和勇气：自己犯的错误就要有能力和勇气来承担。著名心理学家斯金纳的操作性行为强化理论就很好地说明了此方法的效果。

（二）正面教育

教育的方式不可拘泥于传统的说教，而应该是多种多样的。例如，可通过影像视频、历史故事和生活案例等方式进行教育。我们要明白教育的目的在于纠正孩子错误的观念，因为行为都是由思想决定的，孩子偷窃的行为来自错误的观念：我偷的都是小东西，不是什么大事情，不会产生什么严重的后果，而且别人一定发现不了。因此，我们要先从分析孩子偷窃的原因入手，进而对其进行教育，帮助孩子从内心认识错误和后果的严重性，激发其改正错误的决心。有些父母发现孩子偷窃后，不进行必要的教育，企图以物质上的满足使之改正，殊不知欲壑难填，最终往往后悔莫及。

（三）防微杜渐

当孩子的偷窃行为得到改善时，父母应该及时地加以提醒和指导，以免孩子因自制力不够而重犯。另外，父母发现孩子有贪小便宜或者小偷小摸的行为时要及时教育，否则孩子的胆子会越来越大，最终由量变到质变，产生严重的后果。

家庭是孩子的第一所学校，父母是孩子的第一任老师。青少年的习惯往往是孩童时期潜移默化的结果。著名心理学家班杜拉的社会学习理论就强调榜样的作用是巨大的。细心的家长会发现，孩子在幼儿时期就非常喜欢模仿他人的动作，如卡通漫画里的人物动作、父母的行为等。而孩子在入学前的几年里绝大部分时间都是在家里度过的，接触最多、最频繁的人往往是父母，无形之中父母的言行举止就成了孩子模仿最多、记忆最深刻的榜样。俗话说的“孩子的问题也是父母的问题”正是这个道理。所以，当发现孩子的不良行为时，父母应该思考家庭是否在这个环节上出现了问题，自身是否给孩子树立了良好的榜样。这里当然不是指父母自身存在偷窃行为，而是指我们是否在某些行为上助长了孩子产生偷窃行为的念头。我们应该心平气和地思考如下问题：在自己的记忆里，孩子的第一次偷窃行为是什么时候，什么原因？自己是怎么处理的？孩子有怎样的感受？第一次至关重要。

总的来说，父母应该从小抓起。这个小不但指年龄小，也指事情小。对改正了错误的孩子也要长期观察，及时教育，不能掉以轻心。

四、案例

学校的小卖部店员经常发现店里丢失零食，他初步怀疑是学生偷零食，便查看了监控录像，果真发现了一名男生经常性拿了一些东西不付钱。一天店员发现这个学生又拿了零食没有埋单，便迅速拦住这位学生。学生装作一脸惊讶地说：“我没有偷啊，我有付款的。”经过调用监控录像发现该学生拿了一些零食付款，一些零食则不付款。店员又把以前的视频都调出来，这个学生才肯承认自己偷了东西。

（一）案主的基本情况

姓名：许××

性别：男

年龄：18 岁（高三学生）

家庭情况：父母都是高级知识分子，从上海引进的高端人才，家境富裕。爸爸长期忙碌，妈妈是一个非常自律的人，做事总是一丝不苟，孩子从小耳濡目染，有点强迫症，无论是课桌、寝室，还是家里的房间都是整齐划一的，如果发现很乱则收拾完才有心情做作业。孩子成长过程中总出现问题，因而妈妈选择辞职专门照顾儿子。

个性特点：性格暴躁，人缘不好。

（二）案主的社会适应情况和存在的心理问题

社会适应情况：该生平时学习态度认真，学习成绩中上。无论是教室里的课桌书本还是寝室里的东西，他总是要摆得整整齐齐，别人不小心碰乱了，他就要跟别人发生争执，因而人际关系一直较差。

存在的心理问题：事发后经了解，该生有强迫症，只要脑中生成一个计划就一定要完成。该学生偷窃的原因是省钱，把钱都用于放高利贷，10% 的利息放在他的一个初中同学那里买手机。除了平时去小卖部拿零食不给钱之外，他也不吃午饭，中午饿了就去偷零食。被发现偷零食之后，老板已经禁用了他的饭卡，也就是他不能去那里买零食了。

（三）诊断分析与辅导对策

诊断分析：该学生的妈妈是一个有洁癖和强迫症的人，总是要把家里打扫得一尘不染，很可能孩子自小接受这种教育观念、生活方式，耳濡目染下，慢慢也有了强迫症，什么东西他总要摆得整整齐齐，别人不小心碰乱了，他就要跟别人发生争执。他对自己生活的各个细节都有非常严格的计划，包括每一分钱他都要严格计划、计算，他想通过这样的方式挣钱来达到一些所谓的计划，只要想就一定要做到。他已经形成了一种固有的思维模式、生活方式，形成了自己的舒适区，一旦有人来打破这个舒适区，他就会暴躁。从他妈妈那里了解到孩子从小就无视规则，因为家里经济条件太好了，家人太宠他了。因而他在学校也不愿意剪短头发，德育处的老师一再严格要求，他仍无视学校纪律。

辅导对策：

（1）探讨偷窃的动机、次数、时间、物品以及得手后的处理方式等。

（2）随机讲解有关的法律常识，说明偷窃可能造成的后果，并用“现实疗法”告诉当事人必须对自己的行为负全责，社会不会对他的行为负任何责任。

（3）应用“角色转变法”，让该生设身处地地想想失窃者的感受。

（4）应用“理性—情绪疗法”，引导其纠正解决需求的不当的方式和途径。

（5）与其家长取得联系，共商策略，对该生进行教育。

（四）辅导过程的记录

第一次谈话：抓住他时（17 点左右），即实施辅导对策（1）。但他只承认当天的偷窃行为，对过往的偷窃行为一概不认。

第二次谈话：第一次谈话两小时后，实施“现实疗法”“角色转变法”“理性—情绪疗法”等。当时已是 19 点，我们拿来饭、端来汤，跟他一起边吃边聊。

“在老师眼中，你一向都是好学生。你去偷窃，肯定有你的苦衷，之前老师对你关心不够，现在真诚地希望能了解你究竟发生了什么事，只有这样才能尽最大的能力去帮助你。”

“人赃并获，而且有录像为证，这已经是不可改变的事实。你是个有能力的人，也已经是个成年人了，对自己做错的事是要负责任的，而且你必须对你自己负责。”（现实疗法）

“你做错了事，对被偷的人造成了伤害，同时也损害了学校的声誉（角色转变法），这些事情放在你心里，你会负罪一生，它们将是你心中不可磨灭的痛。不如把它们都说出来，对造成损失的店主进行赔偿，这样你既担起了责任，又解脱了自己。”（现实疗法）

…………

经过真诚的开导，许 × × 把自己的家、父母等情况向我们一一道来，对赃物的处理方式也作了交代，并表示会慢慢回忆偷窃的次数、时间和物品等。当晚把他送到家时已经差不多 23 点了。

第三次谈话：第二天上午，实施“理性—情绪疗法”，并积极与家长联系。

第二天，许××按时回校，我们没有让其去上课，而是让他回忆并写下历次偷窃的时间、地点及物品。经许××回忆交代，其偷窃的次数达十几次，偷窃的金额达数百元。我们意识到事态的严重性，积极与其母亲联系，并抓住时机对他进行适时的教育。

师：“你选择偷窃来完成你的放贷买手机的计划，这合适吗?”

许：“我知道不对。但是我如果不这样做心里就有点难受，另外，偷的时候心里也很矛盾，怕被人抓到，偷后听别人议论，也暗下决心不再干了。但又觉得我一般都不会被人发现的，不会引起别人的怀疑，所以当我一想到能挣够钱买手机时，我又抑制不住自己再犯错。”

师：“侥幸心理让你一错再错。你为了自己的利益，损害了他人的利益，以你多年以来在老师和同学心目中建立的形象和声誉作为交换条件，这个代价太大了。你现在不仅是犯错，严格来讲已经构成了犯罪。”

许：“老师，我知道错了，我也很后悔。”

师：“希望你牢牢记住这次教训，让你的偷窃行为成为过去。以后遇到困难要寻求正确的解决途径。”

第三天，许××的母亲还是没有回信。

第四天，许××的母亲终于与学校取得了联系，到学校了解情况，并表示愿意配合学校对许××进行教育。

第五天，许××与其母亲一起来找我们，表示深刻认识到了错误，并承诺如数赔偿失窃店主的损失，接受学校的处分，但请求学校不要在他高三这关键的一年将其开除。

德育领导小组召开会议讨论许××的去留问题，会上有两种意见争论得比较激烈。

第一种意见：树学校校风，不能容忍这种行为在校园产生，主张开除。

第二种意见：许××是高三学生，在这个时候将其开除，对其一生影响很大。该生本质不坏，他并不是对金钱物质有狂热的追求，而是有些许强迫症，为了实现自己的计划进行偷窃，应该给他重生的机会。学校不仅要教书，更要育人。

最后，第二种意见占了多数，经德育领导小组讨论决定：给许××留校察看处分，责成其如数赔偿失窃店主的损失。

（五）辅导的结果与反思

结果：经过这一事件后，许××安静地度过了高三的最后几个月，顺利毕业，高考分数上了重点大学线。在母亲的协助下，其在高考前分期还清了欠款。

反思：虽然我们对许××进行了及时的教育，也给予其重生的机会，但我们也意识到，如果学校和家庭能更加细心地观察、更深层次地关心学生，这个学生的偷窃行为就可能不会发生。许××的案例为教育敲响了警钟：别让“好学生”成为教育的盲区。

1. 老师要有一双慧眼，消除学生教育的盲区

在平常的教育教学中，我们常常把视线锁定于班级的后进生，精心雕刻，促进后进生进步。而对心目中的好学生，总以为他们学习刻苦，求知欲强，成绩突出，遵守纪律等，给人一种“安全感”，不会让老师担忧。因此，老师对后进生关心备至，而忽视对成长在掌声和鲜花中的学生的教育，并未关注他们的心理问题。其实，这种“一俊遮百丑”的现象，恰恰是老师身旁的“定时炸弹”，是一个普遍存在的教育误区。

俄罗斯教育家乌申斯基说过：“如果教育者希望从一切方面去教育人，那么必须首先从一切方面去了解人。”老师应全面了解学生的生活、学习、思想状况，了解他们的家庭情况和社会环境，利用一切可利用的积极因素，才能全面推进教育工作的开展。

新课程改革目标向老师提出：“教育要为了一切学生的发展。”因此，老师要有一双慧眼，关注学生细微的变化，关注他们的心灵成长，多与家长沟通，多一些心理辅导，多一些爱心，消除教育盲区，让学生更加优秀。

2. 家长要有一颗“粗糙”的心，让孩子多接触外界，多面对、承受一些挫折

从许同学家长的描述“孩子因为家境富裕，自小就被过分宠爱，没受过什么挫折，大家都让着他，所以他自小就无视规则，比较自我”中可以知道孩子为什么有这些问题了。因为他没有和一些不会让着他的人接触，总是觉得自己就是世界的中心，当别人不小心打破了自己的舒适区就要报复别人，从来不懂得谦让，无视学校规则。家长在养育孩子的过程中不要总是担心挫折会对孩子造成心理阴影，相反，孩子适当遭受挫折才会在这些打击、痛苦中成长。

许同学的家长是一个有洁癖和强迫症的人，孩子自小接受这种教育观念、生活方式，慢慢也变得有强迫症，对自己生活中的各个细节都有非常严格的计划，只要有计划就一定要完成。孩子经常与母亲生活在一起，自然而然受母亲的行为举止所影响。这个案例告诉我们应该让孩子活在“社会”这个大家庭中，而不是让他活在家长的保护伞中，在“大社会”这样环境下成长起来的孩子人格才会更加完善。

参考文献

[1] 罗伯特·斯莱文．教育心理学．姚梅林，等译．7 版．北京：人民邮电出版社，2004.

[2] 郑云飞．孩子偷窃：一个值得深思的教育问题．思想理论教育，2010（4）．

[3] 杨春玲．“偷窃癖”的矫正．心理健康与发展，2007（12）．

知识专栏

专栏一　柯尔伯格道德发展阶段理论

柯尔伯格道德发展阶段理论是美国心理学家劳伦斯·柯尔伯格用以解释道德判断发展的理论，是当今心理学最重要的理论之一。在长期从事实验之后，柯尔伯格总结认为儿童道德判断可分为三种水平，每种水平又有两个阶段，总共分六个阶段，且儿童的道德价值观是按阶段发展的。柯尔伯格的道德发展阶段理论至今仍有其现实意义和学术价值。

一、前世俗水平

前世俗水平或叫前习俗水平，这个水平的特点是：着眼于行为的具体后果与自身利害关系，这个水平有两个阶段：

1. 惩罚与服从的定向阶段

这个阶段的儿童认为凡是能够避免受到惩罚的行为都是好的，遭到批评指责的行为都是坏的。他们作道德判断的依据为是否受到惩罚或服从权力。

2. 手段性的相对主义的定向阶段

有人也把这个阶段叫作利己主义阶段或交易性阶段。这一阶段儿童的道德评价，首先考虑是否符合自己的需要，有时也包括别人的需要，也初步考虑到人与人的关系，但这种关系常常被看成是交易关系。凡是对自己有利的就好，否则就不好。好与坏的根据是以自己的利益为准，是比较实用的。

二、世俗的水平

世俗的水平的特点是有了满足社会的愿望，比较关心别人的需要。这个水平的两个阶段是：

1. 人与人之间的定向阶段（亦即好孩子的定向）

这个阶段的儿童认为一个人的行为是否正确，主要看他是否为别人所喜爱，是否对别人有帮助或是受别人的赞扬。

2. 维护权威或秩序的道德定向阶段

这个阶段的特点是儿童认识到社会秩序依赖于个人履行责任和尊重已建立的权威。社会的秩序和自己的义务要尽力维护，为此儿童要遵守不变的法则和尊重权威，并要求别人也遵守。儿童对别人关心的范围扩大了。儿童的道德判断没有脱离世俗的种种情况，也没超过常规的准则和外部社会的某种希望。

三、后世俗水平

后世俗水平的主要特点是，履行自己选择的道德标准。这个水平的两个阶段是：

1. 社会契约的定向阶段

在这个阶段，认识到法律、习俗的道德准则仅是一种社会契约。契约是由大家商定的，是可以改变的，而不是固定不变的。一般来说，这个阶段是不违反大多数人的意愿和幸福的，但并不同意用单一的规则来衡量一个人的行为。道德判断灵活了。在这个阶段的人从法律上、道义上比较辩证地看各种行为的是非善恶。

2. 普遍的道德原则的定向阶段

在这个阶段，人们在判断道德行为时，不仅考虑到适合法律的道德准则，同时也考虑到不成文的带有普遍意义的道德准则。他们认为个人为了坚持崇高的原则可以忍受屈辱甚至可以殉难。这种道德判断已超越某些规章制度，考虑更多的是道德本质，而不是具体的道德准则。

专栏二 教育中的十大心理效应

心理效应一：罗森塔尔效应

美国著名的心理学家罗森塔尔曾做过这样一个试验：他把一群小白鼠随机地分成两组：A 组和 B 组，并且告诉 A 组的饲养员说，这一组的老鼠非常聪明；同时又告诉 B 组的饲养员说他这一组的老鼠智力一般。几个月后，罗森塔尔对这两组的老鼠进行穿越迷宫的测试，发现 A 组的老鼠竟然真的比 B 组的老鼠聪明，它们能够先走出迷宫并找到食物。

于是罗森塔尔得到了启发，他想这种效应能不能也发生在人的身上？他来到一所普通中学，在一个班里随便转了一圈，然后就在学生名单上圈了几个名字，告诉他们的老师说，这几个学生智商很高、很聪明。过了一段时间，罗森塔尔又来到这所中学，奇迹又发生了，那几个被他选出的学生真的成为班上的佼佼者。

为什么会出现这种现象？正是“暗示”这一神奇的力量在发挥作用。每个人在生活中都会接受这样或那样的心理暗示，这些暗示有的是积极的，有的是消极的。母亲是孩子最爱、最信任和最依赖的人，同时也是施加心理暗示的人。如果是长期的消极和不良的心理暗示，就会使孩子的情绪受到影响，严重的甚至会影响其心理健康。相反，如果母亲对孩子寄予厚望、积极肯定，通过期待的眼神、赞许的笑容、激励的语言来滋润孩子的心田，使孩子更加自尊、自爱、自信、自强，那么，期望有多高，孩子未来的成绩就会有多大！

心理效应二：超限效应

美国著名作家马克·吐温有一次在教堂听牧师演讲。最初，他觉得牧师讲得很好，使人感动，准备捐款。过了 10 分钟，牧师还没有讲完，他就有些不耐烦了，决定只捐一些零钱。又过了 10 分钟，牧师还没有讲完，于是他决定 1 分钱也不捐。等到牧师终于结束了冗长的演讲开始募捐时，马克·吐温由于气愤，不仅未捐钱，还从盘子里拿走了 2 元钱。这种刺激过多、过强和作用时间过久而引起极不耐烦或反抗的心理现象，被称为超限效应。

超限效应在家庭教育中时常发生。例如，当孩子犯错时，父母会一次、两次、三次，甚至四次、五次地重复对一件事作同样的批评，使孩子从内疚不安到不耐烦乃至反感讨厌，孩子被逼急了，就会出现“我偏要这样的”反抗心理和行为。

可见，父母对孩子的批评不能超过限度，应该对孩子犯一次错，只批评一次。如果非要再次批评，那也不应简单地重复，要换个角度、换种说法。这样，孩子才不会觉得同样的错误被揪住不放，厌烦心理、逆反心理也会随之减少。

心理效应三：德西效应

心理学家德西曾讲述了这样一个故事：有一群孩子在一位老人家门前嬉闹，叫声连天。几天过去，老人难以忍受。于是，他出来给了每个孩子 10 美分，对他们说：你们让这儿变得很热闹，我觉得自己年轻了不少，这点钱表示谢意。孩子们很高兴，第二天仍然来了，一如既往地嬉闹。老人再出来，给了每个孩子 5 美分。5 美分也还可以吧，孩子们仍然兴高采烈地走了。第三天，老人只给了每个孩子 2 美分，孩子们勃然大怒，一天才 2 美分，知不知道我们多辛苦！他们向老人发誓，他们再也不会为他玩了！

在这个故事中，老人的方法很简单，他将孩子们的内部动机——为自己快乐而玩，变成了外部动机——为得到美分而玩，而他操纵着美分这个外部因素，所以也操纵了孩子的行为。德西效应在生活中时有显现。例如，家长经常会对孩子说：如果你这次考试得 100 分，就奖励你 100 块钱；要是你能考进前 5 名，就奖励你一个新玩具，等等。家长也许没有想到，正是这种不当的奖励机制，将孩子的学习兴趣一点点地消减了。

在学习方面，家长应引导孩子树立远大的理想，增进孩子对学习的情感和兴趣，增加孩子对学习本身的动机，帮助孩子收获学习的乐趣。家长的奖励可以是对学习有帮助的一些东西，如书本和学习用具等，而一些与学习无关的奖励，则最好不要。

心理效应四：南风效应

南风效应也称温暖效应，源于法国作家拉·封丹写过的一则寓言：北风和南风比威力，看谁能把路人身上的大衣脱掉。北风首先来一个冷风凛凛、寒冷刺骨，结果路人为了抵御北风的侵袭，便把大衣裹得紧紧的。南风则徐徐吹动，顿时风和日丽，路人觉得春暖上身，始而解开纽扣，继而脱掉大衣，南风获得了胜利。故事中南风之所以能达到目的，就是因为它顺应了人的内在需要。这种因启发自我反省、满足自我需要而产生的心理反应，就是南风效应。

由此我们可以知道，家庭教育中采用棍棒、恐吓之类北风式教育方法是不可取的。实行温情教育，多点人情味式的表扬，培养孩子自觉向上的能力，更能达到事半功倍的效果。

心理效应五：木桶效应 VS 新木桶效应

木桶效应指的是一个沿口不齐的木桶，它盛水的多少，不在于木桶上那块最长的木板，而在于最短的那块木板。因此木桶效应也叫“短板效应”。

一个孩子的学科综合成绩好比一个大木桶，每一门学科成绩都是组成这个大木桶不可或缺的一块木板。孩子良好学习成绩的稳定形成不能靠某几门学科成绩突出，而是应该取决于它的整体状况，特别取决于它的某些薄弱环节。因此，当发现孩子的某些科目存在不足时，就应及时提醒孩子，让其在这门学科上多花费一些时间，做到取长补短。

而新木桶效应，也叫长板效应，说的是一只木桶能够装多少水正常情况下取决于三方面的因素：第一，木板与木板之间的结合是否紧密。第二，有一个很好的桶底。第三，把木桶放置在一个斜面上，木桶倾斜方向的木板越长就能装越多的水，它的决定性因素就是木板的长度。

新木桶理论讲究的是个性发展，更强调了解和利用好自己的优势。人人都有缺点，不要总想着做个完美的人，要把精力放在自己的优点上，最大限度发挥自己的长处。这是当前教育中应该强调的，也是积极心理学理论在教育实践中的应用。

心理效应六：霍桑效应

美国芝加哥郊外的霍桑工厂是一个制造电话交换机的工厂，有较完善的娱乐设施、医疗制度和养老金制度等，但工人们仍然愤愤不平，生产状况很不理想。后来，心理学专家专门对其进行了一项试验，即用两年时间，专家找工人谈话两万余人次，规定在谈话过程中，要耐心倾听工人对厂方的各种意见和不满。这一谈话试验收到了意想不到的结果：霍桑工厂的产值大幅度提高。

孩子在学习和成长的过程中难免有困惑或者不满，但又不能充分地表达出来。作为家长，要尽量挤出时间与孩子谈心，在谈的过程中，要耐心地引导孩子尽情地说，说出自己生活和学习中的困惑，说出自己对家长、学校、老师、同学等的不满。孩子在说过之后，会有一种发泄式的满足，他们会感到轻松、舒畅。如此，他们在学习中就会更加努力，生活中会更加自信！

心理效应七：增减效应

人际交往中的增减效应是指任何人都希望他人对自己的喜欢能不断增加而不是不断减少。例如，许多销售员就是抓住了人们的这种心理，在称货给顾客时总是先抓一小堆放在称盘里再一点点地添入，而不是先抓一大堆放在称盘里再一点点地拿出。

我们在评价孩子的时候，难免将他的缺点和优点都诉说一番，并常常采用先褒后贬的方法。这并非理想的评价方法。在评价孩子的时候，不妨运用增减效应，例如，先说孩子一些无伤尊严的小毛病，然后再恰如其分地给予表扬。

心理效应八：蝴蝶效应

据研究，南半球一只蝴蝶偶尔扇动翅膀所带起来的微弱气流，由于其他各种因素的掺和，几星期后，竟会变成席卷美国得克萨斯州的一场龙卷风！人们把这种现象称为蝴蝶效应，并作出了理论表述：一个极微小的起因，经过一定的时间及其他因素的参与作用，可以发展出极为巨大和复杂的影响力。

蝴蝶效应告诉我们，教育孩子无小事。一句话的表述、一件事的处理，是正确和恰当的，可能会影响孩子一生；是错误和武断的，则可能贻误孩子一生。

心理效应九：标签效应

在第二次世界大战期间，美国由于兵力不足，而战争又需要一批军人，于是决定组织关在监狱里的犯人上前线战斗。为此，美国特派了几个心理学专家对犯人进行战前的训练和动员，并随他们一起到前线作战。

训练期间，心理学专家们并不对他们进行过多的说教，而是特别强调犯人每周给自己最亲的人写一封信。信的内容由心理学家统一拟定，叙述的是犯人在狱中的表现是如何好、如何改过自新等。专家们要求犯人们认真抄写后寄给自己最亲爱的人。三个月后，犯人们开赴前线，专家们要犯人在给亲人的信中写自己是如何服从指挥、如何勇敢等。结果，这批犯人在战场上的表现比起正规军来毫不逊色，他们在战斗中正如他们信中所说的那样服从指挥、勇敢拼搏。后来，心理学家就把这一现象称为“标签效应”，心理学上也叫“暗示效应”。

这一心理规律在家庭教育中有着极其重要的作用。例如，如果我们老是对着孩子吼“笨蛋”“怎么这么笨”“连这么简单的题目都不会做”等，时间长了，孩子可能就真的成了笨蛋。所以，家长必须戒除嘲笑羞辱、责怪抱怨、威胁恐吓等语言，多用激励性语言，对孩子多贴正向的标签。

心理效应十：登门槛效应

日常生活中常有这样一种现象：在你请求别人帮助时，如果一开始就提出较高的要求，很容易遭到拒绝；而如果你先提出较低的要求，别人同意后再增加要求的分量，则更容易达到目标，这种现象被心理学家称为“登门槛效应”。

在家庭教育中，我们也可以运用登门槛效应。例如，先对孩子提出较低的要求，待他们按照要求做了，对他们予以肯定、表扬乃至奖励后，再逐渐提高要求，从而使孩子乐于积极奋发向上。

第五章　学习心理

学习是人类生存和发展的根本性活动，对学习相关问题的探讨从古至今都存在。它至今仍是教育学和心理学领域共同研究的热点问题。当代素质教育的核心问题之一，就是让学生学会学习，即如何通过教育的作用使学生具备学习的能力。目前，我们处于一个市场竞争激烈、科技发展迅速的时代，而学习又是一种十分复杂的心理现象，因此，家长、老师都面临着前所未有的学习压力，学生则是这份沉重压力的最直接承受者。

自学习活动产生起，就伴随产生了各种各样的学习心理问题，这给学习者带来了困扰，影响学习效果的显现，阻碍学习能力的发挥和提升。随着升学压力的增大、竞争的激烈，学生出现的学习心理问题越来越多，心理健康工作者也开始投入到学习心理问题的研究中来，分析各种学习心理问题产生的根源，并提出相应的对策，从而为广大学生在一定程度上解决学习带来的心理困扰。

学习可分为广义的学习和狭义的学习。家庭教育属于狭义学习的范畴，家庭在孩子学习心理健康教育上起着不可替代的作用。本章围绕狭义学习的概念，站在家庭教育的角度，探讨孩子在学习中出现的诸多问题，例如厌学、偏科、学习压力、考试焦虑、学习方法不当等，旨在为父母发现孩子出现诸如此类的学习心理问题时应当采取怎样的措施提供一些借鉴，以期抛砖引玉。

第一节　孩子学习很努力，可成绩上不去怎么办

一、问题概述

有一部分孩子，学习很认真，不但紧跟着老师的上课进度，积极做课堂笔记，经常下课了还在学习，也很少参加课外活动和班级活动，几乎将所有的时间都用在了学习上，具有很强的自尊心和上进心，但是学习成绩却一直不尽如人意，常常在低水平徘徊。其成绩低下的特点是：①一些偏弱学科成绩较差，与其他优势学科成绩差距很大。②各学科之间的能力表现不一致，虽对某些学科投入时间不多，却一直可以取得很好的成绩，对某些学科投入了大量的时间和精力，却依然收效甚微。例如，语文不错，但数学极差；或者数学很好，语文却跟不上；阅读能力好，但书写能力极差等。③学习很努力，结果却不佳。

虽然总有人告诉他们“付出就会有回报”，但理想和现实的反差使得这部分孩子时常感到苦闷、压抑和自卑，经常伴随紧张、焦虑、神经衰弱、失眠等不良生理反应，这不但影响其心理健康，容易患上暴饮暴食等症状，而且还可能造成一些身体上的疾病，如头晕、头痛，同时也会影响人际交往。这些不良反应反过来又影响学习成绩，从而形成恶性循环，让孩子灰心失望，失去动力，久而久之会影响孩子健康人格的形成，甚至会给孩子的人生带来不良影响。

二、原因分析

虽然学习很努力，但是成绩却上不去，总结原因，大致如下：

（一）孩子的基础知识不扎实

新知识的学习和掌握要以旧知识为基础，这就好像建造一座大楼需要有地基一样。旧的知识掌握不牢固，就会造成新旧知识不能很好地衔接，自然也会影响新知识的学习和掌握，也就会出现成绩上不去的情况。

（二）孩子记忆的准确性不足以及思维的灵活性不够

由于孩子记忆的准确性不足，容易将知识点混淆，做题的时候思路不清晰，这样做题就会张冠李戴，考不出好成绩也就不奇怪了；由于孩子思维的灵活性不够，不能将前后知识相互联系或链接，也不能将知识点串成网络，每个知识点都独立存在，因此很难做到由此及彼或由彼及此，也就会出现填空和选择题还可以，大题却不知道怎么解的情形，平时做题都要老师或者同学提醒下一步该怎么做，不然就不能完整地做出来。

（三）孩子的学习心理负担过重

学习的时候害怕记不住，考试的时候害怕考不出好成绩，害怕老师、同学把自己

称为“差生”“笨蛋”，担心大家对自己的评价不好。在这种情况下，很容易出现越是担心记不住就越记不住，以及越是害怕解不出题就越是解不出题的恶性循环，一旦形成恶性循环，问题就加重了，增加了不必要的心理负担。而且家长和老师容易拿成绩作为衡量一切的标准，认为孩子学习成绩好就什么都好，这无疑会使孩子在受到不公平评价时感到心理恐慌，从而加重他们的心理负担。

（四）老师和家长的负面评价

家长若是平时经常在孩子面前做一些诸如“记性差”“反应迟钝”或者“不如别的孩子学习成绩好”等负面评价，使孩子的内心形成了一种“记性差”“反应迟钝”的自我印象，当孩子投入学习的时候，他就会不断地在自己的内心接收到诸如“记性差”“反应迟钝”等方面的信息，感受到“记性差”“反应迟钝”的真实体验，那么他就真的变成了老师和家长所说的那个样子。

三、应对策略

针对以上可能存在的四种情况，建议进行以下六个方面的调适：

（一）调整学习方法，查漏补缺，从基础知识做起

学习方法是决定学习效率的关键，掌握科学的学习方法，是提高学习成绩的关键。针对自己的弱项，查到哪些基础知识不牢固就补习哪一方面的知识。例如，英语成绩差，也许是基本词汇没有掌握好，那么就应该从基本词汇做起，只有记忆的单词多了，阅读和写作时才会得心应手，这样才容易拿到高分。关于学习方法，建议让孩子参考一些书籍认真学习，通过运用科学有效的学习方法，相信孩子会有很大收获的。

孩子还需要学会整合知识点。把需要学习的信息、掌握的知识分类，做成思维导图或知识点卡片，会让思维更清晰，方便记忆、温习、掌握。同时，要学会把新知识和已学知识联系起来，不断糅合、完善知识体系。这样能够促进理解，加深记忆。

（二）培养科学的记忆方法

经常听到孩子说“昨天晚上背的单词，今天早上起来就忘了”，这是因为他仅仅注重短时记忆，并没有把它转化为长时记忆。科学的记忆就是眼看、口读、耳听、手写、脑子思考或联想。即大量识记：将白天识记的单词在晚上睡觉前快速背一遍，第二天早晨再把前一天所记的背一遍，然后再过三天、七天、十五天、三十天重复背一遍，以达到长时记忆的目的；反复读课文，最好是能把课文背下来，因为在读课文的时候经常与单词“见面”，这样就容易把单词记下来；联想，就是将词的意思与具体的字母相联系，通过具体的实物、情景等联想，让字母转变成生活情景画面，这样就更容易记住单词了。

此外，还有以下一些关于记忆的特殊方法：

1. 整体学习和部分学习的方法

如一篇课文，先将其通读一遍，然后分成若干段落进行记忆，最后再把整篇课文

连起来记忆。这样就会大大提高学习效率，降低记忆难度，增强记忆的信心。

2. “过度学习”的方法

即在背一篇课文时，如果在刚刚能背下来时就停止学习，很快就会遗忘；如果趁热打铁，再背几遍，强化一下，就能很牢固地记住了。

3. 分散记忆法

将需要记忆的内容分散到几天去记忆。例如，把要记的50个英语单词，集中在一天用两个小时识记，同将单词分散到六天，每天用20分钟记忆相比，后者效果明显好于前者。

4. 比较记忆法

有些记忆的材料有许多相似之处，容易混淆，可以采用比较记忆的办法，通过比较找出它们的异同点，找出他们之间的联系来记忆。例如，英语单词中的5（five）、15（fifteen）、50（fifty）、第5（fifth）、第50（fiftieth）；6（six）、16（sixteen）、60（sixty）、第6（sixth）、第60（sixtieth），通过这两组单词的比较，我们就可以找出它们之间的差别和共同之处，从而提高记忆能力。

5. 适口记忆法

将需要记忆的材料，通过人为措施，改编成比较适口的顺口溜，提高记忆能力。例如，我们在记忆化学元素价时，单纯记忆非常困难，若编成歌谣（化学价歌）就会比较容易记。

6. 组块式记忆

可以根据意思相同或相近、用法相同等，对英语单词重新进行排列组块。虽然英语词汇由于自身的特点，表现为量多、较零散，但实际上不少词汇之间还是有很多内在联系的。可以梳理出它们某方面的共同特性，重新编排组块，然后改变以往以单个词为单位进行识记的方法，而是以某个组块为单位进行识记。这样记下的就不是一个单一的词汇，而是一组若干个词汇了。举几个模块为例子：

模块1“出入”：enter vt. 进入；entry n. 进入；entrance n. 入口处；exit n. 出口；existence n. 存在；door n. 门；gate n. 大门；outdoor adj. 户外的；assess n. & v. 进入。

模块2“离开”：leave v. 离开；left n. 左；leaf n. 叶子；off adv. /prep. 离开；start v. 开始；departure n. 离开；flee v. 逃走；float v. 漂浮；walk v. & n. 走；stay v. & n. 停留，保持。

把单词像这样重新组合，当读到其中的一个时，自然而然就会联系到其他相关的词汇，从而记住一组词了。

7. 要注意脑的健康和用脑卫生

虽然说脑子越用越灵，记忆越练越强，但是也不能让大脑无休止地长时间活动，必须注意脑的保健卫生。一方面，养成良好的饮食习惯，加强大脑营养；另一方面，用脑时要张弛有度、劳逸结合。例如，学习一段时间以后应适当休息一下，去散步、做操等。在学习过程中应正确分配学习时间，使学习内容多样化。例如，文理科交叉学习、读写交叉训练、自学与讨论相结合等。这些举措对大脑的保健卫生、增强记忆大有益处。

只有掌握了科学的记忆方法，才能有效地提高学习效率、增强记忆的能力。对于孩子“填空和判断还可以，大题就不知道怎么解，平时做题都要老师或者同学提醒一下第一步怎么做才知道怎么解题”的问题，一方面我们要指导孩子认真听课，听不懂的地方再次学习，问老师或者同学，争取不留下死角。多做课本上的例题，争取把例题弄懂弄通。另一方面掌握基本概念、公式和定理，达到举一反三、反三归一的效果。还有就是要积极主动地去和同学探讨以及交流，在交流的过程中会产生很多不同的想法，久而久之就会拓展思维，解题越来越灵活。

（三）教育孩子学会自我减压

中学生课业负担较重，老师和家长的高期望，又给孩子的心理加了一道砝码。一些孩子对成绩、考试等看得很重，无疑是给自己加压，必然不堪重负，变得疲惫、紧张和烦躁，心理上难以获得宁静。因此，要让孩子学会自我减压，不要把成绩看得太重。要有意识地培养孩子的成功意识，我们在教育实践中都有这样的经验：如果一个学生在某项活动中取胜，并且得到了老师、家长和同学的肯定与表扬，那么他就会认为自己在这方面很有天赋，在以后参加这项活动的时候，他就会信心百倍、不断进取、敢于经受任何艰难困苦从而获得成功。

家长要注意多与孩子的任课老师联系，用比较婉转的方式建议老师在平时的教学过程中多发现和表扬孩子的优点，让孩子获得成功的体验和喜悦，进而形成自己有潜力的意识。在家庭中，家长要针对孩子记单词记得快，做数学、物理大题能自己解答出来的具体表现给予积极的肯定，即便是他花了不少工夫也没有把题解答出来，也要肯定孩子付出的努力和获得的经验教训，让孩子始终保持一种顽强、乐观、积极向上的精神。家长要经常用语言和行为暗示孩子通过自己的努力以及积极与同学交流探讨一定会有收获，这样会促使孩子充满信心地去追求成功。

（四）家长要减少负面评价，否则会使孩子的自我意识不恰当

在过去的经验和经历中，如果孩子不断地在自己的内心接收到诸如“记性差”“反应迟钝”等方面的信息，感受到“记性差”“反应迟钝”的真实体验，那么他就会“确认”自己“记性差”“反应迟钝”，表现出了“从小到大，一直学习比较努力，但是成绩一直不理想，请了无数的家教，但就是看不到成绩上升”的情形。所以从现在开始，我们要让孩子彻底改变“记性差”“反应迟钝”等负面的自我意识，让孩子相信他很聪明，通过运用科学的学习方法，他的学习成绩一定会得到提高，通过师长不断地强化和肯定孩子的积极方面，孩子就会有信心努力把学习成绩提高。

（五）教育孩子进行积极的自我暗示

世界充满着暗示，我们每天都生活在暗示中。比如我们看到一则广告，买东西时可能就倾向于买广告中的产品，这说明我们被广告暗示了、催眠了。人的潜意识就是暗示的积累和沉淀。我们每个人都是在暗示中长大的，教育就是一种暗示、一种催眠。很多伟大人物都曾用过暗示法，如法国皇帝拿破仑、美国总统林肯；许多国家利用暗

示法训练奥运选手，让他们听自我暗示导语。暗示不仅可以激发个体巨大的潜能，而且还对自我完善和自我提高有着神奇的作用。有很多高考生，平时成绩平平，但在此类书籍的帮助下，却发挥出了超乎寻常的水平。所以我们每天都应该对自己说“我能行，我可以，我肯定能做得更好”。

坚持积极的自我暗示，你会发现，自己真的与以前不同了。

这里，推荐给大家一段“积极的自我对话”：

自我激励：我是最棒的，我一定行。
自我要求：我一定要努力，加油干。
自我表扬：我真是好样的。
自我欣赏：我真行。
自我关心：我要注意身体。
自我奖励：祝贺你，这份礼物送给你啦！
自我批评：不该这样。
自我惩罚：这件事是我不对，去做好事，补偿一下。
自我提醒：成功者是不会轻言放弃的。
自我开导：想开点！何必计较这些小节。
自我安慰：没有失败，只是暂时还没有成功而已。
自我总结：做得对，继续干。
自我命令：立即行动！

（六）学会总结

孩子要学会总结：一是要总结考试成绩，通过总结学会正确地看待分数。只有正确看待分数，才不会被分数蒙住双眼，而专注于学习的过程，专注于蕴藏在分数背后的秘密。二是要总结考试得失，从中找出成败原因，这是考后总结的中心任务。学习贵在努力的过程，但分数也是知识和技能水平的象征之一，努力的方向是否正确也常常会在分数上体现出来。三是要整理错题，收集错题，总结出对应的解题思路（不仅要知道这题怎么解，还要知道这一类型的题怎么解）。四是要通过总结，确定下阶段的努力方向，不要“瞎努力”。

总之，要解决孩子学习成绩不理想的问题，首先父母要主动与老师共同分析原因，不要单方面地随意判断和采取对策，要弄清楚孩子学习成绩不好的原因。很多家长认为，自己孩子学习成绩不好是因为孩子学习不努力、不刻苦、不用功，也有的家长怀疑自己孩子的智商有问题，但归结起来最主要的原因是学习方法、学习习惯、学习能力和学习思维等的问题。

关于学习方法的重要性，俗话说“方法得当事半功倍”。关于学习方法的选择，要根据每一个孩子的具体情况和特点而定，方法都是具有个性化的。关于学习习惯的重要性，俗话说“习惯成自然”，好的学习习惯需要长期养成，不是一朝一夕的事情，需要孩子坚持，同样也需要家长的帮助和示范。关于学习能力的重要性，俗话说“授人以鱼不如授人以渔”，孩子学习能力需要培养，需要锻炼，同样也需要老师和家长的共同努力。要找到问题的关键，以便对症下药，因为孩子的学习也像他的成长一样是由多种因素支配的。要注意不要脱离孩子的实际知识水平、能力水平、认知规律和思维形态，要逐步建立孩子的自信心，逐步提高要求，循序渐进。如逐步培养孩子专心致志、精益求精、坚持不懈、不怕困难的习惯等。

四、案例

案例一

自信、认可比否定更有效

阳光透过窗户射入教室，一切看上去都是那样平静，但教室里莫名地充斥着一种浓浓的失落和郁闷的气息。小吴数学又没考好。这一学期来，为了提高数学成绩，小吴几乎天天做数学题，每天晚上都学到 11 点，甚至放弃了娱乐的时间，但是数学成绩就是提不上去。想到这里，小吴趴在桌子上哭了起来。

我凑近过去，问她怎么了。她说：“我真的尽力在学了，我每天做这么多题，但是我的成绩还是这样。我是不是真的学不好数学，我什么都做不好，我真的太差劲了，我不想学了！”我拿起她的试卷看了看，俯身对她说：“小吴，其实你这个分数不算差，虽然在我们班排名比较靠后，但是我们（1）班同学的数学能力比较强，你这个成绩放到全级，是可以拿到一个中游的排名的。”听完我的这番话之后，小吴停止了哭泣，抬起头看着我。我陪她聊了一会天，她的心情舒缓了很多。

但是，缓解情绪只是一个方面，更重要的是找到努力之后还提升不了成绩的原因。我让她讲述了平时做题的内容以及学习的方法。了解完之后，我发现她有两个方面的问题：

第一，学习习惯不好，她虽然不断地在刷题，每天晚上都最晚走。但是她刷的题，都在她感觉有能力解决的这个区域。这让她挺有成就感的，然而成绩没有提升。我向她指出了这一点，并对她说：“你需要走出这个心理舒适区，去克服畏难情绪，只有这样，你的成绩才能实现突破性的提升。”

第二个方面的问题是，她没有做好错题集。我对她说：“虽然你做了错题集，但是你没有进行归类，也没有经常把这些错题写一写、练一练，没有对薄弱环节进行突击，所以你的成绩很难提升。有时候题目并不需要练太多，更重要的是对这些题目进行归纳总结，然后有针对性地练习，这样你才能提升成绩。”小吴听了之后，点了点头。

一个学期之后，经过小吴的努力，她的数学成绩果然有了很大的提升，已经能够排到班级中游了。

在帮小吴分析成绩时，我发现她的数学学习能力确实稍弱一些。但是我们不能去强调这个问题，如果去强调孩子的弱势，那可能会导致孩子学习信心受损，进而放弃努力学习。

（摘自《广大附中教师访谈案例》）

【案例分析】

上述老师针对学生学习很努力但是成绩上不去的措施，总结起来就是以下三点：

（1）缓解学生悲伤情绪，告诉学生“你的成绩并没有那么差”。

（2）弱化学生学习能力的不足，鼓励学生坚持，让学生保持学习的自信心，继续努力。

（3）帮助学生调整学习方法和学习策略，纠正不良的学习习惯。

家长在帮助这类孩子时，切记不能打击孩子的自信心，要鼓励孩子坚持努力，帮助孩子寻找问题的根源，并积极与科任老师多沟通联系，帮助孩子解决问题。

案例二

高一A同学自述学习成绩不好，在理科班中常考倒数。但是自己一直都在努力学习，就是提高不了成绩，越来越不想学习，在考试的时候也会很紧张。在学习时认为自己学了也会忘记，考试时也会认为自己肯定考不好，又联想到考不好父母肯定会批评自己，和自己吵起来，想到这些时心里又增加了压力。压力像滚雪球一般越滚越大，就越来越不想学习，不想上学。

（摘自《广大附中心理咨询案例》）

【案例分析】

该案例中的A同学已经很努力学习了却仍然无法提升自己的成绩，越学习越没劲，质疑自己的学习能力，对学习逐渐丧失了信心，加上心里认为成绩不好会招致父母的批评，心中的压力就越来越大，学习越来越焦虑。

在这种情况下，需要父母给予理解，耐心地与孩子沟通。孩子在努力之后仍然成绩不理想之时，很需要鼓励，需要正确归因。如果孩子将成绩不好归因为自身学习能力的问题，那便很容易形成一种“即使努力了也没用”的信念。在这一点上，父母和老师都需要给学生积极引导，避免其进行错误的归因。

父母还需要与孩子一起分析在哪些方面不足、学习方法有没有问题、是否有不好的学习习惯等，给予孩子更多的指导与建议。可以与孩子一同商定一个合理的可行的小目标，比如“在某次测验中提升一个小名次”，让孩子在学习上体验到成功感，逐步树立对学习的信心。

努力终会得到回报，我们要让孩子相信这个道理。

参考文献

余丽君．运用组块记忆方法，提高词汇学习效率．读与写（教育教学刊），2019（9）．

第二节　孩子学习注意力不集中怎么办

一、问题概述

孩子上课注意力不集中、经常走神，以至于跟不上老师的进度；或是白日做梦、昏昏欲睡；又或是课下学习时，会不知不觉地走神，阅读速度慢，效率很低，吸收率不高……以上是孩子注意力不集中的典型表现，家长和孩子总为此而烦恼，不知应如何改善。经过大量的学生问卷调查和访谈，了解到目前严重影响学生学习效率和学习成绩的因素之一是不能够集中精力学习。

心理学研究发现，人的注意力是很难长时间集中的，“走神”是正常的心理现象。人的注意力会受外界环境的干扰而分散，会因为内心的情绪波动而受干扰，这都是普通人的心理。教学上通常每节课安排40或45分钟，就是这个道理。当然有的人学习时注意力可以在一定时间内高度集中，甚至可以在闹市学习，他们能够集中注意力，一是因为他们对学习的内容非常感兴趣；二是因为他们有宁静的心灵，也就是说，他们的自我是和谐的，没有那么多心理冲突。

学习成绩好的学生与学习成绩差的学生之间明显的差别之一就是注意力的集中与否。学习成绩好的学生，能集中注意力上课，独立思考问题，认真做作业。他们在学习时很少受外界干扰，即使有时老师的课讲得并不那么生动，他们也能自我约束，有意识地集中注意力，不让自己的思想开小差。一些学习落后的同学则恰恰相反，他们注意力涣散，不能全神贯注地听讲，时而做小动作、抠耳朵、抓头皮，时而与同学交头接耳，打闹一下，有时貌似听课，实则思绪已经离开了课堂。读书时也一样静不下心来，做作业东抄西看。有的甚至在上课或复习课时没有精神，打瞌睡。

根据心理学原理，注意是指人们的心理活动指向和集中于一定的事物。所谓指向性，是指在某一瞬间，人们的心理活动有选择地指向一定的对象。在听课活动中，就表现为孩子关注老师讲授的内容，而不是教室外的花草树木，这样才能保证听讲有效。所谓集中性，是指心理活动停留在一定对象上的强度和紧张度。当注意力集中时，心理活动会离开一切无关的事物，这样就保证了注意的清晰和完善，如听课活动，就表现为孩子聚精会神地听老师讲课，而不是东张西望。

注意力集中是保证学生顺利学习的重要前提。在同一个年龄段同一个班级里常常会有学习成绩差别很大的两个极端群体，差别的原因，除了学习动机和学习态度以及学习方法等因素外，一个很重要的因素就在于这两部分人在注意力的集中程度上有着很大的差距。

二、原因分析

一般来说，注意力不集中的常见原因有：

（一）没有明确的学习目的和任务

没有明确的学习目的和任务，自然不能使人长久地集中注意力。任务是目的的具体化，每一次学习之前，如果不给自己规定具体的任务，不限定时间，则学习时就会松懈拖沓，容易分心。

（二）对所学内容不感兴趣

如果对所学内容不感兴趣，那么学习对个体而言就是一件苦差事，需要相当大的意志力去集中精神。如果意志力薄弱，注意力就会分散。

（三）学习环境的干扰

容易分心往往跟学习环境也有很大关系，如学习时周围嘈杂、学习环境杂乱无章、空气污浊、环境过于空旷冷清等。大脑和人体的其他器官一样，如长时间从事单一的工作，长时间处于兴奋状态，就会产生疲劳，使注意力分散。

（四）人际关系的变化

人际关系如与父母、老师、同学、朋友的关系发生了变化，特别是与同学、朋友的关系在青少年心中分量特别重，稍有变化就会引起较大的情绪波动，如焦虑、抑郁等，这些都会使个体的注意力分散。

（五）学习内容太易或太难

当学习任务过于简单时，孩子以为轻而易举便可完成，就会投入较少的注意力或是分散注意力做其他活动。当任务难度过高时，孩子无法顺利完成任务，会容易被周围的环境所吸引而分散注意力。

（六）长期不良的学习习惯

孩子的不良学习习惯比如学习的时候玩手机、边听音乐边学习、刚坐下学习便想起来走动等，这种“多任务”式的学习习惯会造成注意力切换转移，难以集中到一点。久而久之，注意力便难以集中。

注意力集中的时间长度和强度因人而异，事实上人都会出现注意力分散的情况，成人在静坐、开会时比较容易昏昏欲睡，学生在听课时也经常出现这种情况，即使明知课程很重要，也难以抑制住自己的睡意而集中注意力。通常认为中小学生处在生长发育阶段，注意力集中的能力还比较有限，家长易忽视对学生注意力的关注和训练，甚至不能将正常的注意力转移、分散和注意障碍疾病（ADD 和 ADHD）进行有效区分。从认知角度进行原因分析而出现的误判大致有以下几类：

（1）将注意力问题归结为智力因素。耶鲁大学注意力及相关障碍门诊的研究表明，注意力属于非智力因素，高智商的学生也会出现不能认真听讲、记笔记、完成作业和有规划持续地复习等行为，经常表现为盯着窗外发呆或做作业拖拉等。多项研究证明，注意力不集中问题比较广泛地分布于各个行业、各个阶层、各种发展水平的人群，其与标准智力测验没有太大关系，因此，简单地将注意力问题归结为智力因素很容易引发误判，父母可能凭借智力测验结果形成固化认识而忽视了孩子的注意力缺陷。

（2）缺乏对中小学生处在不同年龄段注意力特征的正确认识。研究表明，学生在不同的年龄阶段存在着不同的注意力特征，在学生还处在低龄段就对其提出过高的集中注意力要求，以及单纯按照年龄段由低向高认为学生注意力集中问题能够自然改善，两者都属于缺乏对中小学生处在不同年龄段注意力特征的正确认识而出现的主观误判。

（3）个人和他人的固化认知掩盖了问题本身。成功是一种习惯，失败也是一种习惯，同样，注意力不集中也会成为习惯。心理学上认为“标签效应”的影响力是巨大的，当一个人被贴上一种词语名称的标签时，他就会做出自我印象管理，使自己的行为与所贴的标签内容相符。对于青少年学生来说，家长和老师长期持续地要求自己集中注意力，或者针对注意力集中的表现不能达到他们的期望值而给予责备、训斥等负面评价，很容易引发“标签效应”，以致学生默认自己的注意力不能集中，由此引发心理压力、习惯性放弃甚至以此作为降低要求或逃避学习的借口。

（4）家长和老师对于学生注意力情况的认知存在差异。中小学生在家庭和学校主要担负的任务是有较大差异的，家庭和学校的外在环境、规则要求、人际关系也大不相同，所以学生在两种情境下的表现不同，因此家长和老师所看到的学生在学习、做作业、日常生活等方面的情况可能差别较大，在此基础上产生的认知也将存在差异。当代生活和教育环境中，中国家长对孩子往往寄予了过高甚至不切实际的期望和要求，而老师在评价学生时经常会使用量化的统一标准作普遍性要求，这也会导致家长和老师对于学生注意力情况的认知出现差异，进而可能做出错误判断。

三、应对策略

导致注意力分散的原因有很多，可采用以下应对策略，提高注意力。

（一）明确目标，规定任务

要确立适当的学习目标，制订详细的学习计划，每次学习都指定具体的任务。最好具体到每门课每个小时的安排，同时对自己进行适当的奖励和惩罚，如今天完成甚至超额完成了任务，就可以做一些自己喜欢做的事。

（二）培养孩子的学习兴趣，帮助孩子做好时间管理

学习说到底是个人的事情。家长可以多搞些活动，培养孩子的兴趣，让孩子在活动中学习知识。帮助孩子合理安排好时间：做作业时不能分心，不能一边吃东西一边看电视；做完作业后适当地休息一下；休息后复习当日的内容，预习明天的内容。培养孩子的自信心，看一些勤奋学习的文章和书籍，如《假如给我三天光明》（关于激励）等，多鼓励孩子。

（三）进行适当的行为训练，作积极的自我暗示

不妨试试在自己的手腕上套一根橡皮筋，一旦发现自己注意力不集中，就拿起橡皮筋用力弹一次手腕，给自己一个小小的惩罚，并记录每天弹手腕的次数，如果次数逐渐减少，可以用自己喜欢的方式奖励自己。

掌握最佳记忆时间，提高注意力。一般来说，上午 9 ~ 11 点，下午 3 ~ 4 点，晚上 7 ~ 10 点为最佳记忆时间。利用上述时间记忆难记的学习内容，效果较好。

暗示自己放松心情，如用"偶尔注意力分散一下，没关系，就当休息""这种现象别人也有，并非我特有，不必紧张""开一下小差很正常，不必自责，我相信能控制好自己""我发现很容易就将注意力集中到学习上了""原来学习可以这样快乐"等想法进行自我暗示，放松心情，减轻焦虑。

（四）创造一个良好的学习氛围

与人和睦相处，尊敬师长，友爱同学。良好的学习氛围，能使心情愉快。心理学研究表明，个体在愉悦的状态下，接受新事物的能力更好，能更有效率地完成任务。家庭也要形成一个良好的学习氛围，研究表明，家庭学习对孩子具有非常大的影响，良好的家庭学习氛围有助于提升孩子学习的注意力。相关数据也显示，闲暇时父母经常读书看报的家庭，其子女成绩优秀的比例更高。

（五）劳逸结合，心情愉快

要科学地安排时间，做到张弛有度，防止过度疲劳。同时，调整学习动机的强度，一般保持在中等强度效果最佳，以降低焦虑情绪，保持平和愉快的心境。对于过于容易的内容，也不可掉以轻心，这些内容虽然比较容易，但是由于知识点比较细，比较琐碎，容易因为一时麻痹大意而丢失了分数。

（六）约束孩子不要在学习时做其他事情

约束孩子在学习时不要做其他事或想其他事。比如孩子边学习边听音乐，或许听音乐是放松神经的好办法，但是如果可以专心学习一小时后全身放松听 15 分钟音乐，这样比戴着耳机做功课的效果好多了。至于手机，家长可以与孩子商量，让孩子在学习时把手机放在一个离学习地点较远的地方，如客厅。一项研究表明，如果将手机放在离学习地点较近的地方，玩手机的概率和频率会大大提升。

四、案例

舒尔特表治愈了儿子

儿子是个篮球迷。现读高三，一周一节体育课，若天气原因不能室外活动，他会利用午睡的时间去校外场地打上半个小时的篮球，过把瘾。"宁可不午睡，篮球也得打"是他的座右铭。

前几天他又买回16幅篮球运动员詹姆斯的动作图片，每一幅画面都较大，把10平方米的卧室贴得挨挨挤挤：床头、床尾、墙壁、衣橱门、桌子上……走进他的房间就感觉置身于篮球比赛场地，让人觉得静不下心来。儿子经常很兴奋，还时不时地在卧室中大吼一声，模仿詹姆斯的投篮动作。

我看在眼里，急在心里。但孩子学习压力大，又值青春期，我不好直接说教，只好忍耐，等待时机出现。

儿子每晚学习熬夜到12点，早晨5：10准时起床，看似勤奋，可接连两次的考试，成绩均下滑了，且幅度较大。

昨天上学路上，孩子突然自言自语："为什么最近学习老是赶不上去呢？我也熬夜了呀，我也很勤奋呀！""儿子，你一定不要去想那头红色的长鼻子的大象！儿子，你一定不要去想那头红色的长鼻子的大象！"我不由得重复两遍，脱口而出。"嗯？怎么回事？"儿子疑惑地望着我问道。"儿子，刚才你的眼前就浮现出了一幅红色的长鼻子的大象图，对吗？"儿子没有吱声。

"儿子，人的心理有时很奇特，越不让你去想，你的脑海中却越能浮现出那个画面。想想看，你的房间里到处是詹姆斯的图片，他的每一个动作都深深地印在你的脑海里，挤占着你的精力。注意力分散了，你哪能静下心来学习呢?!"儿子一言不发，静静地听我分析。

到学校门口时，他突然说话了："妈妈，让爸爸下班后把所有的图片都摘下来吧。"

晚上放学了，孩子拎着书包走进自己的房间，看到白净的墙壁，安静地坐了下来。我拿出两张舒尔特表格，说："儿子，耽误你30秒的时间，好吗？这是普遍用于飞行员、航天员的舒尔特表格，也是学生提高注意力的有效训练法，你和爸爸比比赛，用最快的速度找出数字1到25，挑战你的注意力，可以吗？"

爸爸和儿子比赛开始了，第一局爸爸23秒获胜，儿子27秒落后。爸爸说："儿子，你看我划斜线，多简单！而你打对号，相对费时间，所以我比你领先4秒。"儿子没吱声，只是看了看两个划完了的表格。

"再试一次？"我说。

爸爸和儿子又开始了第二轮较量：爸爸21秒领先，儿子23秒11跟进，两人差距缩短了不少。"哎呀，脑子太累了！注意力要高度集中才行！"爸爸把笔一放，伸了个懒腰，不由自主地感叹。"我怎么就快不了呢！"儿子小声嘟囔着。"儿子，你看，你的左手还在玩橡皮呢，注意力没全部集中呀，对吧?!"爸爸说。

"是呀，全力以赴干好一件事情，需要高度集中注意力。中国太空第一人杨利伟完成这个表格，猜猜，只需几秒钟？"我迅速发问。

"16秒？""12秒？""不会吧？"儿子昂着头，一脸兴奋。

"只需3秒钟！"

"哇，太厉害了！注意力太集中了！"儿子惊讶地睁大了眼睛。"妈妈，今天晚上我11点就睡觉，明天早晨5点准时到教室，我要开始新的学习生活。"

儿子的话让我又看到了诗一样的远方，有阳光，更有方向！小小的心理技巧，帮我拉回了迷惘中的孩子。

【案例分析】

案例中的孩子过分痴迷篮球，常常受到篮球的影响在学习时无法集中注意力。父母通过引导和帮助，最终提升了孩子的注意力。行为主义理论认为，一个人的行为由环境所决定。因此，在没有了周围照片的影响之后，孩子的注意力也会有一定的提高。

有些家长也表达了手机对孩子的注意力的影响。在这里也可以采用行为主义的方法，让孩子在学习时与手机“脱离”。比如与孩子商量如何控制使用手机的方法——孩子在书房学习，手机放在客厅公共空间，既尊重了孩子，同时起到了无形的监督作用，帮助孩子一起成长。当然，提升注意力并非一蹴而就的，需要家长与孩子的耐心。

【小链接】

舒尔特表样例

12	25	5	14	10
13	7	17	8	1
22	19	20	15	11
3	16	24	2	21
18	23	9	4	6

使用方法：

（1）眼睛距表30～35厘米，视点自然放在表的中心；

（2）在所有字符全部清晰入目的前提下，按顺序找全所有字符，注意不要顾此失彼，因找一个字符而对其他字符视而不见；

（3）每看完一个表，眼睛稍做休息，或闭目，或做眼保健操，不要过分疲劳；

（4）练习初期不考虑记忆因素。每天看10个表。

注意事项：

每表按字符顺序，迅速找全所有的字符，平均1个字符用1秒钟成绩为优良，即9格用9秒、16格用16秒、25格用25秒。

练习初期，达不到标准是很正常的，切莫急躁。应该从9格开始练起，感觉熟练或比较轻松达到要求之后，再逐渐增加难度，千万不要因急于求成而使学习热情受挫。

参考文献

［1］魏琨．分析中小学生注意力不集中原因时易出现的若干误区．中国校外教育，2019（1）．

［2］王丽．巧用心理技术，帮孩子回迁注意力．中小学心理健康教育，2019（7）．

第三节 孩子厌学，家长该怎么办

一、问题概述

上课时常开小差，注意力不集中，打瞌睡，做小动作，恶作剧，干扰课堂；课后不愿复习和做作业，抄袭作业或者少做、漏做甚至干脆不做作业，字迹潦草；对考试、测验无所谓，只勾选几道选择题应付了事；经常逃学，无故旷课，外出闲逛，沉迷电子游戏等，这是厌学的一些表现，要引起家长和老师的高度关注。厌学者，总幻想着离开学校、离开课堂、离开老师、离开作业、离开考试，做一些既不动脑又不费力的事，总想打破校园纪律。可是，空虚、孤独和无聊也常常伴随着他们，因此他们经常用吸烟、玩电子游戏、上网、谈恋爱、幻想来麻痹自我。

厌学心理是目前中学生诸多学习心理障碍中最具危险性的问题，是青少年常见心理问题之一。从心理学角度讲，厌学是指孩子对学习否定的内在反应倾向，包括厌学情绪、厌学态度和厌学行为，主要特征是对学习厌恶反感，甚至感到痛苦，因而经常逃学或旷课。具体表现为消极对待学习活动，对学习认识存在偏差，情感上消极对待学习，行为上主动远离学习。有厌学心理的孩子往往学习目的不明确，对学习失去兴趣；不认真听课，不完成作业，怕考试；甚至恨书、恨老师、恨学校，旷课逃学。严重者一提到学习就恶心、头昏、脾气暴躁甚至歇斯底里。厌学的一个直接后果就是学习效率下降，厌学心理对孩子的生理、心理健康具有极大的危害性。

按厌学程度的轻重，可以分为以下三种：

（一）轻度厌学（成绩中等）

这部分孩子的学习目标（理想）不明，动力不足，其主要表现有：学习愿望（求知欲望）一般，时强时弱、时有时无；学习兴趣（喜好）一般，时浓时淡、时有时无；学习程度（状态）一般，有时“专注入书”，有时“走神离书”，思考浅，表面学习多，深层学习少；学习习惯一般，有时自觉，有时不自觉；学习感受一般，学习中有兴奋、快乐、感动，但“少而短”；学习悟性一般，有对知识的理解、吸收、扩展应用，但“少而浅”；学习毅力一般，遇疑难时徘徊畏缩拖延，不能主动攻坚克难；学习效率一般，不紧不慢，无时间紧迫感，且易被干扰；学习效果（成绩）一般，学习成绩在中等上下徘徊，但每门课都能听懂（课堂上）；思想品德、行为习惯尚好，能做到《中小学生守则》常规的大部分要求。

这部分孩子能够顺利地完成基本的学习任务，基础尚好，但缺少内在的强烈的学习愿望（动力），缺乏竞争意识，没有毅力、行动和科学的方法。只要家长和老师教育（引导）得法，激活孩子内在的学习潜能（愿望、兴趣、意志、行动等），孩子的能力就上升快、潜力大。

（二）中度厌学（成绩下游）

这部分孩子学习没有目标（理想），无动力和愿望（求知欲望），对每门课甚至所有知识都没有兴趣；学习状态差，在校在家学习都很被动、勉强、敷衍，甚至糊弄（如作弊），人在书前、心在书外；学习习惯差，管不住自己，好动，坐不住，心如长草；学习麻木，无兴奋、快乐可言，痛苦、困难却很多；学习悟性（理解）和体会没有，学也只学点皮毛；学习没有毅力，稍有不懂就放弃；学习效果（成绩）差，有一门或几门课听不懂（或半懂不懂），学习出现很大困难；平时学习也只是"熬着、等着"毕业；思想品德、行为习惯差，属于"小错误不断，大错误偶犯"的后进生（品学兼差），只能做到《中小学生守则》常规中一半左右的要求。

这部分孩子基础差，行为习惯差，并且由来已久，积习难改。需要家长和老师花大力气对其加强行为上的管理和学业上的引导，促使他们完成基本的学习任务。初中毕业生可以提前考虑上中专、技校（学门技术）；高中毕业生可以提前根据自己的特长选择成才渠道。

（三）高度厌学（成绩倒数）

这部分孩子已彻底地放弃了学习。行为习惯很差，甚至恶习难改，课堂纪律差，"小错天天有，大错三六九"。给班主任管理班级、任课老师上课以及家长带来了极大麻烦。不能做到中小学生守则常规中的大部分要求。

总而言之，厌学情绪是一种常见的不良情绪或者说是一种常见的消极情绪。在每一个人成长学习的过程中都有可能产生这种情绪，由于孩子所处年级的不同，厌学情绪的表现也有所不同。但无论是小学、初中，还是高中，厌学都是一个客观存在的问题。究其原因，孩子的厌学，既有内在的因素，也有外在的因素，外因是变化的条件，内因是变化的根本。而其中最根本的原因，还是孩子内在的心理因素在起决定作用。厌学，突出一个"厌"字，"厌"是一种心理状态：厌烦、厌倦、讨厌。在小学、初中、高中三个成长阶段，就学习而言，小学是基础阶段，初中是关键阶段，厌学心理也最容易在此时产生，因此，这个阶段孩子的家长更应多关注孩子，培养他们的责任感，让他们懂得学习的重要性，从而健康、快乐地成长。

二、原因分析

（一）自身因素

孩子自身缺乏正确的学习目标和学习动机。有些孩子没有理想，没有树立正确的学习目标，没有明确的学习动机，不知道为什么而学习、该怎样去学，只是在家长、学校的压力下机械被动、应付式地学习。

孩子的智力因素也是导致其厌学心理产生的一个内在因素。这部分孩子的智力水平往往不是很高，他们曾努力过，洒过汗水，但一次次失败无情地击碎了他们的进取心，导致他们认为自己天生愚笨、能力不强、智力低下、不是学习的材料，因而主动放弃了努力。还有一部分孩子，同样努力过，也曾取得过自认为不错的成绩，但往往不如他人，因而很少得到老师的表扬，由于长期被老师忽视，便逐渐丧失了自信心，变得破罐子破摔起来。

人际关系是导致厌学心理产生的一个外在因素。由于性格原因，有些孩子人际关系差，在学校朋友很少或者根本没有玩得好的伙伴。经常与同学闹矛盾、吵架甚至打架，人格发展尚不完善，考虑问题还不全面，容易意气用事，同学们都不喜欢他、排斥他，他感到在学校里没意思，一想到要去学校内心就不舒服，从而产生了厌学心理。

（二）社会因素

伴随网络技术的发展，手机上网、QQ 聊天、网络游戏、电子书等逐渐成为中学生的新宠。一些学生沉溺其中，上课注意力不集中，学业成绩直线下降。有些本来热爱学习的孩子，由于迷恋上电脑游戏、手机游戏而逐渐荒废学业，对学习不感兴趣，愈发讨厌学习。

（三）家庭因素

有些家长平时工作较忙，回家又要忙于家务，还有些家长在外面打工，长期不在孩子身边，很少过问孩子的学习、很少了解孩子的思想，认为只要将孩子的吃、住照顾好就行了。孩子不仅在学习上无人辅导，在思想上也无人关心，久而久之，问题越积越多又无法及时解决，导致孩子的自信心下降，遇到困难就逃避。一些孩子的心理压力过大，产生逆反心理而厌学。

父母过高的期望也会使孩子产生厌学心理。有孩子自述因为学习跟不上，受到家长的责怪，心里充满了自责与愧疚。父母此时若是再施以高压，会将孩子推向绝望的深渊，后果往往不堪设想。

（四）学校因素

学校学习的周期较长，学习内容烦琐，加之一些老师的教学方法呆板，师生之间没有真正的互动，课堂气氛沉闷，这种强制教学无法调动学生学习的积极性，使学生对学习缺乏新鲜感。还有些老师对待学生过于严厉，在处理问题时不注意方式方法，简单、粗暴，伤害学生的自尊心，使得学生对其产生反感，不喜欢上这些老师的课，久而久之产生厌学心理。

三、应对策略

（一）结合孩子特长，培养他们对学习的兴趣

有的孩子羽毛球打得很好，可以和学习安排结合起来，学累了就去打羽毛球，不但强身健体，还能使大脑得到放松。特长与学习并不矛盾，众多事实表明，有特长的

学生，学习一般也不错，因为特长和学习之间可以相互促进。由于有特长、有兴趣，他们会经常受到来自学校和家庭的表扬与鼓励，他们的兴趣和劲头也会潜移默化地转移到学习上来，从而相得益彰。调查表明，很多厌学的学生，一无所长，有的只是一些不良习惯，如常上游戏厅玩游戏，或者上网成瘾等。

激发学习兴趣，引导孩子在学习中体验幸福。学习之路确实充满艰辛，但学习之苦也并非学习的本质特点。老师、家长及全社会都应切实行动起来，变“英才教育”为“大众教育”，尤其要注重激发厌学的孩子的求知欲，强化知识与生活的联系，努力将孩子的注意力牢牢吸引住，使孩子都能自由、和谐、充分地发展。理想的教育不仅要引领孩子去追求幸福，更重要的是要引领孩子体验幸福，使孩子的学习过程成为一个享受幸福的过程。

（二）培养孩子良好的人际关系

孩子在校人际关系差，也是其厌学的一个原因。由于来自不同文化、经济和背景的家庭，每个孩子的经历也不相同，他们的个性亦有很大差异。有的孩子由于性格孤僻，不善交往，人际关系较差；有的孩子在家里是家庭的中心，家庭成员都对其爱护有加，使其养成了凡事以自我为中心的思想，不考虑他人的想法和感受，从而影响人际关系。如果老师和同学再对他们冷漠，他们就会感到更加孤独和不安，不良情绪甚至厌世情绪就会产生。因此，对这些性格存在缺陷的孩子，要伸出友爱之手，关心、帮助他们。

（三）辅导孩子提高学习能力，帮助他们树立正确的学习目标

很多厌学的孩子都是由于学习跟不上，经常受到老师的批评、家长的责怪以及同学的轻视，索性破罐子破摔，经常逃学，在外“混日子”。因此，老师和家长，尤其是家长要及时想办法，辅导孩子的学习，有条件的可请家教，孩子学习成绩提高了，会变得自信起来，学习兴趣自然也就产生了。孩子有了自信，就很容易端正学习态度，树立正确的学习目标。

（四）父母要肯定、尊重和帮助孩子，尽量减轻他们的心理和学业负担

家长喜欢将自家孩子跟别人家孩子做比较，这会导致孩子心理的反抗。很多孩子在采访时说：“如果我是家长，肯定不对孩子说‘你看别人’。”可见，孩子们并不是抵触父母的管教，只是不希望自己被动地接受别人的管理。他们更希望父母像一个有经验、有智慧的朋友，和他们并肩战胜困难，同时尊重他们的独立性。父母需要在肯定、尊重孩子的同时，尽自己的力量去帮助孩子攻克学习难关。

在研究中发现，孩子们最担心的事情依次为：成绩差，班级排名下降（20.16%）；表现不佳，被老师请家长（18.14%）；对学习失去兴趣，找不到努力的方向（17.74%）；和同学关系不好，受排斥（17.57%）。如果老师和家长一厢情愿地给孩子施压，甚至吓唬他们，“考不上大学，你这辈子就没指望了”，那么当孩子能力达不到和心理承受不了时，就会厌学，有的甚至离家出走。因此，老师和家长要尽量减轻孩

子的学业负担，结合中学生的心理特点施教，做到寓教于乐、劳逸结合。

此外，老师和家长还要注意批评的尺度，成功时要让孩子感受到成功的喜悦。孩子的承受能力远不如成年人，作为成年人的老师和家长在批评孩子时，要注意场合和尺度，以激励为主，少用批评、责怪语言。激励远比批评责备收到的效果要好，因为激励和赞赏代表着家长对孩子的肯定。对他们学习上的任何进步都及时给予肯定和表扬，让他们尝到成功的喜悦，有助于克服他们的厌学心理。

（五）及时给予鼓励，让孩子体验到成功的喜悦

降低学习目标，低起点、慢步子、分层次，是帮助厌学的孩子获得成功的重要途径。父母要积极创设成功的机会，让孩子在不同的学习活动中充分表现自我，扬其所长。要提高孩子的学习兴趣，先要使孩子品尝到成功的滋味，孩子一旦灰心失望就不会有进步。在做作业时，引导孩子先做一些简易的题目，再做一些较难的题目。在考试时，告诫孩子答题的原则是先易后难。此外，父母也要客观地面对孩子的认知能力，制定与孩子能力相符的学习目标。

（六）改革教学方法，提高课堂教学效率

孩子的学习离不开课堂，老师的传授离不开课堂，课堂不只是传授知识的场所，还是探究知识的场所。在课堂提问环节要关注孩子的心理，创设具有挑战性的问题或问题情境，培养孩子的创新能力和创新精神。老师应打通孩子的书本世界与生活世界之间的界限，多给孩子思考的时间和空间，让孩子成为学习的主人。

在一项调查研究中，有79.22%的孩子表示他们喜欢能够启发自己思考的互动式课堂，可以分成小组讨论、实践，有分享和提问的机会。7.66%的孩子最喜欢“老师侃侃而谈，从头讲到尾”；10.08%的孩子最爱课堂上的“各种多媒体手段”。调查结果反映了孩子们的真实心声，他们渴望成为课堂的主人。孩子对世界有着天然的好奇心和旺盛的求知欲，可很多孩子却不能真心爱上学习，因为孩子们缺少的并不是求知的热情，而是发挥主动性的机会。长久以来，大多数课堂时间都由老师主导，孩子们成了课堂上的“旁观者”，这是造成孩子们学习被动的重要原因之一。

四、案例

案例一

“摇晃身体”背后的故事

这学期我担任初一×班班主任，40多个孩子都是第一次寄宿，在校期间生活和学习都没有了父母的帮助。其中刘同学很不适应，学习和生活习惯都比较糟糕。他是比较调皮的孩子，经常做恶作剧，有时会干扰课堂，上课有时候会开小差，课后也不大愿意复习。刘同学半个学期以来没有严重违纪，但小违纪不断，每次提醒之后，没过多久又恢复原状，说明他的态度没有实质性的改变。

期中考试刘同学成绩很不理想，我想之前我对他的思想教育是失败的，必须寻找

一个契机，寻找能改变他现状的心理拐点。我觉得对他还不够了解，故打电话给他爸爸，了解到他寄宿以来在校期间从不打电话回家，周末回家父母问多几句就不再搭理，或者把自己关在房间。上周周末他爸爸问起他期中考试成绩，他就对爸爸大发雷霆，说没有考好，问那么多干什么。他爸爸很失望、焦虑地说，他以前不会这样暴躁的。得知他的这种情形，我心里有谱了，原来他不是什么都无所谓，有救了。对他情绪的激发点里有他的成绩和情感状态。越容易激发他愤怒的点，越是他脆弱的地方，越是他在乎的东西。对于情感如此脆弱的孩子，我想，在之前对他的教育中，他没有体会到我对他的关爱，甚至还把我放在了对立的位置。

昨天刚到教室，就听值日生投诉：刘同学起床晚，还洗衣服，6：45 还不愿离开宿舍，导致影响拖地。故我把刘同学叫到教室外，问起他为何没有安排好时间，导致迟离开宿舍。他脸上是不屑一顾的表情，眼睛呈游离状态，手搭在栏杆上，一只脚随意抖动，整个身体都在摇晃，生硬地冒出几个字“没时间”。面对他这样的神态和举止，按以前我可能会火冒三丈。这时我没有出声，给自己 10 秒时间，也看看他后续的“表演”。他一刻也没有消停，要么拉扯胸前的饭卡，要么摆弄身体姿势。我意识到他的态度很不好，需要费一番功夫，只好让他来办公室长谈。同时希望他来的路上有所反思，或者换到班主任办公室，让他稍有点敬畏心理。

谁知来到办公室，他的各种动作还是没有减少，仍旧是面不改色心不跳。我只好问他：“你全身摇晃想表达什么意思?”他只是瞟了我一眼，我又问了两次，他还是不出声。为了让他放松警惕，我接着问：“应该不是这时候跳舞给我看吧?”他还是保持沉默。他明明就是用动作和沉默在反抗，不认同我对他行为的定性判断。我想先让他意识到我对他的良苦用心，取得他对我的信任，拉近彼此距离，故说道：“你不愿说，那我表达我的看法，你看是否认同？你迟离开宿舍并不是大错，我还没有批评你，但你的肢体语言和沉默表示你对老师的不尊敬，你对我有很大意见吗?”他还是沉默。“我清晰记得第一次和你交流还是在军训的第一天。当时你在队伍中有小动作，最开始我只是用手轻拍你的肩膀，用期待的眼神给你说加油。但每次提醒你后不久你的小动作和声音又重现。从此我就一直惦记着你，知道你的习惯不太好，但我想给你多点提醒，多给你点时间，相信你能做好。上周四晚上查宿舍，熄灯 5 分钟了，你还在小声讲话，按规定要让你起床站出来的，可我想到你的进步，我特意在门口等了 1 分钟，你停下来后我才进宿舍站在你床边，你应该是知道的。你已经有较大进步了，但从严要求，你还是不够的。你觉得呢?”此刻他的动作少了，眼睛里有了几分善意。这已经到达他心里最软处的边界线。他开始对我有所认可，还多了几分信任。

态度扭转过来了，我还要帮助他解决问题。先让他自己说出如何解决洗衣服的问题和怎样做到早离开宿舍。他的表达很清晰，方法也恰当。故我表扬他解决问题能力强，很轻松就找到了解决问题的办法，相信他能做好。

最大的难题是学习问题。我先让他自我评价一下自己的学习情况，他挤牙膏式地说出了自己的几点不足。他对自己的学习状况认识不够准确，而且提到学习问题，他又开始有些紧张了。我想让他的内心压力发泄出来，而不是憋在心里。这时我也站起来，和他平视，说道：“你本来是个很要强的孩子，积极上进，学习能力也很强。但你的学习习惯不好，导致你的成绩不理想，你的压力很大，我很理解你现在的状况。你开始的动作和沉默是为了掩饰你的心虚和压力，把自己真实的一面藏起来，你这样不是更累吗?”这时他眼泪夺眶而出，抽泣不止。我给他递纸巾，让他哭了1分钟，最后我帮他擦干泪水。“学习上有压力，说明你积极上进，但不能把压力演变成发泄或者违纪。只要你养成好的学习习惯，你的成绩一定会有很大进步。”他频频点头。当他情绪稳定后，我引导他把不良的生活和学习习惯写下来，并对应地做出规划，最后定好大联盟考试的目标，并指出以后和父母的沟通一定要诚恳，虚心请教。他都欣然接受了。

让他离开办公室前，我问他有什么想和我说的。他竟然一边鞠躬一边说：“敬老师，对不起，还有谢谢!”看着他离去的背影，我心里久久不能平静：他就是个刚离开家，学习压力又大的孩子。

今天下午我接到了刘同学爸爸的电话，他说很感激我。原来中午刘同学打电话回家，告诉他爸爸我找他谈话了，指出了他成绩落后的原因，并和他一起制订了后阶段的学习计划。我也很感谢刘同学，让我再次体会到做老师的幸福。当然他要养成好的学习习惯，取得好的成绩，还需要大家的共同努力。我相信他能做最好的自己。

我相信学生的不良习惯背后都是有故事的，需懂得用爱与智慧来解读每一段故事。把学生和自己摆在平等的位置上，理解他的压力，找出他的亮点，很自然地表扬和鼓励他，让他感受到欣赏他的目光，孩子会越来越有信心，越来越优秀。

（摘自《广州大学附属中学教育叙事》）

【案例分析】

本案例是一个厌学例子。孩子不喜欢读书，没有良好的学习习惯，并且经常做一些违纪的事情，有些叛逆等。案例中的一句话说得很好，“我相信学生的不良习惯背后都是有故事的。”孩子学习习惯不好、厌学，背后肯定有原因。从案例中我们可以发现，孩子成绩不理想，自身受到的压力非常大，青春期又是叛逆期，初一的孩子还要面对适应集体生活这个问题。如果此时父母和老师再加以责怪、批评，很可能会加重这种厌学情绪，使得孩子更加“自暴自弃”。父母和老师应当做的是耐心地和孩子进行沟通交流，寻找孩子厌学的真正原因。

很多孩子其实并非真的不喜欢学习，他们只是对学习产生了“无力感”。在心理咨询中，我们经常接待一些孩子，他们所阐述的大都为“不知道如何学习”“成绩越差心中便越焦虑，就越不想学习”等等。在这种情况下，家长首先要理解孩子心中所产生的焦虑，积极地去鼓励孩子，帮助孩子，重塑孩子的学习信心。

案例二

尊重学困生

那是刚开学不久，我刚开完会回班上课。我们班的纪律委员就又来向我汇报：“老师，小明自习课做鬼脸，逗得同学哈哈笑，使班级不能安静上自习。”我一听这话，火气“噌”的一下就上来了——又是他！每天我不知要收到多少关于他的投诉，站队不听指挥，上课扰乱课堂，自习课随便走出教室，还有时不完成作业。这个学生可真让我头疼。

他一直是老师重点管理的对象，成绩进校后就不理想。除了学习，一切扰乱他人违纪违规的事他都感兴趣，是一个学习与纪律的“特困生”。我怒气冲冲地走向他的座位，边走边想：为什么？为什么这孩子就是改不掉坏习惯呢？难道我每次教训他，让他麻木不仁了？

我这次该怎么教训他？在走向他座位的时候我观察到，他看到我走过来的时候马上低下了头，开始手足无措，他明显也很紧张了。我暗暗告诉自己，不要发火！不要发火！要冷静！那个发火前默数的办法在脑海中闪现，我立刻在心中默默数着“1，2，3”，心情稍稍平息了一下。我的脑子里出现了一个新想法：今天我换个方式对他，看看效果怎么样。

我没有发火，也没有像往常那样狠狠地教训他，只是看了他一眼，他很心虚，低下头。然后我停顿了一下，和缓地说道：“老师相信你和其他所有同学都一样，也能好好上课学习的，对吗？”他明显很意外，原本以为犯错后的自己将迎来“狂风暴雨”。没想到老师没有批评他。他想了一下，轻声说道：“老师，我尽量试下。”我点了点头，就走回讲台开始上课。这一节课我发现他听得很认真，等到下课，我把他叫了过来说：“你这堂课听得很认真，都学会了吗？还有什么不懂的地方吗？”他很诧异，抬头看着我说：“老师，之前我错了。”我的宽容和理解让他承认了自己的错误，并当面向我保证以后不再犯。我说：“咱们来个约定，你的表现我先不告诉你家长，给你保密，老师信你，你也不能让老师失望。”他重重地点了一下头，自那以后，我留心观察他的一举一动，还不时和他交流，鼓励他，上课发言了，尽管有时回答不对，但说明他开始积极思考了、用心了，而且课堂纪律也比以前好了很多，积极参加学校的活动，关心班级了。他的改变收到了好的回报，成绩进步了很多。看着他各方面的进步，我为他感到高兴，也为自己感到高兴，这时，我真为我是一位教师而感到高兴！转化后进生是一项长期工作，通过这件事，我有信心他在今后的学习和表现中会有更大的进步。

这件事后，我反思并整理这次教育成功的方法。假如把他当众说一顿，虽解了自己的心头之气，却使这个学生在全班同学面前丧失了尊严，把这个学生置于对立面，使其产生对抗心理。换一种教育方法，使他保留了尊严，得到了尊重，从思想上认识自己的错误，并主动改正自己的错误，教育效果更好。

同时，这种处理问题的方法，不影响正常的教学秩序，使学生保持良好的心态，没有因遭受批评而紧张，又收到了良好的教学效果。每个后进生都有他的巨大潜能，用尊重宽容的心对待学生，用智慧去处理问题，给学生保留尊严，这样才能唤醒学生沉睡着的巨大的情感能源和智慧能源，使得他们积极上进，快乐成长，重新找回自我。我们才会收获无数的欣喜和成功。

教育家苏霍姆林斯基曾经说过：“要让每个学生都抬起头来走路。”这就是说必须尊重、关心、理解和信任每一个学生，要以科学的态度看待学生的差异，作为班主任更应最大限度地理解、宽容、善待学困生，为学困生的进步提供良好的环境，要充分肯定，热情鼓励，使他们重新找回自我，获取克服缺点的勇气和信心，使他们不断进步。

（摘自《广州大学附属中学教育叙事》）

【案例分析】

孩子的厌学可能会通过捣乱课堂等违纪行为表现出来。如果家长和老师在这种情况下采用严厉的方式去批评或惩罚孩子，往往会导致孩子产生叛逆心理，引起他们强烈反感和抵触，结果会适得其反，加重孩子的厌学情绪。每一个厌学的孩子，都有自己的厌学原因，家长和老师需要做的，是真正地去了解孩子、尊重孩子，让孩子感受到你对他的善意和爱心。只有这样，他们才能敞开心扉，我们也才能知道孩子厌学的真正原因是什么。

参考文献

张红．中学生厌学心理的成因及解决策略．黑河教育，2019（2）．

第四节　如何帮助孩子缓解考试焦虑

一、问题概述

考试焦虑是当前中小学生存在的较为普遍的心理问题之一。据调查，大约有10% ~15%的孩子对考试存在着不同程度的焦虑，特别是学习基础比较差、性格比较内向、学习方法不够灵活的孩子最容易产生考试焦虑症，有的孩子还伴有失眠和神经衰弱等症状。考试焦虑是重度学习压力导致的严重后果。它的直接表现就是考试成绩差，不管孩子平时学习如何，如果有严重的考试焦虑心理作祟，将难以取得很好的成绩。考试成绩不好会影响孩子的学习情绪和下一步投入学习的方式与程度，所以非常容易形成恶性循环。越想考好就越容易焦虑，越焦虑就越不容易发挥出实际水平。考试前有适当的焦虑不是坏事，按照心理学的原理，中度的焦虑有利于正常水平的发挥，过高过低都不利。

考试对于青少年来说是日常生活中必须面对的考验，青少年在考试前后过度紧张的心理状态，心理学上称为考试焦虑症。中学生的考试焦虑症状具体表现在以下四个方面：①情绪紧张，不能自制，严重的伴有手足发冷、心跳加速、躯体紧张甚至头昏等；②感知障碍，如视觉、听觉的感受性下降，甚至把试题的要求看错；③记忆障碍，在考试中对熟悉的东西想不起来，但是考试结束后却能记起来；④思维迟钝、混乱，不能正常分析、解答考题，会做的题目却做不出来。

过度的考试焦虑使得学生往往不能把注意力集中在试卷上，而是分散到了各种担忧或多余的动作上。一些学生担心考试考不好，影响升高中、考大学等，这样的焦虑势必会影响考试的顺利进行。过度的考试焦虑也易干扰学生的记忆过程。目前，学校的各种考试多为闭卷形式，而闭卷考试对学生回忆的迅速性和准确性都有较高的要求，它要求学生能根据试题要求和有关线索迅速做出正确判断，从大脑记忆库中提取相应信息。而过度考试焦虑者，他们注意力不集中，课堂听讲不认真，识记效率低下，考试时脑袋昏昏沉沉，记忆库中信息存储出现混乱，不能正确提取或者根本提取不出来，于是严重影响了考试成绩。过度考试焦虑会破坏学生的思维过程，影响思维的变通性和流畅性，使思维活动处于阻滞状态，比较、分析、综合、抽象、归纳等具体思维能力无法正常发挥，创造性想象和发散性思维更是无从谈起，这也会影响学生的日常学习和考试成绩。

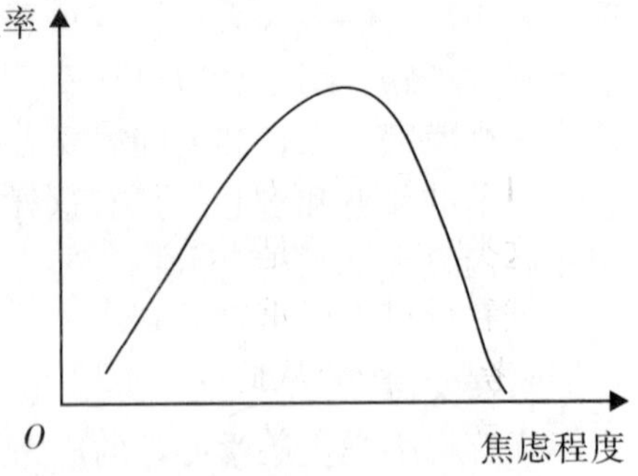

图5－1　学习效率与焦虑程度关系图

我们应该对焦虑有一个正确的认识。焦虑属于消极的情绪，它是一种能减弱人的体力、精力，干扰人的正常活动的情绪体验，也属于不愉快的情绪。它使人烦躁不安，类似恐惧，但程度不太强烈。心理学家研究表明：学生在考试前的复习期间，适度的焦虑能发挥人的最高学习效率。但是，太高或太低的焦虑都不能取得良好的学习成绩。焦虑程度与学习效率之间可以用一条抛物线来表示（见图5－1），即随着焦虑程度的增加，学习效率也随之加快，但超过一定的焦虑程度时，学习效率就会随着焦虑程度的增加而降低。就个体差异而言，平时不容易激动、情绪比较稳定的人学习效率比焦虑程度高者要好。在一般情况下，焦虑程度低的人可以在有压力时提高学习效率，而焦虑程度高的人学习效率在有压力时反而会降低。

实际上，这里的适度、过度之间并没有一个明确的衡量界限，人们往往都是以个体的一些主观感受为标准的。所以，要做到对个体的焦虑有一个较为正确的认识。首先要承认确实存在某种程度的焦虑，同时也应该清楚，焦虑是个体对考试这一紧张情景的一种反应，因此衡量它适不适度的标准取决于个体的认识。我们可以发挥它积极方面的作用，抑制它消极方面的作用。“焦虑本身毫无可怕之处，可怕的在于我们对它的态度。”

二、原因分析

考试焦虑的产生往往是过于担心的心理使然。担心考试的过程，担心考试的结果。例如，担心考不好，担心他人对自己的评价降低。又如，考前有“如果考不好，人们会对自己的能力产生怀疑”的心理，“如果考不好，意味着自己并不像原来所想象的那样聪明”，等等；担心影响前途，因为不少学生都将自己的考试与前途相联系，认为考试成绩好的同学必定会在社会上取得好的地位；担心对考试准备不足，不知道自己是否能适应考试的方式和难度。例如，有同学反映“对考试结果的担忧，在考试前妨碍我备考，在考试期间干扰我答题”“考试前我还需要充实一些知识”“我似乎从来没有对应试进行过完全的准备”，等等。种种担心，不外乎受下面几个因素影响。

（一）个人因素

1. 心理因素

（1）不能正确对待考试，担心考试不及格。

这类孩子主要是基础比较差，学习比较吃力，学习方法不当，但是又怕考不好，把考试看得过于严重："如果考不好，如何向父母和老师交代？""如何面对同学？""这次考试是否会从此决定我的命运？""我这次考不好，下次恐怕也考不好。"由此，思想上产生压力，又因压力超过心理负荷而造成过度紧张。

（2）自尊心作祟——忧虑名次下滑。

学习好的同学总想保持自己原有的优势，担心保不住原来的名次，会丢面子，在心理上出现了自责、自卑和难以服气的精神压力，于是背着沉重而又紧张的思想包袱，每当考试时就会产生种种想法，从而出现焦虑情绪。

（3）考试准备不充分，考试技巧不足。

根据有关调查表明，只有46%的孩子有适合自己的学习方法，也就是说，有一半以上的孩子没有自己的学习方法或者学习方法不恰当。而有学习计划的孩子仅占全体的1/4。缺乏计划，没有适当的学习方法，也就预示着知识的掌握没有取得很好的效果。备战不充分当然很难取得好的成绩。而且一般这样的孩子难以对学习树立起信心，心理紧张，对未知的考试结果过分担心、期望和关注。在这种心理支配下，自信心不足，总是处于一种紧张的状态，考试时必然会导致焦虑的产生。还有的孩子平时不按计划学习，知识掌握得不牢固，复习时间分配不合理，考试前临时抱佛脚、加班加点。所以，制订合理的计划，按部就班地投入复习，调整自己的竞技状态，这都是应考的准备工作，如果做不好自然就会产生考试焦虑。

2. 生理因素

有些孩子为了考试拼命复习功课，不注意营养和睡眠，身心需要的能量得不到及时补充，状态缺乏缓冲，也同样会陷入焦虑之中。考试焦虑主要有两种趋向：一种是考试之前开始感到紧张和焦虑；另一种是在学习过程中长期存在焦虑情绪，考试之前则表现得更为强烈。两者都是由考试这一紧张情境直接触发的，但前一种趋向的孩子的学习成绩有好也有差，后一种的则基本上是成绩一直不是很好，对自己缺乏信心。

（二）外部因素

1. 社会因素

在我国传统教育背景影响下，许多学校为了追求高升学率，把学生和学校都束缚于应试教育的环境之中。老师课堂授课仍然采用"以教学为中心"的教学模式，成绩不仅仅是衡量孩子的标准，也是评定老师教学成果的主要标准，这也为考试增添了紧张感和焦虑感。

2. 家庭因素

受知识背景和传统观念的影响，有的父母认为学习才是孩子唯一的出路，成绩似乎关乎着孩子未来的生活质量和一生事业的发展。作为父母，往往会对孩子有很高的期望，一心想让孩子成为“人中龙凤”，不断地向孩子提更高的要求。面对这种可能高于自身实际能力的期望，孩子害怕考试，更恐惧自己考出低分时家长的表情和态度。在考试成绩上，家长对孩子的过高要求，是造成心理压力的主要原因之一。孩子面对家长的高期望时，容易患得患失，对考试结果过于关注，精神不易集中，考试焦虑就会随之而来。

三、应对策略

（一）端正对考试的认识

考试只是检验孩子所学知识的一种手段，对考试结果要正确对待。一般情况下，考试反映了平时的学习状况，是认识学习优劣的好时机。但也不要把考试的分数看得过重，因为它不是衡量学习质量的唯一标准。所以，即使考试失败了，也不要灰心丧气，要从失败中吸取经验和教训。在考试还未来临就惶惶不可终日，带着强烈的求胜动机和沉重的心理负担去复习、考试，结果情绪焦虑越来越强烈，临场发挥时就会事与愿违。家长要引导孩子将考试动机调整到适当的水平，学习成绩较差的孩子，可适当降低自己的动机水平，放下思想包袱，轻装上阵迎接考试；成绩较好的孩子，可适当提高自己的动机水平，激发自己努力向上，不断拼搏，满怀信心参加考试。总之，只有动机水平适度，才能以最佳状态临考，从而取得最佳的考试成绩。同时，还要改变对成绩和未来之间关系的错误认知，要掌握方法去逐步改变自己不合理的思维方式，从而逐步降低焦虑水平，更好发挥出自己的水平。

（二）培养良好的心理素质，树立自信心

不要过多地担心考试的结果，要把精力和注意力集中到考试的准备当中去。要正确对待考场中的各种因素对自己情绪的影响，充分估计自己的才能与知识，相信自己在考试中一定能够取胜，消除不必要的顾虑和担忧，顺利度过考试这一关。第一步是察觉消极的自我意识。考试焦虑严重的人往往对消极的自我意识习以为常。例如，一想到考试，有考试焦虑的孩子首先想到的往往是“我肯定考不好!”“要是考砸了怎么办?”一般来说，如果孩子有严重的考试焦虑倾向，在他知道重要考试就要来临的时候，就会感到神经性倒胃或局部肌肉麻木等生理变化，这些信息都说明孩子的大脑里已经出现了消极的自我意识。针对这些消极的念头，可以理智地分析一下，这些念头有没有必要，如果没有必要，这种念头必须尽早去除。第二步就是要养成向消极的自我意识挑战的习惯，进行积极的自我暗示。面临考试时告诉自己已经进行了充分的备考，不要紧张。适当的放松可缓解考试焦虑。可尝试肌肉放松、想象放松，转移对焦虑情景的注意力，从而达到放松的目的。同时，要加强体育锻炼，一方面，身体能够得到锻炼；另一方面，还会培养积极向上的情绪状态，从而逐渐克服过分焦躁和紧绷的心理状态。

（三）考试前要有充足的休息

考试前的休息包括生活规律，做些喜欢的运动，使身心放松，进入一种“假消极状态”。心理学家认为这种“假消极状态”有利于激发人的心理潜能，有利于发挥水平。

（四）做好复习工作，打有准备之仗

在考试之前合理安排复习计划，按照计划积极复习，必要的时候稍微改变一下复习计划。在复习过程中科学用脑，劳逸结合。做好考试之前的准备，包括饮食和休息，要饮食均衡，休息充分，才有利于在考场上的发挥。在考试过程中，如果感到紧张焦虑，可以暂时放下试卷，做深呼吸，或者远眺一下，等身心放松、头脑清醒了再继续作答。

（五）家长要树立正确的分数观

通过多年的心理健康教育工作实践，我们发现绝大多数家长都非常重视，或者说过于重视孩子的成绩，这给孩子带来了很大的心理压力，使其难以健康快乐地成长。对于分数，建议家长首先应该摆正自己的心态，不仅仅关注孩子的成绩，更要关注孩子身心健康发展，多给予孩子一些夸奖和鼓励，要善于发现孩子的闪光点，同时也接纳孩子的不完美。若孩子没有考好，家长不要责骂，要及时帮助孩子疏导情绪。正确看待孩子的考试成绩，只要孩子的成绩有进步，哪怕只是一分或前进一名都应积极给予鼓励，“好孩子是夸出来的”。不要对孩子提出过高的要求，这样反而会挫伤孩子学习的积极性。若孩子成绩退步，作为父母，首先应保持平和的心态，为孩子做出榜样，这样有利于调整孩子的心态和情绪，从而降低考试焦虑给孩子带来的负面影响。

（六）家长要心平气和地面对孩子的考前焦虑，切勿火上浇油

考试会给每个孩子带来压力，在迎考前多数孩子或多或少地会通过语言、表情、肢体等表现出焦虑、心烦意乱的情绪。这时，家长切忌唠唠叨叨，如果你一会儿鼓励，一会儿劝说，一会儿安慰，过分关心，从另一个角度则表现出你对这次考试期望的异常，无异于给孩子“火上浇油”，使孩子更加紧张。所以，家长自己要先冷静，以一种平淡的心态去面对考试，给孩子发泄情绪的空间和时间，孩子情绪稳定了，才能以平静的心态去参加考试，做到临考不乱。

父母要多倾听，孩子在倾诉的过程中，自身的压力会得到一定的宣泄。如果孩子讲述的过程中，能够得到来自外部环境的关注、理解、支持、认同和鼓励，孤独感、恐惧感会下降，进而可以激发战胜焦虑情绪的勇气。

（七）多用正向、肯定语言鼓励孩子

临近考试时，家长应该多用肯定、正向的语言鼓励孩子，避免说“你千万不要紧张”，而是说“我知道你可能有点紧张，这是很正常的”；避免说“考不好也没关系”，

而是说“你已经做了充足的准备，调整好自己的状态，尽最大努力就好”；避免说“期末考试很重要，一定要好好加油”，而是说“把期末考试当作一次对自己这学期学习结果的验收”！避免说“考好了就奖励你一个想要的东西”，而是说“好好准备，有什么需要帮助的我愿意提供，考完试我们去放松一下”！

四、关于中考、高考前考试焦虑问题的解答

（一）考试前孩子最担心的是什么

孩子考试前最担心的是“怕考试发挥失常”。许多孩子都偶尔出现过一两次考试发挥失常，自然害怕在关键的一考中又出现失误。考试发挥失常，它产生的主要原因往往与出题过偏、怪、难有关。因此家长可以向孩子解释，高级别的正规考试，出题是比较严谨认真的，反而不会出现在学校考试中的怪题、偏题，不会让你看到题摸不着北。

（二）孩子有哪些压力

理解孩子有哪些压力，才能真正帮到他。

一般说来孩子的压力来自两方面，一是心理上的，怕自己考得不好，达不到父母的期望；二是身体上的（这个容易被家长们忽视），长时间的紧张作息，超强度的听课做题，睡眠不够，可能会感觉不舒服、累、压抑。因此，家长一方面要按照孩子的实际情况设定期望值，另一方面要多关心他的身体健康，保证睡眠，同时包容他的负面情绪。

（三）家长不该说什么

不要总是问“复习得怎么样了”，因为孩子没法回答你！事实上没有人是“复习完了”才去参加考试的，总会有点不放心没把握。如果他实事求是地回答你“没复习好”，又会强化他内心的不安，增加他上考场的压力。

不要总是跟孩子讨论最后的结果。有的家长为了让孩子抓紧一切时间学习，言语中带着威胁和恐吓。试想一下，如果孩子要从一条湍急的河流上走过一座独木桥，过桥之前不断地说掉下去会如何，那么过桥的时候还能走得安稳吗？

（四）为什么越临近考试，孩子反而疲倦不想学

很多孩子都反映他们会在某个阶段有这种感觉：一方面内心很焦急，一方面又感到说不出的疲倦以至学习没效率。当孩子出现这种状况时，请家长首先要理解，这是大脑给出的一个信号：孩子需要适当休息调整了。人的大脑与其他器官一样，需要劳逸结合，如果外界强制性地给予过多学习任务，大脑自身的保护机制便会产生“保护性抑制”，就是说这时候的大脑已经没有运转的效率了！这个时候家长可以想想孩子平时都喜欢什么活动，提醒他休息休息。一名高三学生有一次在课间刺绣，原来，当我

们告诉他们减压的一个办法是做自己喜欢做的事时，她首先想到的就是刺绣，她说这么做的确感觉好一些。

（五）如何面对自暴自弃的孩子

一些基础差的孩子这个时候容易自暴自弃，“反正我不行，复习也没用”。实际上，这些貌似放弃投降的话语是考前恐慌不安，又不得不找一个“自我安慰”的理由的表现。当孩子如此说话时，作为师长、父母的我们一定不能表现出生气、烦躁，更不要否定他们，应平和、真心地鼓励他们：“不会不行，你要相信自己，备考了这么久，你知识储备也是不错的。”“也许有人比你强，但也一定有不少人比你弱。”“你再坚持一下，不就是一场比赛吗，谁赢谁输还未定呢！”总之，多给孩子打气，温柔而坚定地鼓励他们。

（六）如何回答孩子“如果我考不好怎么办”

几乎每个孩子都会问父母，“如果我考不好怎么办”？有的家长说，无所谓，考不好就考不好！有的家长说，考不好就完了，我没办法，到时候你自己看着办吧。这两种回答都不可取，考试对孩子、对家长都很重要，不可能无所谓，这么回答要么口是心非，要么是对孩子早已失去信心；而强调考不好的可怕后果，则会干扰孩子对学习的专注。这个时候最好认真地、诚实地与孩子共同面对这个问题，承认考不好确实是令人不愉快，但无论怎样现在都要尽心尽力，“咱们尽力！只有这样，将来才不会后悔、自责”。

（七）最后阶段家长能为孩子做什么

决定学习成绩有三个方面：学习方法、学习习惯、学习心态。方法和习惯，不是考前能迅速改变的。所以这个时期，看到孩子的许多毛病，不要急于纠正他。你能为孩子做的，是使他在这个时期保持一个稳定的学习心态。具体来说，一是照顾好他的饮食、起居；二是闭上批评的嘴巴。也许他吃饭的时间有点长，也许他在厕所磨蹭了半天，也许一晚上他去厨房翻了几次冰箱……不管怎样，这段时期不要吭声，这是你对孩子的体谅，也是我们能为孩子做的。

（八）考试期间孩子焦虑失眠怎么办

有一个年轻老师跟我讲她第一次高考失败的惨痛经历：高考的前一天晚上，她怎么都睡不着，结果被妈妈发现了。妈妈非常生气，不停地数落晚上不睡明天将如何头昏脑涨考不好试等等。最后妈妈整晚一直守在她旁边等她睡着。结果，她一夜都没有睡着。第二天也真的是昏昏沉沉，那一年的高考失利了！

我们都希望孩子在考试期间能睡好。但万一你的孩子失眠了，千万要告诉他，没关系，不影响做题！人是有应激功能的，24 小时不睡觉，大脑还能正常工作！如果孩子在考试前相信这个道理，反而临考前能够释然，睡个好觉。

（九）考试当天中午，孩子如何放松

许多孩子上午考完，兴奋得或焦虑得没法午休。这时可引导孩子，这么跟他说："躺一会儿，不必非得睡着，让身体放松休息一下。"睡眠是不能带着睡眠压力的，那样轻描淡写地说，孩子更容易入睡。注意睡眠的时间并不是越长越好，一般入睡后不要超过半小时，睡前一定要设置闹钟或提醒他人叫醒他。

（十）头场考试考砸了怎么办

哪怕学习最优秀的孩子，如果第一场考试考砸了，都不可避免地会影响心情。处理不好还会影响到后面的考试。一旦出现这种情况，家长们千万不要责怪孩子。需要提醒的是，我们容易犯另一个错误："别想了，想了也没用。""不会的，情况没你说的那么糟！"这其实是在盲目地否认孩子的失利，孩子会感觉父母不能接受他的失误。孩子当然知道"想了也没用"，他也知道"只是这一门课考砸"，但他内心是惴惴不安的。家长这时候应该去倾听他的不安、他的委屈、他的自责。只有有人理解他，才能让他稍稍好受一些。当然如果孩子一直沉浸在考试失利的情绪中，家长可以试着问他"现在怎么办呢？"请放心，绝大部分孩子是理性的，当情绪平稳以后，他就能够振作起来。

（十一）孩子在考完自己弱项学科后，最容易出现哪些心理问题

常常有这样的情况，孩子考完试，神色凝重地说："我好像没涂答题卡。""记不清是不是在卷子上答的，好像只是在草稿纸上做的。"家长每每听到都会大惊失色，努力帮助孩子回忆到底涂没涂答题卡。其实，老师在考场监考时，几乎没有发生过交空白答题卡的情况，在考场上也会督促考生进行检查。个别孩子之所以出现这种不安，与他的考试压力有关。事实上，无论哪个人，当他对一件重要的事情感觉失控甚至完全没法控制时，都容易产生强迫行为或强迫观念。举个例子，假如你住的小区连续被盗，人人惶惶不安，你出门离开家的时候便会不由自主地怀疑"我锁好门了吗"？因此，当孩子考试回来告诉你他的担忧时，大可不必惊慌失措，而是要安慰他，帮他尽快调整好准备下一场考试。

五、案例

L同学，女，高一年级学生。自述非常害怕考试，在考试前会特别紧张，经常发抖。初中的时候家里有了妹妹，感觉父母把注意力转移到了妹妹身上，和父母的关系没有以前那么亲近。虽然他们也会鼓励自己，告诉自己不要有太大的压力，学习好不好都没有关系。但是自己仍然希望成绩可以更好一些，想让父母、朋友对自己另眼相看。但是一想到自己的成绩就感觉很焦虑。特别是上了高中之后，成绩不理想，担心这样延续下去，影响高考成绩。

（摘自《广大附中心理咨询案例集》）

【案例分析】

本案例中的孩子之所以考试焦虑在于她过于看重考试结果，将考试结果看成衡量自己在父母、朋友心目中看法的唯一标准，从而在学习和考试过程中常常出现“我这次再考不好怎么办”之类的念头，在学习和考试时都难以集中注意力。

这时候父母应当自己先稳住心态。如果此时父母也因此而焦虑，便可能有意无意地把焦虑传递给孩子，造成孩子背负更大的压力。因此父母需要更多地去关心孩子，多与孩子进行沟通，了解孩子心中的想法。对于孩子不合理的认知如“考得不好影响自己在父母心中的地位”，父母也应当给予澄清纠正。

对于孩子自己，首先要全面认识考试焦虑。焦虑程度过轻过重都会使学习效率下降，中等程度的焦虑反而能达到最佳学习效率。考试焦虑的程度过低或者过高时，都会影响考试水平的正常发挥。适度的焦虑状态还是有利于学习的。所以，不要怕产生考试焦虑心理，关键是如何对待和调整。

其次，要正确认识考试的目的。考试只是考查自己过去的学习情况，考得好不好并不能说明一切。即使反映出一些问题，通过总结经验教训、弥补缺漏，一次考试挫折也可以成为进一步提高自己的基石。所以，不必将考试结果看得过于重要，要以积极的心态面对考试，看到挫折可能带来的积极效应，有助于我们以平和的心态去迎接考试，更好地发挥水平。

再者，要正确看待别人的评价。L同学过于在乎家人和朋友的看法，总是担心他们会因自己成绩下降而看不起自己，心理负担沉重。对于别人的评价，我们要学会全面分析，具体问题具体分析，以有利于自己发展为原则，区别对待。

建议：

（1）进行积极的自我暗示。高焦虑者通常使用带有自我批判性质的自我暗示，如“考试太可怕了”“我一定会考砸”。这种消极的自我暗示会对人产生极大的负面作用。这时，必须进行积极的自我暗示，给自己增强克服困难的信心。如产生这样的焦虑：“我担心其他同学在这次考试中都比自己强，我考不好了。”可以对自己这种信念进行反驳——“这种担心有必要吗？毫无必要。班里确实有比自己更强的同学，但也有不如自己的同学。”“考试虽然意味着同他人的竞争，我是个怕竞争的人吗？我不仅要战胜别人，还要战胜自己。”这样可以帮助孩子树立正确的考试态度，增强信心，减轻或克服考试焦虑。

（2）重新制定学习目标。目标过高就会实现不了，导致目标实现不了的焦虑。应该重新定位自己，切合当前的实际，制定一个自己通过努力可以达到的目标，安排好每天具体的学习计划，从每天的点滴进步中获得成功感，逐步提高学习效率和成绩。

（3）进行有效的复习。多看基础的东西，争取把试卷上基础的分数都拿到，这样考试的分数已经相当不错了。在这个基础上，可以做点稍有难度的题，但是量一定不能多，题目也不能太难。在具体科目的复习上，可以多听取老师的意见。

（4）以练代考系统脱敏。系统脱敏法的实质就是通过一系列步骤，按照刺激强度由弱到强，逐渐训练心理的承受力、忍耐力，增强适应力，从而达到最后对真实体验不产生“过敏”反应，保持身心的正常或接近正常状态。学生可以准备闹钟或者带有定时器的手机，用铃声设定开始和结束。在铃响之前，先想象考试马上要开始的情景，情景越真实越好，然后使用铃声表示开始考试。当焦虑的生理表现出现时，考生可以默念自己的名字，并默念“你很棒，你会考得很好！加油吧”等自我激励性的语言。同时可以做呼吸调整，如深呼吸、腹式呼吸等，快速缓解紧张情绪，也可以通过冥想、音乐等放松方法进行自我调整。

参考文献

张渝鸿．缓解学生心理压力　克服考试焦虑情绪．北京教育（普教版），2011（5）．

第五节　孩子偏科怎么办

一、问题概述

若孩子特别喜欢某一门课，并且该门课的成绩较好，同时不喜欢另一门课，并且该门课的成绩较差，这就是孩子出现的偏科现象。偏科是指在学习学校文化课程中，某一门或者几门功课成绩特别好或一般，其他功课成绩特别差或较差。偏科的现象在中学生的学习过程中是很普遍的，据统计，61.7%的学生在初中阶段都有不同程度的偏科，在小学偏科的占24.47%，高中偏科的占19.15%。由于偏科，许多孩子各科成绩不均衡，而各种考试是以总分计算的，这将导致他们考试一次又一次失败，这既让孩子本人倍感烦恼，也让家长担心不已。家长对偏科现象应有全面的认识：

（1）中学生偏科，是人才成长过程中一种普遍的现象，家长不必太过于紧张。

（2）不少孩子为了高考，主观上希望纠正自己的偏科现象，可见高考“指挥棒”对纠正偏科是有导向作用的。

（3）偏科现象出现的高峰期是在初中，这与初中生特定的心理、生理特点以及课程的加重有关。例如，他们会因同学的一句话或是社会因素等的影响而偏科，即易受外因的影响。

（4）偏科还是应当纠正的。坚持全面发展，会使人终身受益，可以提高孩子的认识水平以及培养他们坚强的意志，要加强对初中时期预防偏科的教育。

（5）如果我们能对偏科现象予以正确的、适时的引导，开办各种特长班、兴趣班、文学社、书法协会……通过多种多样的形式来引导它，那么即使偏科的孩子也会走上一条健康发展的道路。因为人才是多元化的，人的才能是多方面的，可以通过多种形式，培养出各式人才。

二、原因分析

偏科现象让孩子烦恼，也让家长和老师暗自担忧。其形成原因主要包含以下几个方面：

（一）孩子自身因素

1. 条件性情绪反射形成的焦虑行为是影响中学生学习偏科的重要原因

根据条件性情绪反射（S－E－R）原理，当某一次的刺激时间S（如在课堂上因没能正确回答老师提出的问题挨批，或用了大量的时间还不能解出一道题）出现时，就认为是自己脑子笨，学不会老师教的东西，从而产生一个焦虑的挫折情绪反应E（心烦意乱、心慌），然后导致一个行为R（不想学该门课程，并开始逃避，从而减少学习这门课程的时间）。以后再遇到类似的情景时，又产生了高焦虑的情绪，久而久之就出现一学这门课程就焦虑的行为反应，这就建立了一个条件反射，而且这种反射的建立，学生自己是很难意识到的，是在不知不觉中形成并在以后自动运行的。如果中学生在某一学科的学习中建立了这种条件性情绪反射，那么对于这门学科的学习兴趣和积极性就会越来越低，反映在学习成绩上就是每况愈下。例如很多中学生不喜欢英语，觉得英语学习很枯燥乏味，老师怎么讲也听不懂，花费大量时间背单词、短语，但是还是忘得很快，从而一点点地开始厌烦学习英语，时间一长，英语成绩就一次比一次差。

2. 认为偏科对学习没有影响

一项研究发现，有60%以上的学生认为，偏科对学习没有影响。这些数据说明中学生学习偏科问题很严重但是大部分的学生还不自知，认为学习偏科不会对学习造成影响。有些学生有“以优势补弱势”的心理，觉得自己只要在某门学科上有优势便足够了，认为他们偏爱的科目是他们的优势科目，学好它能够弥补在劣势科目上的分数缺陷，不会影响综合实力，但实际上对弱科的忽视只能让弱科更弱，使总体成绩降低。

3. 学习策略不恰当导致偏科

研究表明，学习策略对学业成绩有显著影响。中学生在学习不同学科时，会采取不同的学习策略，但是有时对于不同的学科并没有采取得当的学习策略，从而使学科成绩产生差异。长时间持续而没有及时更改学习策略就会造成学习偏科。

4. 对所教科目的任课老师有不同的看法

有的学生由于对所教科目的任课老师有不同的看法，进而影响到听课态度，反映到学习上，就出现了偏科。比如有学生表示：“在初中，我有一位非常好的数学老师。他待人非常诚恳，课余时间常与我们一起讨论研究数学问题。在他的感染下，我觉得学习数学是一种乐趣。但对于语文，除了上课听一下，就置之不理了。再加上后来调来的一位新语文老师，我很不喜欢她的授课风格，而她又对我们不用心，成绩自然就一落千丈，于是我就不爱学语文了……”

5. 学习兴趣的影响导致对不同科目产生不同的态度

有的学生对不感兴趣的科目，花的时间就不多，不好好听讲，作业马虎。而在感兴趣的科目上下的功夫很多，进而造成不同科目成绩上的差异。还有的学生某个科目总是学不好，久而久之就对这个科目产生了恐惧心理和排斥心理，成绩也就越来越下降。一旦学生出现了偏科，如果得不到正确的帮助和引导，往往越是偏科，越容易走入厌烦该科目的恶性循环。

（二）家庭方面的影响

家庭的文化氛围、家长的某些爱好以及家长的职业差异会诱发孩子偏科。如家长爱好文娱，家庭艺术氛围浓，则孩子往往偏爱音乐；家长如果是数学老师，孩子的数学成绩往往较好；家长喜欢阅读，则孩子的语文成绩较好。调查发现，有54.95%的家长会经常购买孩子偏爱的学科书籍给他们，家长对某一学科的偏爱会直接影响孩子对该学科的偏爱。如果父母在教育孩子时就存在学科偏见，那么孩子自然而然会对父母不重视的学科产生抵触情绪。

三、应对策略

偏科的解决并非一件易事，需要学生、家长、老师共同努力。

（一）学生方面

1. 正确认识各科目的重要性

学生是学习的主体，中学生多数存在偏科现象，是因为学生没有正确认识到各个科目的重要性。首先家长和老师要帮助学生端正思想，充分认识每一学科的重要性，让学生从思想上做到高度认识。中学阶段开设的每一门课程都是教育部规定的，都有其科学性、合理性和必要性。只有从思想上达到高度的认识和重视，学生才会认真对待，并且付诸行动，学好每一门课程。另外，也要帮助学生纠正不合理的信念，不能因为对科任老师有不同的看法而将其迁移到科目的学习上。

2. 做好正确的归因和良好的心理准备

家长要帮助孩子学会对自己学习偏科的问题有一个正确的归因，让孩子自己明白学习偏科的原因是兴趣不足，努力不够，以及长时间忽视荒废，而不是自己的能力和天赋不够造成学习偏科。要认识到提高成绩并不是一蹴而就、一朝一夕就能够实现的，要对改善学习偏科的过程有一定的心理准备。要让孩子相信自己可以克服困难获得成功。

3. 调整学习策略，学会学习迁移

学习迁移即一种学习对另一种学习的影响，它广泛地存在于知识、技能、态度和行为规范的学习中。学生应该学会总结自己优势学科、劣势学科的学习方法，学会将自己优势学科的学习态度、学习方法迁移到劣势学科的学习过程中，寻找学科之间学习的共通点，主动向老师、同学请教，制订适合自己的学习计划，促进正迁移的形成，改善学习偏科的问题。

4. 兴趣是最好的老师，培养对薄弱科目的兴趣

要注意培养孩子对薄弱科目的兴趣，要有意识地询问孩子薄弱科目的学习情况，让他体会到你对该科目学习的关注。要鼓励孩子在弱势科目上的点滴进步，如课堂发言、读书笔记等。引导孩子主动去接触弱势学科，加强对弱势学科的日常学习。也可以从相关学科中找突破点，进而带动弱势学科成绩的提高。

（二）家长方面

1. 树立正确观念，重塑孩子信心

父母是孩子的第一任老师，父母对孩子的影响是不可低估的，只有父母树立了正确的观念，才能带给孩子正确的引导。家长首先要自我更新观念，在教育孩子的过程中应该注意培养孩子的全方面兴趣，使孩子在今后的学习中能全方面发展。父母要去除“学好数理化，走遍全天下”的老旧思想，不要因哪一科目在高考中占的分数高就去学习哪一科目，而忽视其他科目的学习，科目之间是相互关联的，孩子应该全面发展。同时家长也需要给孩子更多的鼓励，而不是责骂，不是要求，家长过高的要求会导致孩子承担巨大的压力，对课程的厌烦程度加深，较难取得很好的成绩。此外，家长还应树立“亡羊补牢，未为晚矣”的观念，以鼓励孩子重新树立信心。

2. 经常与孩子沟通、交流

针对孩子具体偏差的科目，与孩子沟通、交流，一起来做具体的分析，让孩子认识到偏科是学习中巨大的绊脚石，知识之间都是相互联系的，一科的知识点没有掌握好，可能会影响其他学科知识的掌握。不管孩子学的是文科还是理科，都应该有适当的、全面的发展。因此偏科必须克服。只有帮助孩子真正认识到这点，孩子才有可能自觉去弥补弱势科目。家长可以指导孩子制订旨在提高薄弱科目的学习计划；如有可能，家长可以利用课余时间对孩子进行具体的指导，也可以聘请家庭教师指导孩子的学习。但要注意不能过于加重孩子的学习负担。

此外，家长还可以借鉴其他家长的教育方法，有的家长在这方面做得比较好，要和其他家长多沟通交流，集思广益，也许会产生比较好的想法。跟孩子的老师多沟通交流，老师毕竟是接触孩子学习情况的第一人。具体到偏科的科目上面，家长还需要注意以下几点：

第一种表现在一科突出，其他科平平。这称为假性或暂时性偏科。针对这种情况，要积极鼓励孩子优势科目的学习，通过优势科目的学习，树立信心，让孩子认识到自己有学好其他科目的能力，进而逐渐提高对其他科目的兴趣，并逐渐加大对其他科目的学习投入。

第二种表现是文科或理科突出，另一方面较弱。这就要针对较弱的科目加强学习方法的研究和学习兴趣的培养。对于文科，首先从语文入手，让孩子有充分的时间阅读，培养对语文学习的兴趣，进而喜欢写作。读得多了，知识面就宽，写作时才有话可说。对于数学不好的孩子，要引导他把夯实基础作为重点，牢牢掌握基础知识，在确保他对简单的题目完全掌握后，逐步提高难度。

第三种表现是一科较弱，其他科都较强。这相对容易解决。要注意不能盲目地对孩子的弱势学科进行过多的补习，过多的补习可能会加强孩子对该科的厌烦情绪。特别是大班的补习，针对性不强，可能效果并不佳。重要的是对于弱势学科，要养成良好的学习习惯，培养兴趣。可以针对这一科目制订可行的计划，不要急于求成。用一年的时间逐步提高。

另外，对已偏科的初三、高三学生，这时候的偏科，往往是顽固性的或是实质性的。优势科目再想得到更高分难上加难，而如果能在弱势科目中增强对基础知识的理解，往往会取得事半功倍的效果。正所谓越是落后就越是潜力巨大。对于弱势学科，一定要夯实基础，保证自己会的题目的得分率。要加强应试能力的训练，找准考点，掌握得分技巧。对弱势科目最薄弱环节的突破，往往会带来单科成绩的突飞猛进，进而提高整体成绩。

（三）老师方面

1. 提高人格魅力

老师的学识、能力和品德修养等素质熔铸成人格，这是其吸引学生的主要源泉。老师要为人师表，用自己的言行使学生感受到自己对本职工作的热爱，以及忠诚教育事业的敬业精神；老师在上课时应该注意衣帽整洁，说话干练、幽默、生动，把枯燥的课程内容尽量讲得生动活泼，并且偶尔在讲课中穿插一些与课本知识有联系的小故事，尽量做到使各学科之间有机结合、相互联系。

2. 提高教学水平

老师要不断提高自己的知识水平和讲课水平，改变一支粉笔、一本教案、一块黑板的讲课方式，不断探索，积极进行教学改革，合理运用教学手段，以探究的方式创设教学情境，开拓学生思维。课堂上严格要求、循循善诱，做到语言生动有趣，内容紧凑而丰富，以渊博的知识和具有特色的教学风格在学生心目中树立威信。“亲其师，信其道”，当学生对老师的才能非常欣赏，并产生发自内心的敬佩和信任时，他们就愿意与老师接近，并乐于接受其教导。

四、案例

案例一

改变认知，纠正偏科

小叶是一位对理科特别偏爱的学生，对文科几乎不太理睬。高一、高二时，他在竞赛方面花了很多时间。他和我说：“我想高三通过竞赛和自主招生考试考上××大学。您看怎么样？”

我说：“看你的总分在最好的时候可以排到年级前3名，这证明你是有实力的，在高一、高二的市级、省级数学与物理竞赛中，也取得了比较好的成绩，这说明你希望通过竞赛进入名校也是有可能的，但我们做任何事情既要敢赌，同时还要留有退路，所以这两个月你可以暂时投入尽可能大的精力在竞赛中，但数学竞赛过了之后，如果没有拿到一等奖，所有的精力都要转向提高总分成绩。”

“那您认为我能不能拿到一等奖？”

“这个我就不清楚了，一要看试题，二要看你自身的能力和准备情况，三要看临场发挥。最好多问问你的指导老师吴老师、张老师、施老师等。”

这个同学在9月和10月上旬的一个半月的时间里，主要是准备数学竞赛。竞赛结束后，他十分高兴，通过对答案估分，估计有一百多分，他兴奋了好一段时间。但过了一个多星期，他又消沉了，原因是数学竞赛有两次考试，综合计算成绩。第一次考试难度较低，甚至采用了前两年的高考题和一模题，而这些他恰恰忽视了，没有做好。这样算起来，获得高等级的奖就难了。

那几天，他整天趴在桌子上，于是，我又找他谈话。

我说："你这样是不行的，你到底有什么打算?"

他说："我不服啊，我准备了那么久，结果却栽在一试上。怎么能拿高考题和模拟题来做竞赛题目?"

我说："你要清醒一点。题目摆在那里，大家面对的都是同样一份题目，这就是公平的，至于你没有做出来，只能怪自己。我们要敢赌，同时也要输得起。我理解你的心情，但不苟同你现在的表现。你现在这个样子，还哪里像一个男子汉?"

"您说我为了竞赛，这次月考才考了年级二十多名，我还能不能赶上来?"

"当然可以，你的弱项主要有两点：一是文科基础差，二是理科不够细心全面，后者只要平时注意就可以，前者多投入一些时间，努力追赶一段时间，就可以赶上来。"

"那我能不能像准备竞赛一样，全力突破文科，把理科先放在一边?"

"不行。那样做有可能丧失理科优势，得不偿失。最好的方法是，维持理科的基本训练量，再将尽可能多的时间投入到文科上，而且文科重视积累，在心理上也不要指望一蹴而就。"

小叶听到这里，才算解开了心结，终于暂时走出了竞赛失意的茫然与愤懑。但有时上课或自习时还是会走神，难以集中注意力。

于是，我又找他谈话。他说："我虽然明白老师说的道理，但上课还是会时不时想到那次竞赛。"

我说："第一，你要暗示自己，过去的都已经过去了，无论再怎样想，悔恨也好，伤感也好，都没有任何意义；第二，要告诫自己，时间和机遇是不等人的，每浪费一节课，你就离××大学远了一点；第三，要学会注意力转移法，将全部精力投入到训练、复习中，全力以赴，就一定会让你少分神。"

这次谈话之后，小叶终于能够静下心来在教室里学习了。具体效果，相信过一个月后就可以看出来。

（摘自《广大附中论文集》）

案例二

均衡发展才能离梦想更近

小张是一位典型的"理科男"，他的理科成绩在班级总是遥遥领先其他人，其他同学在数学上有问题，他都能轻松地解答并且能够给同学讲得非常清晰。他对此也感到非常满意。但是，他的英语考试每次只能考四五十分，照此下去，他将来的高考成绩会非常不理想。我不愿意一个好苗子就这样浪费了。

期中考试成绩出来，他的成绩仍然是一如既往，数学143，英语43。我趁办公室老师都不在，让他过来办公室。他原以为身为数学老师的我会好好地夸夸他，因此满脸得意地走到我的座位旁边坐下。我看出了他的心思，便表扬了他几句，让他分享一下他的“成功经验”。等到他分享完之后，我问他：“你将来打算选什么职业呀?”

小张：“嗯，我想学人工智能!”

我：“那你有没有考虑过考哪个学校?”

“我想去北京，想考××大学，它今年刚有了人工智能专业!”小张脱口而出。

我：“这个学校很好，那你觉得你距离这个目标有多远呢?”

听完我这话，小张若有所思，说道：“我的数学成绩有优势，我的其他理科也都能保持一个比较好的水平，弱势在于我的语文和英语，特别是我的英语，实在是有点拖我的后腿了。”

“我让我爸帮我报个补习班吧，他一直在说，但是我不愿意去。”小张又说道。

我：“补习班是可取的，但是我希望你明白你需要对这个科目做一个非常详细的计划，我建议你可以先请教一下英语老师，让他帮你分析目前你哪个板块掌握得不好。英语不是一个一下子就可以提高的科目，需要长时间的积累。我觉得你的分析是对的，所以老师相信你只要战胜这个科目，实现目标就不远了。”

“好的，王老师，我知道了，我现在就去找英语老师!”说完，小张便返回教室，拿起试卷和纸笔，往英语老师的办公室走去。

半年之后，小张的英语成绩有了很大的提升，我相信，他离他的梦想又近了一大步。

（摘自《广大附中教师访谈案例》）

【案例分析】

偏科的学生，主要还是对偏科的认识不足，认为偏科对自己并没有多大的影响。因此，本案例中的老师主要采用了两个方面的措施：①改变认知，让学生了解到偏科对他的高考的不利，同时让学生知道，学习是他自己的事，偏科将会使他无法实现自己的理想。只有这样，学生才能将学习内化为心中的动力。②帮助他做好薄弱科目的学习计划，并鼓励其坚持。改变偏科是一个长期的过程，如果只有美好的愿景，而没有具体可行的方案、详尽的计划和持之以恒的精神，那么偏科的问题将难以解决。

参考文献

[1] 曲筱莹．中学生偏科的心理因素分析．湖北广播电视大学学报，2014，34（4）．

[2] 姜淑娟，杨晓杰，王雪，等．高中生偏科现象及对策分析——以齐齐哈尔市3所普通高中为例．高师理科学刊，2019，39（4）．

[3] 蒋建德．表象训练在纠正学生偏科中的应用初探．中小学心理健康教育，2019（21）．

第六节　如何帮助孩子缓解学习压力

一、问题概述

当孩子出现下述情况时，他可能因过度的学习压力发生了适应不良：对老师传授的知识不感兴趣，上课无精打采，开小差，做小动作，破坏课堂纪律，抄作业或不完成作业等；害怕考试，对考试表现出明显的焦虑，考前过分紧张，睡不好觉，考试时脑子里一片空白，平时会做的题都忘得一干二净，或发生病理反应；学习成绩好，对自己总是有很高的要求，总想争第一，稍有失误就怨天尤人、痛不欲生；和家长关系紧张，特别厌烦家长督促、检查自己的学习，不愿意和家长讨论有关学习的事，对家长提出的成绩及排名要求非常反感并表现出强烈的反抗；成绩差而过分自卑，对自己没有信心，经常为自己的成绩或其他方面的不足而苦恼，心理脆弱，有时会因此而离家出走或产生轻生念头。2020 年 1 月，小学六年级学生小卢因为临近期末考试，每天挑灯复习到深夜，一天晚上连续做完 8 套复习试卷才休息。第二天一早，孩子的爸妈发现小卢出现了胡言乱语等怪异表现，经过医院检查，医生确诊孩子患的是自身免疫性脑炎。

以上表现应该引起家长的重视，家长要寻找机会多与孩子沟通，切实予以指导，帮助孩子缓解压力，使之处于积极的学习和生活状态。

二、原因分析

（一）来自家庭方面的压力

家长的过高期待，是造成学习压力过大的首因。“有一种伤害，叫作别人家的孩子。”父母“望子成龙”“望女成凤”心切，容易把自己的理想寄托在孩子身上，甚至进行不合理的横向攀比。有些家庭请了家庭教师，学生除完成学校的作业外，还要完成大量的课外作业。为了保证学习，家长不许孩子看电影及课外读物，偶尔参加文体活动，也横加指责，不给孩子一丝放松的机会。至于考试成绩，更成为父母关注的焦点。孩子成绩好，父母便喜形于色，成绩差则大发雷霆，甚至恶言攻击，诸如“真笨”“没出息”“成不了才”等。这些话势必会伤害孩子的自尊心。有些父母会对学业稍稍怠慢的子女施加毒打，侮辱人格，使他们感到压抑，看不到自己的前途，从而走上绝路，成为“逼子成龙”信条的受害者或牺牲品。

（二）来自学校方面的压力

高中阶段，许多学校追求高升学率，学习层层加码，造成学生精神负荷过大。在一些重点高中，学生都是来自各个地方的优秀者，无疑增加了竞争力度。长期处于竞争压力中，学生很容易发生神经衰弱症状，即使进了大学，由于学习紧张也容易出现失眠、焦虑等症状。

（三）来自学生自身的压力

许多学生，特别是有进取心的中学生，努力学习，力争上游，承受着巨大的学业压力和心理压力。他们若只比第一名差了几分，便感到难过、焦虑、自责。他们的学习目的不明确，患得患失，更经不住突如其来的打击。若高考落榜或学习成绩下降，甚至会萌发轻生念头。有的学生想学而不知从何下手，最终选择用逃避的方式来释放他的压力，比如玩手机、玩电脑等。这也是压力过大的一种表现。

（四）来自同伴之间的压力

同伴是孩子一天之中接触最多的一个群体，因此，在学习上免不了会做比较。这个比较可能来自父母，也可能来自自己的内心。除了比较之外，孩子还会把学习成绩当成影响自己人际交往的因素，他们害怕自己会因为成绩不好而失去小伙伴。

（五）来自社会的压力

社会上普遍存在着轻实际重资历的现象，无论干什么都要有文凭学历，学历不高就很难找到好工作，不受尊重等。这些无疑都给青少年学生带来了一些消极影响。这些无形的社会压力，也使青少年的身心健康受到严重的影响。

三、应对策略

作为家长，应该怎样帮助孩子缓解学习压力？

（一）家长首先要改变教育思想

由于受到我国应试教育体制的影响，家长过于重视孩子的考试分数，而不够注重孩子个性、心理和其他方面能力的发展。这种有失偏颇的教育思想，不仅给孩子造成了沉重的心理负担，而且束缚了其个性、独立自主能力和心理的发展。因此，家长必须转变思想，不要再盯住分数不放，而应该注重孩子的全面发展。这样孩子的学习压力就会减轻许多。要帮助孩子树立正确的学习动机，培养孩子的学习兴趣。学习兴趣和正确的动机是学习的持久动力。有了动力，才不会感到莫大的压力。帮助孩子树立正确的学习动机，需要家长以身作则、潜移默化。培养孩子的学习兴趣，需要从其爱好入手。例如，孩子喜欢玩电脑，却讨厌数学，家长不妨从电脑中的数学知识入手，讲解有趣的数学故事，激发孩子对数学的学习兴趣。

（二）为孩子提供良好的学习和成长环境

家庭环境的优劣在很大程度上会影响孩子的学习和健康成长。良好的家庭环境，包括适当的空间、合理的时间和和睦的家庭氛围。空间上，应该有利于孩子保持愉快的情绪、放松的精神和旺盛的精力。例如，孩子学习的地方要宽敞、温馨，颜色应以绿色和蓝色为佳；时间上，要合理安排，张弛有度。在家庭氛围上，家长应当营造温暖和睦的气氛，建立良好的亲子关系，改善教育方式。孩子的病态心理和不良行为许多都是因为生活环境不良所致，作为父母应努力克服自己性格上的缺陷，互相谦让，建立起一个温馨的家庭，尽可能让孩子与父母一起生活，多给孩子温情，多与孩子交流，多倾听孩子的心声。

（三）帮助孩子疏导心理压力

正确对待孩子的失败，孩子考试不理想，不要一味训斥，应该帮助孩子认真分析原因，总结经验教训，并给予孩子安慰和鼓励。学习是个人的事情，鼓励适当的竞争是可以的，但是不要有过强的竞争心理，别要求孩子什么都要拿第一，这反而会适得其反。

对同一事物产生不同的情绪，是因为对同一事物的看法不一样，认识就不同。两个在户外运动完回宿舍的孩子，看到桌上有半杯水，乐观的孩子会说：“哇，真好，还有半杯水。”悲观的孩子会说：“哎，只有半杯水了。”通常人们会认为诱发事件直接导致了人的情绪和行为结果，发生了什么事就引起了什么情绪体验。然而，同样一件事，对不同的人，会引起不同的情绪体验。同样是考试，结果两个人都没考好。一个人无所谓，另一个人却伤心欲绝。压力的实质，都是认知惹的祸，因此，压力的真正起因源于自己。家长要帮助孩子用不同的认知去疏导心理压力。

学生也应该正确面对压力。压力并不都是坏事，适度的压力可以提高学习效率。因此，学生也要坦然面对压力，只是需要调整好“度”的问题。适度的压力并没有一个明确的指标，它更多的是一种主观感受，体现在每个人身上各不相同。因此，需要家长帮助孩子一起做好调整。

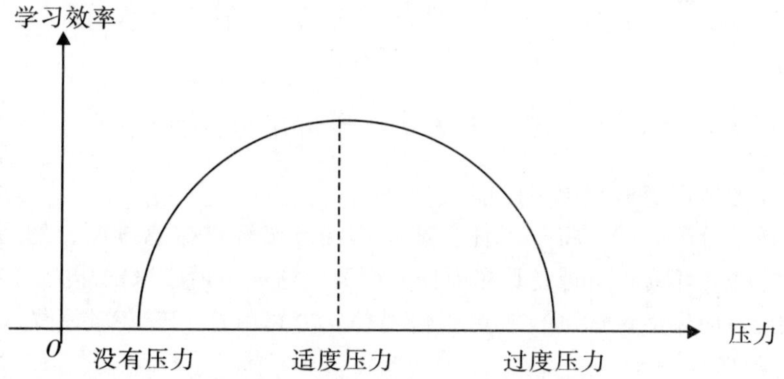

图 5－2　学习效率与压力的关系

（四）教会孩子用“纵向比较”，纠正孩子不合理的交友认知

竖着看，也是我们常说的“纵向比较”，即孩子自身发展阶段性比较，拿孩子和以

前进行比较，对孩子的身心发展有好处。与自己比较，我们可以明显看出孩子的进步和退步。每个人的情况不同，如果父母一味地进行横向比较，那永远比较不完，同时这种做法也可能挫伤孩子的自信心，引起孩子的叛逆行为。因此，父母首先应当学会“纵向比较”孩子。

再者，父母也要教会孩子自己进行“纵向比较”。“纵向比较”可以让孩子看清自己，让孩子找出自身的问题，有自知之明。孩子总是和其他小朋友比较，会增加很多压力，让孩子学会和自己比较，比较自己是否有所进步，让他们始终保持好心态。

父母也要常与孩子沟通，了解孩子在人际交往中的想法，及时纠正孩子把成绩作为影响人际交往的主要因素的错误观念。

（五）帮助孩子找到合适的学习方法

家长要了解孩子的学习特长和爱好，帮助其认识自身的优缺点，寻找适合孩子的学习方法。如此，孩子就能找到学习的乐趣，缓解学习压力。给孩子制定合理的学习目标，使孩子既能达到又不能轻易达到。实现了目标，孩子不仅学习上有了进步，而且体验到了成功的快乐，会增强学习信心，减轻学习压力。不要不切实际地给予孩子过高期望，那样会使孩子承受很大的心理压力。

有些孩子会表现出厌学、逃避学习的行为，是因为他们不知道该如何开展学习。家长要帮助孩子做好学习规划并督促其按学习规划进行学习，通过学习去缓解压力。

（六）发挥良师益友的作用

和老师沟通，可以更深入地了解孩子在学校的学习情况和其他各方面的表现，及时发现存在的问题，有的放矢地和老师一同解决孩子的问题，缓解孩子的学习压力，提高其学习成绩。给孩子找个好的学习伙伴。独生子女在家学习往往会感到孤独、枯燥、有压力。家长可以在住所周围或亲朋好友中，为孩子找一个同年级或相邻年级的孩子，邀请其来家里与孩子一起学习。有了学习伙伴，孩子会感到有趣，学习起来也会轻松许多。

（七）对于孩子自己来说，也要学会缓解压力的方式

（1）不要把目标定得超出自己能力所及。

（2）有效地分配时间。将学习任务或工作任务按轻重缓急排序，然后依次逐步完成，阶段性的成果可减低同时展开多项任务而又无法完成所带来的压力。

（3）课余时应做适量运动，既可强健身体，亦可减压；或在教室做一些简单的伸展运动，减缓肌肉疲劳。

（4）遇到困扰或情绪低落时，可向家人或朋友倾诉，通过与同学的沟通获得支持和关怀，亦可发泄情绪。

（5）即使再忙，也要保证充足的睡眠，这对松弛绷紧的神经至关重要，对于处在身体发育期的孩子来说尤为重要。

（6）如果实在感觉压力太大，无法承受致使情绪低落，不妨去听听音乐，看看电

视剧，哪怕偶尔“疯狂”消费一把也可以。当然这是一种矫枉过正的办法，不可频频使用，更不能成为懒惰散漫的借口。

(7) 视压力为“动力”。压力确实可以发挥正负两个方面的作用，关键要看个体如何运用，所以说压力是一把双刃剑。压力有动力的作用，它就像你大脑里一个小小的指挥官，随时会跳出来督促你完成该完成的事情。从这个角度来说，压力并不是一件坏事。具体到学习上，压力可以是自我激励的一种方式。压力督促学生实现自己的目标，最终把理想变成现实。有了对压力的正确认识，压力就可能转换成学习的动力。

四、案例

案例一

期中考试成绩放榜，小陈的成绩很不理想，整整一周他都闷闷不乐。周五放学，妈妈接他回家。在汽车上，小陈很忐忑。他很在乎学习成绩，同时觉得自己没考好，很对不起父母，很怕妈妈问起这件事。果不其然，妈妈还是主动问起了他的考试成绩，小陈很慌，很不耐烦地说出了成绩。妈妈听完之后，很生气地说：“考这么差，是怎么回事！大家都是一样的脑袋，你怎么就这么笨！”

小陈听了妈妈的话之后，很不开心，顶了嘴，母子两人因此吵了起来。

（摘自《广大附中教师访谈案例》）

【案例分析】

孩子考得“差”，家长忌唠叨、讽刺、挖苦。

孩子考试分数不理想，家长很失望，对孩子说了一些比较难听的话。孩子都是有自尊心的，听到这些讽刺，往往会产生逆反心理，时间久了，就会内化为：“我妈总骂我笨，我是够笨的。”表面上看他们对父母的讽刺、挖苦无动于衷，其实这种内伤很难医治。调查研究发现，那些看起来无精打采、自卑内向的孩子，大多是在否定、批判的环境中长大的。长此以往，孩子还会产生“抗药性”，这就是很多家长会说的“我说什么他都不听”的原因。

孩子遇到困难和挫折，最需要的是家长的理解、接纳和帮助。在这个时候家长没必要直接询问成绩，因为学校都会告知家长的。当孩子考得不好时，家长要学会暂时避开这个问题，因为孩子本来就害怕，就很担心。很多家长内心会这样想：“我是你的父母，我问下你的成绩，难道还不行吗？而且你还没考好。”家长这种想法能够理解，但有时候家长要学会“曲线救国”，学会在什么时间、什么场合下去跟孩子谈论成绩问题。要等孩子放松警惕的时候，再去跟他谈论。假如孩子全身都穿了“防护甲”，家长仍然要和孩子谈论这个问题，得到的回复很可能是“考得不好不要问”，然后双方陷入尬谈，甚至会吵架，问题也得不到有效的解决。

案例二

小刘今年上高一，初三的时候通过努力学习，最终成功考上重点高中。因为觉得初三的时候努力一下便能考到不错的成绩，因此刚上高一时他有所松懈，上课随便听一下，作业随便做一下。高一第一学期期末考试，他的成绩很不理想。小刘看到自己倒数的成绩，心里很不是滋味。第二学期开学后，他立誓要好好学习。但是，他发现自己对课本的知识是那么陌生，因为挖的“坑”太大，想学习却不知从何学起，很是焦虑，转而寻找手机、游戏等去缓解心中的焦虑。就这样到了第一次月考，他的成绩排在班级的倒数第一名。家长见到他整天都在打游戏，成绩又在直线下滑，很是生气，又很无奈，便寻求班主任的帮助。

班主任知道之后，并没有直接让小刘到办公室进行思想教育。他知道小刘喜欢打篮球，这学期每天下午放学后都会去篮球场打球。班主任选择在一天下午放学后主动到篮球场与小刘一起打篮球。打完之后，班主任邀请他到食堂共进晚餐。在吃饭的过程中，班主任问他最近的学习状态。小刘支支吾吾地回答了。班主任对他说：“老师知道你其实是很想提升成绩的对不对?”小刘听到这句话，眼睛红了起来。半晌，小刘对老师说：“其实，我在这学期开始之后，真的有尝试努力去学习，但是我发现我一点都没办法学下去，我不知道从什么地方开始学起。您看我天天都打篮球，其实我是想通过篮球来缓解我的焦虑，在家也是打游戏、玩手机。只有这样，我才不会想到学习，内心才能平和，但是过后还是会后悔，想着怎么也应该看会书。”

“老师懂你这种感受，可是你也应该知道，学习、考试所带来的压力，最终也只能靠学习、考试给你释放压力。除非你当一个彻底的逃避者，彻底不学了。我们对待学习、考试所带来的压力，一定要去面对，去攻克。老师愿意帮助你，也相信你一定能提高成绩，你愿意相信老师吗?”班主任说道。

小刘听完之后，很受启发。从那之后，小刘戒掉了手机、游戏，打篮球也减少了次数。他主动找了各科老师帮他分析各科的情况，并制订了每天的学习计划。一个学期后，小刘的成绩如愿赶了上来。

（摘自《广大附中教师访谈案例》）

【案例分析】

本案例中的孩子由于学习压力过大，采取了另外一种极端的方式去面对学习压力——逃避，选择游戏、手机去缓解心中的彷徨与焦虑。在这种情况下，如果家长只看到孩子的外部行为表现，不免会生气。但是，我们不能只看到他外部的这种行为，更应该看到外部行为背后的一些心理原因。家长应该寻找合适的场合与孩子心平气和地进行沟通，多倾听孩子内心的想法。对孩子要有同理心，要让孩子明白你与他是同一战线上的。

当然，如果孩子学习态度有问题，家长该批评时还是应该批评，要跟孩子讲述高考对于人生的重要性。假如孩子是由于学习压力过大而厌学，应该让孩子懂得“解铃还须系铃人”“学习压力需要通过学习去缓解”，与孩子共同制订学习计划，并鼓励孩子坚持、努力。

【案例小结】

减轻学习压力，并不只是靠孩子自己努力就能达到的，还需老师和父母的配合。如果老师和父母对孩子成绩过分关注或定位过高，会给他们带来压力。

父母不关注孩子的学业是不可能的，我们在教会孩子对成绩保持一颗平常心的同时，也希望父母对孩子的成绩保有一颗平常心。帮助孩子建立良好的人际关系，在孩子遇到学业困惑时，鼓励孩子向同伴或父母倾诉，将不良的情绪宣泄出来，那孩子的压力就能减轻很多，还可以教孩子学会“放松训练”，进行自我调整。

当一个压力来源被认定对个人有威胁时，智力的功能会受到影响。一般而言，压力愈大，认知方面的功能及弹性思考就会愈差。人的注意力是有限的，如果只把焦点放在具有威胁性的事件及个人的焦虑上，我们对问题的注意力就会大大降低，威胁就更不易消除。另外，人的记忆也会受到影响，短期记忆的好坏是根据个体对新刺激所付出的注意程度而定的。同样地，压力也干扰思考、解决问题的能力。因为在压力大的状况下，我们的知觉范围缩小了，思想也比较刻板，所以很难会有创意的反应。

我们在做调查时也发现许多家长反映自己水平有限，不知道如何去辅导孩子的功课，缓解孩子在功课上的压力。其实家长不必过于忧虑，家长首先应当明确自己的责任，是努力给孩子创造一个温馨、安宁的家庭成长环境，让孩子得以健康、快乐、幸福地成长。而孩子的学业问题，家长起到的是帮辅和督导作用，有时候家长对孩子的学业过度干预，反而会“好心做坏事”，故而，家长不必纠结于学业上帮不了孩子！在遇到无法辅导的功课时，应当鼓励孩子不耻下问，向老师和同学请教。

【小链接】

放松训练方法——呼吸放松法引导语

第一阶段

请你自然地将身体坐直，双腿自然下垂，双手放在腿上，慢慢安静下来。

闭上眼睛，注意你的呼吸，保持深呼吸。

慢慢地把空气吸进来，再慢慢地把空气呼出去。

随着你的呼吸，你感到越来越放松、越来越舒服，你的心情慢慢平静下来。

你感觉到身后的椅子、感觉到脚下的土地。你只会听到我的声音，其他外界的杂音都不会干扰你。甚至，如果你听到突然传来的噪音，你不但不会被干扰，反而会进入更舒服的状态。

第二阶段

现在试着用鼻孔慢慢地吸气，想象新鲜、清澈的气体，经过身体慢慢进入腹部。腹部随着吸入的气体不断增加，慢慢地鼓起来，直到空气充满你的腹部。

就这样保持几秒钟，非常好。当你准备好，用嘴和鼻子同时将气体呼出来，慢慢地、自然地呼出来。腹部随着气体的减少，慢慢地瘪下去。请你想象将体内沉积的空气呼出体外。（如需要，第二阶段可重复几次）

第三阶段

你感到全身都慢慢松弛下来。你感到越来越放松。（停顿）

你的呼吸更加顺畅，每一次吸气时都会把一种非常舒服的感觉吸进来。

你很喜欢这种越来越放松的感觉，好像所有的压力、束缚都消失了，心里充满安全与宁静的感觉。

身体就在这种放松的感觉里待一会儿。（停顿 10 秒钟）

现在我们准备完成这段放松的体验，当我数到 1 的时候，你将回到现实中。

3，慢慢地清醒过来，觉得身心都很舒服。

2，越来越清醒了，感受到身后的椅子和脚下的土地。

1，现在动一动你的手指、脚趾，当你准备好的时候就可以睁开眼睛，回到现实中来。

（注："放松训练"非常强调持之以恒，有的人做了几次，感觉没有效果就放弃了，只有坚持不断地训练，才能取得好的效果。）

参考文献

龚天羽．缓解学习压力的有效策略．江苏教育，2017（23）．

知识专栏

专栏一　记忆规律及其应用

一、记忆遗忘规律（艾宾浩斯遗忘曲线）

德国有一位著名的心理学家名叫艾宾浩斯（Hermann Ebbinghaus，1850—1909），他是发现记忆遗忘规律的第一人。

图5－3纵轴表示学习中记住的知识的维持率，横轴表示经过的时间，曲线表示记忆量变化的规律。这条曲线告诉我们在学习中的遗忘是有规律的，遗忘的进程不是均衡的，不是固定的一天忘掉几个，隔天又忘几个，而是在记忆的最初阶段遗忘的速度很快，后来就逐渐减慢了，到了相当长的时间后，几乎就不再遗忘了，这就是遗忘的发展规律，即"先快后慢"的原则。通过观察这条遗忘曲线，你会发现，学得的知识如不抓紧复习，就只剩下原来的25%。随着时间的推移，遗忘的速度减慢，遗忘的数量也就减少。有人做过这样一个实验，两组学生在学习一段课文时，甲组在学习后不久进行一次复习，乙组不予复习，一天后甲组保持98%，乙组保持56%；一周后甲组保持83%，乙组保持33%。乙组的遗忘平均值比甲组高。

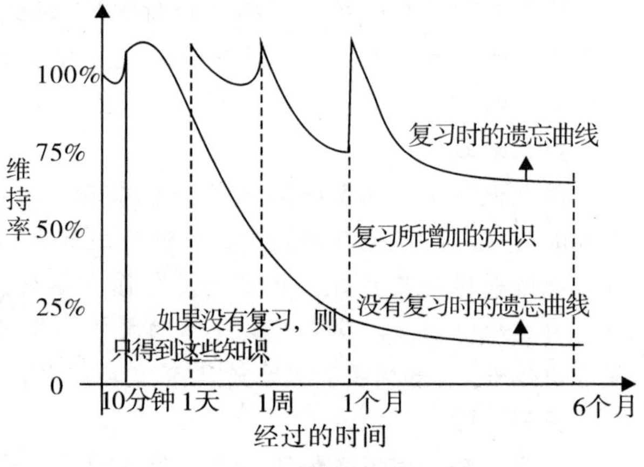

图5－3　艾宾浩斯遗忘曲线

二、记忆规律在学习中的运用

记忆和其他心理活动一样，都是有一定规律可循的。在学习中，如果我们自觉地遵循并利用记忆的规律，就一定能收到预期的效果，达到既定的记忆目的。

那么，记忆的主要规律究竟有哪些？这些规律在学习中又有何意义？

规律一：具有明确目的的记忆，较之没有明确目的的记忆，其效果要大得多。

运用：对必须记住的材料，一定要给自己提出明确的记忆任务，决不可放任自流。

规律二：要求长期记住的材料，较之只要求短期记住的材料，具有更大的巩固性。

运用：在学习中，应当使自己具有长期的甚至永久记忆的意向。

规律三：要求按顺序记忆的效果，较之不要求按顺序记忆的效果要大得多。

运用：应当给自己提出按材料顺序进行记忆的任务。

规律四：要求精确记忆材料的效果，优于要求只记住材料大意的效果。

运用：应当给自己提出尽可能精确地记忆材料的任务。

规律五：凡是与人的需要相符合的材料就越容易记牢。

运用：在学习中，要努力激发自己的求知欲和学习需要，树立正确的学习目的。

规律六：凡是能引起人的直接兴趣的材料，就记得牢，记得久。

运用：培养自己广泛的学习兴趣，以便津津有味、兴致勃勃地进行学习。

规律七：能激发起人的情感的事物，就能较长久地保留在人的头脑中。

运用：学习中须调动自己情感的积极性，以便精力充沛地进行学习。

规律八：经过积极思考达到深刻理解的事物，能较为容易地把它牢牢记住，甚至终生不忘。

运用：学习中须调动自己情感的积极性，以便在透彻理解知识的基础上进行记忆。

规律九：材料的多少，与其在记忆中保持的百分比成反比。

运用：学习中应根据自己的情况，恰当地安排记忆材料的数量，以合乎自己的时间和精力来安排。

规律十：有意义的材料较之无意义的材料容易记住。

运用：学习中应当去记忆有意义的材料，对那些无意义的材料，也要尽可能把它意义化。

规律十一：有节奏韵律的材料较没有节奏、没有韵律的材料容易记忆。

运用：对难以记忆的材料，如果编成顺口溜、打油诗之类，就可以提高记忆效果。

规律十二：有多种感知参加的学习活动，较之只有单一感知参加的，其记忆效果要好得多。

运用：必须尽可能让多种感官参加学习活动，以提高记忆效率。

规律十三：集中注意学习较之心不在焉地学习，其记忆效果要好得多。

运用：必须全神贯注、专心致志地进行学习，杜绝人在心不在的恶习。

规律十四：凡是经过同中求异或异中求同的事物，就易于记住并能保持较久。

运用：学习中多运用比较方法，可以提高记忆效果。

规律十五：凡是经过系统化的材料，就易于记住并能较牢保持。

运用：对学习材料必须系统整理，使其纲举目张，如编写提纲、绘制图表等。

规律十六：把反复阅读和尝试背诵结合起来，较之单纯地反复阅读，其记忆效果要好得多。

运用：边读边记，反复交叉进行。

规律十七：同时记忆两种类似的材料，因易于混淆而影响记忆效果。

运用：尽可能把类似的材料分开记忆。

规律十八：集中记忆效果一般小于分散记忆效果。

运用：对同一材料，多次强化记忆。

规律十九：联想是记忆活动的基础，尽量多地形成联想和利用联想，是促进记忆效果的一种有效方法。

运用：例如，学外语，把同义词、近义词、反义词放在一起便于记忆，这就是联想的运用。

规律二十：凡是能再认的事物，不一定重现，但能重现的事物，却一定能再认。

运用：学习中应力求对知识记忆达到重现，不要只满足于再认。

专栏二　学习动机与学习效率的关系

学习动机是直接推动人学习的内部动因。它将学生的学习行为引向一定的学习目标，具有维持或加强学习活动的作用；也和学习效果密切联系、互为因果。研究表明，对难度适中的任务，中等强度的学习动机易产生最佳的学习效率。学习动机过强反而学习效果不佳。这就是耶基斯—多德森定律（见图5－4）。

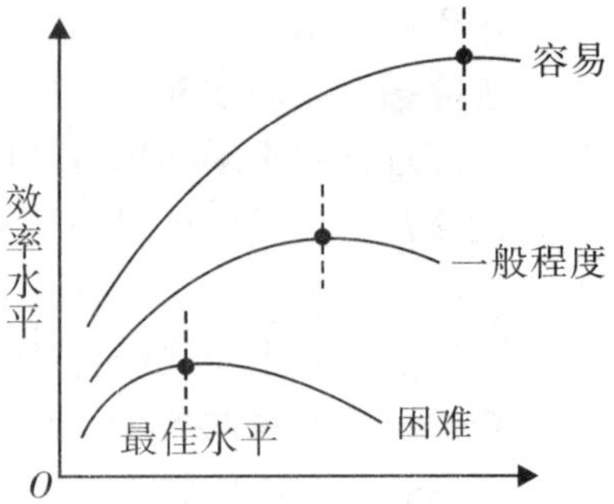

图5－4　耶基斯—多德森定律

一般情况下，动机愈强烈，工作积极性愈高，潜能发挥得愈好，效率也就愈高；与此相反，动机的强度愈低，效率也愈低。因此，工作效率是随着动机的增强而提高的。然而，心理学家耶基斯和多德森的研究证实，动机强度与工作效率之间并不是线性关系，而是倒U形的曲线关系。具体体现在：动机处于适宜强度时，工作效率最佳；动机强度过低时，缺乏参与活动的积极性，工作效率不可能提高；动机强度超过顶峰时，工作效率会随强度增加而不断下降，因为过强的动机使个体处于过度焦虑和紧张的心理状态，干扰记忆、思维等。

上述研究还表明：动机的最佳水平不是固定的，依据任务的不同性质会有所改变。在完成简单的任务中，动机强度高，效率可达到最佳水平；在完成难度适中的任务中，中等的动机强度效率最高；在完成复杂和困难的任务中，偏低动机强度的工作效率最佳。

专栏三　家长怎样培养孩子的学习兴趣

方法一：陪伴孩子学习。

在孩子做作业时，尤其是要求父母为其听写生字、评判数学题或检查背诵时，父母要放下手里的活儿，与孩子一起完成家庭学习任务。事实证明，学校通过留作业的方法调动家长参与，是培养孩子的有效手段。

方法二：让孩子明确学习是他应尽的义务。

目前，许多小学在推广“快乐教育”的经验，为的是让孩子在高兴中学习，这不失为提高孩子学习兴趣的一种手段。但是，在孩子学习了一个时期，尤其是升入较高年级，许多孩子就会产生“学习的内容没有用”的看法。为什么呢？任何提高学习兴趣的手段，它的效用都是短暂的，长期起作用的在于孩子树立把学习当作自身应尽义务的观念。家长要帮助孩子树立这种观念，告诉孩子学习成绩同以后个人前途和职业是联系在一起的。父母还可以向孩子讲述自己的经验，讲述自己在课堂上学到的东西怎样在生活中发挥作用。这样，孩子对学习的愿望就会增强而且持久。

方法三：引导孩子认识知识的用途。

怎样向孩子说明知识的用途呢？对于学英语，可以这样举例：学了英语可以上网“冲浪”，或者可以给国外的朋友发电子邮件，和他们聊天交流。这样的说明简单明了。对于其他学科的知识，家长也可以利用生活中的实例去引导孩子，激发孩子学习各种知识的兴趣。作为老师要学会阐释学科知识的魅力，把孩子吸引到知识的海洋里来。

方法四：家校携手。

教育专家认为，家长与学校联系是重要的。它可以使家长了解孩子在学校的表现。家长都有关爱孩子之心，学校管理者应利用家长的这种需要开展某些活动，例如，家长会、家长进课堂陪读、老师家访等。这样做的目的是交流意见，取得共识。学校的目标是提高教育质量，实现这个目标需要家校共同努力。

方法五：安排好时间和空间。

一份关于美国儿童的调查显示：把上课的时间加起来，一人一年用于上课的时间只有 51 天，那么其余的时间都跑到哪里去了？我国的儿童可能会好一些，但也到处有浪费时间的现象。家长要帮助孩子安排好时间和空间。孩子应该有一个作息时间表，平时的作息时间应与周六和周日有所不同。在家里孩子应该有一个使他感到舒服的学习的地方。

方法六：制订学习计划。

家长对孩子学习的关心要有所行动，制订学习计划是行动之一。家长要帮助孩子确定重点和目标。除了制订学习计划，家长还可以建议孩子邀请同学到家里一起做作业，这样可以互相帮助，有些孩子不听家长的话，但愿意听同学和同学家长的话。

方法七：惩罚要适度。

奖励与惩罚是树立行为规范的手段。在是否惩罚孩子的问题上，家长可以施加不是太过分的惩罚办法。但是，惩罚不应该是家长感情用事的行为。只有当孩子有错误行为，或者必须要为自己的行为负责任时，惩罚才是有意义的。如在他打伤了别的孩子后，他就要为被打伤的孩子进行赔偿；如果他故意毁坏了东西，那就得从他的零花钱中扣除损失费或者罚他干活；如果孩子偷东西，就得让他拿出来并认错。家长决不能对孩子进行过分的惩罚。更需要家长注意的是，不进行耐心教育而施加过分的惩罚会导致孩子产生反抗和报复心理。

专栏四　缓解考生压力，家长应避开四大误区

考试不仅是对考生已掌握知识与能力的检验，对于作为考生坚强后盾的父母，这也是对他们的考核，家长如何保持自身的良好心态，如何引导孩子保持良好心情迎接考试，这也成了不少父母关心的问题。根据有关的实践研究，专家建议家长最好避开以下四大误区。

误区一：放弃自己的个人爱好和休息时间，做全陪父母。

许多家长自孩子上学开始，就全身心扑在孩子身上，一切为了孩子的成绩，密切关注孩子的大小考试，可以说“一切为了考试，为了一切考试”。如有不少父母自作主张为孩子建立一个“肃静”“回避”的“学习场所”，甚至为了中考、高考，让整个家庭都变样。如果家庭生活中除了考试就没有别的东西，这会增加孩子的心理压力。因为这在提醒孩子：我们整个家庭将发生大事情，这样做对孩子是没有帮助的。中考、高考是孩子用能力来解决问题，所以要培养孩子做事的习惯，父母只是配合而已，而不是用父母认为好的方式强加给孩子。我们可以问孩子，家人需要怎么配合他这次考试，与他商量，并让孩子告诉父母需要做什么。这样父母也轻松，知道需要做什么，不需要做什么，而不是每天害怕做错什么。

误区二：家长神经高度紧张，总是担心孩子考不好会有什么恶劣后果。

家长的心情容易影响孩子。心理学告诉我们，人与人的关系就像一个系统，是会互相影响的，尤其情绪是会传递的。例如，如果我对你很生气，你就很难用好心情对我；如果一个人跟一个每天都紧张兮兮的人在一起，这个人也会变得神经紧张。所以，如果一个考生生活在一个氛围很紧张的家庭，他想“独善其身”，保持良好平和的心态几乎是不可能的。反过来，如果一个考生生活在一个轻松愉快的家庭，心情也慢慢会被带动。总之，一个家庭总体表现出什么样的氛围，家里的小孩也慢慢拥有与这种氛围相对应的心态。所以家长如果想让孩子轻松应考，首先要调整自己的心态，放松心情，让孩子知道努力学习最重要，能考出好成绩固然重要，考试失误也是在所难免的，否则只能事与愿违。

误区三：面对孩子偶然的紧张情绪，家长手足无措，埋怨指责导致情况恶化。

在孩子偶然出现慌张的时候，家长要表现出一切在意料之中的态度，自己一定要保持平静。家长可以尝试对孩子说“如果是我，也会紧张害怕的”“记得小时候，我也有过类似的经历，后来我是……克服的，不如你也试试看”；也可以通过鼓励孩子参加文娱体育活动缓解压力，调节紧张情绪，保持平和心境。这样对于快速缓解孩子的焦虑大有帮助，因为这个时候孩子是最需要家人的支持与鼓励的，孩子内心希望发生的

事情在掌控之中。这样孩子的情绪就会回到正常轨道中来。

家长如果表现惊慌失措，如数落孩子“怎么这么没用”“我也很急的”“谁叫你平时不好好学习，现在着急太晚了”……这样只会增强孩子的紧张情绪，对学习以及考试造成消极负面的影响。

误区四：到处打听小道消息，并传递给孩子。

许多时候，孩子比家长更清楚自己的学习状况。孩子是当事人，更清楚自己的学业水平、自己的竞争力，比家长更能掌握全面的信息。这时候，家长应避免把没有把握的信息当成真实的信息传递给孩子，如“今年数学特别难，你要多做做难题”“英语听力要提高，每天提早半个小时起床听录音”，等等。特别是对待中考、高考这样的大事，家长最好与孩子面对面交流，全面了解孩子学习的真实情况和考前的身体状况、情绪波动等，鼓励孩子正确面对，确定复习重点难点，安排作息时间。当然适当的时候，家长可以给孩子提出参考建议。但是，家长要相信孩子的分析，尊重孩子的选择，努力为孩子创设实现目标的条件。

参考文献

［1］彭聃龄．普通心理学．修订版．北京：人民教育出版社，2004.

［2］罗伯特·斯莱文．教育心理学．姚梅林，等译．7 版．北京：人民邮电出版社，2004.

第六章　生涯规划

2019 年 8 月，广东省招生委员会、广东省教育厅发布了 2021 年拟在广东省招生普通高校专业（类）选考科目要求的公告。根据公告，高校专业（类）选考科目要求分为首选科目要求和再选科目要求。首选科目要求从物理和历史 2 门科目中确定；再选科目要求从政治、地理、化学和生物 4 门科目中确定。首选科目要求包括“仅物理”“仅历史”和“物理或历史均可”3 种；再选科目要求包括选择 1 科、2 科或“不提再选科目要求”。

相比较以前的文综、理综“2 选 1”模式，新高考的“3 +1 +2”模式扩大了学生的自主选择权。然而，在对选科的相关调查中发现，许多学生和家长表示“不知道该怎么选”。由于缺乏专业的指导，不少学生的选科不够理性，未能从长远发展的角度考虑。有不少学校表示学生在高一结束之前就要确定选考科目，就要对两年后的高考甚至今后的专业和职业生涯做出选择与规划，这让很多学生和家长感到无从下手。

青春期是个体兴趣逐渐从幻想发展到现实的重要时期。这个时期，高中生对大学专业和职业角色的地位与声望已经有一定的了解，对职业选择和未来也有自己的看法与思考。如果此时可以引导学生了解兴趣对职业的意义和作用，引导学生认清自己的学业优势，选择适合自己的科目，不仅对学生今后的学业具有非常积极的作用，对学生的生涯规划和今后的职业发展也有重要意义。所以，高中生最迫切需要解决的问题是如何合理地选择三个高考选考科目。

越来越多的学校注重学生选科的过程以及培养学生的自主选择能力。在当前的选科现状和新高考的背景下，本章的目的是帮助家长和学生了解兴趣与选科、专业和职业的关系，并针对高中生职业兴趣及选科过程中出现的问题，提出有针对性的建议，引导学生了解当前职业的现状和发展趋势，为生涯规划奠定基础。

第一节　怎样了解孩子的兴趣，引导孩子选科和选专业

一、问题概述

新高考的“3+1+2”模式把考试从“套餐”（文科、理科两种）转变为“自助餐”，学生拥有很大的选择空间，可根据自己的兴趣、志向和优势选择不同的科目，不再简单分为文科、理科，从而充分发展学生的个性潜能和学科特长。同时，大部分科目还有两次考试机会，可以有效地降低学生的考试焦虑和心理负担，让学生的优势得以充分发挥。但是，面临这个新事物，家长和老师们一时也不能完全接受，在高兴之余也有些忧虑，怎样才能帮孩子选好科目，让孩子的优势最大化呢？科学合理地帮助孩子选科，帮助他做出这一人生重大抉择，对孩子今后的学业以及职业发展都有深远的影响。

在谈及帮助孩子选择专业时，不得不提到兴趣，曾获诺贝尔奖的华裔科学家丁肇中在谈到成功的要素时，特别强调兴趣在成就事业中所起的核心作用：“兴趣比天才重要。”“好奇心和兴趣是我生命的原动力，兴趣使我不会疲倦。”教育领域同样对此有精辟的总结：没有兴趣就没有学习。实践证明，在影响个人职业发展的众多主观因素中，兴趣是一股无形的支配力量，它是最好的老师，是最持久的动力源，是潜能的“孵化器”。所以在高考填报志愿时，兴趣是专业和职业选择的重要参考。

依照兴趣选专业这一点已经广为考生和家长所知，但许多学生按兴趣选择后却发现是一个错误的决定。调查显示将近60%的高校在校生觉得所学专业不符合当初的预期，将近70%的大学生表示如果有可能，想重新选择一次专业。十年前的调查是这样，现在的调查结果还是如此，对专业的不满意度没有下降。大家都知道按兴趣选专业，为什么还会出现这么大的问题呢？

二、原因分析

出现这个问题的原因很多，主要的原因是在参考兴趣要素时没有注意到以下情况。

（一）不清楚自己对某个专业或者科目的兴趣是持久的还是暂时的，是表层的还是深层的

中学生由于社会阅历有限，对多数专业并不了解，对专业的兴趣爱好往往有很大的局限性。比如中学生经常因为喜欢某位老师而喜欢某学科，但在该学科上未必有发展潜力。又有很多学生因为喜欢上网和玩电脑游戏，觉得自己对计算机专业有兴趣，于是在选择专业时报考计算机相关专业。这样的兴趣是表层的、不稳定的，进入大学以后会发现对相关专业的学习非常吃力，大学的专业课学习内容和当初的想象完全不同，所以以此为根据选专业，很可能会失误。

（二）没能正确认识自己的兴趣和能力

兴趣和能力有时并不一致，对某类工作有兴趣并不一定就有从事这类工作的能力，羡慕某种工作并不一定有从事相关工作的能力。如果只有兴趣没有能力的话，在专业学习过程中就会屡受打击，慢慢地失去兴趣。因此，考生在选择专业时，在有兴趣的情况下，一定要考虑自己的能力。比如，很多人喜欢音乐，却五音不全，再努力也成不了音乐家。兴趣服务、服从于能力，能力在专业选择中居主导地位；兴趣是可以转移和培养的，天赋则是先天遗传，早已定型的。学生仅凭爱好来选科，并没有根据自己的能力来做长远的打算，这种情况可能导致学习热情高涨，但学习产出微薄。

（三）接触的专业少，对专业了解不够

没有接触过不等于没有兴趣，现在大学招生的专业有五百多种，文科的一些专业大家或许比较熟悉，而很多理工科的专业可能听都没听说过。不了解当然谈不上有兴趣，但只要你具备这方面的潜质，在学习过程中能力和专业合拍，就会在学习中逐渐产生对该专业的兴趣，从而走上成功之路。

（四）家庭和同伴的影响

良好的家庭教育是孩子成长的沃土。家庭环境对孩子的影响渗透到方方面面，孩子职业能力培养也受到家庭环境的影响。古代“孟母三迁”的故事值得我们思考。孟母为了教育孩子，曾三次改变家庭环境。最初，孟家住在坟地旁，孟子便学着做丧事；后来和一个屠夫做邻居，孟子学着宰牛杀羊；第三次搬迁，孟母选择在一所学校旁，孟子便跟着那些学者学习礼节。最后孟子成为“亚圣”，孟母做出了巨大的贡献。在生活中，父母的职业和兴趣往往是孩子人生职业能力培养的第一课。此外，家长往往忽视的一点就是孩子的伙伴，孩子的同学和朋友往往来自不同背景的家庭，每个孩子受到家庭的影响，会有不同的价值观和人生观，与同学和朋友之间的交流也是拓宽眼界和增长知识的重要途径。

三、应对策略

（一）用发展的眼光看待选科和选专业

在新高考下，选科是高考的桥头堡，科学选科是走向高考胜利的起点。在选科时许多人容易走进一个误区，那就是：选什么科目在以后选专业时可选范围更大，专业更热门。这是人之常情，每个人在尘埃落定之前都想要给自己留更多的退路和选择。但结合孩子的具体学习情况来选科更重要。在选科时，不要只考虑到以后的专业选择和就业，要根据孩子能力和老师对孩子的了解来判断。孩子在适合能力发展的科目中取得优异的成绩而不是在热门科目中取得普通的成绩，相信这是大多数家长希望看到的。

专业的冷热确实是“三十年河东，三十年河西”。曾经非常火爆的热门专业，十年之后可能就找不到对口工作，而昔日不被人看重的专业可能变成热门专业。例如由于人工智能（AI）的发展，学者们预测现有的职业类别中有一半以上将被 AI 取代。因此，考生在选择报考专业时，不要看专业名称是否新颖，而要看专业是否符合自己的兴趣和专长。因为专业冷热不是恒定的，尤其是时代发展变化越快，未来机遇越是难以预测，所以适合自己才是最好的。

在专业选择上，每年总会有无数随大流者选择最热门的专业，认为那是最可靠最保险的选择。但实际上，所谓热门冷门只是社会上的一种评判，究竟有多少技术含量，有待时间检验。而考生就读就业都有时间周期，这一周期与专业的火热期限是否对得上还是未知数。更何况，倘若选择的专业是自己完全不喜欢的，那么学习起来的难度，其实是可以想象的。一看到专业书就打瞌睡，一努力思考就头疼不已，这都是可能遭遇的尴尬。倘若学习让人如此痛苦，又何必选择看起来很好的专业呢？如果选择的是热门专业，但专业技能并不过硬，同样很难找到好工作；倘若选择的是冷门专业，但在强烈的爱好下有了过硬的专业技能，又何愁找不到好工作呢？

（二）处理好兴趣与能力的关系

有一些中学生对自己的兴趣不是太了解，或者自己的兴趣来自一些不稳定因素（对于某个老师的喜爱）。这些学生在选科时更应该遵循能力优先的原则，选择适合并且符合自己潜能的科目。有人选择了自己喜欢的专业，却并没有好的发展，原因在于能力有限，不具备这方面的天赋；有人并没有选择自己喜欢的专业，却有了意外的更好的发展，原因在于敢于尝试。正确的做法是在填报志愿选择专业的时候，不仅要考虑“这个专业我是否喜欢”，还要考虑“这个专业适合我吗”。只有两者综合考虑，才能权衡兴趣与专业，才能选择出最合适的专业。

（三）通过专业的测评工具来了解自己的兴趣

霍兰德职业性向测试是由美国职业指导专家霍兰德（John Holland）根据他本人大量的职业咨询经验及其职业类型理论编制的测评工具。霍兰德认为，个人职业兴趣特性与职业之间应有一种内在的对应关系。根据兴趣的不同，人格可分为研究型（I）、艺术型（A）、社会型（S）、企业型（E）、传统型（C）、现实型（R）六个维度，每个人的性格都是这六个维度的不同程度组合（具体见本章知识专栏一）。

（四）参与关于选科以及职业规划的活动

很多学校都会在选科之前举办一些有关选科和职业规划的活动。这些活动的内容包括：普及高考的有关知识；利用科学的方法帮助孩子选科；职业规划咨询，或者邀请各行各业的家长来为学生解答有关职业的问题，等等。参与这些活动对孩子的发展大有裨益。另一个需要注意的是同伴学习，除了家长和老师，与孩子们关系更密切的就是他们的同学和朋友了。应多鼓励孩子们畅谈人生理想，组织他们喜爱的兴趣活动，沟通和交流新鲜的事物，这些往往都是职业生涯的启蒙。

四、案例

案例一

吴同学从小对动植物特别感兴趣，无论是普通的花草还是珍稀的鸟兽他都如数家珍，好像一个动植物专家。吴同学的家里有各种各样与动植物相关的书籍和绘画。吴同学从小就特别喜爱观察自然，例如，小时候没有手机，吴同学就用画笔将他所见之物画下来，为了让自己画得更像，他还特意去学习画画。他平时的爱好就是将自己看到的花鸟虫鱼画下来，久而久之吴同学的绘画技巧也更上一层楼，不管画什么都是栩栩如生，这一切都得益于他对自然的热爱，对这些动植物的了解。每每有老师问他以后想做什么，他总是回答“我要成为一位著名的动物学家”。

（摘自《广大附中家长学校用书》）

【案例分析】

从自己兴趣出发是最好的途径，吴同学本身喜爱动植物，而且他对动植物的观察也要比常人敏锐，像他这样兴趣和能力很一致，在选科、选专业时就容易多了。因为与动植物有关的专业必须要选择生物，很多生理机制也是需要用化学的知识来描述的，所以吴同学选科的时候化学和生物是必须考虑的。如果以后选择专业就要向农学和生物学等方向靠拢，在选择大学时也可考虑农业大学或理工类的大学。

案例二

小怡同学准备升高二了，选科让她头疼不已。她以后想从事医学方面的工作，家人也很支持她，可是学医一般要选择化学，化学对她来说一直是弱科，虽然不选化学以后也可以学医学，但是专业选择会很狭隘，这可让小怡和家长犯了愁。正巧学校举行关于选科和职业规划的咨询活动，小怡和家长一起参加，当和咨询人员提到是否要选择医学的时候，咨询人员问了一个问题：“你真正了解医学吗?”小怡和家长都有些蒙，家长只看到了医生工作很体面却没有看到学医背后的一些情况。学校举办的这次活动请了各行各业的家长为孩子们提供咨询，小怡和家长一起去一位儿科医生那里咨询了解情况，这位医生家长详细地向小怡介绍了学医的经历和参加工作的一些情况，小怡听了才知道，原来学医和自己想象的有很大出入。首先学医的时间很长，大学要五年，加上研究生，学习阶段能到十年左右，如果真的不是热爱，很难坚持下来。其次，学医是个体力活，在校期间努力学习，工作时倒夜班、忙手术。最后，学医胆子也要大，而且非常注重实操，如果动手能力弱也不太适合。了解了这些情况后，小怡和父母发现自己对医学的认识太少了，一致认为要重新考虑一下。

（摘自《广大附中家长学校用书》）

【案例分析】

像小怡这样的情况有很多，孩子不太了解自己的兴趣是什么，家长盲目地为孩子定一个方向。一些家长往往认为什么工作赚钱、体面，就鼓励孩子向这些方向发展，在这种思想下，老师、医生、律师、会计、公务员等职业成了家长为孩子考虑职业规划的“香饽饽”。家长应该先与孩子参加一次有关选科的咨询活动，通过向专业人员获得一些意见，看看孩子兴趣在什么地方，适合哪些方面，再帮助孩子选科或选专业；也可以借助一些工具，例如霍兰德职业性向测试，了解适合孩子兴趣的职业，再根据这些职业来选科和选专业。如果孩子兴趣不太明显或者比较广泛，那可以在选科时尽量选择报考专业范围更广的更有优势的组合。例如，如果孩子想选择理工类专业，那选择物理这一科在今后报考时会有更多的选择。

参考文献

［1］熊丙奇．高中生职业生涯规划八讲．上海：华东师范大学出版社，2014.

［2］朱益明．普通高中学生发展指导研究．上海：华东师范大学出版社，2013.

［3］王俊．职业生涯规划．南京：东南大学出版社，2016.

第二节　选科与专业及职业发展的关系

一、问题概述

小青是一名学生，从初中开始她的理科成绩就不太好，现在要开始选科了，这件事让她犹豫不决。她觉得以她的成绩，肯定不会选物理、化学和生物这三门，因为学得实在很吃力，但是她想以后当医生，就要读医科专业，那就要选物理和化学。小青陷入了两难境地：是选择不擅长的化学和物理圆自己的医生梦，还是选自己的优势科目呢？

那么，高中的选科与大学的专业到底有何联系？是不是高中的选科完全决定了以后的职业？作为老师或者家长，应该如何帮助孩子进行选科？种种问题，不仅困扰着孩子，也同样让家长和老师非常担忧，害怕自己的建议或者指导不准确而影响孩子的一生。关于选科与专业，我们总结了以下三个方面：

第一，高中选科能在多大程度上决定大学的专业？新高考中，每个科目对应的专业是不一样的，所以科目的组合非常多，学生的选科组合就直接决定了以后可以学什么类型的专业。比如，选了物理学科，以后可能会学机械类或者航空航天专业；选了化学学科，可能会学医学技术类或者食品类专业。所以，学生想学习什么类型的专业，就要选择对应的科目。

第二，有没有专业是没有科目限制的？在新高考指南里，有一部分专业是没有科目限制的，就是说只要符合了新高考的选科要求，都可以报考这些专业。比如法学专业，很多学校都是没有科目限制的，如果孩子对这个专业有自己的想法，未来想报考这个专业，可以尝试从自己有优势和感兴趣的科目入手，不仅学起来得心应手，实力也会比较强。

第三，高中选科会决定未来的职业吗？职业，是我们从事一生的体力或者脑力活动。大学毕业后，大部分学生都会选择在本专业领域工作，有的人甚至成为这一行业的领头羊。但是要说高中选科就直接决定了未来的职业，这未免太过武断。我们的职业不仅受到大学专业的影响，更重要的是受到大学素质培养的影响。如果没有高素质和过硬的专业能力，选择了自己心仪的专业也不能成为这个行业的佼佼者。另外，也不排除未来对另一个领域有了更浓厚的兴趣，放弃本专业转而全身心地投入另一个行业的可能。关于选科与职业，我们需要考虑很多未来不确定的因素，但也要对自己的选择充满信心。

二、原因分析

（一）不了解高考新模式

很多家长和学生因为没有认真研读高考新模式，在选科时不注重首选科目的重要性，最后考到了理想的分数，却报不了心仪的专业。高考新模式“3+1+2”，首先，“3”是语文、数学和外语，每科总分150分，所有学生必考；然后“1”，物理和历史，2选1，每科总分100分；最后“2”，化学、生物、思想政治和地理，4选2，每科总分100分（原始分），以等级赋分成绩计入总成绩。需要注意的是，“4选2”最后是以等级赋分成绩计入总成绩的，即按照选择该科目的所有考生的原始分排名，确定某学生的等级（A~E），再根据每个等级对应的分数给予赋分。因此，即使原始分相同，等级赋分后的分数也会有差异。原始总分相同不具有可比性。

（二）可供参考的试点数据较少

“2014年启动考试招生制度改革试点，2017年全面推进，到2020年基本建立中国特色现代教育考试招生制度，形成分类考试、综合评价、多元录取的考试招生模式，健全促进公平、科学选才、监督有力的体制机制，构建衔接沟通各级各类教育、认可多种学习成功的终身学习‘立交桥’。”第一批进行新高考改革的地区是上海和浙江，于2014年启动，2017年开始实施。上海是“3+3”模式，第一个“3”是指语文、数学和外语，每门150分；第二个“3”，从物理、化学、生物、思想政治、历史、地理6门中选考3门；选考科目实行等级赋分，折算后每门最高70分，最低40分；“3+3”模式的总分是660分。浙江省实行“7选3”模式，指除语文、数学、英语三科外，考生需从思想政治、历史、地理、物理、化学、生物、技术（含信息技术和通用技术）7个高中学考科目中选择3科作为高考选考科目。在计算高考成绩时，语文、数学和英语3科以卷面原始分计入高考总分，“7选3”的3科以等级赋分后的成绩计入高考总分。“3+3”“7选3”模式和计分都与广东省的“3+1+2”模式有很大差异，同样每个模式的利弊也十分明显。比如，“7选3”模式在选科组合方式上高达35种，组合越多，选择的自主权越高，但是对于普通高中的教学来说，挑战就越大，需要的师资、教室等配置就越高，对于学校来说是一个挑战。“3+3”模式也给予学生自主选择的权利，学生可以根据自己的兴趣爱好和专业特长来自由选择。但是，从上海、浙江等省市的选考情况来看，均出现了不同程度的“弃物理”现象。这两种试行的模式对大学素质教育以及未来的职业发展有何影响还未可知。至于最新的“3+1+2”模式，学生和家长可以参考的信息非常少，所以选科是一个机会，同时也是一个挑战。

（三）不了解选科和职业的关系

在新高考改革以前，高考填报和生涯规划似乎是两码事，但随着新高考改革的实施，越来越多的人关注高考志愿填报，归根结底是更多人开始注意选科。很多学生在填报高考志愿时发现自己被限制住了。例如一个学生的分数可以填报北京大学的心理学专业，但是北京大学的心理学专业要求必须选择物理，而他的选科是生物和化学，这样他就不能选择自己喜欢的学校的专业，只能选择其他学校的心理学专业或者被迫更换专业，如果他不喜欢别的学校的心理学专业或者不想更换专业，就很可能会阻碍他的生涯规划，所以中学生有必要在选科之前就对专业院校和未来职业有一个大致的了解。很多人对选科有一个错误的认知：认为在选科时就要为自己的生涯规划建立一个主航道和最终目标，以后的努力就是为了不让自己偏离主航道和达到目标，如果偏离那就是没有选好科和规划好。假设在选科时就决定自己未来的职业是医生，报考的也是医科大学，最后却没成为医生，而是在医疗销售行业做得很好，可以吗？当然可以。选科、专业和职业之间的关系是倒金字塔模型，选科的时候是一个很大的范围，选专业时这个范围变小了，选择职业时金字塔聚焦到一个点上。选科是生涯规划的一个方向，职业是生涯规划的一个落点。

三、应对策略

（一）注重首选科目的方向

“仅物理”表示首选科目为物理的考生才可报考，且相关专业只在物理类别下安排招生计划。比如，A高校的生物科学专业，首选科目要求“仅物理”。

“仅历史”表示首选科目为历史的考生才可报考，且相关专业只在历史类别下安排招生计划。比如，B高校的汉语言文学专业，首选科目要求“仅历史”。

“物理或历史均可”表示首选科目为物理或历史的考生均可报考，且高校要统筹相关专业在物理、历史类别下安排招生计划。比如，C高校的经济学类的专业，首选科目要求“物理或历史均可”。

当对某个专业或者某个职业有意向的时候，可以查阅关于这个专业的首选科目的要求，确保自己达到了报考该专业的门槛。相关数据显示，在本科招生专业中：选考物理才能报读的专业占47.2%；选考历史才能报读的专业占2.4%；选考物理、历史均可报读的专业占50.4%。也就是说，选考物理，可报专业占比47.2%+50.4%=97.6%；选考历史，可报专业占比2.4%+50.4%=52.8%。因此，专业的报考占比对选择首选科目有一定的参考价值。

（二）了解各高校的专业对再选科目的要求

有的高校的专业不仅对首选科目有要求，对再选科目也有限制。各高校各专业根据实际要求从再选科目中选择1科、2科或“不提再选科目要求”。选择2科的，再选科目要求分为“考生均须选考方可报考”以及“考生选考其中1门即可报考”。选择“不提再选科目要求”的，考生选考科目符合高校提出的首选科目要求即可报考。这就意味着，再选科目虽然有很多，但也不是可任意选择的，高校在录取不同的专业时是有专业必选科目要求的。比如，哲学类的哲学专业：A高校首选科目要求选择“仅历史”，再选科目要求选择“思想政治”1科，那么考生必须选考“历史”和“思想政治”2科方可报考；B高校首选科目要求选择“仅历史”，再选科目要求选择“不提再选科目要求”，即考生选考科目中有“历史”就可报考；C高校首选科目要求选择“物理或历史均可”，再选科目选择“思想政治”“地理”并要求“考生选考其中1门即可报考”，即考生首选科目中有“物理”或“历史”，再选科目中有“思想政治”或“地理”1科方可报考。

（三）注重选择再选科目

除了首选科目，再选科目的选择也很重要，不仅体现在大学专业要求上，也对学生的高考总成绩有一定的影响。

（1）再选科目要选自己的优势科目。这是再选科目的首要原则。因为高考是由总分决定的，选自己的优势科目，赋分有优势。何谓优势科目，最简单的一条判断依据是在学校乃至全县区市的排名，如在学校里排10%～20%。不要只看分数，要看排名，以确定自己的优势学科。

（2）选择学校的优势科目。每所学校由于师资力量、历史传统等因素，都有相对优势和劣势科目。比如，重点中学一般理科优势更明显。在各科成绩差不多的情况下，尽量选择学校的优势科目。如何确定学校的优势科目呢？首先看近几年该学科的成绩，包括平均分、高分段人数和比例、与同类型学校对比情况。其次，看学校的师资力量。

总之，在指导孩子时要谨记：以兴趣为核心；以发挥优势学科为依托；以大学专业为导向。引导孩子选择合适的科目组合参加新高考，可以在一定程度上减少在报考专业时出现遗憾终身的心痛现象。

（四）关注自主招生的选考科目

这一部分主要是针对参加自主招生的考生而言。从自主招生的角度看，要么选择理化生，要么选择政史地更有优势。目前绝大多数省市都采用文理分科的模式，按文理科招生。在自主招生中，不同高校考的科目不一样。相对来说，物理、化学一起选，政治、历史一起选的机会更大些，生物和地理考到的可能性更小一些。

（五）了解各学科相关的职业道路

职业兴趣往往来自对学科的兴趣，学生都有自己喜欢和擅长的学科，可以学科为起点培养兴趣，开启对职业生涯的了解。

1. 喜欢语文可以从事哪些职业

语文作为三大必考科目之一，与一些职业也是密切相关的。一般选择与语文有关的专业，在填报时没有科目要求（即选科不影响选专业）。与语文有关的专业有很多，例如汉语言文学、汉语学、汉语国际教育、古典文献学等。学习这类专业的人大致可以从事以下几个方面的工作：

（1）文学艺术领域，以作家、诗人和网络写手为代表，主要从事文学创作，运用语言进行诗歌、小说、散文、戏剧文学的创作。行业门槛较高，需要扎实的文学功底，一般需要较长时间的历练。

（2）新闻媒体行业，以记者、自由撰稿人（自媒体人）、编辑等作为代表。记者主要从事信息采集和新闻报道，一般在报社、电视台、杂志社等机构工作，社会声誉比较高；自由撰稿人指的是受媒体委托和靠投稿维持生计的职业，随着自媒体的兴起，越来越多的人靠自己的文字闯出了一番天地。

（3）教育行业，是中文类专业发展的重要方向，以中小学教师、对外汉语教师等为代表。除了专业知识，中小学教师还要求了解心理学和教育学知识，具有良好的思想道德和价值观，具备较好的普通话水平；对外汉语教师对第二外语水平有较高要求，主要的工作场所是海内外高校、国际学校、中小学等，工作环境的差异比较大。

（4）通用类，主要以文员、秘书、文宣和策划人员为代表。这些岗位需要良好的沟通、组织和行政能力，要求熟练掌握办公软件，还需掌握应用类的理论知识，需要的是复合型人才。

2. 喜欢数学可以从事哪些职业

数学作为三大必考科目之一，也与很多职业相关，数学学得好更适合在哪些方向就业呢？

（1）金融与保险行业。精算师是与数学高度相关的职业，工作内容是利用数学、统计学等方面的知识，在金融、保险等行业中，分析和评估不确定的现金流对未来财务状况的影响。精算师不仅要求具有扎实的数学基础和掌握现代数学方法，还要求对经济学、法律学的知识有透彻的了解。

（2）IT 行业。IT 行业是热门行业，就近些年的就业率和市场需求分析，IT 人才的缺口非常大，是市场紧缺的人才资源之一。数学专业可以从事与 IT 相关的多种职业，包括软件类（如计算机程序设计员、软件架构师等）、硬件类（如硬件工程师）、网络类（如网络工程师）、数据类（如算法工程师）。IT 行业一般要求从业者具备高学历、高智商，对逻辑思维能力的要求也比较高。

（3）科研单位，以数学家等为代表，主要是以数学研究为主。这些岗位对专业基础要求较高，例如需要博士学位、较强的科研能力等。

（4）学校。以高中数学教师为例，据统计，我国今后 5 年内，高中教师的缺口将达到 116 万人，部分地区市县甚至出现“数学教师荒”。

3. 喜欢英语可以从事哪些职业

英语作为三大必考科目之一，也与很多职业密切相关，例如，英语（语言文学专业）、英语（教育方向）、英语（翻译方向）和商务英语等，并且这些专业在填报时大都不会对首选和再选科目设置要求。与英语密切相关的职业和机构如下：

(1) 翻译。翻译是英语专业就业面最广的专业方向，从政府机关、企事业单位，到出版、教育、科研、旅游机构都需要，主要工作内容包括纯口译、纯笔译或两者结合。翻译工作不仅要求会英语更要求会“翻译”，工作场所不局限于政府和企业，也有出版社、在线翻译平台、翻译公司，甚至直接和客户合作。

(2) 学校。以高校英语教师、中小学英语教师和对外汉语教师为代表。高校英语教师除了承担教学任务以外也要承担科研任务，对学历和能力都要求比较高；中小学英语教师，非师范类英语专业需要考取教师资格证书；对外汉语教师，主要面向想要学习中文的外国人，国外的大学也越来越注重中文学习，开设了汉语课程，当今社会对对外汉语教师的需求也越来越大。

(3) 教育培训机构。国内英语培训是一个很大的产业，英语专业的毕业生可以去各大英语培训机构、在线英语 App、教育培训公司、私立国际学校等当英语老师，喜欢创业的可以考虑自己开设辅导机构。

(4) 外贸行业。英语专业毕业生进入外贸行业的选择比较广，几乎可以从事非技术岗位的所有职位，例如商务、策划、销售、客户服务、外贸业务员、文秘、代理等。但是因为各行业背景不同，除了需要具备英语能力以外，还需要努力学习本行业的专业知识、国际贸易和商务知识。

(5) 外企。外企指的是外商在我国投资的工厂、公司、机构和商社等，大部分工作语言是英语，特别适合喜欢国际公司，同时喜欢商务工作的英语专业的学生。一般纯语言专业的毕业生进入外企只能从翻译、销售、文员做起，如果想取得更大的发展，需要具有除英语外的专业能力。

4. 喜欢物理可以从事哪些职业

物理学作为现代科学的基础，其学科重要性不言而喻。很多理工科专业一般要求具有物理学科背景。大学物理类专业有 4 个，分别为物理学、应用物理学、核物理、声学。在高考新模式“3+1+2”的背景下，物理和历史是考生的首选科目。教育部下发的《普通高校本科招生专业选考科目要求指引（试行）》(2018) 中共有 19 个专业类必考物理，如表 6-1 所示：

表 6-1　必考物理的 19 个专业

学科门类	本科专业类	内设专业
理学	数学类	数学与应用数学，信息与计算科学，数理基础科学
	物理学类	物理学，应用物理学，核物理，声学
	天文学类	天文学
	大气科学类	大气科学，应用气象学
	地球物理学类	地球物理学，空间科学与技术
工学	力学类	理论与应用力学，工程力学

（续上表）

学科门类	本科专业类	内设专业
工学	机械类	机械工程，机械设计制造及其自动化，材料成型及控制工程，机械电子工程，工业设计，过程装备与控制工程，车辆工程，汽车服务工程，机械工艺技术，微机电系统工程，机电技术教育，汽车维修工程教育
	仪器类	测控技术与仪器
	电气类	电气工程及其自动化，智能电网信息工程，光源与照明，电气工程与智能控制，电机电器智能化，电缆工程
	电子信息类	电子信息工程，电子科学与技术，通信工程，微电子科学与工程，光电信息科学与工程，信息工程，广播电视工程，水声工程，电子封装技术，集成电路设计与集成系统，医学信息工程，电磁场与无线技术，电波传播与天线，电子信息科学与技术，电信工程及管理，应用电子技术教育
	自动化类	自动化，轨道交通信号与控制，机器人工程，邮政工程
	计算机类	计算机科学与技术，软件工程，网络工程，信息安全，物联网工程，数字媒体技术，智能科学与技术，空间信息与数字技术，电子与计算机工程，数据科学与大数据技术，网络空间安全，新媒体技术，电影制作
	土木类	土木工程，建筑环境与能源应用工程，给排水科学与工程，建筑电气与智能化，城市地下空间工程，道路桥梁与渡河工程，铁道工程
	海洋工程类	船舶与海洋工程，海洋工程与技术，海洋资源开发技术
	航空航天类	航空航天工程，飞行器设计与工程，飞行器制造工程，飞行器动力工程，飞行器环境与生命保障工程，飞行器质量与可靠性，飞行器适航技术，飞行器控制与信息工程，无人驾驶航空器系统工程
	兵器类	武器系统与工程，武器发射工程，探测制导与控制技术，弹药工程与爆炸技术，特种能源技术与工程，装甲车辆工程，信息对抗技术
	核工程类	核工程与核技术，辐射防护与核安全，工程物理，核化工与核燃料工程
	安全科学与工程类	安全工程
管理学	管理科学与工程类	管理科学，信息管理与信息系统，工程管理，房地产开发与管理，工程造价，保密管理，邮政管理

这里的19个专业类别必考物理只是政策规定的一条底线，各大高校在制定选考科目时，还有更多的专业被限定为必考物理，尤其是高水平大学和高水平专业。与物理学相关的行业和机构如下：

（1）科研机构。我国有很多与物理相关的研究所，如中国科学院高能物理研究所、理论物理研究所、近代物理研究所等，都是喜爱物理学的毕业生深造和就业的选择。这些研究所要求毕业生对科研有热情和耐心，对学历和学校层次也要求较高。

（2）学校和教育机构。教师是师范类物理专业毕业生最直接对口的岗位。如果你喜欢物理又热爱教育，喜爱和孩子打交道，可以选择去做一名中学或大学物理老师。物理作为基础学科，对物理老师的需求还是很大的。

（3）国防部门、军工企业。国防部门是部分物理专业毕业生对口的去处。物理学大类下有许多专业方向与国防紧密相连，如核能科学与工程为国防紧缺学科，北京航空航天大学的凝聚态物理原为国防科工委重点学科，这些专业的学生毕业后可进入国防部门做基础研究和应用。军工企业承担国防科研生产任务，从事各种武器装备研制和生产经营活动。

5. 喜欢历史可以从事哪些职业

新高考首选科目从“物理”和“历史”中选择，这无疑凸显了历史在选科中非常重要的地位。历史作为研究人类文明一般发展历程的学科，其在大学阶段的一级学科主要包括历史学、世界史、考古学、文物与博物馆学、文物保护技术、外国语言与外国历史、文化遗产等专业。与历史相关的行业和机构如下：

（1）学校。主要以大学教师和中学教师为代表。大学教师除了承担授课任务以外也要具备一定的科研能力，还要有丰富的人文知识。中学教师也是热爱教育、喜爱和学生打交道的历史学毕业生喜欢的职业。

（2）文化事业单位。以历史文献研究员、讲解员为代表，历史文献研究员主要在博物馆、档案馆、图书馆等从事文物和史料的挖掘、鉴定、整理、分析及编写报告等相关工作。讲解员，主要在博物馆、青少年教育基地、档案馆等各单位从事科普宣传、讲解以及日常运营维护等工作。

（3）企业。以古玩、字画等鉴定估价师和文秘为代表，古玩、字画等鉴定估价师的主要工作内容包括：了解评估物的情况和特点；观察评估物的外观或对其进行检测，确定物品的真伪、质量优劣、新旧程度及残损程度；估算物品价值；填制鉴定结果证明或定价单等相关单据。估价师需要有行业准入资格和较好的职业操守。文秘在企业内负责文字写作和编辑工作，多向行政方向发展。

（4）新闻出版行业。历史专业毕业生可凭借历史学的背景优势，进入新闻媒体、出版行业从事与专业相关或者通用的文字采写、编辑工作。

6. 喜欢化学可以从事哪些职业

化学传统上属于理工科，大学化学类专业包括化学、应用化学、生物化学、材料化学、药物化学等，学习这些专业可能从事的行业如下：

（1）化工行业。可在化工、冶金、能源、炼油、轻工、医药、环保等领域从事产品研制、生产、管理、设计，主要包括快消企业研发人员、环保技术工程师、化学分析测试员等。快消企业研发人员大多数研究工艺和技术，记录实验数据，分析实验结果，有时也需要外出作业。环保技术工程师主要负责推进环保项目的开展、设计治理方案或生态修复方案，或负责环保核查、环境监理等工作。化学分析测试员的主要工作内容包括客户现场咨询、大气污染分析研判、环境分析研判指导、数据分析指导、专家会商等，负责区域大气污染成因分析指导及分析报告模板编制，负责公司大气数据分析业务产品的开发指导，构建可视化方案；需要具备化学分析师证书，有较好的实验能力、文字撰写能力。

（2）医药行业。医药行业与化学密切相关，制药的提纯、制造等都需要化学知识。因此，医药行业需要有化学背景的研发人员、质检人员与生产运营人员协助公司设计、开发、分析以及管理新药和现有药物，这些岗位对知识的掌握程度要求较高，往往要求从业人员具有硕士或者博士学位。

（3）科研。可去科研单位和企业研究机构工作，主要从事有机化学、无机化学、物理化学、分析化学、核化学、高分子化学等理论研究与应用研究。化学研究员/化学家的主要工作内容是研究物质的构成、性质、相互作用及其对光、热、压力等因素变化的反应；应用已知的化学原理、方法和技术开发新产品和新生产方法。

（4）教育行业。化学专业本科及硕士毕业生可以去中学或者培训机构当化学老师，博士研究生毕业后可以去大学从事化学相关研究或教学工作。

（5）食品行业。化学分析师与检测工程师需要由化学专业方面的人才来担任，把关食品检测工作，其工作内容一般是：负责食品安全、食品营养，化学污染物的检测、分析、验证和确认；承担新型的有毒有害化学物质毒理测试及生物暴露风险评估；处理食品生产过程中的质量问题，制定改进措施，制定产品配方。

（6）服装和美妆行业。随着社会发展，人们对时尚和美妆的需求不断提升，对化学人才的需求也更大了，代表职业如化妆品配方师，其工作内容是设计符合要求的各种形态和功能的化妆品；对使用的原料进行评价和选择；保障化妆品配方的安全性。

7. 喜欢生物可以从事哪些职业

生物属于理工科，大学生物类专业有生物学、生态学、生物与医药等。生物是与我们衣食住行息息相关的学科，生物类的专业与许多行业和机构都有一定的联系。

（1）快消企业。快消企业的研发部门是生物学人的去处之一。很多快消企业都有自己的研发部门，需要来自生物科学的专业人员对产品线中的微生物进行风险评估、对新上市产品进行品质监控、开发生物快速检测技术和方法、支持产品安全和升级。

（2）医药行业。医药行业的研发技术人员是生物专业学生对口岗位之一，医药企业需要具有生物学背景的人才从事生物制药等研发工作或相关技术工作，结合公司业务提出新的产品开发方向，提供专业技术支持。

（3）食品行业。以食品行业研发工程师为代表，主要负责新工艺/新半成品的生产配方研究、酿造风味微生物的选育和工业化组合应用等。

（4）生物公司。以生物公司研发员、技术支持、销售、市场专员和产品专员为代表。研发员的主要工作是负责疫苗、血液制剂、诊断用品等生物制品的研发和工艺优化。

（5）科研单位。生物研究所，如华大基因、北大生命科技园等与生物相关的非事业型科研单位也能为生物学人提供就业岗位。做科研工作需要有一定的耐心、恒心和热情。

（6）学校。如果喜欢生物同时热爱教育事业，可以选择当生物老师。

8. 喜欢政治可以从事哪些职业

大学政治类专业包括政治学与行政学、国际政治学、外交学、国际事务学与国际关系学、政治经济学与哲学等专业，与政治相关的职业和机构如下：

（1）企业单位。主要从事销售、公关等职业。销售工作是在维护现有客户的同时，挖掘新客户。从事公关工作主要是帮助公司处理与媒体的关系，执行媒介公关计划，策划和实施有效的公关活动。这一职业对个人的综合能力具有较高的要求。

（2）公务员。依据国家公务员考试专业指导目录，国家公务员考试所招收的政治学类人才包括政治学理论、中外政治制度、科学社会主义与国际共产主义运动、中国党史、国际政治、国际关系、外交学专业毕业生，这类毕业生可以在各种公检法机关、事业单位、军队等从事事务性工作。

（3）科研机构、智库机构。对政治学研究感兴趣，并且有能力、有耐心做科研的学生可以考虑在此类行业就业。

（4）媒体行业。擅长写作和与人交往的政治学毕业生可以选择媒体行业，将对政治时事的分析和认识用通俗易懂的方式呈现给大众。

（5）咨询行业。政治环境会对金融、实体经济产生重大影响，一些较大的实体产业如金融机构需要政治人才提供咨询服务。

（6）学校。如果喜欢政治同时热爱教育事业，可以选择当政治老师。

9. 喜欢地理可以从事哪些职业

地理科学属于理科。在以往的高考中，地理被划为文科专业，文科生却不能报考很多与地理相关的大学专业。新高考下，很多想学习地理相关专业的学生有了更多的机会。地理科学类专业可以分为自然地理和人文地理两个大类：自然地理以地形、地质、气候和海洋等自然环境为研究对象，人文地理则以人口、城市、交通、文化等为研究对象。与地理相关的职业和机构如下：

（1）建筑公司。土地测量工作需要地理专业人员提供知识与技能支持。

（2）互联网公司。如软件或数据工程师，该岗位主要设置在互联网头部公司如阿里、百度、华为等，设计地理信息系统，帮助互联网公司进行 GIS 研发。

（3）公务员。地质局、国土规划局、环保局、水务局、气象局及城市规划局等相关单位需要地理专业人才提供地理知识支持。

（4）学校。如果喜欢地理科学同时热爱教育事业，可以选择当地理老师。

（5）新闻出版行业。具有扎实文字功底的地理科学类毕业生可以从事地理类的新闻出版工作。

四、案例

案例一

小冰，2018 级学生，高一下学期面临选科。小冰所在高中实力非常强，她在年级排名中等偏上。首先，老师和小冰、小冰妈妈一起了解了小冰 6 门选科科目的年级排名情况：生物 20%，物理 61%，化学 29%，地理 76%，历史 5%，政治 4%。其次，从与小冰的交流中，发现她喜欢历史，不喜欢地理，对政治兴趣不大但是考试能力很强。最后，老师又询问了小冰喜欢哪些职业，得知她喜欢经济、管理类的专业，还有写作的兴趣爱好。

（摘自《广大附中家长学校用书》）

【案例分析】

从小冰的特点来看，根据她的自我表露以及政治成绩，她的记忆能力比较强，记忆的方法也比较好，学习记忆量较大的科目是有优势的。从排名来看，生物、政治、历史 3 科明显靠前。当然，这个组合的风险也很明显，没有选物理，那么相当多的理工科专业无法报考。所以，如果想报计算机、电子等理工类专业，就不能选这个组合。小冰的职业理想是成为管理者，想学经济、管理类专业。这些专业恰恰都对选考科目没有限制。通过与小冰妈妈交流，小冰妈妈也很支持她未来从事管理工作，认为可以发挥孩子的领导能力。从我国社会发展趋势来看，未来会大力发展服务业，管理、经济类的人才，特别是高端人才的发展前景被看好。

建议：通过多种利弊情况的分析，小冰和妈妈确认了选历史、政治、生物这个组合，并且经过高二的学习，年级排名也稳中有升，进入了年级前 15%。

案例二

小林，高一学生，重点班就读。在选科过程中，他犹豫不决，十分矛盾。他倾向于选择历史、政治和地理，但只能在普通班。家长和老师都建议他选择物理、生物和政治，可以留在重点班，对成绩会有很大的帮助。小林物理成绩比较好；虽然喜欢历史，但是觉得历史需要背诵的内容太多，不想努力；以后想做医生，但是不知道要不要选择物理和化学。进一步询问他除了医生还有没有别的心仪的专业或者职业，他说不知道，只要是对着电脑工作就可以了。

（摘自《广大附中家长学校用书》）

【案例分析】

从小林同学的案例中，我们可以知道他对选科与大学专业匹配并不清楚，对未来生涯发展也是稀里糊涂，职业探索完全是白纸，几乎不知道外部世界（职业）的“模样”。想要好成绩，但又不想付出努力，鱼和熊掌不可兼得，导致信心受挫。而且，他有学科学习的畏难情绪，选科情绪化。

建议：分析普通班与重点班的利弊，尤其要与选科结合；克服学科学习畏难情绪，真正探索学科学习兴趣、能力——选科是为了让自己更好地学习，而不是逃避某门学科；研读各选科与专业的对应匹配关系，对大学专业选择以及未来职业走向有初步评判，虽然无法规划，但最好有一个大方向。

案例三

高一的珊珊都快愁坏了，马上要选科了，可自己还没想好选什么，生怕选得不好影响高考成绩和填报志愿。爸爸妈妈一直希望她以后成为医生或者是老师，珊珊也有同样的想法。珊珊对医生了解不多，对老师的工作较了解，一个是拯救生命的白衣天使，一个是诲人不倦的园丁，珊珊非常纠结，父母不了解新高考也帮不上忙。班主任建议她从擅长的学科中选择，因为擅长的学科体现了一个人的天赋和兴趣。珊珊历史成绩很好，但是物理和生物也是她的强项，所以还是很纠结。老师又说，如果在你的强项里选不出来，你可以想象自己不喜欢和不擅长的学科。珊珊仔细想了想，自己不喜欢地理，政治学得一般，因为需要背诵的东西太多，不如做数学和物理题有成就感。最后她提炼出自己不是很喜欢的学科是历史和政治，更喜欢理科类的学科。珊珊又和老师谈了很多，2020 年疫情暴发，看到医护人员给中国带来莫大的安全感，希望自己也能成为钟南山院士这样的国之栋梁。老师帮助珊珊分析其学科情况，珊珊的化学成绩，相比生物和物理较弱，如果只选择物理和生物，可选择的医学专业会很窄，想学西医和药理类的专业，最好选化学且成绩需要提高。珊珊说："老师，这一点我考虑到了，我的化学不是很好，但是在您的引导下，我知道自己想要什么了。还有两年时间，我可以学好化学的。我的父母也支持我的决定，感谢老师耐心帮我梳理，我会好好努力的。"

（摘自《广大附中家长学校用书》）

【案例分析】

珊珊同学是一个比较成功的案例，她对个人发展比较上心，及时向老师和家长倾诉，在班主任的循循善诱下，珊珊发现了适合自己的发展道路。遇到生涯规划问题，除了可以寻求家长和老师的帮助，还可以找学校心理咨询中心的老师进行咨询。

第三节　怎样了解并培养孩子的职场能力

一、问题概述

随着经济体制和经济增长方式的转变以及产业结构的调整，工作的更换和从业者的流动性已成为社会的共性，转岗、转业、失业成为市场经济配置人力资源不可避免的社会现象。职业适应能力已成为青少年自身生存、发展的必然要求。由于受传统教育体制、经济体制等影响，我国在培养青少年的职业能力方面还存在着不足之处。长期以来，我国教育重理论学习，轻实践锻炼，学生动手能力较差，不少大学生迈出校门踏入社会，还得从头开始学。大学生尚且如此，中学生问题可能更突出，具体表现在以下三方面：

（1）课程内容缺少应用性。传统教学论，课程内容注重知识的逻辑系统，教材保持相对稳定，却跟不上社会变化的要求，所学内容容易与社会脱节。

（2）传统的教学模式以课堂、课本、教师为中心，教学方法单一，学生思维能力没有得到应有的训练，创造能力没有得到很好的开发。

（3）“单位体制”思想仍然影响着职业适应能力的培养。长期受“单位体制”的影响，不少人仍然认为，就业就是要有“单位”录用，最好是国家机关、国有企业，希望找到稳定、高福利的“铁饭碗”，由此使得不少人对“单位”有强烈的依赖性，还滋生了不思创业的惰性。随着市场经济的不断发展，虽然这种依赖观点有较大转变，但长期形成的心理定式一时还难以彻底改变。从近几年大中专毕业生的择业中不难看出，大多数毕业生都在找“单位”，有一些学生到毕业时仍没找到“单位”，宁愿在家待着。有勇气自谋生路、创造工作岗位、开拓新的就业渠道的人还是凤毛麟角。

二、原因分析

（一）不了解职业能力和一般能力的关系

任何一个职业都有相应的岗位要求，职业能力就是胜任工作岗位的硬性条件。因此，对于任何一个求职者来说，要想适应某个职务，就应该具备相应的能力。例如，教师、推销员、法官、律师就需要语言表达方面的能力；画家、建筑师则需要空间抽象思维判断能力；乐器演奏家则需要手指灵活的能力。个人能力类型与职业类型相匹配是求职者和用人单位都不应该忽视的问题。一般每种能力都有与之相适应的职业类型，不同职业对能力的要求不尽相同。一般能力是指大部分人都有的能力，也可以理解为智力，学校学习期间培养的主要是一般能力，其他能力也是影响我们人生发展的重要部分。所以一个人在做生涯规划时，不仅要培养自己的一般能力，更要注重其他能力的发展，要考虑自己的能力倾向。越是与自己能力相匹配的职业，做起来越容易，越得心应手，越学得精通，越容易保持兴趣，也越容易有成就感。

（二）不了解能力和智力之间的关系

孩子聪明、学习成绩优异，未来的工作能力就强吗？这大概没人敢妄下定论。能力和智力是有区别的，能力包括一般能力和特殊能力。一般能力是人们在工作、学习和日常生活中必备和广泛使用的能力，特殊能力则是从事具体活动所需要的能力。除了部分孩子的一般能力（智力）偏高，大部分孩子智商都处于中等甚至偏上水平，所以应该侧重培养孩子的特殊能力。特殊能力对孩子未来职业发展有重要影响。《加拿大职业分类》将能力分为 11 种，包括智力和 10 种特殊能力。智力就是人们理解客观事物并利用知识经验解决问题的能力，10 种特殊能力包括语言表达能力、算数能力、空间判断能力、形态知觉能力、事务能力、动作协调能力、手指灵活度、手的灵巧度、眼手足协调能力、颜色分辨能力。

（三）家庭的客观环境

家庭环境对职业能力培养有重要的影响。在生活中，父母的职业和兴趣往往是孩子人生职业能力培养的第一课。但大多数家长只关注孩子的学习情况，忽略对孩子进行职业意识和能力的培养。

三、应对策略

（一）培养孩子的沟通协作能力

职业是人生中最重要的事情之一，几乎每个人都要经历。未来孩子每天可能有1/3甚至更多的时间处于职场之中，他们能否爱岗敬业并成就一番事业，领导、同事和下属均发挥着非常重要的影响。因此应从小就注重孩子沟通协作能力的培养。孩子掌握交流和沟通的艺术，不仅可以轻松度过美好的学生时代，也对未来掌握职场中的人际关系大有帮助。以下列举的是在沟通和协作中的几个重要原则：

1. 尊重对方

尊重对方是沟通的前提，礼貌是对他人尊重的情感外露，是谈话双方情感联结的导线。因此，在与人沟通时，首先要尊重对方，其次要用礼貌的语言。

2. 真诚守信

真诚是打开他人心灵的金钥匙，因为真诚的人能使人产生安全感，减少心理防卫。良好的人际关系需要双方暴露一部分自我，把自己真实的想法说出来。答应他人的事一定要尽力完成，因为种种原因难以践行承诺的，要及时说明原因。

3. 主动交往

主动表示友好、主动表达善意能够使对方产生受到重视的感受，主动的人际交往令人产生好感。想要营造良好的学习氛围，不仅需要得到老师的认可，也需要与同学保持和谐的关系，只有这样，在学习中才能得到他们的支持和帮助。与同学和老师之间有误会一定要及时沟通，避免矛盾升级。做到宽容、与人为善和自我反思，这样才能拥有良好的人际关系。

4. 信息组织

所谓信息组织，就是双方沟通前应该尽可能掌握信息，孩子在学习和生活中应该养成组织语言和文字的能力，在向对方传递信息时应该尽可能简明、清晰、具体。孩子在学生时代容易异想天开，说话脱离实际，而向高效组织语言和文字过渡的办法就是尽可能做好充分的准备，使自己的话语建立在事实的基础上，从而使自己的语言更具有说服力和可执行力，不要仅凭自己的观察和主观判断就提出问题、表达想法。

5. 保持适当的距离

在人际交往中，一方面要积极主动地与各方交往，扩大交际范围，保持良好的人际关系；另一方面要注意不要在班级中拉帮结派，也就是说，既要积极主动与人交往，又要注意保持适当的距离。所谓适当距离，就是处理好自己与朋友的隐私，不干扰自己亲密朋友的隐私，在彼此真诚相待的基础上互相尊重。

6. 自信的态度

自信是取得良好沟通效果的前提。在大学或以后的职场沟通中，不随波逐流或唯唯诺诺，有自己的想法才能赢得他人的尊重和信赖，才能充分调动交际对象的积极性。

7. 体谅他人的行为

所谓“体谅对方”，即“同理心”，是指设身处地地为他人着想，并且体会到对方的感受和需要。在人际交往过程中，要想有效地对他人表示体谅和关心，唯有设身处地地为他人着想。由于我们的了解与尊重，对方也会体谅我们的立场与好意，从而做出积极合适的回应。

（二）培养情绪管理能力

不管是在学习还是今后的职场生活中，管理和调控自己的情绪都是一项必备的能力，我们每个人都应当做情绪的主人，而不是情绪的奴隶。下面列举几个管理和调控情绪的方法：

1. 改变认知，减弱或切换负面情绪

情绪 ABC 理论是美国心理学家埃利斯创立的，其理论的主要观点是：人的情绪不是由某一事件本身所引起的，而是由经历这一事件的人对这一事件的解释和评价引起的。在情绪 ABC 理论中，A 指诱发情绪产生的事件；B 指个体遇到诱发事件之后产生的认知，即他对事件的看法、解释和评价；C 是指特定的情境下，个体的情绪及行为的结果。根据情绪 ABC 理论，A 只是引起情绪的间接原因，而人们对事件的看法、解释和评价才是影响情绪的直接原因。因此我们可以通过改变对事件的看法、解释和评价来改变我们的情绪反应。（详见第二章专栏一情绪 ABC 理论）。

2. 利用心理暗示，增强正面情绪

暗示是人类心理活动的一种特殊形式，自古就被人们所知，“望梅止渴”就是一个典型的例子。暗示是一把双刃剑，正面的暗示会产生积极的心理作用；负面暗示会产生消极的心理作用。利用好心理暗示，对人的情绪、智力和生理状态都有良好的影响，对发挥人的内在潜能有很强的作用。心理学有一个重要的暗示规律：装着有某种心情，模仿某种心情，往往能帮助我们获得这种心情。也就是说，想象自己进入某种情景并感受某种情绪时，这种情绪和情景十有八九会到来。因此，我们要学会利用好“我真棒”“我一定能完成任务”等语言和文字的暗示，通过听觉、视觉、触觉等感觉器官给自己或他人的大脑以良性刺激，达到调整心情、增强正面情绪的目的。

3. 借助心理咨询技术调节情绪

心理困扰是现代社会突出且普遍存在的问题，其中包含职业、学业发展，异常行为，情绪障碍，人际关系，竞争等问题。这些心理困扰或者行为问题若得不到及时调控，长期积存容易导致抑郁、焦虑、强迫、自卑等负面情绪。

心理咨询是咨询师利用心理学的方法和理论，帮助来访者发现自己的问题及其根源，挖掘自身潜能，改变原有的认知结构和行为方式，减轻心理负担和负面情绪的过程。心理咨询对维护和提高人们的心理健康水平，调整人的情绪有重要的作用。

但由于国内心理咨询行业起步较晚，人们对心理咨询存在以下几个误区：求助心理咨询很丢人，有人认为只有有精神疾病才会求助于心理咨询，其实心理咨询适合大部分有心理困扰和适应困难的正常人；求助心理咨询会泄露个人隐私，心理咨询会涉及很多私人问题，实际上当涉及无关话题时，来访者可以拒绝讨论该话题，没有人会强迫你；求助心理咨询的都是弱者，其实不然，强者更懂得遇到问题和困难时积极地去面对和解决。

上面说的很多是个体心理咨询，如果有的孩子接受不了个体咨询，可以选择参加团体心理辅导，进行情绪管理和学习自我心理调节的方法。团体心理辅导是在团体情景下的一种心理辅导形式，它是通过团体内人际交互作用，帮助个体在交往中观察、学习、体验，认识自我，探索自我，调整改善与他人的关系，学习新的态度和行为方式，以促进良好的适应与发展的过程。目前，一般的心理咨询机构都开设包含自我探索与成长、情绪管理、人际交往、团队合作、意志力培养、亲情联结、思维训练和潜能开发、领导力培养、社会责任、自信培养、阳光心态等主题的团体辅导，这些主题可以有效地帮助孩子提高情绪管理能力。

（三）培养时间管理能力

1. 时间的重要性

人的一生是由时间组成的，时间资源是人生命中最重要的资源。古往今来，告诫人们珍惜时间的名言警句和故事数不胜数。然而，时间问题仍然困扰着许多人。有效地利用时间，进行合理的规划和控制，提高时间的利用率和有效性，是现代人的必备能力。

2. 时间管理方法

（1）以 SMART 原则明确自己的目标。

确立 SMART 为导向的目标管理原则。目标管理不单单是有目标，而且是要让目标达到 SMART 标准。SMART 标准指的是：目标的范围是明确的，不是宽泛的，要用具体的语言清楚地说明要达到的行为标准；目标是可衡量的，最终的目标需简化成实际的、可衡量的小目标；目标不是理想化的，是可以通过努力实现的，而且目标应该基于结果而非基于行动过程；目标必须在确定时间内完成。

根据 SMART 原则，把自己一段时间内需要实现的目标写下来，并清楚地记上要实现这个目标的步骤，这样把大目标分为小目标，目标会更容易实现；列出清单也会更清晰明了，让自己看清下一步将要实现的内容。一旦有了个人清单并划分好小目标之后，就有了一个参考的依据。比如，为了达成今年的每一个目标，上半年必须完成哪些事情；将年度目标分成季度目标；把需要做的事情全部列出来，再确定每月、每周需要做哪些事情，并且在每天晚上把第二天要做的事列出来。例如可以这样做规划：按照时间顺序将事件列出，早上 6 点起床，听 20 分钟英语听力；7 点早读，背熟 2 篇文言文；10 点大课间，向数学老师请教昨天没听懂的数学题；12 点 30 分吃完饭后午睡 30 分钟；14 点上课前给自己准备一杯咖啡，保证自己下午有精神；15 点上物理课，一定要好好听讲；17 点 30 分下课到 19 点之间先跑一会步然后吃饭；19 点到 20 点做 10 道难度较高的数学题，争取核对答案后弄懂；20 点到 21 点，10 分钟复习早上背的英语单词，10 分钟复习语文课文，剩下的 40 分钟做完老师布置的英语和语文作业；21 点到 22 点，总结其他科目的疑点和盲点，做习题总结，完善课堂笔记；23 点洗漱睡觉。

（2）按照事情的重要程度，合理安排时间。

首先将我们要做的事情分为四类：重要且紧迫的事、重要但不紧迫的事、紧迫但不重要的事、既不重要又不紧迫的事。重要且紧迫的事情是必须做的；重要但不紧迫的事情是应该做的；紧迫但不重要的事情是可以做的；既不重要又不紧迫的事情要视情况而做。到底该如何安排呢？我们首先要做必须做的事情。把这些事情做好了，其他的事情就可以按部就班地做了。此外，我们还应该把精力多投入到重要但不紧迫的事情中，这样既抓住了主、重、急的工作，又不耽误次、轻、缓的工作，合理分配时间。例如每天听课是重要且紧迫的事；高考是重要但不紧迫的事；老师的随堂测试相对于其他考试是紧迫但不重要的事；利用课余时间阅读课外书、开展实践活动是既不重要又不紧迫的事。

在生活中，不少人经常抱怨事情太多：想学习跳舞，想参加英语速成班，想把一本书读完……自己就像个发条一样忙个不停，埋怨时间不够用。为此，要懂得碎片时间的价值，善于利用零碎的时间去处理杂事，如在上课前 10 分钟拿出下一节课的书本和笔记本，并回顾上节课内容，可以在乘车的途中练习英语听力，在跑步的时候听音乐，等等。

掌握生理节奏法，利用好自我最佳效率时间。人的智力、情绪和体力在每个月中是呈周期变化的，变化的规律呈一条波浪曲线，往复循环。处于高潮期人们就会感到精力旺盛、情绪高涨、思维敏捷，学习效率也会特别高；在低潮期的时候，会觉得情绪不佳，身心疲惫，反应迟钝，工作效率不高。科学研究证明，人的体力周期为 23 天，情绪周期为 28 天，智力周期为 33 天，即使是在一天之中我们也能感觉到人体功能在不同时段的变化。人的注意力从 6 点到 10 点不断升高，10 点到达顶峰，然后递减到 14 点时达到最低，之后上升，在 18 点又达到一个顶峰。

四、案例

案例一

小冬是一名高一女生，自从她上了高中后整个人都变得沉静了许多，一门心思都在学习上，爸妈在欣慰之余也感觉到了孩子的一些异常。在开完家长会后，小冬妈妈和班主任沟通了孩子近期的情况。小冬妈妈对老师说，小冬原来是个很活泼的孩子，朋友很多，也喜欢在班里担任一些职务来帮助和服务大家，但最近一年发现小冬没有那么多话了。老师也反映，自从小冬来到这个班，她一直以为小冬是个文静的孩子，不太会和人打交道，很少参与集体活动，有时候体育课也不去上。

妈妈回到家后，问小冬，为什么最近不太爱和小伙伴们交流了，老师也觉得你有些内向。小冬却说："妈妈，学习才是第一位的，考不上大学谁会和我玩。"小冬妈妈觉得自己可能疏忽了对孩子的教育，孩子把考大学看得太过重要了，甚至影响到孩子的正常交往了。于是妈妈给小冬讲了单位陈叔叔的故事。陈叔叔学历一般，而且不是对口专业，结果20个人面试就选了他和另外一个人。原来他不简单，不仅涉猎广泛而且能力超群，尤其是沟通能力，在和那些决定公司生死的大客户沟通时，面无惧色，据理力争，既维护自己公司利益又不伤和气，最后客户还高高兴兴地签下合同。这让妈妈也感受到了交际的魅力。陈叔叔年轻时就爱参加活动，还爱组织活动，曾经自己举办了一个非常有趣的辩论比赛，现在都成了他们学校的一项传统活动了。“所以啊，冬冬你也不能做一件事就耽误另一件事，你该学习要学，该玩也要玩，妈妈知道你懂事，希望考个好大学，但妈妈更希望你全面发展，做一个你想成为的人。希望你能做回自己原来的样子。”这次谈话对小冬影响很大，她在分班后竞选了班长，做回了那个乐于助人、活泼健谈的她。

（摘自《广大附中家长学校用书》）

【案例分析】

案例中小冬的情况可能很多家长都有感触，在高压的环境和竞争下，孩子话语变少了，也不像小时候那样活泼了。这样的情况很常见，父母也认为这是中学生活中孩子的正常情况。有时，高中生活很容易改变一个孩子，很多孩子可能会变得内向，有些到了大学会重新释放出天性，但有些性格可能就定型了。家长可能会有一个误区，参与活动和担任学生干部会影响孩子学习。其实在紧张繁忙的学习生涯中，这些活动往往会为孩子生活增添一抹亮色。

建议：尽量尊重孩子的想法，如果孩子有聊得来的朋友，尽量不要干涉；在节假日等尽量带孩子参与家庭聚会、旅游等活动，培养孩子的交际能力，扩展孩子的视野；鼓励孩子参与学校和班级组织的活动，融入集体，以培养团队协作能力和责任心。

案例二

小云今年上初二了。他做事喜欢拖延，没有条理，总是有人催才行，不知道自己还有什么作业或者任务没做。随着初中学习任务越来越繁忙，小云妈妈觉得不能让小云再这样下去了。她在假期开始要求小云每天制定学习和娱乐时间表。一开始小云怎么也无法将自己的一天安排得合理，妈妈告诉他：你可以在完成作业之后，对照答案进行改错；也可以在时间比较充足的时候做一套测试题；可以在傍晚和朋友一起出去打球，等等。在妈妈的监督下，假期结束后，小云养成了每天为自己制订计划的习惯，渐渐地小云就喜欢上了这种做任务通关一样的感觉，为自己完成一项任务而高兴。

（摘自《广大附中家长学校用书》）

【案例分析】

小云的问题主要是缺乏计划和规划，没有时间管理的意识。这种情况大多数家长都遇到过，孩子做完眼前的任务就不知道要干什么了。这样不仅影响学业，在未来生活中也容易缺乏规划，缺乏长远目标或理想。

建议：帮助孩子学会为自己制订学习目标和计划，这些目标和计划可以是短期或者长期的。孩子制订计划后，要鼓励孩子努力完成这些目标和计划，培养孩子的自律能力，养成计划就是命令的习惯，不要随随便便就放弃。再一个就是时间意识，让孩子试着比较充实地过一天和虚度一天，让孩子感受生活充实的美好，利用好每一分钟。

参考文献

程龙泉．职业能力培养与就业指导．北京：北京理工大学出版社，2017.

第四节　怎样引导孩子了解自己未来的职业

一、问题概述

“我是谁”“我以后想做什么”“我以后能做什么”……高二学生菲菲没想到，去年刚升入高一的她，就要开始思考未来的职业发展问题了。

根据《广东省深化普通高校考试招生制度综合改革实施方案》，广东省2021年起实行新的高考综合改革方案，即普通本科高校招生考试由语文、数学、外语（含英语、俄语、日语、法语、德语、西班牙语）3门科目和3门选择性考试科目组成。

为迎接新高考，目前广东省大多数普通高中学校陆续开设学生生涯规划教育课程（讲座），但是部分学校的生涯规划教育还停留在初级层面，难以对学生和家长进行有效引导。面对新高考时代，高中学生要全面认识自我，培育个性特长，初步建立起“兴趣、学业、职业与人生”的系统联系。因此，帮助学生将生涯规划融入高中学习全过程，成为摆在各普通高中学校面前的一道考题。许多学生对生涯规划感到困惑。

得知自己是第一批迎接新高考挑战的学生，菲菲心里很不安：“学长学姐们入学时，只需要考虑自己是学文科还是理科，大学要选什么专业是高考分数出来后再做决定的。我们刚升入高中，就要面临许多新挑战。”同菲菲同学一样，许多高一新生对生涯规划都感到困惑和迷茫，家长也欠缺指导孩子规划职业生涯的能力。一项调查显示，七成高考考生对志愿填报没有想法，超过半数考生将“好就业”作为选择大学专业的主要考虑因素。高考结束了，许多考生还不清楚自己的兴趣和潜力所在；很多家长认为“孩子高考考了高分，上了好大学，找到好工作就水到渠成了”。在很多家庭中，可能影响孩子一生发展的志愿选择，却在高考后短短几天内就仓促决定了。

二、原因分析

（一）欠缺家庭方面的指导

家庭教育是家庭建设的核心，生涯指导在其中应占据非常重要的位置。家庭教育的内涵极其广泛而丰富，而从本质上说，就是围绕生涯发展的教育和指导，使孩子学会“自我认识”，了解“教育与职业的关系”，实施“职业计划”。

家长对孩子影响巨大，往往对未成年孩子的生涯规划和发展起着决定作用。所以生涯指导不能只在学校进行，还要成为家庭建设和家庭教育的重要内容。家长当然不会对孩子的发展和前途漠不关心，更不乏相关指导乃至包办，但是往往缺乏指导的基本理念，也缺乏合理有效的指导方法。相当多的家庭都是驱使孩子在一个赛场上竞争，关注的只是学习成绩。到了毕业时，基本目标定位也只是根据分数、名次能上哪类学校而已。很多家长都认为职业生涯方面的教育是成年以后的事情，至少是高考填志愿或大学以后才会考虑到的问题，没有在这方面进行指导的意识。这样，除去少数早期展现出特定天赋才能的（如艺术、体育类）孩子可能会引起家长重视，得以定向指导和专门发展外，绝大多数孩子直到高中毕业，也不清楚自己想学习何种专业、从事哪类职业。

哈佛大学曾对一部分学生毕业后做过长达25年的跟踪调查，发现成为社会成功人士的都是很早就具有清晰且长远目标的人，而目标模糊的人60%生活在社会的中下层。家长都在意“不能让孩子输在起跑线上”。如果一定要讲竞赛的话，生涯中不止一条起跑线，而最重要的起跑线应该是在职业工作的赛场上，而且也不一定局限在一个赛场上。选好自己喜欢并能发挥优势的赛场，提前做好充分的准备，应该是职业规划和开展生涯指导的基本考量所在。家长可以在日常生活学习中，潜移默化地培养孩子的生涯发展的意识。

（二）学习压力大，缺乏机会拓展自己

中学生的压力源主要来自学习、父母、老师和同伴、环境、自我发展、时间六方面，其中学习压力是中学生的主要压力。除了来自学校的课业压力以外，竞争压力也是中学阶段的主要压力之一，这种压力多来自淘汰性升学考试和高人一等的心理。对将踏进高考的学生来讲，这也许是一次改变自己命运的人生考试，或是自己走向人生巅峰的第一步，还或许是自己为理想奋斗拼搏的一次考试。在如此大的学习压力和竞争压力下，孩子拓展自身爱好、培养兴趣的机会很少。大多孩子每天6点左右起床，晚上甚至要晚自习到22~23点，睡眠不足；在寄宿的环境下，接触到的人和事比较单一。此外，大部分家长工作忙碌，无暇顾及孩子的兴趣养成和职业指导，即使有时间可能也只是带孩子去旅游，没能对孩子的职业发展进行精准引导。孩子也一心专注学习，很少思考未来和人生。

（三）学校忽视职业生涯教育

在学校，职业生涯规划已经被列为中等职业学校公共基础课程，一些高校也安排了有关职业指导和生涯规划设计的教学。但在基础教育领域，目前只有部分中学在高中阶段开设了相关的课程或专题讲座，初中及以下阶段，生涯教育基本上是空白的。这是亟须引起重视的问题。黄炎培先生曾经指出：“凡教育，皆含职业之意味。”就受教育者而言，教育的直接目的在于对个人今后获得良好职业的诉求。尤其在教育后期阶段，升学只是手段，就业才是目的。

三、应对策略

（一）给予家庭方面的指导

生涯指导无外乎“为人”和“处世”两大方面，即让孩子了解自我和认识世界，指导的目的也是使其能够正确地看待自我和有效地把握环境。仅就职业生涯指导而言，包括两个基本出发点：一是有针对性地发展个人兴趣、能力，形成合理的从业意向；二是根据社会需要、就业形势、个人特长及职业工作的特点做出相应的职业选择。二者都应该有如何适应及努力提升的相应指导。

仅就基础教育阶段的生涯指导而言，应该注重以下几点：

（1）家长首先要纠正自己在职业观方面的误区，不要让片面追求职业声望、地位、待遇、舒适度等观念影响和引导孩子，也切忌以自己的爱好和评价为孩子做选择、搞包办。

（2）家长要更多地关注孩子的兴趣、爱好、特长，既重视课业方面的，也要关注课外生活方面的，原则上应该鼓励孩子自由发挥，至少不宜贸然压制，并应考虑到这些兴趣、爱好、特长与生涯发展的关系。

（3）家长应尽可能多地为孩子提供了解社会各行业及职业工作的机会，鼓励孩子积极参与群体活动和社会实践，从中引导孩子了解自己的职业（专业）意向，可以由泛到专，也可以变化，逐步聚焦。

（4）家长还可以让孩子做一些职业倾向和能力方面的专门测试，通过多种渠道让孩子慢慢认识到自己的职业兴趣和能力倾向，从而能在选科和填志愿时自主地做出清晰、合理的选择。

（二）给予孩子更多拓展能力的机会

首先，家长在观念上要转变，不要只认为将时间花费在书本上才是学习。学习可以有很多形式，参加一次活动、接触到未曾见过的人和事、完成一次思想上的转变都是很好的学习。

其次，家长应端正态度，不要对孩子施加不切实际的期望，应该引导孩子自己寻找方向，如果家长早早就为孩子规划好了道路，那么孩子可能得到的是一片白云，失去的却是整个天空。

最后，家长可以讲述或以实地考察的形式向孩子介绍自己、朋友以及其他家族成员所从事的职业，还可以带孩子去博物馆和图书馆扩充知识，培养孩子了解新闻和社会资讯的习惯，这样不但家长能了解孩子感兴趣的点，也拓宽了孩子的视野，去发现世界发现自我。

（三）学校方面应该重视生涯规划

学校应从以下几个方面着手青少年职业生涯发展指导。

1. 改革学科教学

高中学校的学科教学不能停留在以追求学生考试高分数为唯一目标。学科教学既要注重培养学生掌握学科知识，也要注重引导学生对学科的兴趣、对学科发展的认识、对学科学习与人类社会发展以及对个人生活与职业发展之间关系的认识。学科教学必须在传输“是什么”的同时，启发和引导学生探究“为什么”。

2. 设立指导课程

当前在普通高中开展生涯规划课程越来越受到关注。课程的目标是指导学生认识生涯过程中“规划”的意义、重要性和方法论，而不应该突出学生在学习过程中制定的规划的具体内容。生涯规划课程的重要价值在于，学生能够在高中阶段认识到个体在自我发展中的地位，认识到高中阶段教育对于生涯发展的影响，由此促进个体形成对高中阶段教育与学习的正确认识，做出积极行动。

3. 提升社团活动内涵

创造丰富多彩的学校生活，是促进学生发展的本质需求。当前学校中学生社团活动还是比较丰富的。只是社团活动不应只是丰富学生的学习生活，关键是要培养学生在学科教学中不能获得的能力和素质。

（四）了解高考，把握高考

1. 新高考下的选科启示职业生涯意识要尽早培养

应对传统的高考模式，通常的做法是“一切为了高考，一切等高考之后再说”。而新高考给了学生更多的选择，学生从高一就要有长远考虑：高考时要选择什么高校、这些高校有什么专业、这些专业要求哪些科目的成绩。不同学科成绩的排列组合，最终的结果会有很大差异。学生若没有生涯规划意识，就不清楚自己的目标方向，不知道劲往何处使，精力分散，不仅难取得最佳效果，而且易于迷惘、缺乏学习动力。所以，高中生不能一味地埋头苦读，而应主动了解社会，积极探索自我，自觉树立生涯规划意识，找到合适的目标，明确前行的方向，做出最佳选择，为职业生涯发展迈好坚实的一步。

2. “平行志愿”有利有弊

近几年高考志愿填报方式改为平行志愿填报。这种变化，主要体现在二批次录取阶段。也就是说，如果分数达到重点本科线，是在一批次录取，影响不大。对于达到重点本科线的考生而言，一批次 A 的录取，平行志愿从原来的五个调整到了六个，有所增加，这也在客观上增加了选择。

什么是平行志愿？平行志愿是一种比较新的投档录取模式，遵循“分数优先，遵循志愿”的原则。在投档时，按考生总分从高到低排序并逐个投档，在依次检索考生所填 A、B、C 或 A、B、C、D、E 志愿时，只要被检索的三所或五所院校中一经出现符合投档条件的院校，即向该院校投档，该生即享受了该批次平行院校志愿投档机会，由高校决定录取与否。

平行志愿填报，就是所有考生排一个队列，高分者优先投档。每一考生投档时，根据每个考生所投档的院校，投到排序在前且有计划余额的学校。平行志愿的好处是扩大了选择范围，降低了志愿填报的难度，提高了录取率。这种志愿填报方式也有“弊端”，就是一旦被退档，就只能填报征集志愿或者参加下一批次的志愿录取了。

从平行志愿与顺序志愿填报各自的特点上看，2019 年高考志愿填报方式的改变其实在一定程度上降低了二批次阶段志愿填报以及录取的偶然性。以往在二批次录取阶段，无论二批次 A，还是二批次 B，都是顺序志愿与平行志愿相结合的填报方式。顺序志愿的录取原则是志愿优先，遵循分数。举个例子，你的高考分数是 500 分，另外一个考生的高考分数是 498 分。在填报志愿的时候，你和另外一个考生都报考同一所大学同一个专业，且都达到了这所大学这一专业的录取分数。但你没有在第一志愿中填报这所大学，而另外一个考生则在第一志愿中填报了这所大学，那么你就有可能不会被这所大学录取。在平行志愿填报的情况下，这种情况出现的可能性就很小。

平行志愿填报时一定要注意志愿的阶梯性，同时，在每一所院校专业选择上，也要遵循从高到低的原则。也就是说，一定要从高到低去报考。第一志愿的高校，一定是你所有报考志愿当中录取分数最高的。举个例子，假设北京大学、南京大学、东北大学、兰州大学、云南大学、延边大学这六所学校是你今年的目标院校，报考时建议按照往年各学校的录取分数从高到低排列。同样，在每一个目标高校下面，可填报 6 个专业，也要按照从高到低的原则。在锁定目标院校目标专业之后，后面的备选专业的录取分数一定不要高于目标专业，否则，这个专业就“白填”了。

四、案例

小周从小就喜欢拆分、拼装和组合机械，家里的电器都被他拆了又重新组装过。小周的理想是去北京航空航天大学读与航天器相关的专业。高考结束后，小周的成绩非常理想，名列全省前五名，他的愿望就要实现了。但是老师和家长都劝告他填北京大学，最终他动摇了，选择了北京大学的生命科学专业。北京大学及其生命科学专业在全球和国内的排名都非常好，这看起来是个很不错的选择。

进入大学后，小周发现自己对生命科学专业并不感兴趣，通过转院、旁听、休学，他最终从北京大学退学转到北京工业技师学院读数控机床专业。在那里，他非常开心，经常参加各种比赛，还获得了全国数控大赛的冠军。有人问他对自己的选择后不后悔时，他说：“我现在过得很好，虽然有一点遗憾，但庆幸的是我知道自己想要什么了。”

知识专栏

专栏一　了解你自己——霍兰德职业性向测试量表

霍兰德职业性向测试将帮助你发现和确定自己的职业兴趣和能力特长，从而更好地做出求职择业的决策。如果你已经考虑好或选择好了自己的专业方向，本测试将使你的这种考虑或选择具有理论基础，或向你展示其他合适的专业/职业；如果你至今尚未确定专业/职业方向，本测试将帮助你根据自己的情况选择一个恰当的专业/职业。此量表可在网上搜索获得，打开即可测试。

专栏二　个人成长报告

书写个人成长报告不仅可以帮助孩子了解自己和家庭的发展，而且也能帮助孩子对自己有更深的了解，进一步弄懂“我是谁”这个问题。只有弄懂这个问题，孩子才会知道“我想要什么”“什么更适合我”。这对孩子人生发展中面临的重大选择都有帮助。

以下是个人成长报告的写作要点：

（1）父母职业、单位、如何结识、恋爱故事。爷爷奶奶、姥姥姥爷等家庭成员的情况和难忘的故事。

（2）从父母结婚到孩子出生前父母记忆犹新的故事。

（3）出生时的故事，3 岁前和谁一起生活。

（4）上幼儿园或学前班的地方。有什么难忘的故事，对后来生活和学习有什么影响。

（5）小学期间参加了哪些兴趣班，分别在哪上的，时间怎么安排，每学期费用多少，对自己有什么帮助，上兴趣班有什么心得体会和收获。

（6）初中最喜欢的科目是什么，为什么？列出中考成绩。

（7）用 3 个词形容你的初中阶段。

（8）初中每学期期中、期末的成绩。

（9）总结自己中考前的人生，有哪些闪光点和好品质。

专栏三　价值观澄清练习

在你的生命历程中，对你影响最深的事情有哪些？你最想做的事情是什么？完成下面 12 个句子，你便可以找到一些答案，就会对自己的价值观有所理解。

（1）如果我是个百万富翁，我会______________。

（2）我听过、读过最好的观念是______________。

（3）在这个世界上，我最想改变的一件事是______________。

（4）我一生中最想要的事物是______________。

（5）我在______________情况下表现最好。

（6）我最关心的事是______________。

（7）我幻想最多的事是______________。

（8）我的父母最希望我能______________。

（9）我生命中最大的喜悦是______________。

（10）我是______________的人。

（11）熟知我的人认为我是______________。

（12）我相信______________。

专栏四　MBTI 职业性格测试

在进行学生生涯指导的性格测试中，影响较大的测试有 MBTI 职业性格测试。MBTI源自瑞士著名心理学家荣格的心理类型理论，后经美国心理学家伊莎贝尔·布里格斯·迈尔斯和她的母亲凯瑟琳·库克·布里格斯的修改，形成了 4 个维度、8 个偏好、16 种人格类型的人格测验量表。经过 70 多年的实践和发展，MBTI 已经广泛应用于心理学测验、企业人才测评、职业规划、专业选择等众多领域。

根据 MBTI 理论，每种性格类型均有相应的优点和缺点、适合的工作环境、适合的岗位特质，使用 MBTI 的关键在于如何将个人的人格特点与职业特点进行结合。该测试结果不仅可以为被测者提供适合的岗位、工作环境等方面的信息，还会根据个人情况提出系统的职业规划和发展建议。

MBTI 理论认为，一个人的个性可以从四个角度进行分析，用字母分别表示为：①驱动力的来源：外向 E——内向 I；②接受信息的方式：感觉 S——直觉 N；③决策的方式：思维 T——情感 F；④对待不确定性的态度：判断 J——知觉 P。其中两两组合可以组成 16 种人格类型。

MBTI 在很多网站都有免费的在线测试，一般的测试网站，不仅会显示被测者的性格倾向，还会提供匹配的职业。比如某人的测试结果显示他（她）的性格类型为 ENFP（外向、直觉、情感、知觉），网页上就会显示其性格特点及适合的职业类型。